河南省一流本科课程相关教材
科学与工程类系列教材
河南科技大学教材出版基金资助

量子力学

尤景汉　李同伟　主编
琚伟伟　副主编

電子工業出版社
Publishing House of Electronics Industry
北京 · BEIJING

内容简介

本书是作者在多年讲授量子力学课程的基础上编写而成的。本书简明扼要地讲述量子力学的基本概念和基本原理，每部分内容都附有若干典型习题的讲解，学习本书可使读者对量子力学有系统的理解。本书共 11 章，主要内容包括：早期的量子论、波函数和薛定谔方程、一维势场中的粒子、量子力学基本原理、中心力场、量子力学的矩阵表示、量子力学本征值的代数解法、粒子在电磁场中的运动、近似方法、电子的自旋、全同性原理。本书提供配套的电子课件 PPT、知识点视频、习题及参考答案、知识点总结等。

本书可作为高等院校物理类本科生的教材或参考书，也可供相关领域的读者参考。

图书在版编目（CIP）数据

量子力学 / 尤景汉，李同伟主编. 一北京：电子工业出版社，2022.4

ISBN 978-7-121-43284-2

Ⅰ. ①量… Ⅱ. ①尤… ②李… Ⅲ. ①量子力学－高等学校－教材 Ⅳ. ①O413.1

中国版本图书馆 CIP 数据核字（2022）第 061126 号

责任编辑：王晓庆
印　　刷：大厂聚鑫印刷有限责任公司
装　　订：大厂聚鑫印刷有限责任公司
出版发行：电子工业出版社
　　　　　北京市海淀区万寿路 173 信箱　　邮编：100036
开　　本：787×1092　1/16　印张：16.25　字数：416 千字
版　　次：2022 年 4 月第 1 版
印　　次：2022 年 4 月第 1 次印刷
定　　价：52.00 元

凡所购买电子工业出版社图书有缺损问题，请向购买书店调换。若书店售缺，请与本社发行部联系，联系及邮购电话：（010）88254888，88258888。

质量投诉请发邮件至 zlts@phei.com.cn，盗版侵权举报请发邮件至 dbqq@phei.com.cn。

本书咨询联系方式：（010）88254113，wangxq@phei.com.cn。

前　言

量子力学是现代物理学的理论基础，是研究微观粒子运动规律的科学，使人们对物质世界的认识从宏观层次跨进了微观层次。

量子力学自创立以来，已取得了巨大的成功。量子力学不仅成功地解释了原子、原子核的结构，固体结构、元素周期表和化学键，超导电性和半导体的性质等，而且促成了现代微电子技术的创立，使人类进入了信息时代，并促成了激光技术、新能源、新材料的出现。历史上，没有哪种理论成就可以如此深刻地改变人类的观念、人类社会的生产和生活方式。

因此，作为当前高校物理类及相关专业的学生，学好量子力学就显得尤为重要。然而，我们在对本科生授课的过程中发现，很多学生反映量子力学太抽象，较难理解。尤其是对于初学者来说，有没有比较浅显的教材可以使学生对量子力学的基本概念和基本原理有初步的把握，这很重要。因此，根据多年的教学经验，结合授课讲义，我们编写了这本书。考虑到目前高校的实际授课学时数，本书在编写过程中力求精练，讲解深入浅出，数学公式推导清楚且简洁，目的是使学生能够在较短的时间内对量子力学这门课有初步的理解。同时，针对每一章，本书还提供了一些典型的习题并给出参考答案，以帮助学生检查自己的学习情况。

为帮助学生更好地学好量子力学，本书在附录部分介绍量子力学的建立背景和过程，以帮助他们了解量子力学发展的历史。

本书提供配套的电子课件 PPT、知识点视频、习题及参考答案、知识点总结等，请登录华信教育资源网（www.hxedu.com.cn）注册后免费下载，或联系责任编辑（010-88254113，wangxq@phei.com.cn）索取。

本书由尤景汉、李同伟担任主编，负责全书统稿，由琚伟伟担任副主编。具体分工如下：尤景汉编写第一章、第二章、第三章、第四章，李同伟编写第五章、第六章、第七章、第八章，琚伟伟编写第九章、第十章、第十一章、附录。

在编写本书时，我们还参考了一些量子力学教材，特别是周世勋教授的《量子力学教程》（第二版），参考了其中的部分内容。同时，本书的出版得到了河南省高校科技创新团队支持计划（22IRTSTHN012）、河南科技大学教材出版基金的资助。在此，我们一并表示衷心的感谢。

量子力学作为一门还在发展和不断完善的基础理论，要想在有限的篇幅内概括出它的全貌，为读者提供满意的参考书，对我们来说是一件较难的事情，加上我们水平有限，书中错误之处在所难免，诚恳地希望广大读者提出宝贵意见。

编　者

2022 年于河南科技大学

目　　录

第一章　早期的量子论 …… 1
§1-1　黑体辐射 …… 1
一、黑体辐射的实验规律 …… 1
二、经典理论对黑体辐射解释的失败 …… 1
三、普朗克公式和能量子假设 …… 2
§1-2　光量子论 …… 2
一、光子概念 …… 2
二、光电效应 …… 3
三、康普顿散射 …… 4
四、电子对湮没 …… 4
§1-3　玻尔的氢原子理论 …… 5
一、原子光谱的实验规律 …… 5
二、原子有核模型 …… 5
三、玻尔的氢原子理论介绍 …… 5
§1-4　微观粒子的波动性 …… 7
一、德布罗意物质波假设 …… 7
二、电子衍射实验 …… 8
三、德布罗意平面波公式 …… 8
四、对波粒二象性的进一步理解 …… 8
习题 …… 9
第二章　波函数和薛定谔方程 …… 10
§2-1　波函数的统计解释 …… 10
一、微观粒子的波粒二象性 …… 10
二、波函数的物理意义 …… 10
三、波函数的归一化 …… 12
四、波函数的性质 …… 13
§2-2　态叠加原理 …… 15
一、态叠加原理的表述 …… 15
二、态叠加原理的几个实例 …… 16
三、对态叠加原理的说明 …… 17
§2-3　薛定谔方程 …… 18
一、自由粒子的薛定谔方程 …… 18
二、一般力场的薛定谔方程 …… 19

三、多粒子体系的薛定谔方程……20
§2-4 粒子流密度和粒子数守恒定律……20
一、概率分布随时间的变化及连续性方程……20
二、粒子数、质量、电荷守恒定律……22
三、波函数满足的条件……22
§2-5 定态薛定谔方程……23
一、定态薛定谔方程简介……23
二、能量本征值和能量本征方程……24
三、定态的特点……25
四、含时薛定谔方程的一般解……26
习题……26
第三章 一维势场中的粒子……28
§3-1 一维定态的一般性质……28
§3-2 自由粒子本征函数的规格化和箱归一化……31
一、自由粒子波函数的规格化……31
二、本征函数的箱归一化……33
§3-3 方形势阱……35
一、一维无限深方形势阱……35
二、一维有限深方形势阱……39
§3-4 线性谐振子……45
一、线性谐振子的能量本征值和能量本征函数……45
二、线性谐振子的特征……47
§3-5 势垒贯穿……49
习题……55
第四章 量子力学基本原理……57
§4-1 算符及其运算规则……57
一、算符假设……57
二、算符的运算规则……57
三、厄米算符……59
四、算符的对易关系……60
§4-2 厄米算符的本征问题……63
一、厄米算符的本征值必为实数……63
二、厄米算符本征函数的正交性……64
三、厄米算符本征函数的完备性……66
§4-3 坐标算符和动量算符……67
一、坐标算符……67
二、动量算符……67
§4-4 角动量算符……69

一、轨道角动量算符……69
二、角动量算符的本征问题……69
三、对角动量算符的讨论……71
§4-5　共同完备本征函数系、力学量完全集……72
一、共同完备本征函数系……72
二、力学量完全集……73
§4-6　力学量的平均值……74
一、平均值公式……74
二、对平均值公式的说明……75
三、坐标算符和动量算符的平均值公式……76
§4-7　不确定关系……80
一、物理量的涨落……80
二、不确定关系……81
三、对不确定关系的讨论……82
§4-8　力学量平均值随时间的变化、守恒定律……85
一、力学量平均值随时间的变化……85
二、量子力学中的守恒定律……86
三、对量子力学中守恒量的说明……88
§4-9　位力定理和费曼-海尔曼定理……90
一、位力定理……90
二、费曼-海尔曼定理……92
习题……93

第五章　中心力场……95

§5-1　中心力场中粒子运动的一般性质……95
一、粒子在中心力场中的运动……95
二、两体问题转化为单体问题……97
§5-2　氢原子问题……99
一、氢原子问题的本征解……99
二、对氢原子的讨论……102
§5-3　无限深球方形势阱……107
§5-4　氘核……110
习题……112

第六章　量子力学的矩阵表示……113

§6-1　状态的表象……113
一、表象概念……113
二、坐标表象和动量表象……114
§6-2　量子力学的矩阵表示……116
一、波函数的矩阵表示……116

二、力学量算符的矩阵表示…… 117
三、量子力学公式的矩阵表示…… 120
§6-3 表象变换…… 122
一、基矢变换…… 122
二、力学量算符的表象变换…… 124
三、波函数的表象变换…… 125
四、幺正变换的重要性质…… 125
§6-4 狄拉克符号…… 126
一、左矢和右矢…… 126
二、标量积…… 127
三、基矢组…… 128
四、算符的狄拉克符号表示…… 129
五、量子力学方程的狄拉克符号表示…… 129
六、表象变换的狄拉克符号表示…… 131
习题 …… 132

第七章 量子力学本征值的代数解法 …… 133

§7-1 线性谐振子与占有数表象…… 133
一、产生算符和消灭算符…… 133
二、粒子数算符…… 134
三、产生算符和消灭算符对粒子数算符本征态的作用 …… 135
四、粒子数算符的本征解…… 136
五、能量本征值及本征态…… 136
六、粒子数表象中算符的矩阵表示…… 138
§7-2 角动量升/降算符…… 141
一、角动量升/降算符介绍…… 141
二、利用升/降算符讨论 $\hat{J}^2$ 、 $\hat{J}_z$ 的本征值…… 142
三、 $\hat{J}_+$ 、 $\hat{J}_-$ 对 $|jm\rangle$ 的作用 …… 143
四、在 (J^2, J_z) 表象中角动量的矩阵表示 …… 144
§7-3 两个角动量的耦合…… 146
一、两个角动量的相加（耦合） …… 147
二、角动量算符之间的对易关系…… 148
三、耦合表象和无耦合表象…… 149
习题 …… 152

第八章 粒子在电磁场中的运动 …… 154

§8-1 粒子在电磁场中的运动介绍…… 154
§8-2 正常塞曼效应…… 158
§8-3 朗道能级…… 159
习题 …… 161

第九章　近似方法 …… 162

§9-1　非简并定态微扰理论 …… 162
一、一级近似解 …… 163
二、二级近似解 …… 164
三、结果讨论 …… 165
§9-2　简并情况下的微扰理论 …… 168
一、简并情况下能量的一级近似 …… 168
二、氢原子的一级斯塔克效应 …… 170
§9-3　变分法 …… 172
§9-4　氦原子基态 …… 174
一、氦原子体系的哈密顿及本征方程 …… 174
二、用变分法求解氦原子基态能量 …… 175
§9-5　与时间有关的微扰理论 …… 178
§9-6　跃迁概率 …… 180
一、常微扰 …… 180
二、周期性微扰 …… 182
§9-7　光的吸收和受激辐射、选择定则 …… 185
一、光的吸收和受激辐射 …… 185
二、选择定则 …… 186
习题 …… 188

第十章　电子的自旋 …… 190

§10-1　电子自旋 …… 190
一、电子自旋的实验依据 …… 190
二、电子的自旋角动量 …… 191
§10-2　电子的自旋算符和自旋函数 …… 192
一、自旋算符及其性质 …… 192
二、自旋算符的矩阵表示 …… 193
三、自旋波函数 …… 194
四、电子态函数的普遍形式 …… 198
§10-3　电子总角动量的本征态 …… 200
§10-4　碱金属原子光谱的精细结构 …… 204
§10-5　反常塞曼效应 …… 206
§10-6　二电子体系的自旋波函数 …… 209
一、两个电子的自旋波函数 …… 209
二、二电子体系总角动量的物理图像 …… 212
习题 …… 213

第十一章　全同性原理 …… 215

§11-1　全同粒子的特性 …… 215

一、全同粒子体系和全同性原理……215
二、全同粒子体系波函数的特性……215
三、玻色子和费米子……217
§11-2 全同粒子体系的波函数、泡利原理……217
一、两个全同粒子体系的波函数……217
二、N个全同粒子体系的波函数……219
三、忽略L-S耦合情况下体系的波函数……221
习题……225
附录A 量子力学发展简史……226
一、早期量子论……226
二、量子力学的发展……233
三、关于量子力学完备性的争论……240
四、结语……247
附录B 基本物理常量……248
参考文献……249

第一章　早期的量子论

§1-1　黑体辐射

一、黑体辐射的实验规律

任何物体都在不停地进行热辐射。19 世纪末，人们已认识到热辐射与光辐射都是电磁波。于是，人们开始研究辐射能量随频率或波长的分布问题，特别是对黑体辐射进行了较深入的理论和实验研究。

所谓黑体，是指能全部吸收辐射在它上面的电磁波而无反射的物体。显然，黑体是一个理想模型，现实中黑体是不存在的。

当黑体在单位时间内单位面积上吸收的电磁波能量与辐射的电磁波能量相等时，称黑体处于热辐射平衡态。处于热辐射平衡态的黑体的温度保持不变。

人们测出，处于热辐射平衡态的黑体的辐射能量密度随频率（或波长）变化的实验结果如图 1-1 所示。它有如下特点：

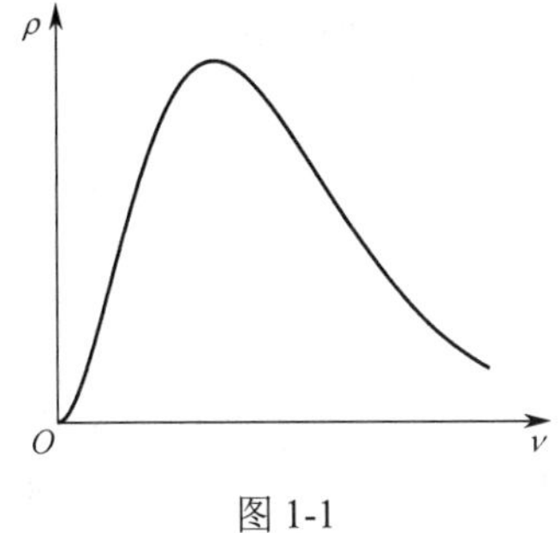

图 1-1

（1）该曲线只与黑体的热力学温度有关，而与空腔的形状及组成的物质无关；

（2）频率（或波长）较小或较大的范围内，辐射能量较小，大部分能量集中在中等频率（或波长）范围。

二、经典理论对黑体辐射解释的失败

许多人企图用经典物理学来说明这种能量分布的规律，推导与实验结果符合的能量分布公式，但都未成功。其中较为著名的有以下两个。

（1）1894 年，维恩（Wien）分析了实验数据，利用热力学理论得出一个经验公式，即维恩公式

$$\rho_\nu \mathrm{d}\nu = c_1 \mathrm{e}^{-c_2\nu/T}\nu^3 \mathrm{d}\nu \tag{1-1}$$

式中，c_1、c_2 为两个经验参数，T 为处于热辐射平衡态的黑体的温度，ρ_ν 为黑体的辐射能量密度。结果表明，公式与实验曲线在高频部分符合，但在低频部分不符合。

（2）1900 年，瑞利（Rayleigh）和金斯（Jeans）根据经典电动力学与统计物理学，得出了另一个黑体辐射的能量公式，即瑞利–金斯公式

$$\rho_\nu \mathrm{d}\nu = \frac{8\pi kT}{c^3}\nu^2 \mathrm{d}\nu \tag{1-2}$$

式中，c 为光速，k 为玻耳兹曼常数。结果表明，此公式在低频部分与实验曲线比较符合，但在高频部分与实验曲线不符合，特别是当 $\nu \to \infty$ 时，$\rho_\nu \to \infty$ 是发散的，与实验结果明显不符，即所谓的“紫外发散灾难”。

三、普朗克公式和能量子假设

1900 年 10 月，普朗克（Planck）在瑞利–金斯公式和维恩公式的基础上，进一步分析了实验曲线，得到了一个很好的经验公式，即著名的普朗克公式

$$\rho_\nu \mathrm{d}\nu = \frac{c_1\nu^3}{\mathrm{e}^{c_2\nu/T}-1}\mathrm{d}\nu \tag{1-3}$$

许多实验物理学家用它来分析当时最精确的实验数据，发现符合得很好，如图 1-2 所示。

容易验证，维恩公式和瑞利–金斯公式是普朗克公式的极限情况。

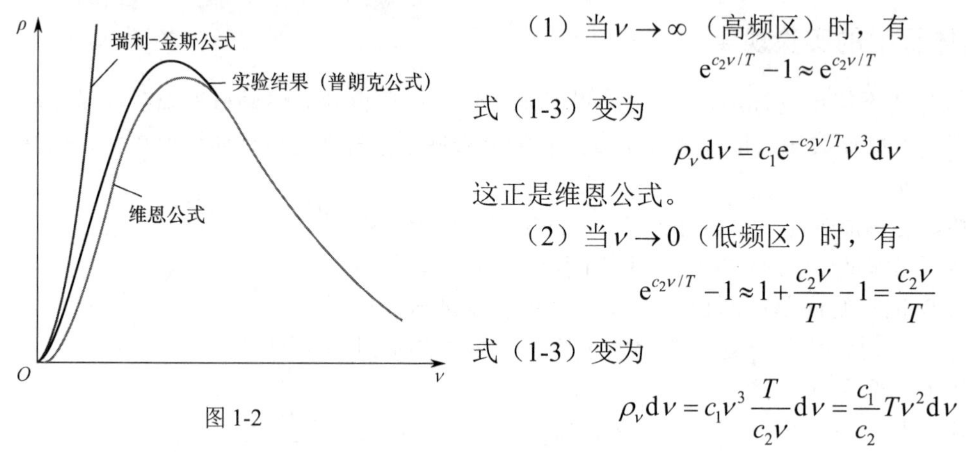

图 1-2

（1）当$\nu\to\infty$（高频区）时，有

$$\mathrm{e}^{c_2\nu/T}-1\approx \mathrm{e}^{c_2\nu/T}$$

式（1-3）变为

$$\rho_\nu \mathrm{d}\nu = c_1\mathrm{e}^{-c_2\nu/T}\nu^3\mathrm{d}\nu$$

这正是维恩公式。

（2）当$\nu\to 0$（低频区）时，有

$$\mathrm{e}^{c_2\nu/T}-1\approx 1+\frac{c_2\nu}{T}-1=\frac{c_2\nu}{T}$$

式（1-3）变为

$$\rho_\nu \mathrm{d}\nu = c_1\nu^3\frac{T}{c_2\nu}\mathrm{d}\nu=\frac{c_1}{c_2}T\nu^2\mathrm{d}\nu$$

其中，$\dfrac{c_1}{c_2}=\dfrac{8k\pi}{c^3}$，这正是瑞利–金斯公式。

人们认识到，普朗克公式与实验结果的惊人符合绝非偶然的巧合，在这公式中一定蕴藏着一个非常重要但尚未被人们揭示出的科学原理，这就是后来著名的黑体辐射问题。

经过探索，普朗克发现，如果做以下假设，则可以从理论上导出他的黑体辐射公式。这个假设是：对于一定频率ν的辐射，物体只能以$h\nu$为单位吸收或发射它，h是一个普适常数，称为普朗克常数。换言之，物体吸收或发射电磁辐射，只能以“量子”（Quantum）的方式进行，每个“量子”的能量为

$$\varepsilon = h\nu \tag{1-4}$$

普朗克因此获得 1918 年的诺贝尔物理学奖。

尽管根据这个量子假设可以导出与观测极为符合的普朗克公式，但由于能量不连续的概念与经典力学是完全不相容的，所以此工作在相当长的时间里未能引起人们的重视。

§1-2 光量子论

一、光子概念

首先注意到量子假设有可能解决经典物理学所碰到的其他困难的是年轻的爱因斯坦（A.Einstein）。1905 年，他提出了光子（photon）概念。他认为：辐射场是由光子组成的，每个光子的能量E与辐射频率ν的关系是

$$E = h\nu = \frac{h}{2\pi}\cdot 2\pi\nu = \hbar\omega \tag{1-5}$$

他还根据他同年提出的狭义相对论中给出的质能方程$E = mc^2$，得出光子的动量为

$$P = mc = \frac{E}{c} = \frac{h\nu}{c} = \frac{h}{\lambda} = \frac{h}{2\pi}\frac{2\pi}{\lambda} = \hbar k \tag{1-6}$$

由式（1-5）和式（1-6）可以看出，普朗克常数h在微观现象中占有重要地位。通过它把光子的能量和动量与频率和波长联系起来。在宏观现象中不存在普朗克常量，即$h \to 0$，E、P是连续的，因此凡是h在其中起重要作用的现象，都属于量子现象。

二、光电效应

1888 年，赫兹（Hertz）首先发现了光电效应，即当可见光照射到金属表面时，立即有电子从金属中逸出，但对其机制并不清楚。直到 1897 年，汤姆逊（J.J.Thomson）通过气体放电现象及阴极射线的研究发现了电子，人们才认识到光电效应是由紫外线照射导致大量电子从金属表面逸出的现象。

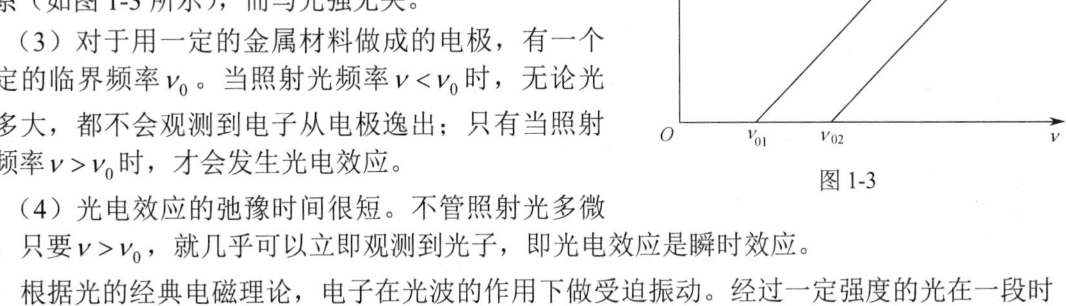

图 1-3

光电效应呈现下列几个特点。

（1）单位时间内由阴极逸出的电子数与光强成正比。

（2）逸出的电子的能量与照射光的频率ν呈线性关系（如图 1-3 所示），而与光强无关。

（3）对于用一定的金属材料做成的电极，有一个确定的临界频率ν_0。当照射光频率$\nu < \nu_0$时，无论光强多大，都不会观测到电子从电极逸出；只有当照射光频率$\nu > \nu_0$时，才会发生光电效应。

（4）光电效应的弛豫时间很短。不管照射光多微弱，只要$\nu > \nu_0$，就几乎可以立即观测到光子，即光电效应是瞬时效应。

根据光的经典电磁理论，电子在光波的作用下做受迫振动。经过一定强度的光在一段时间内的照射后，电子总可以积累足够的能量从金属中逸出，不存在临界频率。而且，光波的能量是分布在波面上的，电子积累能量需要一段时间，光电效应是不可能瞬时发生的。显然，经典电磁理论无法解释光电效应的实验结果。

爱因斯坦利用光子假设成功解释了光电效应的实验规律。他认为，当光照射到金属表面时，一个光子的能量可以立即被金属中的自由电子吸收。只有当那些入射光子的频率或能量足够大时，才能使电子克服金属表面的逸出功A。逸出电子的动能满足

$$\frac{1}{2}mv^2 = h\nu - A \tag{1-7}$$

由式（1-7）可看出，当$h\nu < A$时，电子吸收的能量不足以克服金属表面的逸出功而逃出，因而观测不到光子，显然，对每种金属都存在临界频率

$$\nu_0 = \frac{A}{h} \tag{1-8}$$

由式（1-7）还可以看出，电子逃逸时的动能只与照射光的频率ν有关，且呈线性关系，而与照射光的强度无关。

爱因斯坦对光电效应的成功解释，使他获得了 1921 年的诺贝尔物理学奖。

三、康普顿散射

1923 年，康普顿（Compton）利用光子概念成功地解决了康普顿散射问题。所谓康普顿散射，是指当 X 射线照射到晶体上时其散射光中有波长增加的成分。

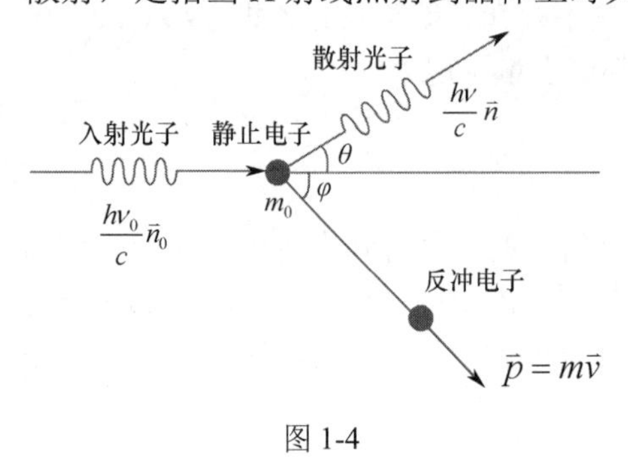

图 1-4

康普顿认为，X 射线的散射是单个光子和单个电子发生碰撞的结果，如图 1-4 所示。

在固体如各种金属中，有许多和原子核联系较弱的电子可以被视为自由电子。它们热运动的平均动能（约10^{-2}eV）远小于 X 射线光子的能量（10^4～10^5eV），因而可认为电子在碰撞前是静止的。光子与电子碰撞后，把部分能量传给了电子，光子失去了部分能量，所以波长变大了。

康普顿还假设，光子与电子的碰撞满足动量守恒定律和能量守恒定律，即

$$\frac{h\nu_0}{c}\vec{n}_0=\frac{h\nu}{c}\vec{n}+m\vec{v} \tag{1-9}$$

$$h\nu_0+m_0c^2=h\nu+mc^2 \tag{1-10}$$

再利用 $m=\frac{m_0}{\sqrt{1-v^2/c^2}}$，容易求得

$$\Delta\lambda=\lambda-\lambda_0=\frac{h}{m_0c}(1-\cos\theta)=2\frac{h}{m_0c}\sin^2\frac{\theta}{2}=2\lambda_C\sin^2\frac{\theta}{2} \tag{1-11}$$

式中

$$\lambda_C=\frac{h}{m_0c}=0.0243\times10^{-10}\,\mathrm{m} \tag{1-12}$$

称为电子的康普顿波长。

由此得出的理论结果和实验结果完全一致。康普顿因此获得 1927 年的诺贝尔物理学奖。康普顿散射说明：（1）光子概念是正确的；（2）$\Delta\lambda$ 与 h 有关，这是经典物理无法理解的；（3）微观领域中，能量守恒定律及动量守恒定律依然成立。

四、电子对湮没

正电子和负电子相遇时能够形成与氢原子相似的电子偶素，然后湮没。如果湮没后产生两个光子，即 $e^++e^-\to2\gamma$，则两个光子动量的数值相等、方向相反。该过程满足能量守恒定律

$$2h\nu=2m_0c^2 \tag{1-13}$$

$$\lambda=\frac{h}{m_0c}=0.0243\times10^{-10}\,\mathrm{m}$$

此结论与实验结果一致。

爱因斯坦与德拜（Debye）还进一步将能量不连续的概念应用于固体中原子的振动，成功地解决了当温度 $T\to0\mathrm{K}$ 时固体比热趋于零的现象。至此，普朗克提出的能量不连续的概念才普遍引起物理学家的注意。于是人们开始用它来思考经典物理学碰到的其他重大疑难问

题，其中最突出的就是关于原子结构与原子光谱的问题。

§1-3　玻尔的氢原子理论

一、原子光谱的实验规律

人们对原子结构的认识源于对原子光谱的研究。到 19 世纪中叶，人们对光谱分析积累了相当丰富的资料。1885 年，巴耳末（Balmer）发现，氢原子可见光谱线的波数$\tilde{\nu}$具有以下简单规律

$$\tilde{\nu}=\frac{1}{\lambda}=R\left(\frac{1}{2^2}-\frac{1}{n^2}\right) \qquad (n=3,4,5,\cdots) \tag{1-14}$$

式中，R为氢原子的里德堡常量。

巴耳末公式与观测结果的惊人符合，引起了光谱学家的注意。1908 年，里兹给出了更普遍的结合原则：每种原子都有特有的一系列光谱项$T(n)$，原子发出的光谱线的波数$\tilde{\nu}$总可以表示成两个光谱项之差，即

$$\tilde{\nu}_{mn}=T(m)-T(n) \tag{1-15}$$

其中，m、n是某些整数。

于是，人们自然会问：原子的分立线状光谱产生的机制是什么？这些谱线的波长（数）为什么有这样简单的规律？光谱项的本质又是什么？……

二、原子有核模型

1911 年，卢瑟福（Rutherford）用α粒子轰击原子的实验，导致了今天众所周知的“原子有核模型”，即原子是由原子核和核外高速运动着的电子组成的。

但按经典电动力学的理论，加速运动的带电粒子会不断辐射电磁波而失去能量。因此，围绕原子核外运动的电子，终究会因不断丧失能量而“掉到”原子核中去，这样，原子也就“塌缩”了。而且在“塌缩”的过程中，能量是连续减小的，所以应辐射连续光谱。但实际上，原子是稳定的，而且辐射线状光谱。

现实与理论的矛盾十分尖锐地摆在面前，如何解决这个问题，便成了广大科学家十分关注的问题。

三、玻尔的氢原子理论介绍

1912 年，丹麦年轻的物理学家玻尔（N.Bohr）来到了卢瑟福的实验室，深深地被上述矛盾所吸引。他深刻地认识到，必须背离经典电动力学，采用新的观念，才可能解释原子规律。

1913 年，他提出了关于原子结构的两个重要概念（假定）。

（1）定态假设：原子能够而且只能够稳定地存在于能量分立（$E_1,E_2,\cdots$）的一系列状态中，这些状态称为定态（stationary state）。

（2）跃迁假设：原子能量吸收或发射电磁辐射都只能在两个定态之间以跃迁（transition）的方式进行。

设原子的两个定态能量分别为E_n和E_m，且$E_n > E_m$。原子在这两个定态之间跃迁时，发射或吸收的电磁波的频率ν满足

$$h\nu = E_n - E_m \tag{1-16}$$

或

$$\frac{1}{\lambda} = \frac{1}{hc}(E_n - E_m) \tag{1-17}$$

简言之，玻尔量子论的核心有两个：一个是原子的具有分立能量的定态概念；另一个是两个定态之间的量子跃迁概念和频率条件。

玻尔的重要贡献在于把原子辐射的频率与两个定态能量之差联系起来，这就抓住了原子光谱的组合规则的本质，式（1-15）正是频率条件的反映。光谱项是与原子分立的定态能量联系在一起的，即

$$T(n) = -\frac{E_n}{hc} \tag{1-18}$$

其物理意义就十分清楚了。

玻尔在他的理论中开始时只考虑了电子的圆周轨道，即电子只具有一个自由度，得到了电子的角动量J的量子化条件，即做圆周运动的电子的角动量J只能是$\hbar$的整数倍

$$J = n\hbar \quad (n = 1,2,3,\cdots) \tag{1-19}$$

根据以上假设，可以容易地求出体系的分立能级，并与氢原子光谱实验规律高度符合。

氢原子中的电子绕原子核做圆周运动，其向心力就是原子核对它的库仑力，即

$$\frac{e^2}{4\pi\varepsilon_0 r_n^2} = m\frac{v_n^2}{r_n}$$

再利用量子化条件

$$J_n = r_n m v_n = n\hbar$$

解得

$$r_n = \frac{\varepsilon_0 h^2}{\pi m e^2} n^2 \tag{1-20}$$

$$v_n = \frac{e^2}{2\varepsilon_0 h}\frac{1}{n} \tag{1-21}$$

当$n=1$时，$r_1 = 0.529\times 10^{-10}\ \mathrm{m}$，是氢原子的基态轨道半径，称为玻尔半径，其数值与用其他方法得到的数值符合得很好；$v_1 = 2.19\times 10^6\ \mathrm{m/s}$，是氢原子中基态电子的运动速率。

电子绕原子核旋转的总能量为动能和电势能之和，即

$$E_n = \frac{1}{2}mv_n^2 - \frac{e^2}{4\pi\varepsilon_0 r_n}$$

把式（1-20）和式（1-21）代入上式，得

$$E_n = -\frac{me^4}{8{\varepsilon_0}^2 h^2}\frac{1}{n^2} \tag{1-22}$$

即氢原子的定态能量公式。当$n=1$时，$E_1 = -13.6\,\mathrm{eV}$，是氢原子的基态能量。

由式（1-17）和式（1-22），得

$$\tilde{\nu}=\frac{1}{\lambda}=\frac{E_n}{hc}-\frac{E_k}{hc}=\frac{me^4}{8\varepsilon_0{}^2h^3c}\left(\frac{1}{k^2}-\frac{1}{n^2}\right)=R_H\left(\frac{1}{k^2}-\frac{1}{n^2}\right) \tag{1-23}$$

式中，$R_H=\dfrac{me^4}{8\varepsilon_0{}^2h^3c}=1.097\ 373\ 1\times10^7\ \text{m}^{-1}$。如果考虑原子核的运动，修正值为$R_H=1.096\ 775\ 1\times 10^7\ \text{m}^{-1}$，与实验结果$R_H=1.096\ 775\ 8\times10^7\ \text{m}^{-1}$符合得相当好。

后来，索末菲将玻尔的量子化条件推广到多自由度体系的周期运动中去，提出了推广的量子化条件

$$\oint p\text{d}q=\left(n+\frac{1}{2}\right)h \tag{1-24}$$

式中，q是广义坐标；p是广义动量；回路积分是沿运动轨道积分一圈；n是正整数，称为量子数。

玻尔的量子论首次打开了认识原子结构的大门，取得了很大的成功，但它的局限性和存在的问题也逐渐被人们认识到。

（1）玻尔理论只能解决氢原子光谱的规律，对于更复杂的原子的光谱，就遇到了很大困难。

（2）玻尔理论只能处理周期运动，而不能处理非束缚态（如散射）问题。

（3）从理论体系上讲，能量量子化等概念与经典力学是不相容的，多多少少带有人为的性质，它们的物理本质还不清楚。

§1-4　微观粒子的波动性

一、德布罗意物质波假设

光既具有波动性，又具有粒子性，称为光的波粒二象性。实际物体具有粒子性，那么它是否也具有波动性呢？1924 年 11 月 27 日，德布罗意（De Broglie）在英国《哲学杂志》发表了名为《关于量子理论的研究》的博士论文，此文阐述了有关物质波可能存在的主要观点。

（1）微观实物粒子也具有波动性，称为物质波或德布罗意波。

（2）自由粒子的能量和动量与平面波的频率和波长之间的关系就像光子和光波的关系一样，即

$$E=h\nu=\hbar\omega \tag{1-25}$$

$$\bar{p}=\frac{h}{\lambda}\bar{n}=\hbar\bar{k} \tag{1-26}$$

（3）物质波不是通常的波，它产生于任何运动的物体，所以不是电磁波；它能在真空中传播，所以也不是机械波。

少数物理学家对此嗤之以鼻，但三四年后被实验证实。

下面举两个例子，来计算德布罗意波长。

【例 1-1】质量为100g 的一块石头以100 cm/s 的速度飞行，其德布罗意波长是

$$\lambda=\frac{h}{p}=\frac{h}{mv}=\frac{6.6\times10^{-34}}{100\times10^{-3}\times100\times10^{-2}}=6.6\times10^{-33}\,\mathrm{m}=6.6\times10^{-23}\ \text{Å}$$

由此可见，对于一般的宏观物体，其德布罗意波长是很小的，很难显示波动性。

【例 1-2】若用150V的电压加速电子，则其德布罗意波长为

$$\lambda=\frac{h}{p}=\frac{h}{\sqrt{2mE}}=\frac{h}{\sqrt{2meV}}=\frac{12.25}{\sqrt{V}}\,\text{Å}=\frac{12.25}{\sqrt{150}}\,\text{Å}\approx1\ \text{Å}$$

可见电子的德布罗意波长在数量上相当于（小于）晶体中的原子间距。如果电子具有波动性，则把晶体作为光栅，有可能测出电子的波动性。

二、电子衍射实验

1927 年，美国物理学家戴维孙（Davisson）和革末（Germer）用电子在晶体上做衍射实验，成功地得到了衍射图样，证明了德布罗意波假设的正确性。后来人们做了大量的实验，证实除了电子，质子、中子、原子、分子等微观粒子也都具有波动性。

上述实验事实都表明了德布罗意波不是虚构的，一切微观粒子都具有波动性，物质波的波长和粒子的动量由德布罗意公式联系起来。德布罗意因此于 1929 年获得诺贝尔物理学奖。

三、德布罗意平面波公式

德布罗意首先把物质波概念用在自由粒子上。由于自由粒子的能量和动量都是常量，因此由德布罗意关系式知与自由粒子联系的频率和波长都是不变的（即平面波）。

我们知道，频率为ν、波长为λ、沿x方向传播的平面波可以用下面的公式表示

$$\psi=a\cos\left[2\pi\left(\frac{x}{\lambda}-\nu t\right)-\delta\right] \tag{1-27}$$

式中，δ为平面波的初相。

如果平面波沿单位矢量$\vec{n}$的方向传播，则表示为

$$\psi=a\cos\left[2\pi\left(\frac{\vec{r}\cdot\vec{n}}{\lambda}-\nu t\right)-\delta\right]=a\cos(\vec{k}\cdot\vec{r}-\omega t-\delta) \tag{1-28}$$

其中利用了$\vec{k}=\frac{2\pi}{\lambda}\vec{n}$、$\omega=2\pi\nu$。将式（1-28）写成复数形式，有

$$\psi(\vec{r},t)=a\mathrm{e}^{\mathrm{i}(\vec{k}\cdot\vec{r}-\omega t-\delta)}=A\mathrm{e}^{\mathrm{i}(\vec{p}\cdot\vec{r}-Et)/\hbar} \tag{1-29}$$

式中，$A=a\mathrm{e}^{-\mathrm{i}\delta}$。式（1-29）称为德布罗意波公式，其实部就是式（1-28）。

量子力学中描写自由粒子的平面波必须用复数形式而不用实数形式，原因将在第二章说明。

四、对波粒二象性的进一步理解

（1）实物粒子和光在被测量时都是完整出现的，波是弥散于整个空间的。实物粒子和光兼有这两种截然不同的特征。

（2）从光和实物粒子各自的宏观表现与微观表现看，二者恰好相反。光的宏观表现是波动性，粒子性是它的微观特征；实物粒子的宏观表现是粒子性，波动性是它的微观特征。

（3）波动性和粒子性不能同时被测量：测量实物粒子和光的波动性时，不能测量它们的粒子性；反之，测量实物粒子和光的粒子性时，不能测量它们的波动性。该结论称为并协原理或互补原理。

（4）实物粒子和光的波粒二象性表现出我国古代的哲学思想：对立统一，相生相克；你中有我，我中有你。

习 题

1-1 利用玻尔-索末菲量子化条件，求：

（1）一维谐振子能量；

（2）在均匀磁场中做圆周运动的电子轨道的可能半径。

已知外磁场 $B = 10\,\text{T}$，玻尔磁子 $M = \dfrac{\hbar e}{2m} = 9\times10^{-24}\,\text{J/T}$，试计算动能的量子间隔 ΔE，并与 $T = 4\,\text{K}$ 及 $T = 100\,\text{K}$ 热运动能量比较。

1-2 应用玻尔-索末菲量子化条件，计算一个在垂直方向做弹性往复运动的小球的允许能级。

1-3 由黑体辐射公式导出维恩位移律：能量密度极大值所对应的波长 λ_m 与温度 T 成反比，即 $\lambda_m T = b$（常数）。近似计算 b 的数值，准确到两位有效数字。

1-4 在 0K 附近，钠的价电子能量约为 3eV，求其德布罗意波长。

1-5 两个光子在一定条件下可以转化为正负电子对。如果两个光子的能量相同，问要实现这种转化，光子的波长最大是多少？

第二章　波函数和薛定谔方程

§2-1　波函数的统计解释

一、微观粒子的波粒二象性

德布罗意物质波假设的实质是，所有运动的实物粒子都既具有粒子性又具有波动性，即实物粒子具有波粒二象性。但当时人们的思想深受经典物理学的影响，在其非此即彼思想的束缚下，曾经出现如下两种对波粒二象性的解释，最终均以失败而告终。

一种观点认为：运动电子是某种物质波形成的波包，即由许多不同频率的波构成的一个复波，它可以局限在电子大小的空间（$2.8\times10^{-15}\text{m}$）中。计算表明，该波包的寿命大约只有$1.6\times10^{-26}\text{s}$，也就是说，在非常短的时间内电子就变成非定域的了，此即所谓波包发散的困难。这种观点只片面地强调了电子的波动性，而忽略了它的粒子性。

另一种观点认为：运动电子的波动性对应于由大量电子分布于空间而形成的疏密波，它类似于空气振动出现的纵波，即分子疏密相间而形成的一种分布。这种看法也与实验矛盾。实际上，在电子的衍射实验中，让多个电子同时通过仪器可以得到衍射图样，即使让电子一个一个地通过仪器，只要实验的时间足够长，也可以在底片上得到电子的衍射图样。这说明运动电子的波动性并不一定是在许多电子同时存在于空间中时才会出现的，更确切地说，单个电子就具有波动性。

那么，如何解释微观粒子的波粒二象性呢？

首先，回顾一下经典物理学是如何理解粒子的概念的：

（1）经典粒子具有确定的大小、质量和电荷，与其他物体整体地发生作用；

（2）经典粒子运动时服从牛顿力学定律，具有确定的轨道；

（3）经典粒子的状态用相应物理量（能量、动量等）来表征，物理量可以连续取值。

其次，再来看看经典物理学中波动的概念：

（1）经典的波动是可以在整个空间中传播的周期性扰动；

（2）表征经典波动的物理量是频率ν和波矢$\vec{k}$，运动规律服从相应的波动方程；

（3）经典的波满足叠加原理，可以得到干涉和衍射图样。

著名物理学家费曼（Feynman）指出，运动电子既不是经典意义下的粒子，又不是经典意义下的波，它保留了经典粒子的第一条属性和经典波动的第三条属性，但摈弃了经典粒子与波动的其他属性。电子同时具有粒子性和波动性这两种不同的属性，是粒子与波动这一对矛盾的综合体。

二、波函数的物理意义

1926年，薛定谔（Schrödinger）建立了一个非相对论的波动方程，即著名的薛定谔方程，它是一个波函数关于时间的一阶微分方程。但当时只知道方程中的波函数$\psi(\vec{r},t)$是坐标

$\bar{r}$ 和时间 t 的一个复函数，至于它的物理内涵到底是什么，并没有给出一个恰当的解释。不久，玻恩（Born）通过对散射过程的研究提出了概率波的概念，才使人们的思想彻底从经典理论的束缚中解放出来。

为说明波函数的物理意义，我们回顾一下电子干涉实验，如图 2-1 所示，并且用两种方式来完成此实验。

第一种方式：让一束电子同时发射，出现类似于光的干涉图样，如图 2-2 所示。

第二种方式：让电子一个一个地发射，结果如何？

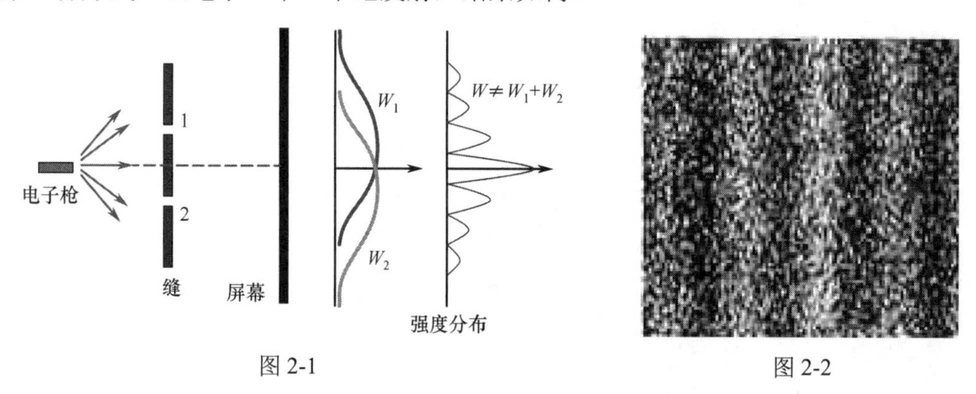

图 2-1　　　　图 2-2

实验发现，最初屏幕上呈现一个个电子到达后形成的亮点，当屏幕上电子不够多时，看不出什么规律。但随着电子数目的不断增加，当这些亮点连成片时，却出现和大量电子同时发射时一样的干涉图样，如图 2-3 所示。

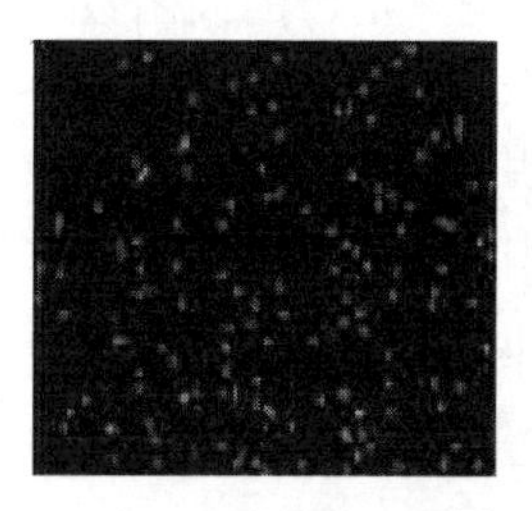
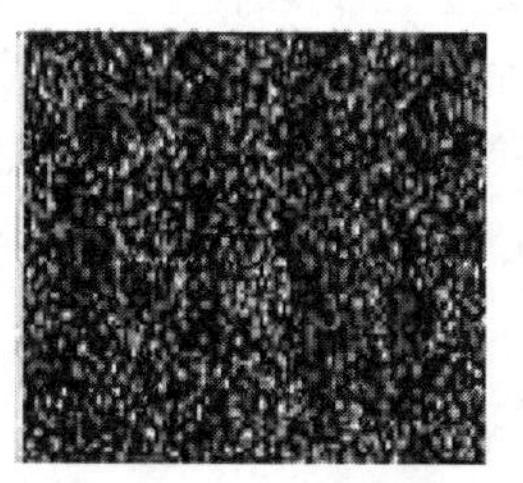
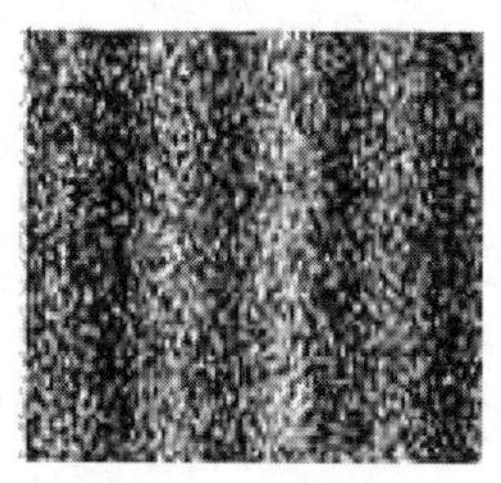

图 2-3

这是一个令人惊奇的结果。它表明：在明纹处，电子数目较大或电子到达该处的概率较大；在暗纹处，电子数目较小甚至为零或电子到达该处的概率较小甚至为零。更确切地说，屏幕上某点附近干涉图样强度（即波的强度）正比于该点附近电子出现的数目，或者说正比于该点附近电子出现的概率。也就是说，电子干涉实验中，屏幕上某点波的强度对应于该点电子出现的概率。

我们知道，两列经典波叠加后的强度不等于两列波的强度之和，即

$$I = I_1 + I_2 + 2\sqrt{I_1 I_2}\cos\Delta\varphi \neq I_1 + I_2$$

其中，$2\sqrt{I_1 I_2}\cos\Delta\varphi$ 导致了干涉的发生，称为干涉项。那么，电子干涉的发生也一定是因为出现了干涉项。

正如经典波的强度正比于振幅，微观粒子出现的概率也应正比于类似于经典振幅一样的东西，这就是概率幅。玻恩指出概率幅用波函数描述，他假设，微观粒子出现的概率应正比于波函数的模方，即

$$W \propto |\psi|^2 \tag{2-1}$$

在双缝实验中，分别打开缝 1 和缝 2，电子到达屏幕的概率分布分别为

$$W_1 \propto |\psi_1|^2 \qquad W_2 \propto |\psi_2|^2 \tag{2-2}$$

那么，当缝 1 和缝 2 同时打开时，在什么条件下才能出现干涉图样呢？

结论：要出现干涉图样，必须要求屏幕上某点的波函数等于电子分别通过两条缝到达该点时的波函数的叠加。原因如下：

令

$$\psi = c_1\psi_1 + c_2\psi_2 \tag{2-3}$$

式（2-3）中的 c_1、c_2 为复数。于是

$$|\psi|^2 = |c_1\psi_1 + c_2\psi_2|^2 = |c_1\psi_1|^2 + |c_2\psi_2|^2 + c_1^* c_2 \psi_1^* \psi_2 + c_2^* c_1 \psi_2^* \psi_1 \tag{2-4}$$

式（2-4）右边的后两项为干涉项。所以，粒子出现的概率为

$$W = W_1 + W_2 + \text{干涉项} \tag{2-5}$$

对以上结果做以下总结。

（1）当电子一个个地通过双缝到达屏幕时，仍能出现干涉图样，说明单个电子具有波动性。

（2）当电子可以通过不同途径到达某一点时，该点的波函数等于电子通过不同途径到达该点的波函数的叠加。

（3）电子发射后经过双缝到达屏幕上哪一点事先是无法确定的，但可以确定它落到某点处的概率。所以，不论是德布罗意物质波，还是薛定谔的波函数，都不是实在的物理量的波动，只不过是描述粒子空间概率分布的概率波而已。

由以上讨论可知，粒子在空间运动时可以用波函数描述其状态，粒子出现的概率与波函数的模方成正比。如图 2-4 所示，设 t 时刻在空间位置 $\bar{r}$ 处周围的小体元 $\mathrm{d}\tau$ 内找到粒子的概率为

$$\mathrm{d}W(\bar{r},t) = |\psi(\bar{r},t)|^2 \,\mathrm{d}\tau \tag{2-6}$$

则概率密度为

$$w(\bar{r},t) = \frac{\mathrm{d}W(\bar{r},t)}{\mathrm{d}\tau} = |\psi(\bar{r},t)|^2 \tag{2-7}$$

式（2-7）中左边是粒子性表示，右边是波动性表示，该式是实物粒子波粒二象性的又一种表示。

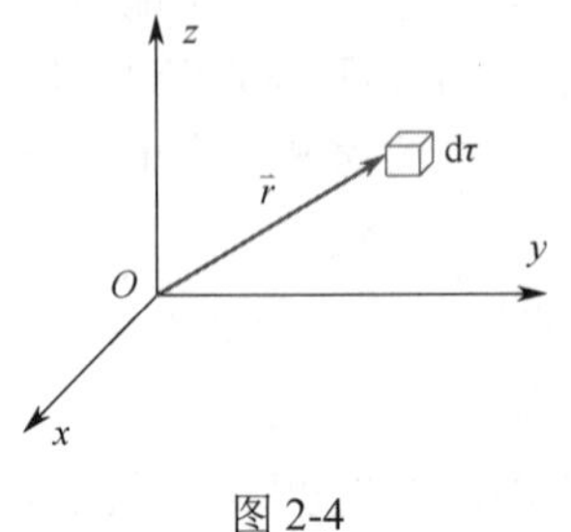

图 2-4

总之，实物粒子是一颗一颗的粒子，具有单粒子特性，但它们的运动不遵从经典力学的规律，而遵从某种波动规律，即遵从将要建立的波动力学−量子力学的规律。波函数在空间某点的强度 $|\psi|^2$ 与在该点的单位体积内找到粒子的概率成正比，这就是玻恩对波函数的统计解释。它是量子力学的一个基本假设。

玻恩得益于在量子力学所做的基础研究，特别是波函数的统计解释，与博特（Bothe）共享了 1954 年的诺贝尔物理学奖。

三、波函数的归一化

由于波函数的模方 $|\psi(\bar{r},t)|^2$ 代表 t 时刻粒子出现在 $\bar{r}$ 的概率密度，而且在整个空间找到

粒子的总概率应为 1，因此波函数应满足

$$\int_\infty |\psi(\bar{r},t)|^2 \mathrm{d}\tau = 1 \tag{2-8}$$

式（2-8）称为波函数的归一化方程，满足该式的波函数称为归一化波函数。

若ψ'没有归一化，而ψ是归一化波函数，且$\psi = c\psi'$，则

$$\int_\infty |\psi|^2 \mathrm{d}\tau = |c|^2 \int_\infty |\psi'|^2 \mathrm{d}\tau = 1$$

所以

$$|c|^2 = \frac{1}{\int_\infty |\psi'|^2 \mathrm{d}\tau}$$

取

$$c = \frac{1}{\sqrt{\int_\infty |\psi'|^2 \mathrm{d}\tau}} \tag{2-9}$$

称为归一化因子，所以归一化后的波函数为

$$\psi = c\psi' = \frac{\psi'}{\sqrt{\int_\infty |\psi'|^2 \mathrm{d}\tau}} \tag{2-10}$$

对应的概率密度为

$$w = |\psi|^2 = \frac{|\psi'|^2}{\int_\infty |\psi'|^2 \mathrm{d}\tau} \tag{2-11}$$

值得注意的是，量子力学中有的波函数不能归一化，如平面波的波函数式（1-29），其模方对整个空间的积分趋于无穷大，即

$$\int_\infty |\psi_p|^2 \mathrm{d}\tau = |A|^2 \int_\infty \mathrm{d}\tau \to \infty$$

此类波函数如何归一化以后再讲。

四、波函数的性质

本节最后介绍波函数的性质。

（1）波函数$\psi(\bar{r},t)$一般是复数（以后证明），它不表示任何真实的物理量，其意义在于$|\psi(\bar{r},t)|^2$表示t时刻粒子出现在$\bar{r}$处的概率密度。

（2）两个相差一个复常数的波函数描述的是同一状态，即$\psi_2(\bar{r},t) = A\psi_1(\bar{r},t)$（$A$是常数）与$\psi_1(\bar{r},t)$描写同一状态，原因如下。

如果$\psi_1(\bar{r},t)$和$\psi_2(\bar{r},t)$都没有归一化，则

$$w_2(\bar{r},t) = \frac{|\psi_2(\bar{r},t)^2|}{\int |\psi_2(\bar{r},t)^2| \mathrm{d}\tau} = \frac{|A|^2 |\psi_1(\bar{r},t)^2|}{|A|^2 \int |\psi_1(\bar{r},t)^2| \mathrm{d}\tau} = \frac{|\psi_1(\bar{r},t)^2|}{\int |\psi_1(\bar{r},t)^2| \mathrm{d}\tau} = w_1(\bar{r},t)$$

显然，两者给出的在位置$\bar{r}$处的概率密度是完全相同的。这是量子力学中波函数特有的一条性质。

（3）归一化的波函数ψ仍允许存在一不确定的相因子$\mathrm{e}^{\mathrm{i}\delta}$，原因如下。

若$\psi \mathrm{e}^{\mathrm{i}\delta}$与$\psi$都已归一化，则

$$\left|\psi e^{i\delta}\right|^2 = |\psi|^2$$

二者描述同一状态，即归一化的波函数可以含有一个任意的相因子。

【例 2-1】做一维运动的粒子被束缚在 $0<x<a$ 的范围内，已知其波函数为

$$\psi(x) = A\sin\frac{\pi x}{a}$$

求：（1）归一化常数 A；（2）粒子在 $0\sim a/2$ 区域内出现的概率；（3）粒子在何处出现的概率最大？

解：（1）由归一化条件，有

$$\int_{-\infty}^{\infty}|\psi|^2\,dx = |A|^2\int_0^a \sin^2\frac{\pi x}{a}dx = |A|^2\frac{a}{2} = 1$$

取归一化常数 $A=\sqrt{2/a}$，则归一化后的波函数为

$$\psi(x) = \sqrt{\frac{2}{a}}\sin\frac{\pi x}{a}$$

（2）粒子的概率密度为

$$w = |\psi|^2 = \frac{2}{a}\sin^2\frac{\pi x}{a}$$

粒子在 $0\sim a/2$ 区域内出现的概率为

$$\int_0^{a/2}|\psi|^2 dx = \frac{2}{a}\int_0^{a/2}\sin^2\frac{\pi x}{a}dx = \frac{1}{2}$$

（3）令 $\frac{dw}{dx}=0$，即

$$\frac{d}{dx}|\psi|^2 = \frac{2\pi}{a^2}\sin\frac{2\pi x}{a} = 0$$

解得

$$x = \frac{a}{2}$$

因为 $\left.\frac{d^2 w}{dx^2}\right|_{x=a/2}<0$，所以粒子出现在 $x=\frac{a}{2}$ 处的概率最大。

【例 2-2】设 $t=0$ 时刻，微观粒子的波函数为

$$\psi(x,0) = \begin{cases} Ax & 0\leqslant x\leqslant 1 \\ A(4-x)/3 & 1<x\leqslant 4 \\ 0 & x<0, x>4 \end{cases}$$

求：（1）归一化常数 A；（2）画出 $\psi(x,0)$ 和 $|\psi(x,0)|^2$；（3）计算粒子在坐标区间(0,1)和(1,4)内出现的概率。

解：（1）由归一化条件，有

$$\int_{-\infty}^{\infty}|\psi(x,0)|^2 dx = |A|^2\left[\int_0^1 x^2 dx + \frac{1}{9}\int_1^4 (4-x)^2 dx\right] = 1$$

所以，归一化因子为

$$A = \frac{\sqrt{3}}{2}$$

（2）归一化后的波函数为

$$\psi(x,0) = \begin{cases} \sqrt{3}x/2 & 0 \leqslant x \leqslant 1 \\ \sqrt{3}(4-x)/6 & 1 < x \leqslant 4 \\ 0 & x < 0, x > 4 \end{cases}$$

波函数的模方为

$$|\psi(x,0)|^2 = \begin{cases} 3x^2/4 & 0 \leqslant x \leqslant 1 \\ (4-x)^2/12 & 1 < x \leqslant 4 \\ 0 & x < 0, x > 4 \end{cases}$$

$\psi(x,0)$ 和 $|\psi(x,0)|^2$ 如图 2-5 所示。

（3）粒子在坐标区间(0,1)和(1,4)内出现的概率分别为

$$W(0 \sim 1) = \frac{3}{4}\int_0^1 x^2 \mathrm{d}x = \frac{1}{4}$$

$$W(1 \sim 4) = \frac{1}{12}\int_1^4 (4-x)^2 \mathrm{d}x = \frac{3}{4}$$

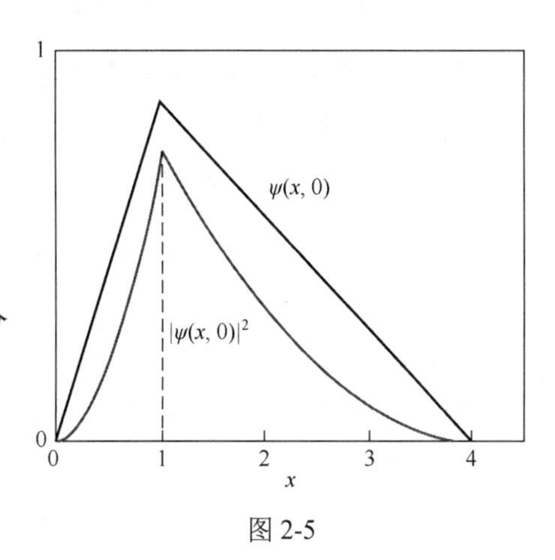

图 2-5

§2-2　态叠加原理

一、态叠加原理的表述

波函数的统计解释是波粒二象性的表现。微观粒子的波粒二象性还可以通过量子力学的一个基本原理——态叠加原理表现出来。

叠加原理是一切波动所服从的基本原理。经典物理中水波、声波、光波叠加产生的干涉或衍射现象，都是叠加原理的体现。在量子力学中，实物粒子的波遵从量子力学的态叠加原理。

量子力学的态叠加原理表述如下：若 ψ_1 和 ψ_2 是体系的可能状态，那么它们的线性叠加 $c_1\psi_1 + c_2\psi_2$（c_1、c_2 一般为复数）也是体系的一个可能状态。即当体系处于叠加态 $c_1\psi_1 + c_2\psi_2$ 时，体系（概率分布）既处于 ψ_1 态，又处于 ψ_2 态；或者说，体系部分处于 ψ_1 态，部分处于 ψ_2 态。

把上面表述加以推广：若 $\psi_1, \psi_2, \cdots, \psi_n, \cdots$ 是体系的可能状态，则它们的线性叠加

$$\psi = \sum_n c_n \psi_n \tag{2-12}$$

（c_n 一般是复数）也是体系的一个可能状态。或者说，当体系处于叠加态 ψ 时，它部分处于 ψ_1 态，部分处于 ψ_2 态，部分处于 ψ_3 态，等等。

二、态叠加原理的几个实例

实例 1　电子双缝干涉实验

对电子双缝干涉实验，假设电子经过缝 1 后的状态为ψ_1，经过缝 2 后的状态为ψ_2，则屏幕上的电子状态为

$$\psi = c_1\psi_1 + c_2\psi_2 \tag{2-13}$$

这正是态叠加原理的反映，即屏幕上的电子部分处于ψ_1态，部分处于ψ_2态。

实例 2　电子在晶体表面的衍射

电子在晶体衍射实验中，被晶体表面反射后的电子，可能以各种不同的动量$\bar{p}$运动。

我们知道，以一个确定的动量$\bar{p}$运动的粒子状态用波函数

$$\psi_{\bar{p}}(\bar{r},t) = A\mathrm{e}^{\mathrm{i}(\bar{p}\cdot\bar{r}-Et)/\hbar} = \frac{1}{(2\pi\hbar)^{3/2}}\mathrm{e}^{\mathrm{i}(\bar{p}\cdot\bar{r}-Et)/\hbar} \tag{2-14}$$

描述，其中$A=\dfrac{1}{(2\pi\hbar)^{3/2}}$是归一化因子（将在第三章中讲述）。

由态叠加原理可知，在晶体表面反射后，电子的状态$\psi(\bar{r},t)$可以表示为$\bar{p}$取各种可能值的平面波的线性叠加，即

$$\psi(\bar{r},t) = \sum_{\bar{p}} c(\bar{p})\psi_{\bar{p}}(\bar{r},t) \tag{2-15}$$

由于$\bar{p}$连续变化，改上式中的求和为积分，因此该状态可表述为

$$\psi(\bar{r},t) = \iiint_{\infty} c(\bar{p})\psi_{\bar{p}}(\bar{r},t)\mathrm{d}p_x\mathrm{d}p_y\mathrm{d}p_z = \frac{1}{(2\pi\hbar)^{3/2}}\iiint_{\infty} c(\bar{p},t)\mathrm{e}^{\mathrm{i}\bar{p}\cdot\bar{r}/\hbar}\mathrm{d}p_x\mathrm{d}p_y\mathrm{d}p_z \tag{2-16}$$

其中叠加系数$c(\bar{p},t)$是$\psi(\bar{r},t)$的傅里叶变换，即

$$c(\bar{p},t) = \iiint \psi(\bar{r},t)\psi_{\bar{p}}^{*}(\bar{r})\mathrm{d}\tau = \frac{1}{(2\pi\hbar)^{3/2}}\iiint \psi(\bar{r},t)\mathrm{e}^{-\mathrm{i}\bar{p}\cdot\bar{r}/\hbar}\mathrm{d}x\mathrm{d}y\mathrm{d}z \tag{2-17}$$

说明：

（1）式（2-16）和式（2-17）互为傅里叶变换。

（2）对于一维情况，式（2-16）和式（2-17）简化为

$$\psi(x,t) = \frac{1}{\sqrt{2\pi\hbar}}\int_{-\infty}^{\infty} c(p,t)\mathrm{e}^{\mathrm{i}px/\hbar}\mathrm{d}p \tag{2-18}$$

$$c(p,t) = \frac{1}{\sqrt{2\pi\hbar}}\int_{-\infty}^{\infty} \psi(x,t)\mathrm{e}^{-\mathrm{i}px/\hbar}\mathrm{d}x \tag{2-19}$$

下面证明式（2-19）。

把式（2-18）两边同乘以$\dfrac{1}{\sqrt{2\pi\hbar}}\mathrm{e}^{-\mathrm{i}p'x/\hbar}$，并对空间$x$积分，得

$$\begin{aligned}\frac{1}{\sqrt{2\pi\hbar}}\int_{-\infty}^{\infty}\psi(x,t)\mathrm{e}^{-\mathrm{i}p'x/\hbar}\mathrm{d}x &= \int_{-\infty}^{\infty} c(p,t)\left[\frac{1}{2\pi\hbar}\int_{-\infty}^{\infty}\mathrm{e}^{\mathrm{i}(p-p')x/\hbar}\mathrm{d}x\right]\mathrm{d}p \\ &= \int_{-\infty}^{\infty} c(p,t)\delta(p-p')\mathrm{d}p = c(p',t)\end{aligned}$$

把上式中的p'改为p，即式（2-19）。

实例 3　偏振光通过偏振片

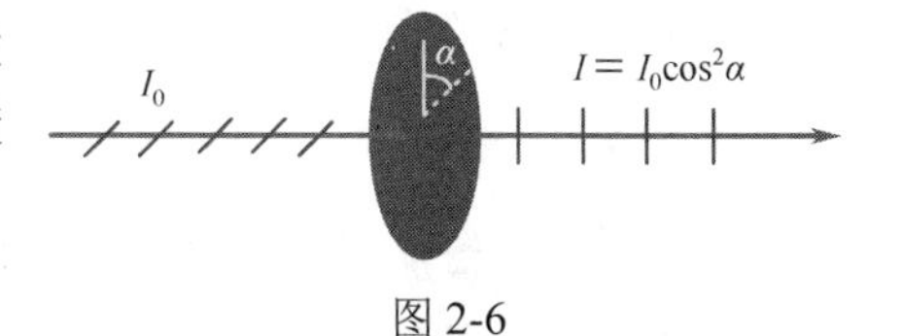

图 2-6

如图 2-6 所示，用一束偏振光垂直照射偏振片，设光偏振方向与偏振片的偏振化方向的夹角为α，则透射光强满足马吕斯定理$I = I_0 \cos^2 \alpha$。

若只让一个光子通过偏振片，则情形如何？

当$\alpha = 0$时，光子通过偏振片，能量不变，偏振方向不变；当$\alpha = \pi/2$时，光子被偏振片吸收；当α取其他值时，光子可能通过偏振片，也可能被偏振片吸收，通过的概率为$\cos^2\alpha$，被吸收的概率为$\sin^2\alpha$。

提示：透射光子总是完整的，而不是$\cos^2\alpha$个。

将描述$\alpha = 0$时光子的波函数记为$\psi_{//}$，将$\alpha = \pi/2$时光子的波函数记为$\psi_{\perp}$，则当夹角为α时，描述透射光子状态的波函数是

$$\psi_\alpha = \cos\alpha\psi_{//} + \sin\alpha\psi_{\perp} \tag{2-20}$$

即透射光子部分处于$\psi_{//}$态，部分处于$\psi_{\perp}$态，相应的概率分别为$\cos^2\alpha$和$\sin^2\alpha$。这正是态叠加原理的体现。单个光子的波函数就满足态叠加原理，说明相干现象并非多个光子的集合才具有的现象，单个光子波函数本身就有相干现象，这正是概率波与经典波的重要区别。

三、对态叠加原理的说明

（1）态叠加原理说的是波函数ψ的叠加，而不是概率密度函数w的叠加。如取式（2-12）的模方，则

$$|\psi|^2 = \psi^*\psi = \sum_n c_n^*\psi_n^* \sum_m c_m\psi_m = \sum_n\sum_m c_n^*c_m\psi_n^*\psi_m = \sum_n |c_n|^2|\psi_n|^2 + \sum_{n\neq m} c_n^*c_m\psi_n^*\psi_m \tag{2-21}$$

其中$|\psi_n|^2$表示各态的概率密度，满足$n \neq m$的项是干涉项。

（2）叠加系数的意义。

在电子双缝干涉实验中，ψ_1表示电子经过缝 1 的状态，ψ_2表示电子经过缝 2 的状态，叠加态ψ表示有些电子通过缝 1，有些电子通过缝 2，c_1、c_2表示二态在叠加态中占的权重，通过缝 1 和通过缝 2 的电子数之比为$|c_1|^2 : |c_2|^2$。如果只有一个电子，它通过缝 1 和通过缝 2 的概率之比为$|c_1|^2 : |c_2|^2$，或说电子通过缝 1 的概率与$|c_1|^2$成正比，通过缝 2 的概率与$|c_2|^2$成正比。

电子在晶体表面的衍射实验中，$\psi(\bar{r},t) = \sum_{\bar{p}} c(\bar{p},t)\psi_{\bar{p}}(\bar{r})$，系数的含义是散射电子处于$\psi_{\bar{p}}$态的概率（即电子动量取值为$\bar{p}$的概率）正比于$|c(\bar{p},t)|^2$。在该例中，$|\psi(\bar{r},t)|^2$代表电子在$t$时刻$\bar{r}$附近单位体积内出现的概率，$|c(\bar{p},t)|^2$代表电子在$t$时刻动量在$\bar{p}$附近单位动量区间内的概率。$\psi(\bar{r},t)$给定后，$c(\bar{p},t)$由傅里叶变换完全确定；同样，$c(\bar{p},t)$给定后，$\psi(\bar{r},t)$也可完全确定。由此可见，$\psi(\bar{r},t)$和$c(\bar{p},t)$是同一状态的两种不同描述，一个是以坐标为自变量的函数，另一个是以动量为自变量的函数，它们描述的是同一状态。

在偏振光通过偏振片的例子中，$\psi_\alpha = \cos\alpha\psi_{//} + \sin\alpha\psi_{\perp}$，系数的含义是透射光子处于

$\psi_{//}$ 态的概率为 $\cos^2\alpha$，处于 $\psi_{\perp}$ 态的概率为 $\sin^2\alpha$。

总结：如果体系处于叠加态 $\psi = \sum_n c_n\psi_n$，那么粒子处于 ψ_n 态的概率正比于系数的模方 $|c_n|^2$。

（3）量子态叠加原理与经典态叠加原理的区别。

① 经典波场的叠加是真实的场相加，波振幅代表场的强弱；量子力学中波函数的叠加不具有直接的物理意义。

② 经典的场（如电场 $c\bar{E}$ 与 $\bar{E}$）表示强弱不同的场；量子力学中，$c\psi$ 与 ψ 描述同一量子态。

§2-3 薛定谔方程

经典力学中，质点的状态由 $\bar{r}$、$\bar{p}$ 描述，它们遵从牛顿定律。若已知初始时刻质点的状态，通过牛顿定律可以求出任意时刻质点的状态。对量子体系，其状态由波函数 ψ 描述。若已知初始状态 $\psi(\bar{r},0)$，是否也存在一个方程，可以通过它求出任意时刻的状态 $\psi(\bar{r},t)$ 呢？答案是肯定的。

1926 年，薛定谔在德布罗意关系和态叠加原理的基础上，提出了描述微观粒子的运动规律的薛定谔方程，它是量子力学的又一个基本假设。

一、自由粒子的薛定谔方程

首先来建立自由粒子的薛定谔方程。前面讲过，描述自由粒子的波函数是平面波，即

$$\psi(\bar{r},t) = A\mathrm{e}^{\mathrm{i}(\bar{p}\cdot\bar{r}-Et)/\hbar} \tag{2-22}$$

它也是所要建立方程的解。

把式（2-22）两边对时间 t 求偏导，得

$$\frac{\partial\psi}{\partial t} = -\frac{\mathrm{i}}{\hbar}EA\mathrm{e}^{\mathrm{i}(\bar{p}\cdot\bar{r}-Et)/\hbar} = -\frac{\mathrm{i}}{\hbar}E\psi$$

所以

$$E\psi = \mathrm{i}\hbar\frac{\partial}{\partial t}\psi \tag{2-23}$$

再把式（2-22）两边对坐标 x 分别求一阶和二阶偏导，得

$$\frac{\partial\psi}{\partial x} = \frac{\mathrm{i}p_x}{\hbar}A\mathrm{e}^{\mathrm{i}(p_x x+p_y y+p_z z-Et)/\hbar} = \frac{\mathrm{i}p_x}{\hbar}\psi$$

$$\frac{\partial^2\psi}{\partial x^2} = -\frac{p_x^2}{\hbar^2}A\mathrm{e}^{\mathrm{i}(p_x x+p_y y+p_z z-Et)/\hbar} = -\frac{p_x^2}{\hbar^2}\psi$$

所以

$$p_x\psi = -\mathrm{i}\hbar\frac{\partial\psi}{\partial x} \qquad p_x^2\psi = -\hbar^2\frac{\partial^2\psi}{\partial x^2}$$

同理

$$p_y\psi = -\mathrm{i}\hbar\frac{\partial\psi}{\partial y} \qquad p_y^2\psi = -\hbar^2\frac{\partial^2\psi}{\partial y^2}$$

$$p_z\psi = -\mathrm{i}\hbar\frac{\partial\psi}{\partial z} \qquad p_z^2\psi = -\hbar^2\frac{\partial^2\psi}{\partial z^2}$$

利用

$$\nabla = \vec{i}\,\frac{\partial}{\partial x} + \vec{j}\,\frac{\partial}{\partial y} + \vec{k}\,\frac{\partial}{\partial z} \qquad \nabla^2 = \frac{\partial^2}{\partial x^2} + \frac{\partial^2}{\partial y^2} + \frac{\partial^2}{\partial z^2}$$

得

$$\vec{p}\psi = (p_x\vec{i} + p_y\vec{j} + p_z\vec{k})\psi = -\mathrm{i}\hbar\left(\vec{i}\,\frac{\partial}{\partial x} + \vec{j}\,\frac{\partial}{\partial y} + \vec{k}\,\frac{\partial}{\partial z}\right)\psi = -\mathrm{i}\hbar\nabla\psi \tag{2-24}$$

$$p^2\psi = (p_x^2 + p_x^2 + p_x^2)\psi = -\hbar^2\left(\frac{\partial^2}{\partial x^2} + \frac{\partial^2}{\partial y^2} + \frac{\partial^2}{\partial z^2}\right)\psi = -\hbar^2\nabla^2\psi \tag{2-25}$$

自由粒子的能量和动量的关系为$E = \frac{p^2}{2\mu}$，两边同乘以ψ，得

$$E\psi = \frac{p^2}{2\mu}\psi \tag{2-26}$$

把式（2-23）和式（2-25）代入式（2-26），得

$$\mathrm{i}\hbar\frac{\partial\psi}{\partial t} = -\frac{\hbar^2}{2\mu}\nabla^2\psi \tag{2-27}$$

这就是自由粒子的薛定谔方程。

从式（2-23）和式（2-24）可以看出，粒子能量E和动量$\vec{p}$分别与下列作用在波函数上的数学符号相当，即

$$E \to \mathrm{i}\hbar\frac{\partial}{\partial t} \qquad \vec{p} \to -\mathrm{i}\hbar\nabla$$

它们分别称为能量算符与动量算符，表示为

$$\hat{E} = \mathrm{i}\hbar\frac{\partial}{\partial t} \tag{2-28}$$

$$\hat{\vec{p}} = -\mathrm{i}\hbar\nabla \tag{2-29}$$

算符是量子力学中的新概念，并且任意力学量都对应一个算符，将在第四章详细介绍。

二、一般力场的薛定谔方程

如果粒子在一般力场$U(\vec{r},t)$中运动，粒子能量为

$$E = \frac{p^2}{2\mu} + U(\vec{r},t) \tag{2-30}$$

式（2-30）两边同乘以ψ，有

$$E\psi = \frac{p^2}{2\mu}\psi + U(\vec{r},t)\psi \tag{2-31}$$

把式（2-23）和式（2-25）代入式（2-31），则

$$i\hbar\frac{\partial\psi}{\partial t}=-\frac{\hbar^2}{2\mu}\nabla^2\psi+U(\vec{r},t)\psi \tag{2-32}$$

式（2-32）就是要建立的薛定谔方程，即微观粒子运动满足的波动方程。

下面对薛定谔方程做几点说明。

（1）薛定谔方程在量子力学中的地位相当于经典力学中的牛顿定律。知道了初始时刻的波函数$\psi(\vec{r},0)$，即可从该方程中求得以后任何时刻的波函数$\psi(\vec{r},t)$，从而求得粒子的概率密度$|\psi(\vec{r},t)|^2$及一切力学量的取值概率。

（2）薛定谔方程是量子力学的一个基本假设，其正确性在于由它推出的结果都与实际相符合。

（3）薛定谔方程是一个线性偏微分方程，满足态叠加原理，即如果ψ_1和ψ_2是方程的解，容易验证$\psi=c_1\psi_1+c_2\psi_2$也是方程的解。

三、多粒子体系的薛定谔方程

假设一个微观体系由N个相同的粒子组成，则体系的能量为

$$E=\sum_{i=1}^{N}\frac{p_i^2}{2\mu_i}+U(\vec{r}_1,\vec{r}_2,\cdots,\vec{r}_N,t) \tag{2-33}$$

式中，$U(\vec{r}_1,\vec{r}_2,\cdots,\vec{r}_N,t)$包括体系在外场中的能量和粒子间的相互作用能。式（2-33）两边同乘ψ，并做代换

$$E\to i\hbar\frac{\partial}{\partial t}\qquad\qquad \vec{p}_i\to -i\hbar\nabla_i$$

得

$$i\hbar\frac{\partial}{\partial t}\psi=-\sum_{i=1}^{N}\frac{\hbar^2}{2\mu_i}\nabla_i^2\psi+U\psi \tag{2-34}$$

式（2-34）即为多粒子体系的薛定谔方程。

§2-4 粒子流密度和粒子数守恒定律

一、概率分布随时间的变化及连续性方程

前面讲过，波函数$\psi(\vec{r},t)$表示粒子的状态。若$\psi(\vec{r},t)$已归一化，则概率密度为

$$w(\vec{r},t)=\psi^*(\vec{r},t)\psi(\vec{r},t) \tag{2-35}$$

一般情况下，波函数随时间不断地变化，所以概率密度也随时间而变化。有些区域粒子出现的概率随时间而增大，有些区域粒子出现的概率随时间而减小，这意味着概率会发生流动。为使物理图像更明确，应寻求一个概率流密度矢量来描述概率的流动。

下面考察概率密度随时间的变化规律。

把式（2-35）两边对时间t求偏导，得

$$\frac{\partial w}{\partial t}=\psi^*\frac{\partial\psi}{\partial t}+\frac{\partial\psi^*}{\partial t}\psi \tag{2-36}$$

薛定谔方程（2-32）及其共轭复数方程（注意$U(\vec{r})$为实函数）可以变形为

$$\frac{\partial\psi}{\partial t}=\frac{\mathrm{i}\hbar}{2\mu}\nabla^2\psi+\frac{1}{\mathrm{i}\hbar}U(\vec{r})\psi \tag{2-37}$$

$$\frac{\partial\psi^*}{\partial t}=-\frac{\mathrm{i}\hbar}{2\mu}\nabla^2\psi^*-\frac{1}{\mathrm{i}\hbar}U(\vec{r})\psi^* \tag{2-38}$$

将式（2-37）、式（2-38）代入式（2-36），有

$$\begin{aligned}\frac{\partial w}{\partial t}&=\frac{\mathrm{i}\hbar}{2\mu}\psi^*\nabla^2\psi+\frac{1}{\mathrm{i}\hbar}U\psi^*\psi-\frac{\mathrm{i}\hbar}{2\mu}\psi\nabla^2\psi^*-\frac{1}{\mathrm{i}\hbar}U\psi^*\psi\\&=\frac{\mathrm{i}\hbar}{2\mu}\psi^*\nabla^2\psi-\frac{\mathrm{i}\hbar}{2\mu}=\frac{\mathrm{i}\hbar}{2\mu}\nabla\cdot(\psi^*\nabla\psi-\psi\nabla\psi^*)\end{aligned}$$

令

$$\vec{J}\equiv\frac{\mathrm{i}\hbar}{2\mu}(\psi\nabla\psi^*-\psi^*\nabla\psi) \tag{2-39}$$

则

$$\frac{\partial w}{\partial t}+\nabla\cdot\vec{J}=0 \tag{2-40}$$

式（2-40）称为概率分布的连续性方程。

为进一步说明连续性方程的物理意义，我们把它变形为积分形式。

任意找一个如图 2-7 所示的封闭空间，其体积为V，表面积为S，并规定面法线向外为正方向。把连续性方程式（2-40）的两边对该体积进行积分，即

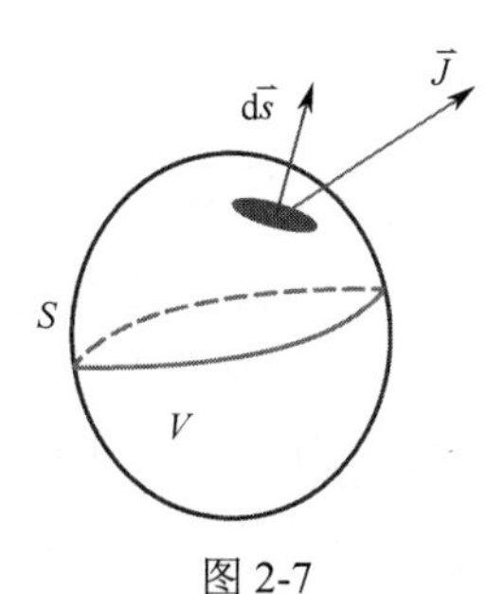

图 2-7

$$\int_V\frac{\partial w}{\partial t}\mathrm{d}\tau=-\int_V\nabla\cdot\vec{J}\mathrm{d}\tau \tag{2-41}$$

利用高斯定理，得

$$\frac{\mathrm{d}}{\mathrm{d}t}\int_V w\mathrm{d}\tau=-\oint_S\vec{J}\cdot\mathrm{d}\vec{S}=-\oint_S J_n\mathrm{d}S \tag{2-42}$$

式中，J_n为$\vec{J}$在面元$\mathrm{d}\vec{S}$上的分量。该式左边是粒子在体积V内的概率随时间的变化率，右边显然应该是单位时间内流进或流出体积V的概率。所以，$\vec{J}$的物理意义应是单位时间内通过单位面积的概率，称为概率流密度矢量。

如果波函数在无穷远处为零，将积分区域V扩展到整个空间，则

$$\oint_{S\to\infty}\vec{J}\cdot\mathrm{d}\vec{S}=\oint_{S\to\infty}J_n\mathrm{d}S=0$$

所以

$$\frac{\mathrm{d}}{\mathrm{d}t}\int_\infty w\mathrm{d}\tau=\frac{\mathrm{d}}{\mathrm{d}t}\int_\infty\psi^*\psi\mathrm{d}\tau=0 \tag{2-43}$$

即在整个空间内找到粒子的概率与时间t无关，总概率守恒。

若波函数已归一化，即

$$\int_\infty|\psi(\vec{r},t)|^2\mathrm{d}\tau=1$$

则归一化性质不随时间而改变。

二、粒子数、质量、电荷守恒定律

若体系由大量相同的微观粒子组成，以粒子数 N 乘上 w 和 $\vec{J}$，则

$$w_N = Nw = N\left|\psi(\vec{r},t)\right|^2 \tag{2-44}$$

$$\vec{J}_N = N\vec{J} = \frac{\mathrm{i}\hbar}{2\mu}N(\psi\nabla\psi^* - \psi^*\nabla\psi) \tag{2-45}$$

式（2-44）和式（2-45）分别表示在 t 时刻 $\vec{r}$ 处的粒子数密度和粒子流密度。显然，有

$$\frac{\partial w_N}{\partial t} + \nabla\cdot\vec{J}_N = 0 \tag{2-46}$$

式（2-46）称为粒子数守恒定律。其积分形式为

$$\frac{\mathrm{d}}{\mathrm{d}t}\int_V w_N \mathrm{d}\tau = -\oint_S \vec{J}_N\cdot\mathrm{d}\vec{S} \tag{2-47}$$

它表示单位时间内体积 V 内粒子数的改变等于穿过 V 的边界面 S 流出或流入的粒子数。

同理，以粒子质量 μ 或粒子电荷 q 乘以 w 和 $\vec{J}$ 后，分别得到量子力学中的质量守恒定律和电荷守恒定律

$$\frac{\partial w_\mu}{\partial t} + \nabla\cdot\vec{J}_\mu = 0 \tag{2-48}$$

$$\frac{\partial w_q}{\partial t} + \nabla\cdot\vec{J}_q = 0 \tag{2-49}$$

三、波函数满足的条件

1）波函数满足的标准条件

电子双缝干涉实验表明，出现在屏幕上任一点处的强度分布（粒子概率分布）都是单值、有限和连续的，即 $|\psi|^2$ 是单值、有限和连续的，所以必然要求波函数 ψ 也是单值、有限和连续的。这就是波函数应满足的标准条件。

2）波函数一般是复数

从两个方面来说明波函数一般是复数。

（1）薛定谔方程要求波函数是复数。

对薛定谔方程（2-32），如果 ψ 为纯实数或虚数，则方程一边为实数，另一边为虚数，没有意义。所以，薛定谔方程要求波函数不可能是纯实数或虚数。

（2）概率的流动性也要求波函数是复数。

对概率流密度矢量［式（2-39）］，如果 ψ 为纯实数或虚数，则 $\vec{J}\equiv 0$，不能描述粒子的运动。所以，概率的流动性也要求波函数不可能是纯实数或虚数。

提示：对后面要讲的定态，粒子的运动形式为驻波，波函数可以为实数。

【例 2-3】证明一维自由粒子的速度 v 可以表示为 $v = J/w$。其中，w 和 J 分别是一维自由粒子的概率密度和概率流密度。

解：一维自由粒子的波函数及其复共轭分别为

$$\psi(x,t) = A\mathrm{e}^{\mathrm{i}(px-Et)/h} \qquad \psi^*(x,t) = A^*\mathrm{e}^{\mathrm{i}(px-Et)/h}$$

所以

$$J=\frac{\mathrm{i}\hbar}{2\mu}\left(\psi\frac{\mathrm{d}}{\mathrm{d}x}\psi^{*}-\psi^{*}\frac{\mathrm{d}}{\mathrm{d}x}\psi\right)=\frac{p}{\mu}|A|^{2}=vw$$

$$v=\frac{J}{w}$$

这是概率密度和概率流密度之间的基本关系。

【例 2-4】由下列波函数计算概率流密度：

（1）$\psi_1=\frac{1}{r}\mathrm{e}^{\mathrm{i}kr}$　　　　（2）$\psi_2=\frac{1}{r}\mathrm{e}^{-\mathrm{i}kr}$

从所得结果说明ψ_1表示向外传播的球面波，ψ_2表示向内（向原点）传播的球面波。

解：在球坐标中

$$\nabla=\vec{e}_r\frac{\partial}{\partial r}+\vec{e}_\theta\frac{1}{r}\frac{\partial}{\partial\theta}+\vec{e}_\varphi\frac{1}{r\sin\theta}\frac{\partial}{\partial\varphi}$$

所以

（1）对$\psi_1(r)$，有

$$\begin{aligned}\vec{J}&=\frac{\mathrm{i}\hbar}{2\mu}\left[\psi_1(r)\vec{e}_r\frac{\partial}{\partial r}\psi_1^{*}(r)-\psi_1^{*}(r)\vec{e}_r\frac{\partial}{\partial r}\psi_1(r)\right]\\&=\frac{\mathrm{i}\hbar}{2\mu}\left[\frac{\mathrm{e}^{\mathrm{i}kr}}{r}\left(-\frac{\mathrm{e}^{-\mathrm{i}kr}}{r^2}+\frac{-\mathrm{i}k}{r}\mathrm{e}^{-\mathrm{i}kr}\right)-\frac{\mathrm{e}^{-\mathrm{i}kr}}{r}\left(-\frac{\mathrm{e}^{\mathrm{i}kr}}{r^2}+\frac{\mathrm{i}k}{r}\mathrm{e}^{\mathrm{i}kr}\right)\right]\vec{e}_r\\&=\frac{\mathrm{i}\hbar}{2\mu}\left(-\frac{2\mathrm{i}k}{r^2}\right)\vec{e}_r=\frac{\hbar k}{\mu r^2}\vec{e}_r\end{aligned}$$

说明$\vec{J}$是沿径向向外传播的，即为向外的球面波。

（2）对$\psi_2(r)$，有

$$\begin{aligned}\vec{J}&=\frac{\mathrm{i}\hbar}{2\mu}\left[\psi_2(r)\vec{e}_r\frac{\partial}{\partial r}\psi_2^{*}(r)-\psi_2^{*}(r)\vec{e}_r\frac{\partial}{\partial r}\psi_2(r)\right]\\&=\frac{\mathrm{i}\hbar}{2\mu}\left[\frac{\mathrm{e}^{-\mathrm{i}kr}}{r}\left(-\frac{\mathrm{e}^{\mathrm{i}kr}}{r^2}+\frac{\mathrm{i}k}{r}\mathrm{e}^{\mathrm{i}kr}\right)-\frac{\mathrm{e}^{\mathrm{i}kr}}{r}\left(-\frac{\mathrm{e}^{-\mathrm{i}kr}}{r^2}+\frac{-\mathrm{i}k}{r}\mathrm{e}^{-\mathrm{i}kr}\right)\right]\vec{e}_r\\&=\frac{\mathrm{i}\hbar}{2\mu}\left(\frac{2\mathrm{i}k}{r^2}\right)\vec{e}_r=-\frac{\hbar k}{\mu r^2}\vec{e}_r\end{aligned}$$

说明$\vec{J}$是沿径向向内传播的，即为向内的球面波。

§2-5　定态薛定谔方程

一、定态薛定谔方程简介

本节讨论一种常见而且极其重要的情况，即势场U不显含时间 t 的情况。在经典力学中，处在这种势场中的粒子机械能守恒。

当势能不显含时间，即$U=U(\vec{r})$时，薛定谔方程（2-32）存在可以分离变量的特解

$$\psi(\vec{r},t)=\psi(\vec{r})f(t)\tag{2-50}$$

将它代入薛定谔方程（2-32），得

$$\mathrm{i}\hbar\frac{\mathrm{d}f(t)}{\mathrm{d}t}\psi(\vec{r})=\left[-\frac{\hbar^2}{2\mu}\nabla^2\psi(\vec{r})+U(\vec{r})\psi(\vec{r})\right]f(t)$$

整理后，有

$$\frac{\mathrm{i}\hbar}{f(t)}\frac{\mathrm{d}f(t)}{\mathrm{d}t}=\frac{1}{\psi(\vec{r})}\left[-\frac{\hbar^2}{2\mu}\nabla^2\psi(\vec{r})+U(\vec{r})\psi(\vec{r})\right] \tag{2-51}$$

方程（2-51）左边只包含时间，而右边只包含空间坐标。空间坐标与时间是相互独立的变量，如果把方程两边同时对时间求导，因为右边与时间无关，所以导数为零，即左边也与时间无关；同样，如果两边同时对空间坐标求导，因为左边与空间坐标无关，所以导数为零，即右边也与空间坐标无关。由此可知，只有当两边等于一个与时间和空间坐标都无关的常量时，该等式才成立。以 E 表示该常量，则 E 既不依赖于时间 t，又不依赖于坐标 $\vec{r}$。这样就有

$$\frac{\mathrm{i}\hbar}{f(t)}\frac{\mathrm{d}f(t)}{\mathrm{d}t}=\frac{1}{\psi(\vec{r})}\left[-\frac{\hbar^2}{2\mu}\nabla^2\psi(\vec{r})+U(\vec{r})\psi(\vec{r})\right]=E$$

它可以分离为两个方程

$$\mathrm{i}\hbar\frac{\mathrm{d}f(t)}{\mathrm{d}t}=Ef(t) \tag{2-52}$$

$$\left[-\frac{\hbar^2}{2\mu}\nabla^2+U(\vec{r})\right]\psi(\vec{r})=E\psi(\vec{r}) \tag{2-53}$$

方程（2-52）的解为

$$f(t)=C\mathrm{e}^{-\mathrm{i}Et/\hbar} \tag{2-54}$$

该解的形式固定。方程（2-53）的解为 $\psi(\vec{r})$，因此薛定谔方程的特解为

$$\psi(\vec{r},t)=\psi(\vec{r})\mathrm{e}^{-\mathrm{i}Et/\hbar} \tag{2-55}$$

$\psi(\vec{r})$ 满足的方程（2-53）称为不含时薛定谔方程或定态薛定谔方程。

二、能量本征值和能量本征方程

从数学上来说，对于任何 E 值，定态薛定谔方程（2-53）都有解。但并非对于一切 E 值所得出的解 $\psi(\vec{r})$ 都满足物理上的要求。这些要求中，有根据波函数的统计解释而提出的要求（如单值、有限、连续），也有根据体系的具体物理情况提出的要求（如束缚态满足无穷远处波函数为零），这样，往往只有某些 E 值所对应的解才满足物理上的要求。

满足物理上的要求的 E 值称为体系的能量本征值，相应的波函数 $\psi(\vec{r})$ 称为能量本征函数，此时的定态薛定谔方程（2-53）称为体系的能量本征方程。

把方程（2-52）和方程（2-53）两边分别乘以 $\psi(\vec{r})$ 和 $\mathrm{e}^{-\mathrm{i}Et/\hbar}$，得

$$\mathrm{i}\hbar\frac{\partial\psi(\vec{r},t)}{\partial t}=E\psi(\vec{r},t) \tag{2-56}$$

$$\left[-\frac{\hbar^2}{2\mu}\nabla^2+U(\vec{r})\right]\psi(\vec{r},t)=E\psi(\vec{r},t) \tag{2-57}$$

两个方程分别以算符 $\mathrm{i}\hbar\frac{\partial}{\partial t}$ 和 $-\frac{\hbar^2}{2\mu}\nabla^2+U(\bar{r})$ 作用到波函数 $\psi(\bar{r},t)$ 上，结果都是 $E\psi(\bar{r},t)$。所以，这两个算符的作用相当，都称为能量算符。

把算符 $-\frac{\hbar^2}{2\mu}\nabla^2+U(\bar{r})$ 称为哈密顿算符，记为

$$\hat{H}=-\frac{\hbar^2}{2\mu}\nabla^2+U(\bar{r}) \tag{2-58}$$

于是，能量本征方程（2-53）简写为

$$\hat{H}\psi(\bar{r})=E\psi(\bar{r}) \tag{2-59}$$

一般情况下，满足物理条件的能量本征方程（2-59）有一系列本征值 E_n，不同的能量本征值对应不同的本征函数，所以能量本征方程（2-59）细化为

$$\hat{H}\psi_n(\bar{r})=E_n\psi_n(\bar{r}) \tag{2-60}$$

式中，$n=1,2,3,\cdots$ 称为量子数，E_n 称为能量本征值，$\psi_n(\bar{r})$ 称为 E_n 对应的能量本征函数。

如果一个算符作用在一个函数上等于一个常量乘以该函数，那么这样的方程称为算符的本征方程，该函数称为算符的本征函数，该常量称为算符的本征值。比如，力学量 $\hat{F}$ 的本征方程为

$$\hat{F}\psi_n(\bar{r})=f_n\psi_n(\bar{r}) \tag{2-61}$$

式中，f_n 是 $\hat{F}$ 的第 n 个本征值，$\psi_n(\bar{r})$ 是对应本征值 f_n 的本征函数。如果本征值 f_n 对应 i 个不同的本征函数 $\psi_{n\nu}(\bar{r})$（$\nu=1,2,\cdots,i$），则

$$\hat{F}\psi_{n\nu}(\bar{r})=f_n\psi_{n\nu}(\bar{r}) \tag{2-62}$$

称该本征值 i 重（度）简并。

当体系处于算符 $\hat{F}$ 的本征态 $\psi_n(\bar{r})$ 时，$\hat{F}$ 具有确定值 f_n。

三、定态的特点

如果粒子在初始时刻（$t=0$）处于某一个能量本征态，即

$$\psi_n(\bar{r},0)=\psi_n(\bar{r})$$

则 $\psi_n(\bar{r})$ 满足能量本征方程（2-60）。若 U 不显含时间，则

$$\psi_n(\bar{r},t)=\psi_n(\bar{r})\mathrm{e}^{-\mathrm{i}E_n t/\hbar} \tag{2-63}$$

它仍满足

$$\hat{H}\psi_n(\bar{r},t)=E_n\psi_n(\bar{r},t) \tag{2-64}$$

即 $\psi_n(\bar{r},t)$ 保持为对应能量本征值 E_n 的本征态，所以，波函数 $\psi_n(\bar{r},t)$ 所描述的态称为定态。

定态具有以下特点。

（1）粒子在空间的概率密度不随时间而改变，即

$$w=\left|\psi_n(\bar{r},t)\right|^2=\left|\psi_n(\bar{r})\right|^2$$

与时间无关。

（2）概率流密度不随时间而改变，即

$$\vec{J}=\frac{\mathrm{i}\hbar}{2\mu}\left[\psi_n(\vec{r})\mathrm{e}^{-\mathrm{i}E_n t/\hbar}\nabla\psi_n^*(\vec{r})\mathrm{e}^{\mathrm{i}E_n t/\hbar}-\psi_n^*(\vec{r})\mathrm{e}^{\mathrm{i}E_n t/\hbar}\nabla\psi_n(\vec{r})\mathrm{e}^{-\mathrm{i}E_n t/\hbar}\right]$$
$$=\frac{\mathrm{i}\hbar}{2\mu}\left[\psi_n(\vec{r})\nabla\psi_n^*(\vec{r})-\psi_n^*(\vec{r})\nabla\psi_n(\vec{r})\right]$$

与时间无关，形成稳定流动。由连续性方程（2-40）得，定态下

$$\nabla\cdot\vec{J}=0$$

（3）后面会讲到，定态下任何不显含时间的力学量的取值概率和平均值都不随时间而改变。

四、含时薛定谔方程的一般解

定态仅是薛定谔方程的一个特解，一般束缚态问题中会有许多定态解，因此势能不显含时间时的薛定谔方程（2-32）的一般解为这些定态波函数的线性叠加，即

$$\psi(\vec{r},t)=\sum_n c_n\psi_n(\vec{r},t)=\sum_n c_n\psi_n(\vec{r})\mathrm{e}^{-\mathrm{i}E_n t/\hbar} \tag{2-65}$$

注意：含时薛定谔方程的一般解不再是定态，这是因为：

（1）E 没有单一的确定值，在 $\psi(\vec{r},t)$ 上测量能量，得到 E 取 E_n 值的概率为 $|c_n|^2$；

（2）概率密度 w 和概率流密度 $\vec{J}$ 都与时间有关。

【例 2-5】设 $\psi_1(x)$ 和 $\psi_2(x)$ 是体系的哈密顿量 $\hat{H}$ 的两个本征函数，对应的本征值分别为 E_1 和 E_2，则它们的线性叠加态

$$\psi(x,t)=c_1\psi_1(x)\mathrm{e}^{-\mathrm{i}E_1 t/\hbar}+c_2\psi_2(x)\mathrm{e}^{-\mathrm{i}E_2 t/\hbar}$$

是否为定态？

解：由题设知

$$\hat{H}\psi_1(x)=E_1\psi_1(x) \qquad \hat{H}\psi_2(x)=E_2\psi_2(x)$$

$\psi_1(x)\mathrm{e}^{-\mathrm{i}E_1 t/\hbar}$ 是能量为 E_1 的定态，$\psi_2(x)\mathrm{e}^{-\mathrm{i}E_2 t/\hbar}$ 是能量为 E_2 的定态，但它们的叠加态不是定态。这是因为

$$\hat{H}\psi(x,t)=E_1c_1\psi_1(x)\mathrm{e}^{-\mathrm{i}E_1 t/\hbar}+E_2c_2\psi_2(x)\mathrm{e}^{-\mathrm{i}E_2 t/\hbar}$$
$$\neq E\left[c_1\psi_1(x)\mathrm{e}^{-\mathrm{i}E_1 t/\hbar}+c_2\psi_2(x)\mathrm{e}^{-\mathrm{i}E_2 t/\hbar}\right]=E\psi(x,t)$$

即在 $\psi(x,t)$ 态下，能量无确定值。

习　题

2-1 设一粒子的状态用归一化波函数 $\psi(x,y,z)$ 描述，求在 $(x,x+\mathrm{d}x)$ 薄立方体内找到粒子的概率。

2-2 对一维自由粒子，动量算符的本征函数为 $\psi_p(x)=\frac{1}{\sqrt{2\pi\hbar}}\mathrm{e}^{\mathrm{i}px/\hbar}$，试用哈密顿算符 $\hat{H}=\frac{\hat{p}^2}{2\mu}=-\frac{\hbar^2}{2\mu}\frac{\mathrm{d}^2}{\mathrm{d}x^2}$ 对 $\psi_p(x)$ 运算，验证 $\hat{H}\psi_p(x)=\frac{p^2}{2\mu}\psi_p(x)$。说明动量本征态 $\psi_p(x)$ 也是哈

密顿量（能量）本征态，本征值为$\dfrac{p^2}{2\mu}$。

2-3　假设一个粒子的初始状态是两个定态的线性叠加，即

$$\psi(x,0)=c_1\psi_1(x)+c_2\psi_2(x)$$

那么任意时刻的波函数$\psi(x,t)$是什么？求出概率密度并描述其运动形式（假设系数c_n和$\psi_n(x)$是实数）。

2-4　在$t=0$时刻一粒子由下面的波函数描述

$$\psi(x,0)=\begin{cases} A\dfrac{x}{a} & 0\leqslant x\leqslant a \\ A\dfrac{b-x}{b-a} & a<x\leqslant b \\ 0 & \text{其他} \end{cases}$$

式中，A、a和b是常数。（1）归一化ψ（即求出用a和b表示的A）；（2）画出x的函数$\psi(x,0)$的草图；（3）在$t=0$时刻在哪里最有可能发现粒子？（4）在a的左边发现粒子的概率是多少？对$b=a$和$b=2a$两种极限情况验证你的结果。

2-5　一个自由粒子的初始波函数为

$$\psi(x,0)=A\mathrm{e}^{-a|x|}$$

式中，A和a是正的实常数。（1）写出归一化波函数$\psi(x,0)$；（2）求出波函数$\psi(x,0)$的傅里叶变换$c(p)$。

第三章　一维势场中的粒子

在介绍量子力学的基本原理前，先用薛定谔方程处理一类简单问题——一维粒子的能量本征态。

§3-1　一维定态的一般性质

设粒子的质量为μ，沿x轴运动，势能为$U(x)$，则粒子满足的一维定态薛定谔方程为

$$\left[-\frac{\hbar^2}{2\mu}\frac{\mathrm{d}^2}{\mathrm{d}x^2}+U(x)\right]\psi(x)=E\psi(x) \tag{3-1}$$

或

$$\frac{\mathrm{d}^2\psi(x)}{\mathrm{d}x^2}+\frac{2\mu}{\hbar^2}\left[E-U(x)\right]\psi(x)=0 \tag{3-2}$$

定理 3-1：设$\psi(x)$是一维定态薛定谔方程的解，则它的复共轭$\psi^*(x)$也是该方程的一个解，且与$\psi(x)$对应同一能量本征值。

证明：$\psi(x)$满足的一维定态薛定谔方程为

$$-\frac{\hbar^2}{2\mu}\frac{\mathrm{d}^2\psi}{\mathrm{d}x^2}+U\psi=E\psi$$

对上式的两边取复共轭，且考虑到$U^*=U$、$E^*=E$，则

$$-\frac{\hbar^2}{2\mu}\frac{\mathrm{d}^2\psi^*}{\mathrm{d}x^2}+U\psi^*=E\psi^*$$

即$\psi^*(x)$也是方程的解，且对应的能量本征值为E。

定理 3-2：处于一维定态的粒子，如果$\psi_1(x)$和$\psi_2(x)$是对应于同一个能量本征值E的两个独立的解，则有

$$\psi_1(x)\psi_2'(x)-\psi_2(x)\psi_1'(x)=c\quad（c\text{ 是与 }x\text{ 无关的常数}）$$

证明：因为

$$\psi_1''+\frac{2\mu}{\hbar^2}\left[E-U(x)\right]\psi_1=0\qquad\qquad \psi_2''+\frac{2\mu}{\hbar^2}\left[E-U(x)\right]\psi_2=0$$

将上面两式的两边分别乘以ψ_2和ψ_1，然后相减，得

$$\psi_1''\psi_2-\psi_2''\psi_1=0$$

因此

$$\frac{\mathrm{d}}{\mathrm{d}x}\left[\psi_1\psi_2'-\psi_2\psi_1'\right]=0$$

故

$$\psi_1\psi_2' - \psi_2\psi_1' = c$$

定理 3-3：处于一维定态下的粒子，其能级的简并度最大为 2。

证明：设对于同一能量本征值 E，存在三个独立的波函数 ψ_1、ψ_2、ψ_3，则由定理 3-2 得

$$\psi_1\psi_2' - \psi_2\psi_1' = c_1 \qquad \psi_1\psi_3' - \psi_3\psi_1' = c_2$$

所以

$$c_2(\psi_1\psi_2' - \psi_2\psi_1') - c_1(\psi_1\psi_3' - \psi_3\psi_1') = 0$$

$$\psi_1(c_2\psi_2' - c_1\psi_3') - (c_2\psi_2 - c_1\psi_3)\psi_1' = 0$$

令 $\varphi = c_2\psi_2 - c_1\psi_3$，则

$$\psi_1\varphi' - \varphi\psi_1' = 0 \qquad \frac{\varphi'}{\varphi} = \frac{\psi_1'}{\psi_1}$$

所以

$$\varphi = c_3\psi_1$$

即

$$c_3\psi_1 = c_2\psi_2 - c_1\psi_3$$

$$\psi_1 = \frac{c_2}{c_3}\psi_2 - \frac{c_1}{c_3}\psi_3$$

ψ_1 是 ψ_2 和 ψ_3 的线性组合，即对于同一能量本征值，不可能存在三个或三个以上独立的波函数。

定理 3-4：处于一维束缚定态的粒子，其所有能级都不简并。

证明：设对同一能量本征值 E，存在两个独立的波函数 ψ_1 和 ψ_2，则

$$\psi_1\psi_2' - \psi_2\psi_1' = c$$

对于束缚态，当 $x \to \infty$ 时，$\psi_1 \to 0$，$\psi_2 \to 0$，所以 $c \to 0$，因此

$$\frac{\psi_1'}{\psi_1} = \frac{\psi_2'}{\psi_2} \qquad \psi_1 = c_1\psi_2$$

所以 ψ_1 和 ψ_2 代表同一个量子态，能级不简并。

定理 3-5：处于一维束缚定态的粒子，其能量本征函数可以是实数。

证明：由定理 3-1 得，对体系的某一个能量本征值 E，ψ 和 ψ^* 都是薛定谔方程的解。由定理 3-4 得，对束缚定态，能级不简并，则 ψ 和 ψ^* 代表同一量子态，它们最多相差一个常数因子，即

$$\psi^* = c\psi$$

取复共轭，得

$$\psi = c^*\psi^* = c^*c\psi = |c|^2\psi$$

所以

$$|c|^2 = 1$$

$$c = \mathrm{e}^{\mathrm{i}\alpha} \quad (\alpha \text{ 是实常数})$$

若取 $\alpha = 0$，则 $c = 1$，$\psi^* = \psi$，即本征函数可以取实数。

定理 3-6：假设势能具有空间反演不变性，即 $U(x) = U(-x)$。若 $\psi(x)$ 是一维定态薛定谔方程对应能量本征值 E 的一个解，则 $\psi(-x)$ 也一定是对应同一个 E 的另一个解。

证明：对一维定态薛定谔方程

$$\left[-\frac{\hbar^2}{2\mu}\frac{d^2}{dx^2}+U(x)\right]\psi(x)=E\psi(x)$$

做代换 $x\to -x$，则方程变为

$$\left[-\frac{\hbar^2}{2\mu}\frac{d^2}{dx^2}+U(-x)\right]\psi(-x)=E\psi(-x)$$

考虑到 $U(x)=U(-x)$，得

$$\left[-\frac{\hbar^2}{2\mu}\frac{d^2}{dx^2}+U(x)\right]\psi(-x)=E\psi(-x)$$

即 $\psi(-x)$ 也满足薛定谔方程，且对应的本征值也是 E。

定理 3-7：对于一维定态问题，假设势能具有空间反演不变性，则任一个属于能量本征值 E 的束缚态都有确定的宇称。

证明：由定理 3-6 得，属于能量本征值 E 的解为 $\psi(x)$ 和 $\psi(-x)$，由定理 3-4 得，对束缚态，能级不简并，所以

$$\psi(-x)=c\psi(x)$$

做代换 $x\to -x$，则

$$\psi(x)=c\psi(-x)=c^2\psi(x)$$

所以

$$c^2=1 \qquad c=\pm 1$$

当 $c=+1$ 时，$\psi(-x)=\psi(x)$，为偶宇称；当 $c=-1$ 时，$\psi(-x)=-\psi(x)$，为奇宇称。

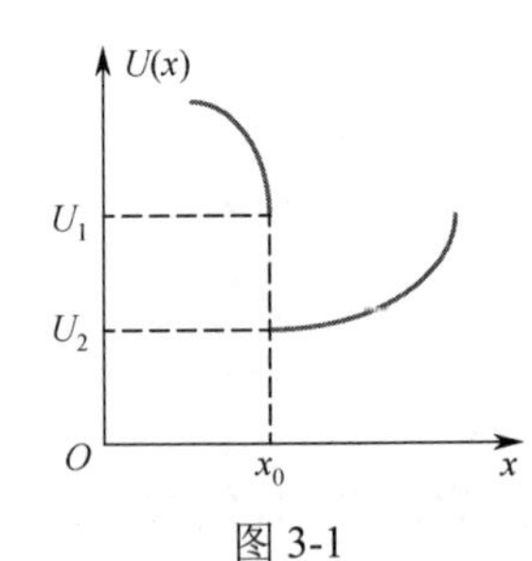

图 3-1

定理 3-8：如图 3-1 所示，在一维情况下，若 $U(x)$ 在 x_0 点不连续，且 U_1、U_2 有限，则在 x_0 点 ψ 及 ψ' 仍连续。

证明：对薛定谔方程

$$\psi''+\frac{2\mu}{\hbar^2}(E-U)\psi=0$$

在 x_0 附近的小区间 $(x_0-\varepsilon,x_0+\varepsilon)$ 内对方程两边做积分运算，第一项为

$$\int_{x_0-\varepsilon}^{x_0+\varepsilon}\psi''dx=\psi'(x_0+\varepsilon)-\psi'(x_0-\varepsilon)$$

因为 E、ψ 都是有限的，且在小区间 $(x_0-\varepsilon,x_0+\varepsilon)$ 内 U 也是有限的，所以第二项为

$$\int_{x_0-\varepsilon}^{x_0+\varepsilon}\frac{2\mu}{\hbar^2}(E-U)\psi dx=0$$

所以

$$\psi'(x_0+\varepsilon)=\psi'(x_0-\varepsilon)$$

即 ψ' 在 x_0 点连续。

因为 ψ' 在 x_0 点连续，所以 ψ' 在 x_0 点是有限的，因此

$$\int_{x_0-\varepsilon}^{x_0+\varepsilon}\psi'dx=\psi(x_0+\varepsilon)-\psi(x_0-\varepsilon)=0$$

所以

$$\psi(x_0+\varepsilon)=\psi(x_0-\varepsilon)$$

即 ψ 在 x_0 点连续。

§3-2　自由粒子本征函数的规格化和箱归一化

所谓自由粒子，是指在运动过程中不受外力作用的粒子，即势能$U(\vec{r})=0$。

一、自由粒子波函数的规格化

1．一维情况

对于质量为μ的一维自由粒子，它所满足的定态薛定谔方程为

$$-\frac{\hbar^2}{2\mu}\frac{\mathrm{d}^2}{\mathrm{d}x^2}\psi(x)=E\psi(x) \tag{3-3}$$

实际上，上述方程就是动能算符$\hat{T}=-\frac{\hbar^2}{2\mu}\frac{\mathrm{d}^2}{\mathrm{d}x^2}$的本征方程。

若$E<0$，令$\alpha=\frac{\sqrt{2\mu|E|}}{\hbar}$，则式（3-3）变为

$$\psi''(x)-\alpha^2\psi(x)=0 \tag{3-4}$$

其特解为

$$\psi_1(x)=\mathrm{e}^{\alpha x} \qquad \psi_2(x)=\mathrm{e}^{-\alpha x} \tag{3-5}$$

当$x>0$时，$\psi_1(x)$不能满足波函数有限性的要求；当$x<0$时，$\psi_2(x)$不能满足波函数有限性的要求。所以，$\psi_1(x)$和$\psi_2(x)$都不是描述一维自由粒子运动的定态波函数，故方程无$E<0$的解。在物理上，不存在$E<0$的解是容易理解的，这是因为自由粒子不存在势能项，它的能量就是动能，而动能不能小于零，故能量小于零时无解。

对$E\geqslant 0$，令$k=\frac{\sqrt{2\mu E}}{\hbar}$，则式（3-3）变形为

$$\psi''(x)+k^2\psi(x)=0 \tag{3-6}$$

它的两个特解分别为

$$\psi_1(x)=\mathrm{e}^{\mathrm{i}kx} \qquad \psi_2(x)=\mathrm{e}^{-\mathrm{i}kx} \tag{3-7}$$

通解为上述两个特解的线性组合

$$\psi(x)=c_1\mathrm{e}^{\mathrm{i}kx}+c_2\mathrm{e}^{-\mathrm{i}kx} \tag{3-8}$$

式中，c_1和c_2为任意的复常数。

若将k的取值范围选为$(-\infty,+\infty)$，则式（3-8）简化为

$$\psi_k(x)=c\mathrm{e}^{\mathrm{i}kx} \tag{3-9}$$

式中，c为归一化常数，k为实数，也可以将其视为量子数，它可以在正无穷和负无穷之间连续取值，$\psi_k(x)$是本征波函数，相应的能量本征值为

$$E_k=\frac{k^2\hbar^2}{2\mu} \tag{3-10}$$

显然，$k\hbar$表示动量。当$k>0$时，表示粒子向右运动；当$k<0$时，表示粒子向左运动。由于

k 可以连续取值，因此能量本征值也是连续的，体系具有连续能谱。当 $k=0$ 时，自由粒子处于能量最低的状态，称之为基态，其他状态称为激发态。对于激发态来说，$k\hbar$ 与 $-k\hbar$ 对应同一个能量本征值，或者说，同一个能量本征值对应两个不同的本征波函数，即能量本征值是二度简并的。

自由粒子的能量本征值取值连续，导致式（3-9）所示的波函数是无限扩展的平面波，并且不能归一化。实际上，自由粒子是一种理想模型，一个粒子是不可能绝对不受外力作用的，只要它只受到很小的作用，就不是完全自由的，也就不可能对应无限扩展的平面波。

从数学角度看，式（3-9）给出的不是平方可积的波函数，无法使用归一化条件，即

$$\int_{-\infty}^{\infty}\left|\psi_k(x)\right|^2\mathrm{d}x=|c|^2\int_{-\infty}^{\infty}\left|\mathrm{e}^{\mathrm{i}kx}\right|^2\mathrm{d}x=|c|^2\int_{-\infty}^{\infty}\mathrm{d}x\to\infty$$

由狄拉克 δ 函数的定义可知，积分

$$\int_{-\infty}^{\infty}\psi_{k'}^*(x)\psi_k(x)\mathrm{d}x=|c|^2\int_{-\infty}^{\infty}\mathrm{e}^{\mathrm{i}(k-k')x}\mathrm{d}x=2\pi|c|^2\,\delta(k-k')$$

通常情况下，要对无限扩展的平面波进行所谓的规格化，也就是将其规格化为 δ 函数。于是，得到规格化常数

$$c=1/\sqrt{2\pi}$$

规格化后的波函数为

$$\psi_k(x)=\frac{1}{\sqrt{2\pi}}\mathrm{e}^{\mathrm{i}kx} \tag{3-11}$$

若用动量 p 作为量子数，则有

$$\psi_p(x)=\frac{1}{\sqrt{2\pi\hbar}}\mathrm{e}^{\mathrm{i}px/\hbar} \tag{3-12}$$

容易验证式（3-12）也是动量算符 $\hat{p}$ 的本征函数。

2．三维情况

利用自由粒子一维定态问题的解，容易求出其三维定态问题的解。在直角坐标系中，自由粒子的三维定态薛定谔方程可以写成

$$-\frac{\hbar^2}{2\mu}\left(\frac{\partial^2}{\partial x^2}+\frac{\partial^2}{\partial y^2}+\frac{\partial^2}{\partial z^2}\right)\psi(x,y,z)=E\psi(x,y,z) \tag{3-13}$$

式（3-13）具有可分离变量的解，即

$$\begin{cases}\psi(x,y,z)=\psi_1(x)\psi_2(y)\psi_3(z)\\ E=E_x+E_y+E_z\end{cases}$$

将其代入式（3-13），可得如下三个方程

$$\begin{cases}-\dfrac{\hbar^2}{2\mu}\dfrac{\mathrm{d}^2}{\mathrm{d}x^2}\psi_1(x)=E_x\psi_1(x)\\[2ex] -\dfrac{\hbar^2}{2\mu}\dfrac{\mathrm{d}^2}{\mathrm{d}y^2}\psi_2(x)=E_y\psi_2(x)\\[2ex] -\dfrac{\hbar^2}{2\mu}\dfrac{\mathrm{d}^2}{\mathrm{d}z^2}\psi_3(z)=E_z\psi_3(z)\end{cases}$$

能量本征值为

$$E_{\vec{k}}=\frac{k_x^2\hbar^2}{2\mu}+\frac{k_y^2\hbar^2}{2\mu}+\frac{k_z^2\hbar^2}{2\mu}=\frac{k^2\hbar^2}{2\mu} \tag{3-14}$$

相应的规格化本征函数为

$$\psi_{\vec{k}}(\vec{r})=\frac{1}{(2\pi)^{3/2}}\mathrm{e}^{\mathrm{i}\vec{k}\cdot\vec{r}} \tag{3-15}$$

其中，$\vec{k}=k_x\vec{i}+k_y\vec{j}+k_z\vec{k}$。

若用动量表示，则能量本征值和相应的本征波函数分别为

$$E_{\vec{p}}=\frac{p^2}{2\mu} \tag{3-16}$$

$$\psi_{\vec{p}}(\vec{r})=\frac{1}{(2\pi\hbar)^{3/2}}\mathrm{e}^{\mathrm{i}\vec{p}\cdot\vec{r}/\hbar} \tag{3-17}$$

二、本征函数的箱归一化

1．一维情况

若限定粒子在$[-L,L]$范围内运动，相当于粒子被限制在一个边长为L的正方形箱子中运动，则粒子的波函数是可以归一化的。当L的值很大时，此种情况可作为粒子在无穷大范围内运动的一个近似。

在上述限制下，粒子是不可能处于箱外的，故箱外的波函数为零。在箱内，设粒子动量或动能算符的本征函数仍为

$$\psi_p(x)=c\mathrm{e}^{\mathrm{i}px/\hbar}$$

做自由运动的粒子出现在箱的两端处的概率应该是相同的，即

$$\psi_p(-L)=\psi_p(L) \tag{3-18}$$

此即所谓的周期性条件。于是，有

$$\mathrm{e}^{\mathrm{i}p2L/\hbar}=1$$

即

$$\cos\left(\frac{2pL}{\hbar}\right)+\mathrm{i}\sin\left(\frac{2pL}{\hbar}\right)=1$$

所以

$$\cos\left(\frac{2pL}{\hbar}\right)=1 \qquad \sin\left(\frac{2pL}{\hbar}\right)=0$$

得到

$$\frac{pL}{\hbar}=n\pi \qquad (n=0,\pm1,\pm2,\cdots)$$

于是动量的取值是断续的，即

$$p_n=\frac{\pi\hbar}{L}n \qquad (n=0,\pm1,\pm2,\cdots) \tag{3-19}$$

能量的本征值也是断续的，即

$$E_n = \frac{p_n^2}{2\mu} = \frac{\pi^2 \hbar^2 n^2}{2\mu L^2} \tag{3-20}$$

通常把力学量本征值取断续值称为取值量子化。由式（3-20）可知，随着箱尺度L的增大，能级的间距减小，当$L \to \infty$时，能级的间距趋向于零，或者说能级变成连续的，这与自由粒子能量本征值取值连续相吻合。

利用归一化条件

$$\int_{-L}^{L} \psi_{p_n}^*(x) \psi_{p_n}(x) \mathrm{d}x = 2|c|^2 L = 1$$

可知归一化常数$c = 1/\sqrt{2L}$，于是，箱归一化的能量本征函数为

$$\psi_{p_n}(x) = \frac{1}{\sqrt{2L}} \mathrm{e}^{\mathrm{i}p_n x/\hbar} \tag{3-21}$$

从自由粒子规格化的能量本征函数［式（3-12）］可以看出，当$x \to \pm\infty$时，其本征函数不为零，或者说，在无穷远处发现该粒子的概率不为零，把这种状态称为非束缚态。由自由粒子箱归一化的能量本征函数［式（3-21）］可知，粒子被限制在箱内运动，故其出现在无穷远处（箱外）的概率为零，把这种状态称为束缚态。一般来说，连续谱对应非束缚态，而断续谱对应束缚态。

2．三维情况

对于三维情况而言，相当于粒子被限制在一个边长为$2L$的正方形箱子中运动，这时的波函数也是可以归一化的，此即自由粒子波函数的箱归一化。容易解得，此时的能量本征值与相应的本征波函数分别为

$$E_{n_x n_y n_z} = \frac{p^2}{2\mu} = \frac{\pi^2 \hbar^2}{2\mu L^2}(n_x^2 + n_y^2 + n_z^2) \tag{3-22}$$

$$\psi_{n_n n_y n_z}(\vec{r}) = \frac{1}{(2L)^{3/2}} \mathrm{e}^{\mathrm{i}\vec{p}_n \cdot \vec{r}/\hbar} \tag{3-23}$$

其中，$n_x, n_y, n_z = 0, \pm 1, \pm 2, \cdots$，且

$$\vec{p}_n = p_{n_x}\vec{i} + p_{n_y}\vec{j} + p_{n_z}\vec{k} \tag{3-24}$$

$$p_{n_x} = \frac{\pi\hbar}{L} n_x \qquad p_{n_y} = \frac{\pi\hbar}{L} n_y \qquad p_{n_z} = \frac{\pi\hbar}{L} n_z \tag{3-25}$$

综上所述，自由粒子的能量本征值是连续取值的，相应的本征态为非束缚态。做一维运动时，激发态能量本征值是二度简并的，且本征波函数只能规格化为δ函数。其位置的概率密度与时间、空间坐标无关，在无穷远处发现粒子的概率不为零，意味着粒子可以在无穷远处出现。自由粒子的哈密顿算符与其动能算符一样，所以，动能算符的本征值及波函数与哈密顿算符的解是一样的。由例 3-1 可知，它们的本征波函数也是动量算符的本征波函数。

若自由粒子被限制在一个边长为 $2L$ 的正方形箱子中，则其能量本征值是断续取值的，相应的本征态为束缚态。粒子被限制在一定的区域内运动，严格地说，这时的“自由粒子”已经不是完全自由的，所以能量本征值从连续取值变为断续取值，此即所谓的量子限域效应。

【例 3-1】设一维自由粒子的波函数为$\psi_p(x) = \dfrac{1}{\sqrt{2\pi\hbar}} \mathrm{e}^{\mathrm{i}px/\hbar}$，验证它既是动量的本征函数，又是能量的本征函数。

解：把动量算符向波函数$\psi_p(x)$作用，得

$$\hat{p}\psi_p(x)=-\mathrm{i}\hbar\frac{\mathrm{d}}{\mathrm{d}x}\left(\frac{1}{\sqrt{2\pi\hbar}}\mathrm{e}^{\mathrm{i}px/\hbar}\right)=-\mathrm{i}\hbar\frac{1}{\sqrt{2\pi\hbar}}\frac{\mathrm{i}p}{\hbar}\mathrm{e}^{\mathrm{i}px/\hbar}=p\left(\frac{1}{\sqrt{2\pi\hbar}}\mathrm{e}^{\mathrm{i}px/\hbar}\right)=p\psi_p(x)$$

把能量算符向波函数作用，得

$$\hat{H}\psi_p(x)=\frac{\hat{p}^2}{2\mu}\psi_p(x)=\frac{p^2}{2\mu}\psi_p(x)$$

即$\psi_p(x)$既是动量的本征函数，又是能量的本征函数，对应的能量本征值分别为p和$\dfrac{p^2}{2\mu}$。

【例 3-2】设一维自由粒子在初始时刻处于能量本征态，即$\psi(x,0)=\psi_p(x)$，求 t 时刻的波函数$\psi(x,t)$。

解：含时薛定谔方程的一般解为定态波函数的线性叠加，即

$$\psi(\vec{r},t)=\sum_n c_n\psi_n(\vec{r},t)=\sum_n c_n\psi_n(\vec{r})\mathrm{e}^{-\mathrm{i}E_n t/\hbar}$$

所以，初始时刻的波函数为

$$\psi(\vec{r},0)=\sum_n c_n\psi_n(\vec{r})$$

由题意知，自由粒子初始时刻的波函数为

$$\psi(x,0)=\psi_p(x)$$

所以，t时刻的波函数

$$\psi(x,t)=\psi_p(x)\mathrm{e}^{-\mathrm{i}Et/\hbar}=\frac{1}{\sqrt{2\pi\hbar}}\mathrm{e}^{\mathrm{i}px/\hbar}\mathrm{e}^{-\frac{\mathrm{i}p^2t}{2\mu\hbar}}$$

【例 3-3】设一维自由粒子的波函数为

$$\psi(x)=\delta(x)=\frac{1}{2\pi\hbar}\int\mathrm{e}^{\mathrm{i}px/\hbar}\mathrm{d}p$$

它是无穷多个平面波的叠加，即无穷多个动量本征态的叠加。问它是否是能量本征态？

解：由于$\psi(x)=\delta(x)$是无穷多个动量本征态的叠加，所以它也是无穷多个能量本征态的叠加，因此它不是能量本征态。

§3-3　方形势阱

一、一维无限深方形势阱

通常把势能分区均匀的位势称为方形势阱或者梯形势阱。一维无限深方形势阱是方形势阱中最简单的一种特殊情况，它是量子力学中少数几个可以得到解析解的问题之一。

一个质量为μ的粒子处于如图 3-2 所示的势场中，势能表达式为

$$U(x)=\begin{cases}0 & 0\leqslant x\leqslant a\\ \infty & x<0,x>a\end{cases}$$

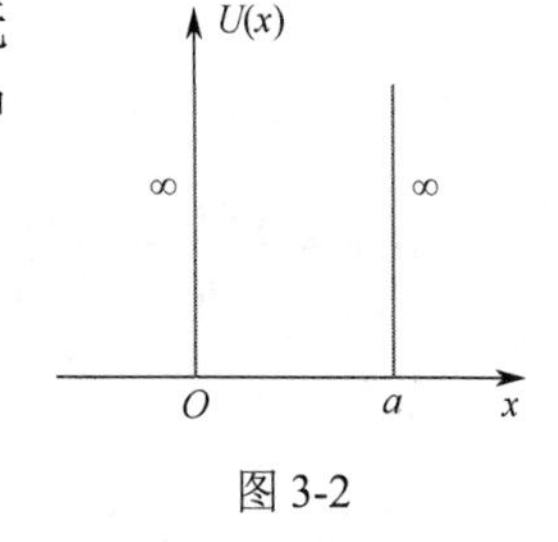

图 3-2

粒子满足的定态薛定谔方程为

$$\begin{cases}\left[-\dfrac{\hbar^2}{2\mu}\dfrac{\mathrm{d}^2}{\mathrm{d}x^2}+\infty\right]\psi(x)=E\psi(x) & x<0,x>a\\ \left[-\dfrac{\hbar^2}{2\mu}\dfrac{\mathrm{d}^2}{\mathrm{d}x^2}+0\right]\psi(x)=E\psi(x) & 0\leqslant x\leqslant a\end{cases}$$

在势阱外（$x<0,x>a$），势能为无限大，通常把这种无限大的势垒称为刚性壁，即使粒子具有波粒二象性，它也完全不能透过这种刚性壁，于是

$$\psi(x)=0$$

在势阱内（$0\leqslant x\leqslant a$），粒子的定态薛定谔方程为

$$-\frac{\hbar^2}{2\mu}\frac{\mathrm{d}^2\psi(x)}{\mathrm{d}x^2}=E\psi(x)$$

令 $k=\dfrac{\sqrt{2\mu E}}{\hbar}$，则方程变形为

$$\frac{\mathrm{d}^2\psi(x)}{\mathrm{d}x^2}+k^2\psi(x)=0$$

方程的解有多种形式，如

$$\psi(x)=A\mathrm{e}^{\mathrm{i}kx}+B\mathrm{e}^{-\mathrm{i}kx}$$

$$\psi(x)=A\sin kx+B\cos kx$$

$$\psi(x)=A\sin(kx+\delta)$$

由于一维无限深方形势阱属于束缚定态情况，因此波函数通常不用复数形式，所以可以采用后面两种形式中的任意一种。例如，采用第三种形式，即

$$\psi(x)=A\sin(kx+\delta)$$

下面利用波函数的标准化条件求解能量本征值和能量本征函数。

波函数的连续性要求

$$\psi(0)=\psi(a)=0$$

由 $\psi(0)=0$，得

$$A\sin\delta=0$$

由于 $A\neq 0$（否则到处找不到粒子），因此 $\delta=0$，所以势阱内波函数简化为

$$\psi(x)=A\sin(kx)$$

由 $\psi(a)=0$ 得

$$A\sin(ka)=0$$

所以

$$k=\frac{n\pi}{a}$$

式中，$n=1,2,3,\cdots$。注意：$n\neq 0$，否则三个区域的波函数皆为零，到处找不到粒子。

由 $k=\dfrac{\sqrt{2\mu E}}{\hbar}$ 容易得到能量本征值为

$$E_n=\frac{\pi^2\hbar^2n^2}{2\mu a^2} \tag{3-26}$$

与 E_n 对应的能量本征函数为

$$\psi_n(x) = A\sin\frac{n\pi x}{a}$$

把波函数归一化，即

$$\int_0^a |\psi_n(x)|^2\,\mathrm{d}x = |A|^2\int_0^a \sin^2\frac{n\pi x}{a}\,\mathrm{d}x = |A|^2\frac{a}{2} = 1$$

取 $A=\sqrt{\dfrac{2}{a}}$，则归一化后的能量本征函数为

$$\psi_n(x) = \begin{cases} \sqrt{\dfrac{2}{a}}\sin\dfrac{n\pi x}{a} & 0 \leqslant x \leqslant a \\ 0 & x<0, x>a \end{cases} \tag{3-27}$$

讨论：

1）能量本征值

（1）由式（3-26）可知，一维无限深方形势阱中的粒子的能量本征值（或能级）E_n 与整数 n 有关，即能量本征值是断续（量子化）的，整数 n 称为量子数。这是波函数满足标准化条件的结果，与经典情况完全不同。

（2）粒子存在不为零的最低能量

$$E_1 = \frac{\pi^2\hbar^2}{2\mu a^2}$$

这是微观粒子具有波动性（满足不确定关系）的结果。能量的最小值称为基态能量。

（3）相邻能级间隔的相对值为

$$\frac{\Delta E_n}{E_n} = \frac{E_{n+1}-E_n}{E_n} = \frac{2n+1}{n^2}$$

随着量子数的增大，能级的相对间隔越来越小；当 $n\to\infty$ 时，能级趋于连续，量子力学过渡到经典力学。

（4）由式（3-26）可知，随着 a 的增大，能级间距将逐渐减小；若 $a\to\infty$，则能级间距趋于零，能量取值连续，势阱中的粒子过渡到自由粒子。

（5）在§3-2 曾讨论过自由粒子的箱归一化问题，并给出了量子化的能量本征值的表达式［式（3-20）］。将箱中的“自由粒子”与无限深方形势阱中的粒子做比较，会发现二者是同一个物理问题的两种不同表述，但得到的能量本征解却不相等。原因在于，做箱归一化时，事先做了箱内的波函数仍为平面波的假定，以致不能保证波函数在边界上连续的条件。实际上，箱归一化是处理上述物理问题的一种近似，而无限深方形势阱的结果才是严格的。

2）能量本征函数

当 n 较小时，能量本征函数对应的几条曲线如图 3-3 所示。

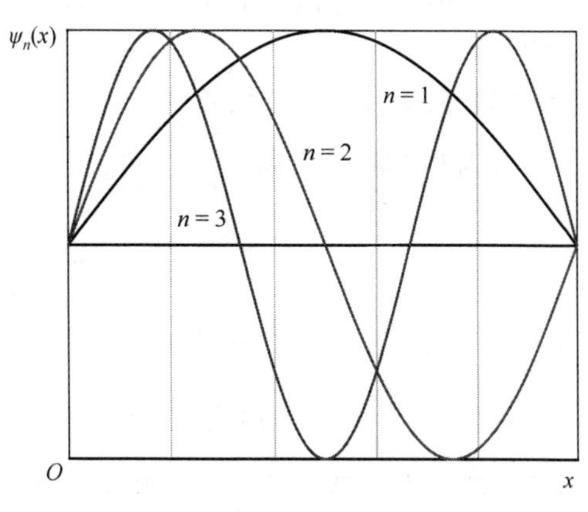

图 3-3

（1）势阱内粒子的概率密度为

$$w_n(x)=|\psi_n(x)|^2=\frac{2}{a}\sin^2\frac{n\pi x}{a}$$

n 较小的几条曲线如图 3-4 所示。很明显，粒子的概率分布不均匀，有些地方甚至为零，这与经典概率分布完全不同。但随着 n 的增大，曲线的振荡越来越快，例如，当 $n=30$ 时，概率分布如图 3-5 所示，其平均值（测量值）逐渐趋于定值，即粒子在势阱内各处的概率趋于相等，这正是经典结果。

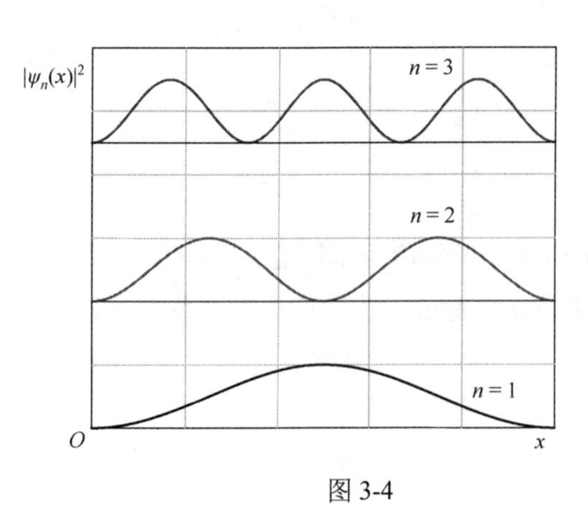

图 3-4

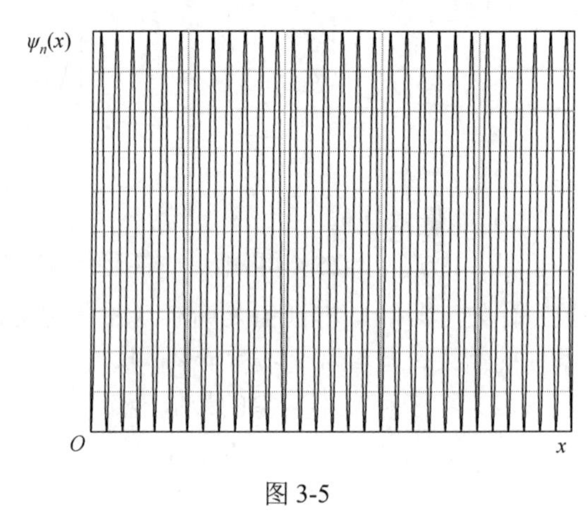

图 3-5

（2）对能量本征函数做如下积分运算

$$\int\psi_n^*\psi_n\mathrm{d}x=\frac{2}{a}\int_0^a\sin^2\frac{n\pi x}{a}\mathrm{d}x=1$$

即波函数已归一化。

$$\int\psi_m^*\psi_n\mathrm{d}x=\frac{2}{a}\int_0^a\sin\frac{m\pi x}{a}\sin\frac{n\pi x}{a}\mathrm{d}x=0$$

称 $\psi_m(x)$ 和 $\psi_n(x)$ 相互正交。把两式合并成一个，即

$$\int_{-\infty}^{\infty}\psi_m^*(x)\psi_n(x)\mathrm{d}x=\delta_{mn} \tag{3-28}$$

该式称为能量本征函数的正交归一方程。后面将证明，任何力学量算符的本征函数系都是正交归一的。

（3）波函数满足驻波条件。

因为 $k=\dfrac{n\pi}{a}$，所以

$$a=n\frac{\pi}{k}=n\frac{1}{2}\times\frac{2\pi}{k}=n\frac{\lambda}{2}$$

势阱的宽度正好等于德布罗意波半波长的整数倍，这正是驻波的特征。实际上

$$\psi_n(x,t)=\sqrt{\frac{2}{a}}\sin\frac{n\pi x}{a}\mathrm{e}^{-\mathrm{i}E_nt/\hbar}=C\mathrm{e}^{\mathrm{i}(kx-E_nt/\hbar)}-C\mathrm{e}^{-\mathrm{i}(kx+E_nt/\hbar)}$$

显然，能量本征函数是两列强度相同沿相反方向传播的平面波叠加形成的驻波。

二、一维有限深方形势阱

如图 3-6 所示的一维方形势阱也是较为简单的一种势场。一个质量为 μ 的粒子处于该方形势阱中，其势能表达式为

$$U(x)=\begin{cases}U_1 & x<0\\ 0 & 0\leqslant x\leqslant a\\ U_2 & x>a\end{cases}$$

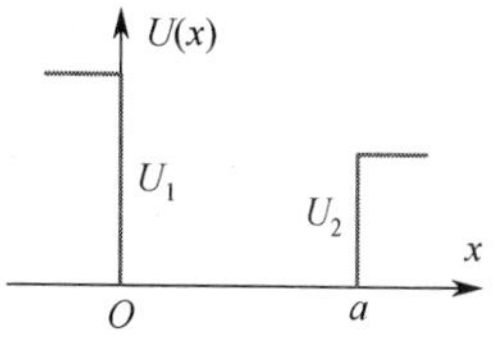

图 3-6

其中，U_1 和 U_2 为正实数。现在讨论粒子能量 $E<U_2<U_1$ 的情况。

势能沿 x 轴分为三个区域，相应的薛定谔方程分别为

$$\begin{cases}\left(-\dfrac{\hbar^2}{2\mu}\dfrac{\mathrm{d}^2}{\mathrm{d}x^2}+U_1\right)\psi_1(x)=E\psi_1(x) & x<0\\ -\dfrac{\hbar^2}{2\mu}\dfrac{\mathrm{d}^2\psi_2(x)}{\mathrm{d}x^2}=E\psi_2(x) & 0\leqslant x\leqslant a\\ \left(-\dfrac{\hbar^2}{2\mu}\dfrac{\mathrm{d}^2}{\mathrm{d}x^2}+U_2\right)\psi_3(x)=E\psi_3(x) & x>a\end{cases}$$

令

$$\alpha=\frac{\sqrt{2\mu(U_1-E)}}{\hbar}\qquad k=\frac{\sqrt{2\mu E}}{\hbar}\qquad \beta=\frac{\sqrt{2\mu(U_2-E)}}{\hbar}$$

方程简化为

$$\begin{cases}\psi_1''(x)-\alpha^2\psi_1(x)=0 & x<0\\ \psi_2''(x)+k^2\psi_2(x)=0 & 0\leqslant x\leqslant a\\ \psi_3''(x)-\beta^2\psi_3(x)=0 & x>a\end{cases}$$

其解为

$$\begin{cases}\psi_1(x)=A_1\mathrm{e}^{\alpha x}+B_1\mathrm{e}^{-\alpha x} & x<0\\ \psi_2(x)=C\sin(kx+\delta) & 0\leqslant x\leqslant a\\ \psi_3(x)=A_2\mathrm{e}^{\beta x}+B_2\mathrm{e}^{-\beta x} & x>a\end{cases}$$

下面根据波函数的标准条件来确定能量本征值和能量本征函数。

首先，由波函数的有限性可知 $B_1=A_2=0$，于是

$$\begin{cases}\psi_1(x)=A\mathrm{e}^{\alpha x} & x<0\\ \psi_2(x)=C\sin(kx+\delta) & 0\leqslant x\leqslant a\\ \psi_3(x)=B\mathrm{e}^{-\beta x} & x>a\end{cases}$$

其次，波函数的连续性要求在 $x=0$ 和 $x=a$ 处波函数及其一阶导数连续，即

$$\begin{cases}\psi_1(0)=\psi_2(0)\\ \psi_1'(0)=\psi_2'(0)\\ \psi_2(a)=\psi_3(a)\\ \psi_2'(a)=\psi_3'(a)\end{cases}$$

容易得到

$$\begin{cases} A = C\sin\delta \\ A\alpha = Ck\cos\delta \\ B\mathrm{e}^{-\beta a} = C\sin(ka+\delta) \\ -B\beta\mathrm{e}^{-\beta a} = Ck\cos(ka+\delta) \end{cases}$$

所以

$$\tan\delta = \frac{k}{\alpha} \qquad\qquad \tan(\delta+ka) = -\frac{k}{\beta}$$

注意，角度δ与$\delta+ka$分别处于第一、三象限和第二、四象限。利用三角函数的定义可知

$$|\sin\delta| = \frac{k}{\sqrt{k^2+\alpha^2}} \qquad\qquad |\sin(\delta+ka)| = \frac{k}{\sqrt{k^2+\beta^2}}$$

于是，得到

$$\delta = i\pi + \arcsin\frac{k}{\sqrt{k^2+\alpha^2}}$$

$$\delta + ka = j\pi - \arcsin\frac{k}{\sqrt{k^2+\beta^2}}$$

其中，$i, j = 0,1,2,3,\cdots$。将上面两式相减，则可得到能量本征值E所满足的超越方程

$$ka = n\pi - \arcsin\frac{k}{\sqrt{k^2+\alpha^2}} - \arcsin\frac{k}{\sqrt{k^2+\beta^2}}$$

其中，$n = j - i = 1,2,3,\cdots$。将α、β、k的表达式代入上式，可得

$$\frac{\sqrt{2\mu E_n}}{\hbar}a = n\pi - \arcsin\sqrt{\frac{E_n}{U_1}} - \arcsin\sqrt{\frac{E_n}{U_2}}$$

这就是能量本征值所满足的方程。由于它是一个超越方程，因此无法得到解析解，只能进行数值求解或者用图解法求解（如图 3-7 所示）。

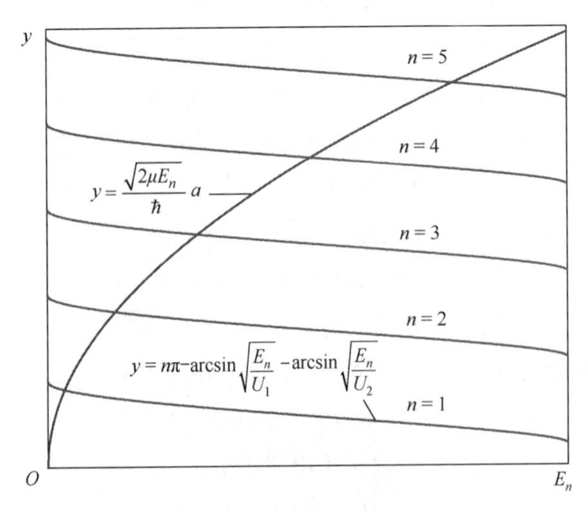

图 3-7

讨论：

1）对称方形势阱

当势垒两边的高度相等，即$U_1 = U_2 = U$时，构成对称方形势阱，其能量本征值满足

$$\sqrt{\frac{2\mu E_n}{\hbar^2}}a = n\pi - 2\arcsin\sqrt{\frac{E_n}{U}}$$

2）无限深方形势阱

当两边势垒的高度皆为无穷大，即$U \to \infty$时，则上式变成

$$E_n = \frac{\pi^2\hbar^2 n^2}{2\mu a^2}$$

此结果与前面导出的式（3-26）相同。

【例 3-4】如图 3-8 所示，半壁无限高势阱的势能为

$$U(x) = \begin{cases} \infty & x < 0 \\ 0 & 0 \leqslant x \leqslant a \\ U_0 & x > a \end{cases}$$

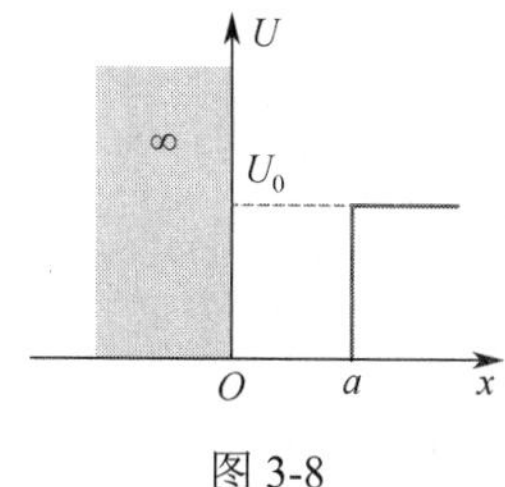

图 3-8

求粒子能量在$0 < E < U_0$范围内的解。

解：势能沿 x 轴把空间分成三个区域，满足的薛定谔方程分别为

$$\begin{cases} \left(-\dfrac{\hbar^2}{2\mu}\dfrac{\mathrm{d}^2}{\mathrm{d}x^2} + \infty\right)\psi_1(x) = E\psi_1(x) & x < 0 \\ \left(-\dfrac{\hbar^2}{2\mu}\dfrac{\mathrm{d}^2}{\mathrm{d}x^2} + 0\right)\psi_2(x) = E\psi_2(x) & 0 \leqslant x \leqslant a \\ \left(-\dfrac{\hbar^2}{2\mu}\dfrac{\mathrm{d}^2}{\mathrm{d}x^2} + U_0\right)\psi_3(x) = E\psi_3(x) & x > a \end{cases}$$

显然，$\psi_1(x) = 0$。方程简化为

$$\begin{cases} \dfrac{\mathrm{d}^2\psi_2(x)}{dx^2} + \dfrac{2\mu E}{\hbar^2}\psi_2(x) = 0 & 0 \leqslant x \leqslant a \\ \dfrac{\mathrm{d}^2\psi_3(x)}{\mathrm{d}x^2} + \dfrac{2\mu(E - U_0)}{\hbar^2}\psi_3(x) = 0 & x > a \end{cases}$$

令$k = \dfrac{\sqrt{2\mu E}}{\hbar}$，$\alpha = \dfrac{\sqrt{2\mu(U_0 - E)}}{\hbar}$，则方程进一步简化为

$$\begin{cases} \psi_2'' + k^2\psi_2 = 0 & 0 \leqslant x \leqslant a \\ \psi_3'' - \alpha^2\psi_3 = 0 & x > a \end{cases}$$

当$0 \leqslant x \leqslant a$时，方程的通解为

$$\psi_2(x) = A\sin(kx + \delta)$$

当$x > a$时，方程的通解为

$$\psi_3(x) = B\mathrm{e}^{\alpha x} + C\mathrm{e}^{-\alpha x}$$

下面由波函数的标准条件定解。

因为波函数有限，所以$B = 0$，有

$$\psi_3(x) = C\mathrm{e}^{-\alpha x}$$

在 $x=0$ 处，由波函数的连续性 $\psi_1(0)=\psi_2(0)$ 可得

$$A\sin\delta = 0$$

取 $\delta = 0$ ，则

$$\psi_2(x) = A\sin kx$$

在 $x=a$ 处，由波函数的连续性 $\psi_2(a)=\psi_3(a)$ 、$\psi_2'(a)=\psi_3'(a)$ ，可得

$$A\sin ka = C\mathrm{e}^{-\alpha a} \qquad Ak\cos ka = -C\alpha\mathrm{e}^{-\alpha a}$$

得

$$\tan ka = -\frac{k}{\alpha}$$

把 $k=\dfrac{\sqrt{2\mu E}}{\hbar}$ 、 $\alpha=\dfrac{\sqrt{2\mu(U_0-E)}}{\hbar}$ 代入，得

$$\tan\left(\frac{\sqrt{2\mu E}}{\hbar}a\right) = -\sqrt{\frac{E}{U_0-E}}$$

此即能量本征值满足的超越方程。

讨论：

（1）若 $U_0\to\infty$ ，则

$$\frac{\sqrt{2\mu E}}{\hbar}a = n\pi$$

$$E_n = \frac{n^2\pi^2\hbar^2}{2\mu a^2}$$

这正是一维无限深势阱的结果。

（2）束缚态存在的条件。

令 $\xi = ka$ ， $\eta = \alpha a$ ，则

$$\xi^2+\eta^2 = \frac{2\mu U_0 a^2}{\hbar^2}$$

$$\eta = -\xi\cot\xi$$

它们的交点就是束缚态能级满足的解。由图 3-9 知，至少存在一个束缚态的条件为

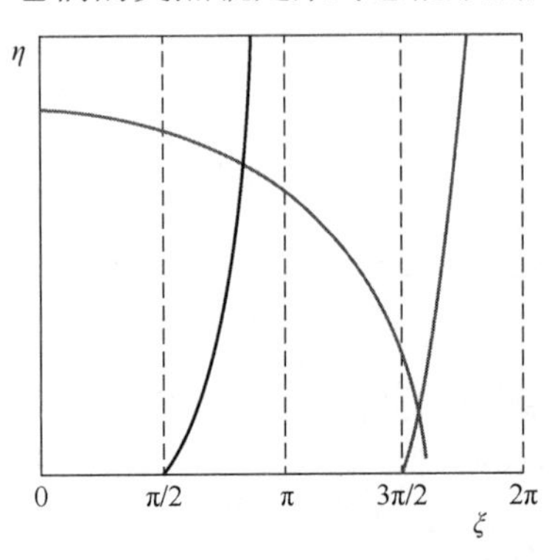

图 3-9

$$\frac{2\mu a^2 U_0}{\hbar^2} \geqslant \left(\frac{\pi}{2}\right)^2$$

$$U_0 \geqslant \frac{\pi^2\hbar^2}{8\mu a^2}$$

或

$$U_0 a^2 \geqslant \frac{\pi^2\hbar^2}{8\mu}$$

$U_0 a^2$ 称为势阱强度。此式表明，当势阱强度小于 $\dfrac{\pi^2\hbar^2}{8\mu}$ 时，不存在束缚态。

（3）利用该模型讨论一个真实的物理问题。在氘原子核中，质子与中子的相互作用可以

简化成类似半壁无限高势阱，差别仅在于能量零点的位置不同，即

$$U(x)=\begin{cases}\infty & x<0\\ -U_0 & 0\leqslant x\leqslant a\\ 0 & x>a\end{cases}$$

已知其离化能量为

$$B=E_0+U_0=2.237\text{MeV}$$

阱宽为 $a=2.8\times10^{-15}\,\text{m}$，折合质量 $\mu=\dfrac{1}{2}\times1.67\times10^{-27}\,\text{kg}$。

将上面超越方程中的 E 换成 $E+U_0$，能量本征值满足的方程为

$$\tan\left(\frac{\sqrt{2\mu(E+U_0)}}{\hbar}a\right)=-\sqrt{\frac{E+U_0}{-E}}$$

或

$$\tan\left(\frac{\sqrt{2\mu B}}{\hbar}a\right)=-\sqrt{\frac{B}{-E}}$$

可以求得，阱深为

$$U_0\approx21.2\text{MeV}$$

【例 3-5】对处于如图 3-10 所示的 δ 势阱 $U=-U_0\delta(x)$（$U_0>0$）中的粒子，讨论其束缚态能级和波函数。

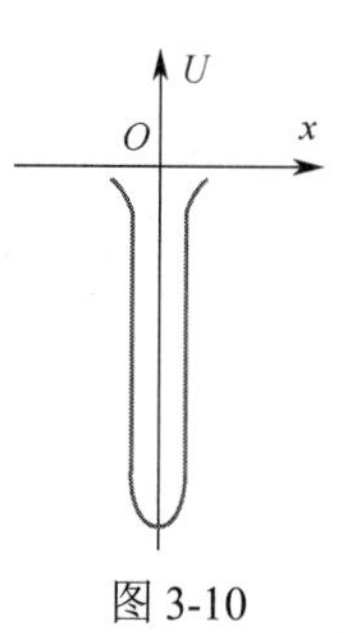

图 3-10

解：定态薛定谔方程为

$$\psi''+\frac{2\mu}{\hbar^2}\left[E+U_0\delta(x)\right]\psi=0$$

因为 $\delta(x)=\begin{cases}0 & x\neq0\\ \infty & x=0\end{cases}$，所以，$E>0$ 为游离态，$E<0$ 为束缚态。

因为 $U(x)$ 为偶函数，所以 $\psi(x)$ 具有确定的宇称。

$\delta(x)$ 具有以下重要性质：

（1）$\int_{-\infty}^{\infty}f(x)\delta(x)\mathrm{d}x=\int_{-\varepsilon}^{\varepsilon}f(x)\delta(x)\mathrm{d}x=f(0)$；

（2）$x\delta(x)=0$，说明当 $x\to0$ 时，$\dfrac{1}{x}$ 比 $\delta(x)$ 趋于 ∞ 的速度快。

在 $x=0$ 点附近 $(-\varepsilon,\varepsilon)$ 对薛定谔方程两边做积分运算，并考虑到

$$\int_{-\varepsilon}^{\varepsilon}\psi''\mathrm{d}x=\psi'(\varepsilon)-\psi'(-\varepsilon)=\psi'(0_+)-\psi'(0_-)$$

$$\int_{-\varepsilon}^{\varepsilon}E\psi\mathrm{d}x=0\ \text{（因为积分区间无限小）}$$

$$\int_{-\infty}^{\infty}\delta(x)\psi(x)\mathrm{d}x=\psi(0)$$

所以

$$\psi'(0_+)-\psi'(0_-)+\frac{2\mu U_0}{\hbar^2}\psi(0)=0$$

$$\psi'(0_+)-\psi'(0_-)=-\frac{2\mu U_0}{\hbar^2}\psi(0)$$

ψ' 在 $x=0$ 点左右不连续，但变化量有限（因为$\psi(0)$ 有限），而ψ 在 $x=0$ 点两侧连续。

令 $k=\dfrac{\sqrt{-2\mu E}}{\hbar}$，则在 $x\neq 0$ 处，薛定谔方程简化为

$$\psi''-k^2\psi=0$$

其解为

$$\psi=c_1\mathrm{e}^{kx}+c_2\mathrm{e}^{-kx}$$

对束缚态，当 $x\to\pm\infty$ 时，$\psi\to 0$，所以

$$\psi(x)=\begin{cases}c\mathrm{e}^{-kx} & x>0\\ \pm c\mathrm{e}^{kx} & x<0\end{cases}$$

（1）对偶宇称，有

$$\psi(x)=\begin{cases}c\mathrm{e}^{-kx} & x>0\\ c\mathrm{e}^{kx} & x<0\end{cases}$$

如图 3-11 所示，所以

$$\psi'(0_+)=-ck \qquad \psi'(0_-)=ck \qquad \psi(0)=c$$

因此

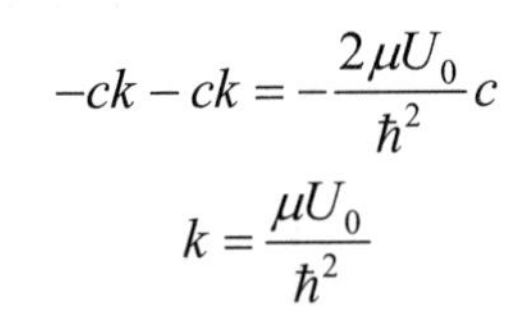

$$-ck-ck=-\frac{2\mu U_0}{\hbar^2}c$$

$$k=\frac{\mu U_0}{\hbar^2}$$

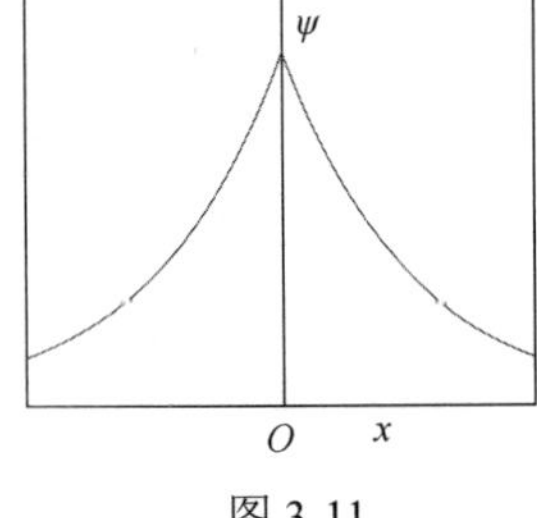

图 3-11

即

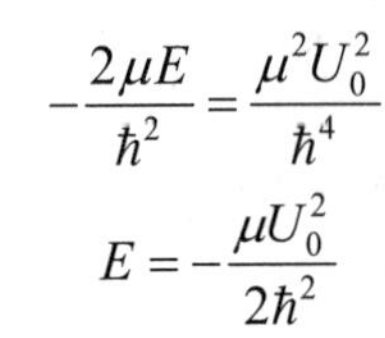

$$-\frac{2\mu E}{\hbar^2}=\frac{\mu^2U_0^2}{\hbar^4}$$

$$E=-\frac{\mu U_0^2}{2\hbar^2}$$

这是偶宇称态下唯一的束缚态能级。

利用归一化条件，得

$$\int_{-\infty}^{\infty}|\psi|^2\,\mathrm{d}x=\int_0^{\infty}c^2\mathrm{e}^{-2kx}\mathrm{d}x+\int_{-\infty}^{0}c^2\mathrm{e}^{2kx}\mathrm{d}x=c^2/k=1$$

$$c=\sqrt{k}=\frac{\sqrt{\mu U_0}}{\hbar}$$

所以

$$\psi(x)=\begin{cases}(\sqrt{\mu U_0}/\hbar)\mathrm{e}^{-\mu U_0 x/\hbar^2} & x>0\\ (\sqrt{\mu U_0}/\hbar)\mathrm{e}^{\mu U_0 x/\hbar^2} & x<0\end{cases}$$

$$E=-\frac{\mu U_0^2}{2\hbar^2}$$

（2）对奇宇称，有

$$\psi(x)=\begin{cases} c\mathrm{e}^{-kx} & x>0 \\ -c\mathrm{e}^{kx} & x<0 \end{cases}$$

因为波函数在 $x=0$ 点连续，故 $c=-c$，即 $c=0$，所以 $\psi(0)=0$。因此，不存在奇宇称态。

§3-4　线性谐振子

无论是在经典物理还是在量子物理中，线性谐振子都是很有用的模型。任何体系在稳定平衡点附近的运动都可以近似地被视为一维谐振子。如双原子分子的振动、晶体结构中原子和离子的振动、核振动等都使用了谐振子模型，辐射场也可以被视为线性谐振子的集合。

比如，双原子分子中两原子间的势能 U 是两原子间距离 x 的函数，如图 3-12 所示。在 $x=a$ 处势能有一极小值，这是一个稳定平衡点，在这点附近，$U(x)$ 可以展开为 $(x-a)$ 的幂级数，且注意到

$$\begin{cases} -\dfrac{\hbar^2}{2\mu}\dfrac{\mathrm{d}^2}{\mathrm{d}x^2}\psi(x)=E\psi(x) & x<0,x>a \\ -\dfrac{\hbar^2}{2\mu}\dfrac{\mathrm{d}^2}{\mathrm{d}x^2}\psi(x)+U_0\psi(x)=E\psi(x) & 0\leqslant x\leqslant a \end{cases}$$

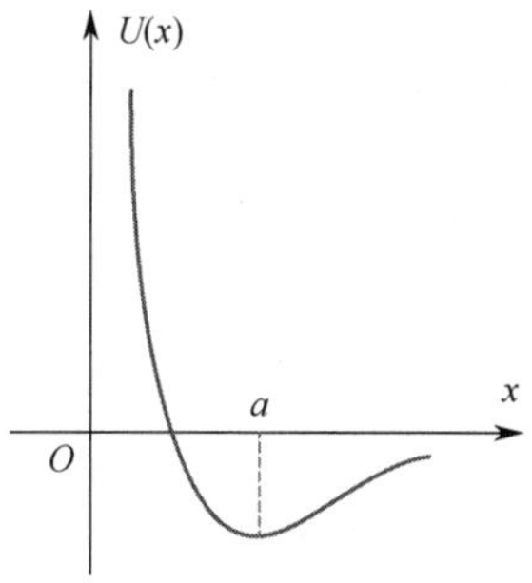

则

$$U(x)=U(a)+\frac{1}{2!}U''(a)(x-a)^2+\cdots$$

若忽略高次项，且令 $k=U''(a)$，则有

$$U(x)=U(a)+\frac{1}{2}k(x-a)^2$$

图 3-12

再令 $U(a)=0$，$x'=x-a$，则上式变为

$$U(x)=\frac{1}{2}kx^2 \tag{3-29}$$

其中 $k=\mu\omega^2$。

凡是在势能满足式（3-29）的场中运动的微观体系，都被称为线性谐振子。

一、线性谐振子的能量本征值和能量本征函数

线性谐振子体系的哈密顿算符及本征方程分别为

$$\hat{H}=-\frac{\hbar^2}{2\mu}\frac{\mathrm{d}^2}{\mathrm{d}x^2}+\frac{1}{2}\mu\omega^2x^2 \tag{3-30}$$

$$\left(-\frac{\hbar^2}{2\mu}\frac{\mathrm{d}^2}{\mathrm{d}x^2}+\frac{1}{2}\mu\omega^2x^2\right)\psi(x)=E\psi(x) \tag{3-31}$$

为了方便本征方程的求解，我们把方程（3-31）变成无量纲的形式。能量 E 和 $\hbar\omega$ 的量纲是一致的，将方程（3-31）的两边同乘以 $\dfrac{2}{\hbar\omega}$，得

$$-\frac{\hbar}{\mu\omega}\frac{\mathrm{d}^2\psi}{\mathrm{d}x^2}+\frac{\mu\omega}{\hbar}x^2\psi=\frac{2E}{\hbar\omega}\psi \tag{3-32}$$

令

$$\alpha=\sqrt{\frac{\mu\omega}{\hbar}} \qquad \xi=\alpha x \qquad \lambda=\frac{2E}{\hbar\omega} \tag{3-33}$$

方程（3-32）简化为

$$\frac{\mathrm{d}^2\psi(\xi)}{\mathrm{d}\xi^2}+(\lambda-\xi^2)\psi(\xi)=0 \tag{3-34}$$

由于方程（3-34）不能直接求解，可先求 $\xi\to\pm\infty$ 的渐近解，此时由于 λ 与 ξ^2 相比可以忽略，因此方程（3-34）的渐近方程为

$$\frac{\mathrm{d}^2\psi}{\mathrm{d}\xi^2}-\xi^2\psi=0 \tag{3-35}$$

其渐近解为

$$\psi(\xi)\propto \mathrm{e}^{\pm\xi^2/2} \tag{3-36}$$

对该解进行验证。因为

$$\psi'\sim\pm\xi\mathrm{e}^{\pm\xi^2/2}$$

所以

$$\psi''\sim(\xi^2\pm1)\mathrm{e}^{\pm\xi^2/2}\approx\xi^2\mathrm{e}^{\pm\xi^2/2}$$

即式（3-35）。

由波函数的有限性（满足 $\psi(\xi)\xrightarrow{|\xi|\to\infty}0$ ）知，只能取 $\psi(\xi)\propto\mathrm{e}^{-\xi^2/2}$ 的解，于是可以令方程（3-34）的一般解为

$$\psi(\xi)=\mathrm{e}^{-\xi^2/2}H(\xi) \tag{3-37}$$

其中 $H(\xi)$ 为待求函数。由于波函数有限，且粒子处于束缚态，因此 $H(\xi)$ 应满足条件：

（1）在 ξ 有限时，$H(\xi)$ 应有限；

（2）当 $\xi\to\pm\infty$ 时，$H(\xi)$ 也必须保证 $\psi(\xi)\to0$ 。

将式（3-37）代入式（3-34），有

$$\frac{\mathrm{d}^2H}{\mathrm{d}\xi^2}-2\xi\frac{\mathrm{d}H}{\mathrm{d}\xi}+(\lambda-1)H=0 \tag{3-38}$$

即为 $H(\xi)$ 所满足的方程（称为厄密方程）。

可以利用级数方法求解厄密方程（3-38），其具体过程参阅相关教材。级数解必须只有有限项才能在 $\xi\to\pm\infty$ 时使 $H(\xi)$ 有限，而级数有限项的条件是 λ 为奇数，即

$$\lambda=2n+1 \tag{3-39}$$

式中，$n=0,1,2,\cdots$。因为 $\lambda=\dfrac{2E}{\hbar\omega}$，所以，一维线性谐振子的能级为

$$E_n=\left(n+\frac{1}{2}\right)\hbar\omega \quad (n=0,1,2,\cdots) \tag{3-40}$$

方程（3-38）的解为厄密多项式，其表达式为

$$H_n(\xi)=(-1)^n \mathrm{e}^{\xi^2}\frac{\mathrm{d}^n}{\mathrm{d}\xi^n}\mathrm{e}^{-\xi^2} \tag{3-41}$$

其中 n 表示 $H_n(\xi)$ 的最高次幂，并且 $H_n(\xi)$ 的最高次数项的系数为 2^n 。例如

$$H_0(\xi)=1 \qquad H_1(\xi)=2\xi$$

$$H_2(\xi)=4\xi^2-2 \qquad H_3(\xi)=8\xi^3-12\xi$$

且 $H_n(\xi)$ 满足递推关系

$$\frac{\mathrm{d}H_n(\xi)}{\mathrm{d}\xi}=2nH_{n-1}(\xi) \tag{3-42}$$

$$H_{n+1}(\xi)-2\xi H_n(\xi)+2nH_{n-1}(\xi)=0 \tag{3-43}$$

体系能量本征函数为

$$\psi_n(\xi)=N_n\mathrm{e}^{-\xi^2/2}H_n(\xi) \tag{3-44}$$

或

$$\psi_n(x)=N_n\mathrm{e}^{-\alpha^2x^2/2}H_n(\alpha x) \tag{3-45}$$

N_n 为归一化常数，由 $\int_{-\infty}^{\infty}|\psi|^2\,\mathrm{d}x=1$ 可得， $N_n=\sqrt{\dfrac{\alpha}{\sqrt{\pi}\,2^n n!}}$ 。例如，n 较小的几个能量本征函数为

$$\psi_0(x)=\frac{\sqrt{\alpha}}{\pi^{1/4}}\mathrm{e}^{-\alpha^2x^2/2}$$

$$\psi_1(x)=\frac{\sqrt{2\alpha}}{\pi^{1/4}}\alpha x\mathrm{e}^{-\alpha^2x^2/2}$$

$$\psi_2(x)=\frac{\sqrt{\alpha/2}}{\pi^{1/4}}(2\alpha^2x^2-1)\mathrm{e}^{-\alpha^2x^2/2}$$

$$\psi_3(x)=\frac{\sqrt{3\alpha}}{\pi^{1/4}}\alpha x(2\alpha^2x^2/3-1)\mathrm{e}^{-\alpha^2x^2/2}$$

二、线性谐振子的特征

下面对线性谐振子的能量本征值和本征函数做讨论。

1）能量本征值

（1）由式（3-40）可知，线性谐振子的能量是量子化的，且相邻能级的间距为

$$\Delta E_n=E_{n+1}-E_n=\hbar\omega \tag{3-46}$$

显然，能级是等间距的。

（2）存在零点能（基态能量）

$$E_0=\frac{1}{2}\hbar\omega \tag{3-47}$$

在热力学温度 $T=0$ 时也有振动，并已被实验所证实（光被晶体散射），这是经典理论中没有的，纯属量子效应，它是由微观粒子具有的波粒二象性所导致的。

2）能量本征函数

当 n 较小时，线性谐振子的能量本征函数对应的几条曲线如图 3-13 所示。

（1）可以证明，能量本征函数 $\psi_n(x)$ 满足正交归一化条件，即

$$\int_{-\infty}^{\infty}\psi_m^*(x)\psi_n(x)\mathrm{d}x=\delta_{mn} \tag{3-48}$$

（2）波函数$\psi_n(x)$有确定的宇称$(-1)^n$，即

$$\psi_n(-x)=(-1)^n\psi_n(x) \tag{3-49}$$

当n为偶数时，只存在偶幂次项，为偶函数；当n为奇数时，只存在奇幂次项，为奇函数。

（3）下面讨论线性谐振子的位置概率分布情况。对经典谐振子，其振动方程为

$$x=A\cos(\omega t+\varphi)$$

粒子从$-A$运动到A的过程中，在$x\sim x+\mathrm{d}x$内的概率为

$$w\mathrm{d}x=\frac{\mathrm{d}t}{T/2}$$

式中，T为振动周期。所以，x处的概率密度为

$$w=\frac{\mathrm{d}t}{\mathrm{d}x}\frac{2}{T}=\frac{1}{v}\frac{\omega}{\pi}=\frac{\omega}{\pi}\frac{1}{\omega A\sin(\omega t+\varphi)}=\frac{1}{\pi\sqrt{A^2-x^2}}$$

概率分布曲线如图 3-14 所示。

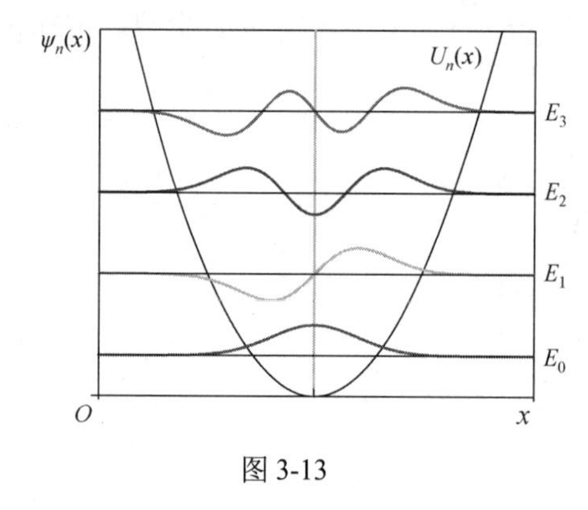

图 3-13

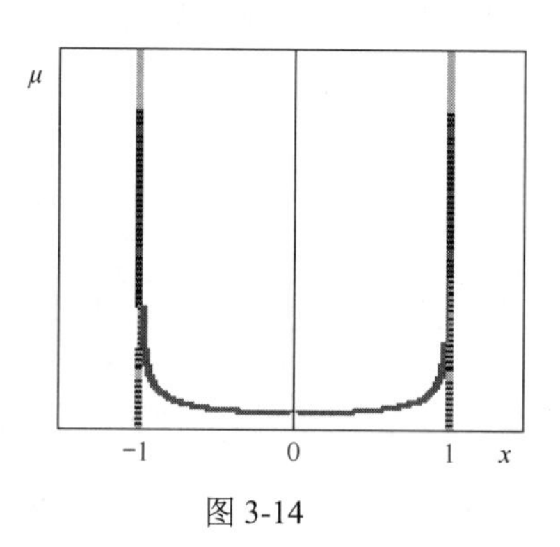

图 3-14

为对比经典谐振子和量子谐振子，令

$$\frac{1}{2}\mu\omega^2A_n^2=\left(n+\frac{1}{2}\right)\hbar\omega$$

得

$$A_n=\sqrt{\frac{(2n+1)\hbar\omega}{\mu\omega^2}}=\frac{\sqrt{2n+1}}{\alpha}$$

当经典谐振子的能量等于量子谐振子的能量E_n时，其振幅满足上式。

量子谐振子的概率密度为$w=|\psi_n(x)|^2$，n较小时的概率密度曲线如图 3-15 所示。

显然，量子谐振子与经典谐振子的概率分布很不相同，特别是在基态时刚好相反。但随着n的增大，量子谐振子的位置概率分布逐渐趋于经典分布。

量子谐振子与经典谐振子的另一个区别是，微观粒子可以出现在经典禁区。例如，基态时粒子在经典禁区出现的概率为

$$\int_{x_0}^{\infty}|\psi_0|^2\,\mathrm{d}x=\frac{\alpha}{\sqrt{\pi}}\int_{x_0}^{\infty}\mathrm{e}^{-\alpha^2x^2}\mathrm{d}x\approx 16\%$$

这是纯量子效应，且在基态表现得最为突出。

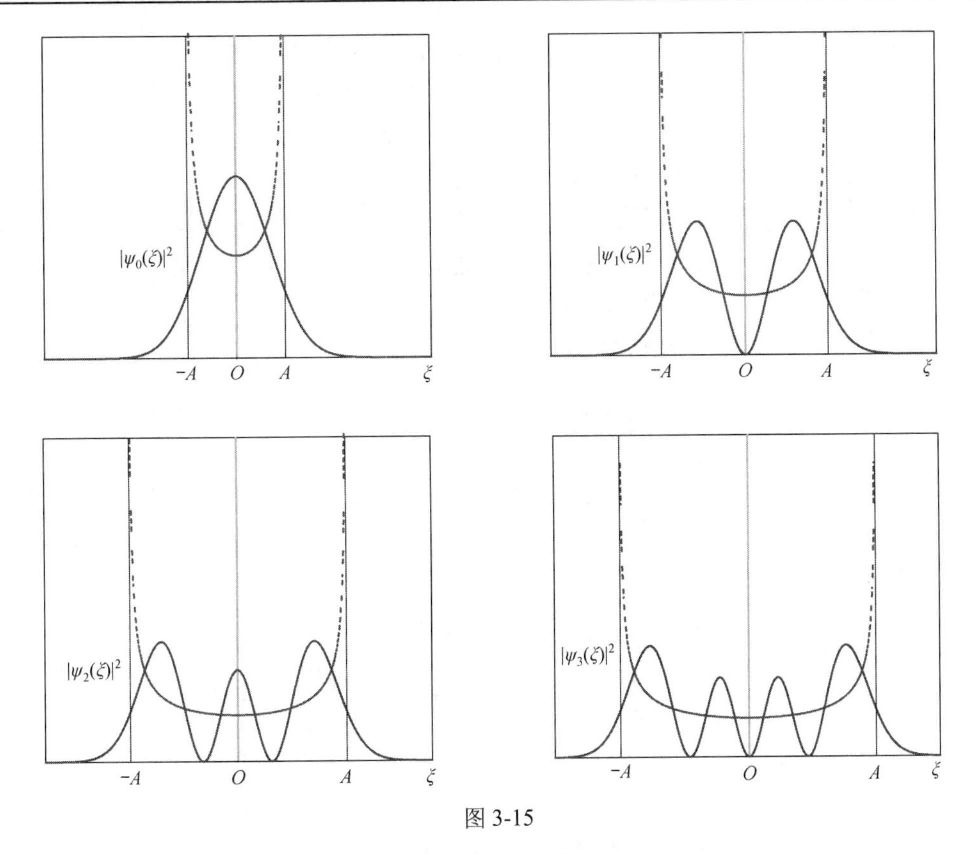

图 3-15

（4）能量本征函数满足递推关系（可利用厄密多项式的递推关系［式（3-42）和式（3-43）］推导）

$$x\psi_n(x)=\frac{1}{\alpha}\left[\sqrt{\frac{n}{2}}\psi_{n-1}(x)+\sqrt{\frac{n+1}{2}}\psi_{n+1}(x)\right] \tag{3-50}$$

$$\frac{\mathrm{d}}{\mathrm{d}x}\psi_n(x)=\alpha\left[\sqrt{\frac{n}{2}}\psi_{n-1}(x)-\sqrt{\frac{n+1}{2}}\psi_{n+1}(x)\right] \tag{3-51}$$

进而可得

$$x^2\psi_n(x)=\frac{1}{2\alpha^2}\left[\sqrt{n(n-1)}\psi_{n-2}(x)+(2n+1)\psi_n(x)+\sqrt{(n+1)(n+2)}\psi_{n+2}(x)\right] \tag{3-52}$$

$$\frac{\mathrm{d}^2}{\mathrm{d}x^2}\psi_n(x)=\frac{\alpha^2}{2}\left[\sqrt{n(n-1)}\psi_{n-2}(x)-(2n+1)\psi_n(x)+\sqrt{(n+1)(n+2)}\psi_{n+2}(x)\right] \tag{3-53}$$

这些递推公式在以后会经常被用到。

§3-5　势垒贯穿

本节讨论体系的势能在无限远处有限（下面取为零）、波函数在无限远处不为零的情况，此时体系的能量可取任意值，即组成连续谱。这类问题属于散射问题，需要求解的是粒子穿透势垒的概率。

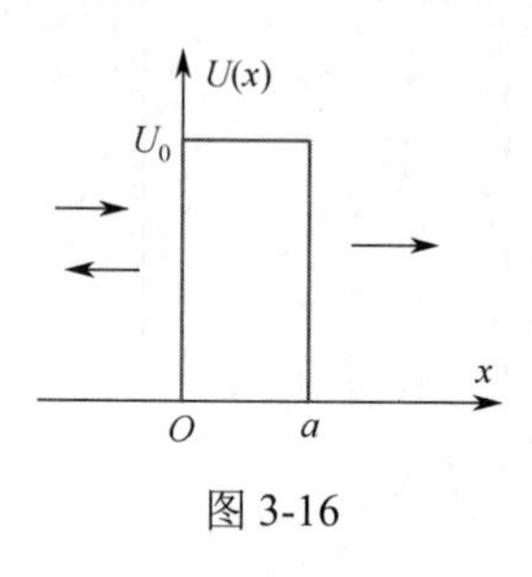

图 3-16

设粒子处于如图 3-16 所示的一维势场中

$$U(x)=\begin{cases}U_0 & 0\leqslant x\leqslant a\\ 0 & x<0,x>a\end{cases}\tag{3-54}$$

这样的势场称为方形势垒。

对经典粒子，当$E>U_0$时，粒子可以越过势垒；当$E<U_0$时，粒子被势垒反射，不能通过。那么，对于微观粒子，情形如何呢？只能通过求解薛定谔方程来寻求答案。

粒子满足的定态薛定谔方程为

$$\begin{cases}-\dfrac{\hbar^2}{2\mu}\dfrac{\mathrm{d}^2}{\mathrm{d}x^2}\psi(x)=E\psi(x) & x<0,x>a\\ -\dfrac{\hbar^2}{2\mu}\dfrac{\mathrm{d}^2}{\mathrm{d}x^2}\psi(x)+U_0\psi(x)=E\psi(x) & 0\leqslant x\leqslant a\end{cases}\tag{3-55}$$

1. $E>U_0$ 时的情况

令

$$k_1=\sqrt{\frac{2\mu E}{\hbar^2}}\qquad k_2=\sqrt{\frac{2\mu(E-U_0)}{\hbar^2}}\tag{3-56}$$

则方程（3-55）改写为

$$\begin{cases}\psi''+k_1^2\psi=0 & x<0,x>a\\ \psi''+k_2^2\psi=0 & 0\leqslant x\leqslant a\end{cases}\tag{3-57}$$

方程（3-57）的解为

$$\begin{cases}\psi_1=A\mathrm{e}^{\mathrm{i}k_1x}+A'\mathrm{e}^{-\mathrm{i}k_1x} & x<0\\ \psi_2=B\mathrm{e}^{\mathrm{i}k_2x}+B'\mathrm{e}^{-\mathrm{i}k_2x} & 0\leqslant x\leqslant a\\ \psi_3=C\mathrm{e}^{\mathrm{i}k_1x}+C'\mathrm{e}^{-\mathrm{i}k_1x} & x>a\end{cases}\tag{3-58}$$

粒子从左侧入射，在$x<0$区域既有入射波又有反射波；粒子穿过势垒到$x>a$区域，在势垒右侧只有透射波，无反射波，所以$C'=0$，因此方程（3-58）简化为

$$\begin{cases}\psi_1=A\mathrm{e}^{\mathrm{i}k_1x}+A'\mathrm{e}^{-\mathrm{i}k_1x} & x<0\\ \psi_2=B\mathrm{e}^{\mathrm{i}k_2x}+B'\mathrm{e}^{-\mathrm{i}k_2x} & 0\leqslant x\leqslant a\\ \psi_3=C\mathrm{e}^{\mathrm{i}k_1x} & x>a\end{cases}\tag{3-59}$$

式中，$A\mathrm{e}^{\mathrm{i}k_1x}$代表入射波，$A'\mathrm{e}^{-\mathrm{i}k_1x}$代表反射波，$C\mathrm{e}^{\mathrm{i}k_1x}$代表透射波。

根据波函数的连续性条件

$$\begin{cases}\psi_1(0)=\psi_2(0)\\ \psi_1'(0)=\psi_2'(0)\\ \psi_2(a)=\psi_3(a)\\ \psi_2'(a)=\psi_3'(a)\end{cases}$$

得

$$
\begin{cases}
A + A' = B + B' \\
k_1(A - A') = k_2(B - B') \\
B e^{ik_2 a} + B' e^{-ik_2 a} = C e^{ik_1 a} \\
k_2(B e^{ik_2 a} - B' e^{-ik_2 a}) = C k_1 e^{ik_1 a}
\end{cases}
$$

联立解得

$$
C = \frac{4k_1 k_2 e^{-ik_1 a}}{(k_1 + k_2)^2 e^{-ik_2 a} - (k_1 - k_2) e^{ik_2 a}} A \tag{3-60}
$$

$$
A' = \frac{2i(k_1^2 - k_2^2)\sin k_2 a}{(k_1 - k_2)^2 e^{ik_2 a} - (k_1 + k_2)^2 e^{-ik_2 a}} A \tag{3-61}
$$

入射波、反射波和透射波的概率流密度分别为

$$
J = \frac{i\hbar}{2\mu}\left[A e^{ik_1 x} \frac{d}{dx}(A^* e^{-ik_1 x}) - A^* e^{-ik_1 x} \frac{d}{dx}(A e^{ik_1 x}) \right] = \frac{\hbar k_1}{\mu}|A|^2 \tag{3-62}
$$

$$
J_R = \frac{i\hbar}{2\mu}\left[A' e^{-ik_1 x} \frac{d}{dx}(A'^* e^{ik_1 x}) - A'^* e^{ik_1 x} \frac{d}{dx}(A' e^{-ik_1 x}) \right] = -\frac{\hbar k_1}{\mu}|A'|^2 \tag{3-63}
$$

$$
J_D = \frac{i\hbar}{2\mu}\left[C e^{ik_1 x} \frac{d}{dx}(C^* e^{-ik_1 x}) - C^* e^{-ik_1 x} \frac{d}{dx}(C e^{ik_1 x}) \right] = \frac{\hbar k_1}{\mu}|C|^2 \tag{3-64}
$$

定义：粒子对势垒的透射系数 D 和反射系数 R 分别为

$$
D \equiv \frac{J_D}{J} = \frac{|C|^2}{|A|^2} \tag{3-65}
$$

$$
R \equiv \left| \frac{J_R}{J} \right| = \frac{|A'|^2}{|A|^2} \tag{3-66}
$$

把式（3-62）、式（3-63）、式（3-64）代入，则

$$
D = \frac{J_D}{J} = \frac{|C|^2}{|A|^2} = \frac{4k_1^2 k_2^2}{(k_1^2 - k_2^2)^2 \sin^2 k_2 a + 4k_1^2 k_2^2} \tag{3-67}
$$

$$
R = \frac{|J_R|}{J} = \frac{|A'|^2}{|A|^2} = \frac{(k_1^2 - k_2^2)^2 \sin^2 k_2 a}{(k_1^2 - k_2^2)^2 \sin^2 k_2 a + 4k_1^2 k_2^2} \tag{3-68}
$$

显然

$$
D + R = 1 \tag{3-69}
$$

这说明入射粒子一部分贯穿势垒到另一区域，另一部分被势垒反射回去。这一结论满足粒子数守恒定律。

讨论：

（1）方形势垒的透射

由式（3-67）可以看出，若 $\sin k_2 a = 0$，透射系数 $D = 1$，此时 $k_2 a = n\pi$，有

$$
E_n = U_0 + \frac{n^2 \pi^2 \hbar^2}{2\mu a^2} \quad (n = 1, 2, 3, \cdots) \tag{3-70}
$$

即如果入射粒子的能量刚好满足式（3-70），则粒子可以透射过去，即势垒变成透明的。透射系数 D 随入射能量 E 的关系如图 3-17 所示。

（2）方形势阱的透射与共振

若势能为

$$U(x)=\begin{cases}-U_0 & 0\leqslant x\leqslant a\\ 0 & x<0,x>a\end{cases} \tag{3-71}$$

则势垒变为势阱，如图 3-18 所示。

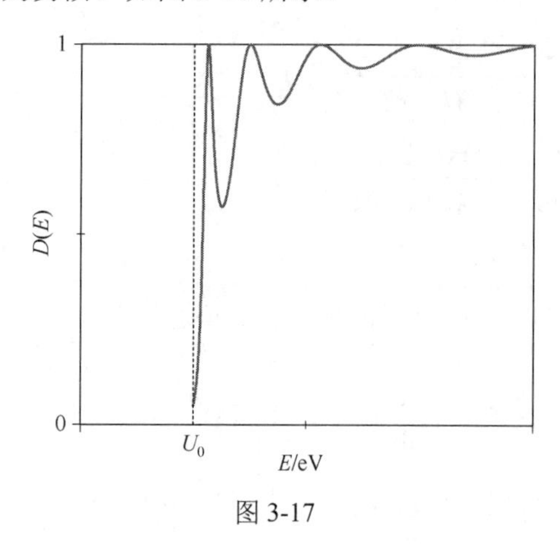

图 3-17

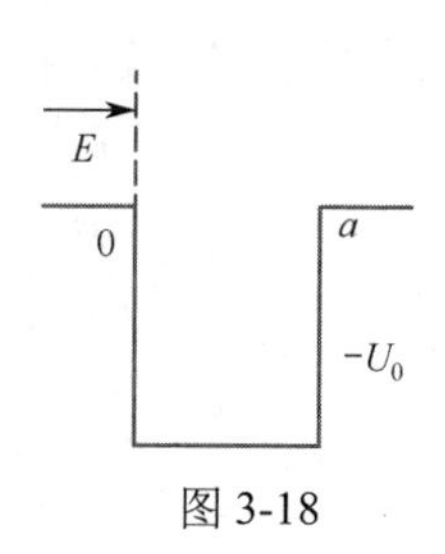

图 3-18

令

$$k_3=\sqrt{\frac{2\mu(E+U_0)}{\hbar^2}} \tag{3-72}$$

用 k_3 替换式（3-67）中的 k_2，则透射系数为

$$D=\frac{4k_1^2k_3^2}{(k_1^2-k_3^2)^2\sin^2 k_3a+4k_1^2k_3^2} \tag{3-73}$$

若 $\sin k_3a=0$，则透射系数 $D=1$，此时 $k_3a=n\pi$，有

$$E_n'=-U_0+\frac{n^2\pi^2\hbar^2}{2\mu a^2} \tag{3-74}$$

即如果入射粒子的能量刚好满足式（3-74），则粒子可以透射过去，称为共振透射。透射系数 D 随入射能量 E 的关系如图 3-19 所示。

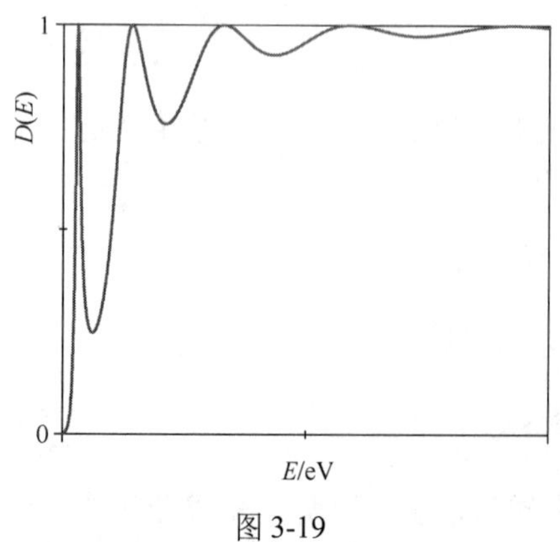

图 3-19

2. $E<U_0$ 时的情况

令

$$k_4=\sqrt{\frac{2\mu(U_0-E)}{\hbar^2}} \tag{3-75}$$

则 $k_2=\mathrm{i}k_4$，用 $\mathrm{i}k_4$ 替换式（3-67）中的 k_2，结论仍然成立，则透射系数为

$$D=\frac{4k_1^2k_4^2}{(k_1^2+k_4^2)^2\,\mathrm{sh}^2\, k_4a+4k_1^2k_4^2} \tag{3-76}$$

说明：

（1）方形势垒的透射系数

$$0 < D < 1$$

如图 3-20 所示。当粒子的能量小于势垒高度时仍有可能穿过势垒的现象称为势垒贯穿或隧道效应，如图 3-21 所示。隧道效应是纯粹的量子效应，这是经典物理所不能解释的。

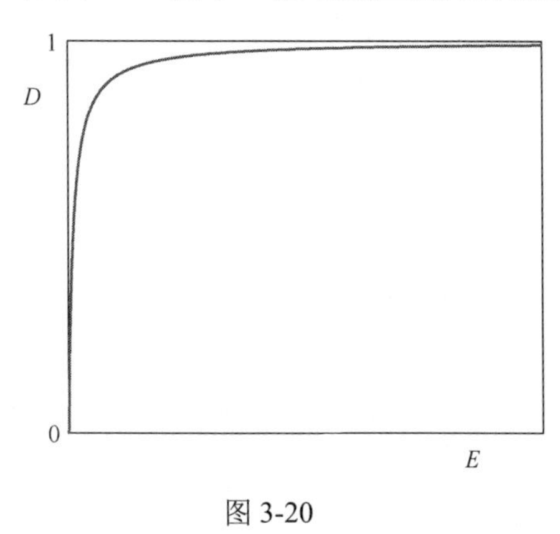

图 3-20

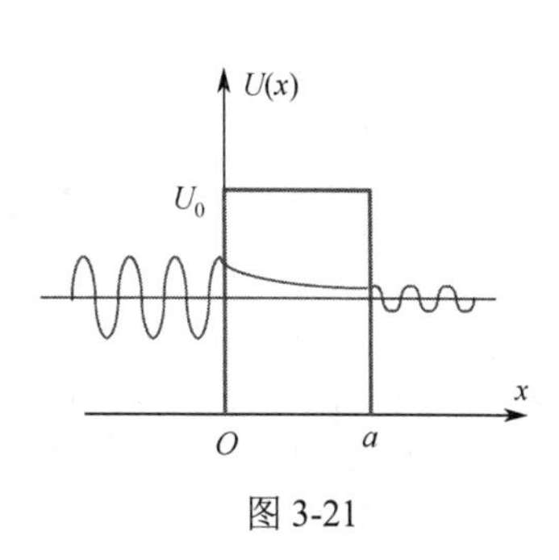

图 3-21

（2）若能量 E 很小，且势垒宽度 a 不太小，以至于 $k_4a \gg 1$，即 $e^{k_4a} \gg e^{-k_4a}$，则

$$\mathrm{sh}^2\, k_4a = \frac{1}{4}(e^{k_4a} - e^{-k_4a})^2 \approx \frac{1}{4}e^{2k_4a}$$

所以透射系数

$$D = \frac{1}{\dfrac{1}{16}\left(\dfrac{k_1}{k_4} + \dfrac{k_4}{k_1}\right)^2 e^{2k_4a} + 1}$$

而 k_1 和 k_4 同数量级，所以 $k_4a \gg 1$，即 $e^{2k_3a} \gg 4$，因此

$$D = D_0 e^{-2k_4a} = D_0 \exp\left(-\frac{2}{\hbar}\sqrt{2\mu(U_0 - E)}a\right) \tag{3-77}$$

其中 D_0 为常数，它的数量级接近于 1。

（3）势垒为任意形状，如图 3-22 所示。可采用微元法，粒子贯穿小方垒的透射系数

$$D_i = D_{0i} \exp\left[-\frac{2}{\hbar}\sqrt{2\mu[U(x) - E]}\mathrm{d}x\right]$$

粒子在 $x = a$ 处入射势垒，在 $x = b$ 处射出，则总的透射系数为

$$D = \prod_{i=1}^{\infty} D_i = D_0 \exp\left[-\frac{2}{\hbar}\int_a^b \sqrt{2\mu[U(x) - E]}\mathrm{d}x\right] \tag{3-78}$$

以上推导不太严格，但计算结果比较好。

（4）隧道效应的一个例子是 α 粒子从放射性核中逸出，即 α 衰变。如图 3-23 所示，核半径为 R，由于受核力的作用，α 粒子在核内的势能很低。在核边界上有一个因库仑力而产生的势垒。对 ^{238}U 核，这一库仑势垒高达 35MeV，而这种核在 α 衰变过程中放出的 α 粒子的能量 E 不过 4.2MeV。理论计算表明，这些 α 粒子就是通过隧道效应穿透库仑势垒而跑出来的。

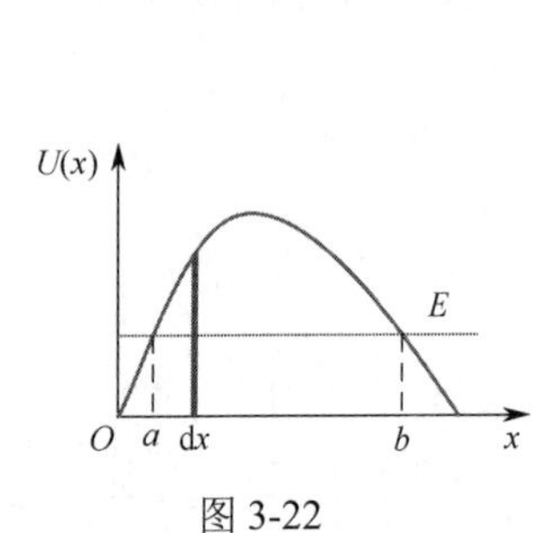

图 3-22

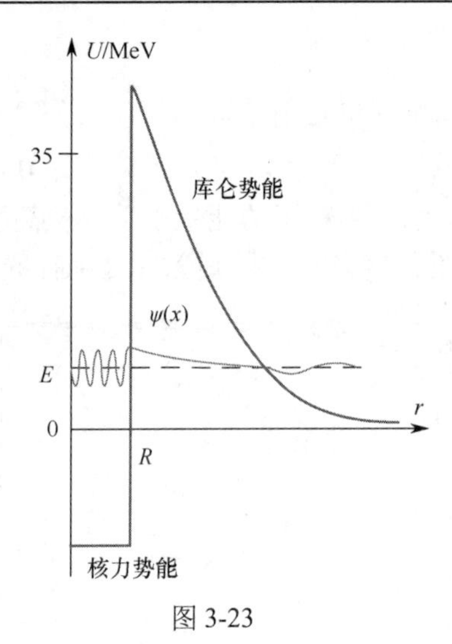

图 3-23

1982 年，宾尼和罗雷尔利用电子的隧道效应制成扫描隧道显微镜，分辨率高达 0.01～0.1nm（电子显微镜的分辨率为 0.3～0.5nm）。

【例 3-6】能量为 E 的粒子入射到如图 3-24 所示的势垒 $U=U_0\delta(x)$ 上，讨论粒子的反射和透射情况。

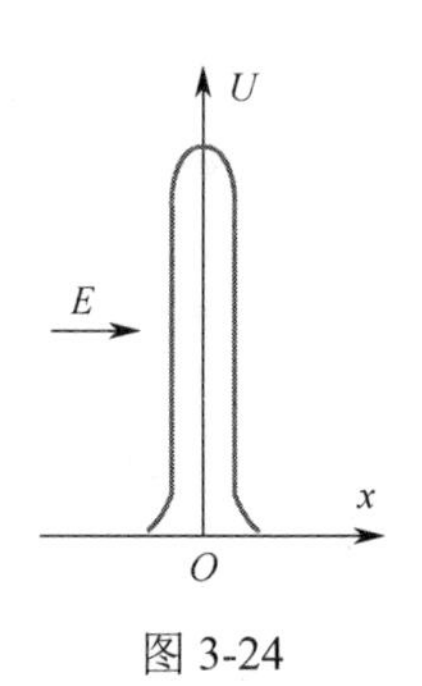

图 3-24

解：粒子满足的定态薛定谔方程为

$$-\frac{\hbar^2}{2\mu}\psi''+U_0\delta(x)\psi=E\psi$$

令 $k=\frac{\sqrt{2\mu E}}{\hbar}$，则

$$\psi=\begin{cases}\mathrm{e}^{\mathrm{i}kx}+R\mathrm{e}^{-\mathrm{i}kx} & x<0\\ D\mathrm{e}^{\mathrm{i}kx} & x>0\end{cases}$$

$x=0$ 时，ψ 连续，所以

$$1+R=D$$

由例 3-5 得

$$\psi'(0_+)-\psi'(0_-)=\frac{2\mu U_0}{\hbar^2}\psi(0)$$

因此

$$\mathrm{i}kD-\mathrm{i}k+\mathrm{i}kR=\frac{2\mu U_0}{\hbar^2}D$$

联立解得

$$D=\frac{1}{1+\frac{\mathrm{i}\mu U_0}{k\hbar^2}}\qquad R=D-1=-\frac{\frac{\mathrm{i}\mu U_0}{k\hbar^2}}{1+\frac{\mathrm{i}\mu U_0}{k\hbar^2}}$$

容易求得，入射波、反射波和透射波的概率流密度分别为

$$J_{入}=\frac{\hbar k}{\mu}\qquad J_{反}=-\frac{\hbar k}{\mu}RR^*\qquad J_{透}=\frac{\hbar k}{\mu}DD^*$$

因此，反射系数和透射系数分别为

$$\frac{|J_{反}|}{|J_{入}|}=|R|^2=\frac{\left(\frac{\mu U_0}{k\hbar^2}\right)^2}{1+\left(\frac{\mu U_0}{k\hbar^2}\right)^2}=\frac{\frac{\mu U_0^2}{2E\hbar^2}}{1+\frac{\mu U_0^2}{2E\hbar^2}}$$

$$\frac{|J_{透}|}{|J_{入}|}=|D|^2=\frac{1}{1+\left(\frac{\mu U_0}{k\hbar^2}\right)^2}=\frac{1}{1+\frac{\mu U_0^2}{2E\hbar^2}}$$

容易看出，当$E\gg\frac{\mu U_0^2}{\hbar^2}$时，$|D|^2\to 1$，透射很强，即当粒子能量很大时，势垒基本透明；当$E\ll\frac{\mu U_0^2}{\hbar^2}$时，$|D|^2\to 0$，透射很弱。

习　　题

3-1　讨论粒子在一维无限深势阱$U=\begin{cases}0 & -a\leqslant x\leqslant a\\ \infty & x<-a,x>a\end{cases}$中的能量本征值和能量本征函数。

3-2　写出三维无限深势阱$U=\begin{cases}0 & 0<x<a,0<y<b,0<z<c\\ \infty & 其他\end{cases}$中粒子的能量本征值和能量本征函数。

3-3　已知描述单粒子一维束缚态的两个能量本征函数分别为

$$\psi_1=A\mathrm{e}^{-\alpha x^2/2}\qquad\qquad \psi_2=B(x^2+bx+c)\mathrm{e}^{-\alpha x^2/2}$$

试求这两个状态的能级间隔。

3-4　讨论能量为E的粒子入射到半壁无限宽势垒$U=\begin{cases}0 & x<0\\ U_0 & x>0\end{cases}$中，讨论粒子的反射和透射情况。

3-5　粒子在势场$U=\begin{cases}\infty & x\leqslant 0\\ -U_0 & 0<x<a\\ 0 & x\geqslant a\end{cases}$中运动，求至少存在一个束缚态的条件。

3-6　分子间的范德瓦耳斯力所产生的势能可以近似表示为

$$U(x)=\begin{cases}\infty & x<0\\ U_0 & 0\leqslant x<a\\ -U_1 & a\leqslant x\leqslant b\\ 0 & x>b\end{cases}$$

求束缚态的能级所满足的方程。

3-7 质量为μ的粒子在一维势场

$$U(x)=\begin{cases}\infty & x<0 \\ -U_0 a\delta(x-a) & x\geqslant 0\end{cases}$$

中运动，其中U_0、a都是正常数。写出粒子束缚态的能级所满足的方程。

3-8 一维定态薛定谔方程中，如果$U(x)\to U(x)+U_0$，是否会导致波函数发生变化？是否会导致能量本征值发生变化？如果$U(x)\to U(x+a)$，是否会导致波函数发生变化？是否会导致能量本征值发生变化？试加以分析和说明。

第四章　量子力学基本原理

§4-1　算符及其运算规则

一、算符假设

若某一运算将函数u变为函数v，记为

$$\hat{F}u = v \tag{4-1}$$

则运算符号$\hat{F}$称为算符。例如，在§2-3和§2-5中曾分别引入了动量算符和哈密顿算符，它们为

$$\hat{\vec{p}} = -\mathrm{i}\hbar\nabla \tag{4-2}$$

$$\hat{H} = -\frac{\hbar^2}{2\mu}\nabla^2 + U(\vec{r}) \tag{4-3}$$

在量子力学中，算符作用到波函数上表示它对波函数的一种运算或者操作，例如，动量算符表示对后面的波函数进行微商运算。

如果对任意的波函数ψ_1和ψ_2，算符$\hat{F}$满足下列运算规则

$$\hat{A}(c_1\psi_1 + c_2\psi_2) = c_1\hat{A}\psi_1 + c_2\hat{A}\psi_2 \tag{4-4}$$

则称算符$\hat{A}$为线性算符。其中，c_1、c_2是两个任意的复常数。

引入量子力学中的算符假设：量子力学中的可观测量或力学量（如坐标、动量、角动量和能量等）与相应的线性厄米算符相对应；力学量的测量值只能是它的本征值。量子力学的态叠加原理要求力学量算符必须是线性算符；力学量的测量值为实数要求力学量算符必须是厄米算符（后面将讲到）；力学量的取值情况由相应算符满足的本征方程的解来决定。算符假设是量子力学的又一个基本假设。

二、算符的运算规则

1．单位算符

若对任何波函数ψ，算符$\hat{I}$满足

$$\hat{I}\psi = \psi \tag{4-5}$$

则称$\hat{I}$为单位算符。显然，任意波函数皆为单位算符的本征函数，且本征值为1。

2．算符之和

若对任意的波函数ψ，总有

$$\hat{F}\psi = \hat{A}\psi + \hat{B}\psi \tag{4-6}$$

则称算符$\hat{F}$为算符$\hat{A}$和算符$\hat{B}$之和，记为

$$\hat{F} = \hat{A} + \hat{B} \tag{4-7}$$

算符的加法运算满足交换律和结合律，即

$$\hat{A}+\hat{B}=\hat{B}+\hat{A} \tag{4-8}$$

$$\hat{A}+(\hat{B}+\hat{C})=(\hat{A}+\hat{B})+\hat{C} \tag{4-9}$$

3．算符之积

若对任意的波函数ψ，总有

$$\hat{F}\psi=\hat{A}(\hat{B}\psi) \tag{4-10}$$

则称算符$\hat{F}$为算符$\hat{A}$和算符$\hat{B}$之积，记为

$$\hat{F}=\hat{A}\hat{B} \tag{4-11}$$

算符之积$\hat{A}\hat{B}$对任意波函数的运算过程是，先用算符$\hat{B}$对ψ进行运算，得到一个新的波函数$\hat{B}\psi$，然后用算符$\hat{A}$对$\hat{B}\psi$进行运算。

算符的相乘不一定满足交换律，即有可能

$$\hat{A}\hat{B}\neq\hat{B}\hat{A}$$

这是算符运算与普通代数运算的重要区别。

4．逆算符

设算符$\hat{A}$和算符$\hat{A}^{-1}$满足

$$\hat{A}\psi=\varphi \tag{4-12}$$

$$\hat{A}^{-1}\varphi=\psi \tag{4-13}$$

则称算符$\hat{A}$和算符$\hat{A}^{-1}$互为逆算符。

因为

$$\hat{A}\hat{A}^{-1}\varphi=\hat{A}\psi=\varphi \qquad \hat{A}^{-1}\hat{A}\psi=\hat{A}^{-1}\varphi=\psi$$

所以

$$\hat{A}\hat{A}^{-1}=\hat{A}^{-1}\hat{A}=\hat{I} \tag{4-14}$$

并非所有的算符都具有相应的逆算符，只有当算符的本征值都不为零时才存在逆算符。

5．算符的函数

数学上，任意函数可以在0点做展开，即

$$f(x)=\sum_{n=0}^{\infty}\frac{f^{(n)}(0)}{n!}x^n$$

类似地，算符的函数也可以做相似的展开，即

$$f(\hat{F})=\sum_{n=0}^{\infty}\frac{f^{(n)}(0)}{n!}\hat{F}^n \tag{4-15}$$

如

$$\mathrm{e}^{a\hat{p}_x}=\sum_{n=0}^{\infty}\frac{a^n\hat{p}_x^n}{n!}=\sum_{n=0}^{\infty}\frac{a^n}{n!}(-\mathrm{i}\hbar)^n\frac{\partial^n}{\partial x^n}$$

若算符$\hat{F}$的本征方程为$\hat{F}\psi=\lambda\psi$，则

$$f(\hat{F})\psi=\sum_{n=0}^{\infty}\frac{f^{(n)}(0)}{n!}\hat{F}^n\psi=\sum_{n=0}^{\infty}\frac{f^{(n)}(0)}{n!}\lambda^n\psi=f(\lambda)\psi \tag{4-16}$$

例如，某体系的能量本征方程为$\hat{H}\psi = E\psi$，则

$$\mathrm{e}^{-\mathrm{i}\hat{H}t/\hbar}\psi = \mathrm{e}^{-\mathrm{i}Et/\hbar}\psi$$

三、厄米算符

1．算符的共轭

对任意的波函数ψ_1和ψ_2及算符$\hat{A}$，令

$$A_{12} = \int_\infty \psi_1^* \hat{A}\psi_2 \mathrm{d}\tau \qquad A_{21} = \int_\infty \psi_2^* \hat{A}\psi_1 \mathrm{d}\tau$$

如果算符$\hat{A}^+$与$\hat{A}$满足

$$(\hat{A}^+)_{12} = (A_{21})^* \tag{4-17}$$

即

$$\int_\infty \psi_1^* \hat{A}^+ \psi_2 \mathrm{d}\tau = \left(\int_\infty \psi_2^* \hat{A}\psi_1 \mathrm{d}\tau\right)^* = \int_\infty \psi_2 (\hat{A}\psi_1)^* \mathrm{d}\tau \tag{4-18}$$

则称算符$\hat{A}^+$和$\hat{A}$互为厄米共轭算符，简称二者共轭。

2．厄米算符

若算符$\hat{A}$等于其共轭算符$\hat{A}^+$，即

$$\hat{A}^+ = \hat{A} \tag{4-19}$$

即

$$\int_\infty \psi_1^* \hat{A}\psi_2 \mathrm{d}\tau = \int_\infty \psi_2 (\hat{A}\psi_1)^* \mathrm{d}\tau \tag{4-20}$$

则称算符$\hat{A}$为厄米算符或自共轭算符。引入厄米算符的意义在于，量子力学中的力学量算符都是厄米算符。

【例 4-1】求常数算符的共轭算符。

解：对于常数算符$\hat{A} = c$，有

$$c_{12}^+ = \int \psi_1^* c^+ \psi_2 \mathrm{d}\tau = \int \psi_2 (c\psi_1)^* \mathrm{d}\tau = \int \psi_2 c^* \psi_1^* \mathrm{d}\tau = c_{12}^*$$

即$c^+ = c^*$，所以，常数算符的共轭等于其复共轭。

【例 4-2】求微分算符$\hat{A} = \dfrac{\partial}{\partial x}$的共轭。

解：因为

$$\left(\frac{\partial}{\partial x}\right)_{12}^+ = \int_{-\infty}^{\infty} \psi_1^* \left(\frac{\partial}{\partial x}\right)^+ \psi_2 \mathrm{d}x = \int_{-\infty}^{\infty} \psi_2 \left(\frac{\partial \psi_1}{\partial x}\right)^* \mathrm{d}x = \int_{-\infty}^{\infty} \psi_2 \frac{\partial \psi_1^*}{\partial x} \mathrm{d}x = \psi_1^* \psi_2 \Big|_{-\infty}^{\infty} - \int_{-\infty}^{\infty} \psi_1^* \frac{\partial \psi_2}{\partial x} \mathrm{d}x$$

对束缚态，即$\psi_1(\pm\infty) \to 0$，$\psi_2(\pm\infty) \to 0$，有

$$\left(\frac{\partial}{\partial x}\right)_{12}^+ = -\int_{-\infty}^{\infty} \psi_1^* \frac{\partial \psi_2}{\partial x} \mathrm{d}x = \left(-\frac{\partial}{\partial x}\right)_{12}$$

所以

$$\left(\frac{\partial}{\partial x}\right)^+ = -\frac{\partial}{\partial x}$$

微分算符与其共轭差一负号。由此可以看出，算符 $\hat{p}_x = -\mathrm{i}\hbar\frac{\partial}{\partial x}$ 的共轭为

$$\hat{p}_x^+ = \mathrm{i}\hbar\left(-\frac{\partial}{\partial x}\right) = -\mathrm{i}\hbar\frac{\partial}{\partial x} = \hat{p}_x$$

即动量算符是厄米算符。

【例 4-3】证明：$(\hat{A}\hat{B})^+ = \hat{B}^+\hat{A}^+$。

解：因为

$$\int\psi_1^*(\hat{A}\hat{B})^+\psi_2\mathrm{d}\tau = \int\psi_2(\hat{A}\hat{B}\psi_1)^*\mathrm{d}\tau = \int(\hat{B}\psi_1)^*\hat{A}^+\psi_2\mathrm{d}\tau = \int\psi_1^*\hat{B}^+\hat{A}^+\psi_2\mathrm{d}\tau$$

所以

$$(\hat{A}\hat{B})^+ = \hat{B}^+\hat{A}^+ \tag{4-21}$$

由此可以得出

$$(\hat{A}\hat{B}\hat{C})^+ = \hat{C}^+(\hat{A}\hat{B})^+ = \hat{C}^+\hat{B}^+\hat{A}^+$$

【例 4-4】求算符 $\hat{L}_z = \hat{x}\hat{p}_y - \hat{y}\hat{p}_x$ 的共轭。

解：因为

$$\hat{L}_z^+ = \hat{p}_y^+\hat{x}^+ - \hat{p}_x^+\hat{y}^+ = \hat{p}_y\hat{x} - \hat{p}_x\hat{y} = \hat{x}\hat{p}_y - \hat{y}\hat{p}_x = \hat{L}_z$$

所以，角动量算符是厄米算符。

四、算符的对易关系

1. 对易关系

为了描述两个算符 $\hat{A}$ 和 $\hat{B}$ 之积的交换关系，引入符号

$$[\hat{A},\hat{B}] \equiv \hat{A}\hat{B} - \hat{B}\hat{A} \tag{4-22}$$

称为算符 $\hat{A}$ 和 $\hat{B}$ 的对易关系或对易子。如果 $[\hat{A},\hat{B}]=0$，则称算符 $\hat{A}$ 和 $\hat{B}$ 是对易的（可交换的）；否则，称 $\hat{A}$ 和 $\hat{B}$ 是不对易的（不可交换的）。例如，对于坐标与动量算符，显然有

$$[\alpha,\beta]=0 \qquad (\alpha,\beta=x,y,z) \tag{4-23}$$

$$[\hat{p}_\alpha,\hat{p}_\beta]=0 \qquad (\alpha,\beta=x,y,z) \tag{4-24}$$

根据所研究的不同对象，有时要用到两个算符 $\hat{A}$ 和 $\hat{B}$ 的反对易关系，其定义为

$$[\hat{A},\hat{B}]_+ \equiv \hat{A}\hat{B} + \hat{B}\hat{A} \tag{4-25}$$

2. 量子力学的基本对易关系

量子力学中基本的对易关系是坐标和动量的对易关系。

首先考察 $[x,\hat{p}_x]$。由于 $\hat{p}_x$ 是一个微分算符，因此在计算对易关系时要把它作用到任意函数上。对于任意的状态 ψ，有

$$\begin{aligned}[x,\hat{p}_x]\psi &= x\hat{p}_x\psi - \hat{p}_x x\psi = -\mathrm{i}\hbar x\frac{\mathrm{d}}{\mathrm{d}x}\psi + \mathrm{i}\hbar\frac{\mathrm{d}}{\mathrm{d}x}(x\psi) \\ &= -\mathrm{i}\hbar x\frac{\mathrm{d}}{\mathrm{d}x}\psi + \mathrm{i}\hbar\psi + \mathrm{i}\hbar x\frac{\mathrm{d}}{\mathrm{d}x}\psi = \mathrm{i}\hbar\psi\end{aligned}$$

因为 $\psi(x)$ 是任意函数，所以

$$[x,\hat{p}_x]=\mathrm{i}\hbar \tag{4-26}$$

此即著名的海森堡对易关系，它是量子力学中基本的对易关系。同理

$$[y,\hat{p}_y]=\mathrm{i}\hbar \qquad [z,\hat{p}_z]=\mathrm{i}\hbar$$

下面考察$[x,\hat{p}_y]$。对于任意的状态ψ，有

$$[x,\hat{p}_y]\psi = x\hat{p}_y\psi-\hat{p}_y x\psi=-\mathrm{i}\hbar x\frac{\mathrm{d}}{\mathrm{d}y}\psi+\mathrm{i}\hbar\frac{\mathrm{d}}{\mathrm{d}y}(x\psi)=-\mathrm{i}\hbar x\frac{\mathrm{d}}{\mathrm{d}y}\psi+\mathrm{i}\hbar x\frac{\mathrm{d}}{\mathrm{d}y}\psi=0$$

所以

$$[x,\hat{p}_y]=0$$

同理

$$[x,\hat{p}_z]=[y,\hat{p}_x]=[y,\hat{p}_z]=[z,\hat{p}_x]=[z,\hat{p}_y]=0$$

因此，坐标和动量的对易关系普遍表示为

$$[\alpha,\hat{p}_\beta]=\mathrm{i}\hbar\delta_{\alpha\beta} \qquad (\alpha,\beta=x,y,z) \tag{4-27}$$

利用$\hat{E}=\mathrm{i}\hbar\frac{\partial}{\partial t}$，容易求得时间与能量的对易关系为

$$[\hat{E},t]=\mathrm{i}\hbar \tag{4-28}$$

【例 4-5】计算对易关系$[f(x),\hat{p}_x]$。

解：对于任意的状态$\psi(x)$，有

$$[f(x),\hat{p}_x]\psi = f(x)\hat{p}_x\psi-\hat{p}_x f(x)\psi=-\mathrm{i}\hbar f(x)\frac{\mathrm{d}\psi}{\mathrm{d}x}+\mathrm{i}\hbar\frac{\mathrm{d}}{\mathrm{d}x}[f(x)\psi]$$
$$=-\mathrm{i}\hbar f(x)\frac{\mathrm{d}\psi}{\mathrm{d}x}+\mathrm{i}\hbar\frac{\mathrm{d}f(x)}{\mathrm{d}x}\psi+\mathrm{i}\hbar f(x)\frac{\mathrm{d}\psi}{\mathrm{d}x}=\mathrm{i}\hbar\frac{\mathrm{d}f(x)}{\mathrm{d}x}\psi$$

所以

$$[f(x),\hat{p}_x]=\mathrm{i}\hbar\frac{\mathrm{d}}{\mathrm{d}x}f(x) \tag{4-29}$$

利用该题结果，得

$$[x^n,\hat{p}_x]=\mathrm{i}\hbar n x^{n-1}$$

3. 对易关系代数的运算规则

对易关系代数的运算规则如下：

$$[\hat{A},\hat{B}]=-[\hat{B},\hat{A}] \tag{4-30}$$

$$[\hat{A},\lambda\hat{B}]=\lambda[\hat{A},\hat{B}] \quad （式中，\lambda 为常数） \tag{4-31}$$

$$[\hat{A},\hat{B}+\hat{C}]=[\hat{A},\hat{B}]+[\hat{A},\hat{C}] \tag{4-32}$$

$$[\hat{A},\hat{B}\hat{C}]=[\hat{A},\hat{B}]\hat{C}+\hat{B}[\hat{A},\hat{C}] \tag{4-33}$$

$$[\hat{A}\hat{B},\hat{C}]=[\hat{A},\hat{C}]\hat{B}+\hat{A}[\hat{B},\hat{C}] \tag{4-34}$$

$$[\hat{A},[\hat{B},\hat{C}]]+[\hat{B},[\hat{C},\hat{A}]]+[\hat{C},[\hat{A},\hat{B}]]=0 \tag{4-35}$$

以上运算规则的证明留给读者。

【例 4-6】计算$[x^n,\hat{p}_x]$。

解：利用式（4-26）和式（4-34），得

$$[x^n,\hat{p}_x]=x[x^{n-1},\hat{p}_x]+[x,\hat{p}_x]x^{n-1}=x\{x[x^{n-2},\hat{p}_x]+[x,\hat{p}_x]x^{n-2}\}+\mathrm{i}\hbar x^{n-1}$$
$$=x^2[x^{n-2},\hat{p}_x]+2\mathrm{i}\hbar x^{n-1}=\cdots=x^{n-1}[x,\hat{p}_x]+(n-1)\mathrm{i}\hbar x^{n-1}=n\mathrm{i}\hbar x^{n-1}$$

结果与例 4-5 相同。作为练习，用同样的方法可以证明$[x,\hat{p}_x^n]=\mathrm{i}n\hbar\hat{p}_x^{n-1}$。

4．有关角动量的对易关系

轨道角动量算符的定义为

$$\hat{\vec{L}}=\vec{r}\times\hat{\vec{p}} \tag{4-36}$$

则其分量形式为

$$\hat{L}_x=y\hat{p}_z-z\hat{p}_y \qquad \hat{L}_y=z\hat{p}_x-x\hat{p}_z \qquad \hat{L}_z=x\hat{p}_y-y\hat{p}_x$$

下面讨论与角动量有关的对易关系。

1）动量和角动量的对易关系

【例 4-7】计算$[\hat{p}_x,\hat{L}_x]$、$[\hat{p}_x,\hat{L}_y]$。

解：利用对易关系代数的运算规则和式（4-27），有

$$\begin{aligned}[\hat{p}_x,\hat{L}_x]&=[\hat{p}_x,y\hat{p}_z-z\hat{p}_y]=[\hat{p}_x,y\hat{p}_z]-[\hat{p}_x,z\hat{p}_y]\\&=y[\hat{p}_x,\hat{p}_z]+[\hat{p}_x,y]\hat{p}_z-z[\hat{p}_x,\hat{p}_y]-[\hat{p}_x,z]\hat{p}_y\\&=0\end{aligned}$$

$$\begin{aligned}[\hat{p}_x,\hat{L}_y]&=[\hat{p}_x,z\hat{p}_x-x\hat{p}_z]=[\hat{p}_x,z\hat{p}_x]-[\hat{p}_x,x\hat{p}_z]=-[\hat{p}_x,x\hat{p}_z]\\&=-x[\hat{p}_x,\hat{p}_z]-[\hat{p}_x,x]\hat{p}_z=[x,\hat{p}_x]\hat{p}_z=\mathrm{i}\hbar\hat{p}_z\end{aligned}$$

引入记号$\varepsilon_{\alpha\beta\gamma}$（反对称三阶张量），其定义为

$$\varepsilon_{\alpha\beta\gamma}=-\varepsilon_{\beta\alpha\gamma}=-\varepsilon_{\alpha\gamma\beta} \qquad \varepsilon_{\alpha\alpha\beta}=0 \qquad \varepsilon_{xyz}=\varepsilon_{yzx}=\varepsilon_{zxy}=1 \tag{4-37}$$

利用该记号，动量和角动量的对易关系可以统一表述为

$$[\hat{p}_\alpha,\hat{L}_\beta]=\mathrm{i}\hbar\varepsilon_{\alpha\beta\gamma}\hat{p}_\gamma \tag{4-38}$$

同理

$$[\hat{L}_\alpha,\hat{p}_\beta]=\mathrm{i}\hbar\varepsilon_{\alpha\beta\gamma}\hat{p}_\gamma \tag{4-39}$$

2）坐标和角动量的对易关系

【例 4-8】计算$[x,\hat{L}_x]$、$[x,\hat{L}_y]$。

解：容易求得

$$[x,\hat{L}_x]=[x,y\hat{p}_z-z\hat{p}_y]=0$$

$$[x,\hat{L}_y]=[x,z\hat{p}_x-x\hat{p}_z]=[x,z\hat{p}_x]=z[x,\hat{p}_x]=\mathrm{i}\hbar z$$

坐标和角动量的对易关系可以统一表述为

$$[\alpha,\hat{L}_\beta]=\mathrm{i}\hbar\varepsilon_{\alpha\beta\gamma}\gamma \tag{4-40}$$

同理

$$[\hat{L}_\alpha,\beta]=\mathrm{i}\hbar\varepsilon_{\alpha\beta\gamma}\gamma \tag{4-41}$$

3）角动量算符各分量之间的对易关系

【例 4-9】计算$[\hat{L}_x,\hat{L}_y]$。

解：容易求得

$$[\hat{L}_x,\hat{L}_y]=[y\hat{p}_z,\hat{L}_y]-[z\hat{p}_y,\hat{L}_y]=y[\hat{p}_z,\hat{L}_y]-[z,\hat{L}_y]\hat{p}_y$$
$$=-\mathrm{i}\hbar y\hat{p}_x+\mathrm{i}\hbar x\hat{p}_y=\mathrm{i}\hbar\hat{L}_z$$

$[\hat{L}_x,\hat{L}_x]=0$是明显的。角动量各分量之间的对易关系可以统一表示为

$$[\hat{L}_\alpha,\hat{L}_\beta]=\mathrm{i}\hbar\varepsilon_{\alpha\beta\gamma}\hat{L}_\gamma \tag{4-42}$$

利用式（4-42），可得

$$\begin{aligned}\hat{\vec{L}}\times\hat{\vec{L}}&=(\hat{L}_x\vec{i}+\hat{L}_y\vec{j}+\hat{L}_z\vec{k})\times(\hat{L}_x\vec{i}+\hat{L}_y\vec{j}+\hat{L}_z\vec{k})\\&=(\hat{L}_y\hat{L}_z-\hat{L}_z\hat{L}_y)\vec{i}+(\hat{L}_z\hat{L}_x-\hat{L}_x\hat{L}_z)\vec{j}+(\hat{L}_x\hat{L}_y-\hat{L}_y\hat{L}_x)\vec{k}\\&=\mathrm{i}\hbar(\hat{L}_x\vec{i}+\hat{L}_y\vec{j}+\hat{L}_z\vec{k})\\&=\mathrm{i}\hbar\hat{\vec{L}}\end{aligned}$$

即

$$\hat{\vec{L}}\times\hat{\vec{L}}=\mathrm{i}\hbar\hat{\vec{L}} \tag{4-43}$$

该式与对易关系［式（4-42）］等价，它也是角动量算符的普遍定义。

4）角动量平方与分量之间的对易关系

【例 4-10】计算$[\hat{L}^2,\hat{L}_z]$。

解：利用对易关系的运算法则，有

$$\begin{aligned}[\hat{L}^2,\hat{L}_z]&=[\hat{L}_x^2,\hat{L}_z]+[\hat{L}_y^2,\hat{L}_z]+[\hat{L}_z^2,\hat{L}_z]\\&=\hat{L}_x[\hat{L}_x,\hat{L}_z]+[\hat{L}_x,\hat{L}_z]\hat{L}_x+\hat{L}_y[\hat{L}_y,\hat{L}_z]+[\hat{L}_y,\hat{L}_z]\hat{L}_y\\&=-\mathrm{i}\hbar(\hat{L}_x\hat{L}_y+\hat{L}_y\hat{L}_x-\hat{L}_y\hat{L}_x-\hat{L}_x\hat{L}_y)\\&=0\end{aligned}$$

同理

$$[\hat{L}^2,\hat{L}_x]=0 \qquad [\hat{L}^2,\hat{L}_y]=0$$

即角动量平方与其各分量之间相互对易，可以统一表示为

$$[\hat{L}^2,\hat{L}_\alpha]=0 \tag{4-44}$$

§4-2　厄米算符的本征问题

本节以一维断续谱为例探讨厄米算符的本征值。设厄米算符$\hat{A}$的本征方程为

$$\hat{A}\psi_n(x)=\lambda_n\psi_n(x) \tag{4-45}$$

式中，λ_n为算符$\hat{A}$的第n个本征值，$\psi_n(x)$为本征值λ_n对应的本征函数。

一、厄米算符的本征值必为实数

量子力学假设，一个可观测的力学量总是用一个相应的线性厄米算符来表征的。为说明

厄米算符本征值的性质，我们计算积分$\int\psi_n^*\hat{A}\psi_n\mathrm{d}x$。

一方面，利用式（4-45），得

$$\int\psi_n^*\hat{A}\psi_n\mathrm{d}x=\lambda_n\int\psi_n^*\psi_n\mathrm{d}x$$

另一方面，因为$\hat{A}$为厄米算符，所以

$$\int\psi_n^*\hat{A}\psi_n\mathrm{d}x=\int\psi_n(\hat{A}\psi_n)^*\mathrm{d}x=\lambda_n^*\int\psi_n^*\psi_n\mathrm{d}x$$

比较上面两式，得

$$\lambda_n=\lambda_n^*$$

即厄米算符的本征值是实数。

二、厄米算符本征函数的正交性

定义：如果两个波函数ψ和φ满足

$$\int_\infty\psi^*(x)\varphi(x)\mathrm{d}x=0$$

则称ψ和φ相互正交。

如果$\hat{A}$的本征值不简并，则本征值λ_m和λ_n满足的本征方程分别为

$$\hat{A}\psi_m=\lambda_m\psi_m \qquad \hat{A}\psi_n=\lambda_n\psi_n$$

且$\lambda_m\neq\lambda_n$。为说明厄米算符本征函数的性质，我们计算积分$\int\psi_m^*\hat{A}\psi_n\mathrm{d}x$。

一方面

$$\int\psi_m^*\hat{A}\psi_n\mathrm{d}x=\lambda_n\int\psi_m^*\psi_n\mathrm{d}x$$

另一方面，因为$\hat{A}$为厄米算符，所以

$$\int\psi_m^*\hat{A}\psi_n\mathrm{d}x=\int\psi_n(\hat{A}\psi_m)^*\mathrm{d}x=\lambda_m\int\psi_m^*\psi_n\mathrm{d}x$$

比较上面两式，得

$$\lambda_n\int\psi_m^*\psi_n\mathrm{d}x=\lambda_m\int\psi_m^*\psi_n\mathrm{d}x$$

考虑到$\lambda_m\neq\lambda_n$，所以

$$\int\psi_m^*\psi_n\mathrm{d}x=0$$

即厄米算符的属于不同本征值的本征函数彼此正交。

假设本征函数已归一化，上述两式可以统一写成

$$\int\psi_m^*\psi_n\mathrm{d}x=\delta_{mn} \tag{4-46}$$

式（4-46）为$\hat{A}$的本征函数的正交归一方程。

如果$\hat{A}$的本征值λ_n有简并的情况，则本征方程为

$$\hat{A}\psi_{n\alpha}=\lambda_n\psi_{n\alpha} \tag{4-47}$$

式中，$\alpha=1,2,3,\cdots,f$，称为简并量子数，f为λ_n的简并度，即本征值λ_n对应f个不同的本征函数$\psi_{n\alpha}$。

如果没有其他附加条件，则这f个简并的波函数的选择并不是唯一的，一般来说，它们不一定正交。但是，我们总可以把它们重新线性组合，使之满足正交归一化条件（通过例 4-11 介绍施密特正交归一法）。简并情况下，本征函数的正交归一方程可写成

$$\int \psi_{m\alpha}^{*} \psi_{n\beta} \mathrm{d}x = \delta_{mn} \delta_{\alpha\beta} \tag{4-48}$$

【例 4-11】在区间 $-1 \leqslant x \leqslant 1$ 内把下面三个函数正交归一化。

$$\psi_1 = 1 \qquad \psi_2 = x \qquad \psi_3 = x^2$$

解：第一步，把波函数 ψ_1 归一化。令

$$\varphi_1 = a\psi_1 = a$$

把 φ_1 归一化，即

$$\int_{-1}^{1} |\varphi_1|^2 \mathrm{d}x = 2|a|^2 = 1$$

取 $a = \frac{1}{\sqrt{2}}$，则

$$\varphi_1 = \frac{1}{\sqrt{2}}$$

第二步，令

$$\varphi_2 = b\varphi_1 + c\psi_2 = \frac{b}{\sqrt{2}} + cx$$

利用 φ_1、φ_2 的正交性，得

$$\int_{-1}^{1} \varphi_1^{*} \varphi_2 \mathrm{d}x = \int_{-1}^{1} \left(\frac{b}{2} + \frac{cx}{\sqrt{2}} \right) \mathrm{d}x = b = 0$$

$$\varphi_2 = cx$$

把 φ_2 归一化，即

$$\int_{-1}^{1} |\varphi_2|^2 \mathrm{d}x = |c|^2 \int_{-1}^{1} x^2 \mathrm{d}x = \frac{2}{3}|c|^2 = 1$$

取 $c = \sqrt{\frac{3}{2}}$，则

$$\varphi_2 = \sqrt{\frac{3}{2}} x$$

第三步，令

$$\varphi_3 = d\varphi_1 + e\varphi_2 + f\psi_3 = \frac{d}{\sqrt{2}} + e\sqrt{\frac{3}{2}}x + fx^2$$

利用 φ_1、φ_3 的正交性，得

$$\int_{-1}^{1} \varphi_1^{*} \varphi_3 \mathrm{d}x = \int_{-1}^{1} \left(\frac{d}{2} + e\frac{\sqrt{3}}{2}x + \frac{f}{\sqrt{2}}x^2 \right) \mathrm{d}x = d + \frac{\sqrt{2}}{3} f = 0$$

$$d = -\frac{\sqrt{2}}{3} f$$

利用 φ_2、φ_3 的正交性，得

$$\int_{-1}^{1} \varphi_2^{*} \varphi_3 \mathrm{d}x = \int_{-1}^{1} \left(\frac{\sqrt{3}d}{2}x + \frac{3}{2}ex^2 + \sqrt{\frac{3}{2}}fx^3 \right) \mathrm{d}x = e = 0$$

则

$$\varphi_3 = -\frac{f}{3} + fx^2$$

把 φ_3 归一化，即

$$\int_{-1}^{1} \varphi_3^* \varphi_3 \mathrm{d}x = |f|^2 \int_{-1}^{1} \left(-\frac{1}{3} + x^2\right)^2 \mathrm{d}x = \frac{8}{45}|f|^2 = 1$$

取 $f = \sqrt{\frac{45}{8}}$，则

$$\varphi_3 = \sqrt{\frac{45}{8}}\left(x^2 - \frac{1}{3}\right)$$

正交归一化后的函数分别为

$$\varphi_1 = \frac{1}{\sqrt{2}} \qquad \varphi_2 = \sqrt{\frac{3}{2}}x \qquad \varphi_3 = \sqrt{\frac{45}{8}}\left(x^2 - \frac{1}{3}\right)$$

此题所采用的办法称为施密特正交归一法。

三、厄米算符本征函数的完备性

波函数描述体系所处的状态，由全部波函数和零函数构成的空间称为态矢空间。每个波函数都是态矢空间中的一个元素，也称为态矢量。线性厄米算符的作用就是把态矢空间的一个元素变成另一个元素。

下面引入线性厄米算符本征函数的一个重要基本假设。设线性厄米算符 $\hat{F}$ 的所有本征函数构成了一个正交归一的函数系 $\{\psi_n(x)\}$，它可以作为态矢空间中的一组基底，态矢空间中的任意一个态矢量 $\psi(x,t)$ 可以向该本征函数系做线性展开，即

$$\psi(x,t) = \sum_n c_n(t)\psi_n(x) \tag{4-49}$$

若在每个 x 处，此无穷级数都收敛到 $\psi(x,t)$，则称 $\{\psi_n(x)\}$ 是完备的。这就是线性厄米算符本征函数系的完备性，也称为展开假定，它是量子力学的又一个基本假设。

虽然，从数学的角度还不能统一地证明基底 $\{\psi_n(x)\}$ 的这种完备性，但是，在量子力学中，总是认为线性厄米算符的本征函数系是正交归一和完备的。

下面计算展开系数 $c_n(t)$。用 $\psi_m^*(x)$ 作用在上式两端并对坐标变量积分，得到

$$\int \psi_m^*(x)\psi(x,t)\mathrm{d}x = \sum_n c_n(t)\int \psi_m^*(x)\psi_n(x)\mathrm{d}x = \sum_n c_n(t)\delta_{mn} = c_m(t)$$

所以

$$c_n(t) = \int \psi_n^*(x)\psi(x,t)\mathrm{d}x \tag{4-50}$$

利用 $\{\psi_n(x)\}$ 的完备性可以得到十分有用的封闭关系。将 $c_n(t)$ 代入式（4-49）中，得

$$\psi(x,t) = \sum_n \int \psi_n^*(x')\psi(x',t)\psi_n(x)\mathrm{d}x' = \int \left[\sum_n \psi_n^*(x')\psi_n(x)\right]\psi(x',t)\mathrm{d}x'$$

利用 δ 函数的性质

$$\psi(x,t) = \int \delta(x'-x)\psi(x',t)\mathrm{d}x'$$

得

$$\sum_n \psi_n^*(x')\psi_n(x) = \delta(x'-x) \tag{4-51}$$

此即本征函数$\{\psi_n(x)\}$的封闭关系。

§4-3　坐标算符和动量算符

在量子力学中，坐标算符和动量算符是两个较为特殊的算符，它们的本征值皆可连续取值，且本征波函数不能归一化，只能规格化为δ函数。

一、坐标算符

一维情况下，坐标算符$\hat{x}=x$满足的本征方程为

$$x\psi_{x_0}(x) = x_0\psi_{x_0}(x) \tag{4-52}$$

式中，x_0为算符x的本征值，它可以连续取值，取值范围为从负无穷到正无穷，即

$$x_0 \in (-\infty, +\infty) \tag{4-53}$$

本征方程（4-52）可改写为

$$(x-x_0)\psi_{x_0}(x) = 0$$

因为δ函数具有下面性质

$$(x-x_0)\delta(x-x_0) = 0$$

知

$$\psi_{x_0}(x) = \delta(x-x_0) \tag{4-54}$$

坐标算符的本征值x_0是可以连续取值的，相应的本征函数［式（4-54）］是一个δ函数，它不能归一化，只能规格化，即

$$\int \psi_{x_m}^* \psi_{x_n} \mathrm{d}x = \int \delta(x-x_m)\delta(x-x_n)\mathrm{d}x = \delta(x_m - x_n) \tag{4-55}$$

对于三维情况，坐标算符$\hat{\vec{r}}=\vec{r}$满足的本征方程为

$$\vec{r}\psi_{\vec{r}_0}(\vec{r}) = \vec{r}_0\psi_{\vec{r}_0}(\vec{r}) \tag{4-56}$$

其本征值和本征函数分别为

$$x_0, y_0, z_0 \in (-\infty, +\infty) \tag{4-57}$$

$$\psi_{\vec{r}_0} = \delta(\vec{r}-\vec{r}_0) \tag{4-58}$$

本征函数满足规格化条件

$$\int \psi_{\vec{r}_m}^*(\vec{r})\psi_{\vec{r}_n}(\vec{r})\mathrm{d}\tau = \delta(\vec{r}_m - \vec{r}_n) \tag{4-59}$$

二、动量算符

一维情况下，动量算符$\hat{p}_x$满足的本征方程为

$$\hat{p}_x\psi_{p_x}(x) = -\mathrm{i}\hbar\frac{\mathrm{d}}{\mathrm{d}x}\psi_{p_x}(x) = p_x\psi_{p_x}(x) \tag{4-60}$$

式（4-60）变形为

$$\frac{\mathrm{d}\psi_{p_x}(x)}{\psi_{p_x}(x)} = \frac{\mathrm{i}}{\hbar} p_x \mathrm{d}x$$

容易求出，本征函数为

$$\psi_{p_x}(x) = C\mathrm{e}^{\mathrm{i}p_x x/\hbar} \tag{4-61}$$

其本征值可以连续取值，取值范围为从负无穷到正无穷，即

$$p_x \in (-\infty, +\infty) \tag{4-62}$$

本征函数［式（4-61)］不能归一化，只能规格化，即

$$\int_{-\infty}^{\infty} \psi_{p'_x}^*(x)\psi_{p_x}(x)\mathrm{d}x = |C|^2 \int_{-\infty}^{\infty} \mathrm{e}^{\mathrm{i}(p_x - p'_x)x/\hbar}\mathrm{d}x = |C|^2 \, 2\pi\delta(p_x - p'_x)$$

取规格化因子为

$$C = \frac{1}{\sqrt{2\pi}}$$

则规格化后的本征函数为

$$\psi_{p_x}(x) = \frac{1}{\sqrt{2\pi\hbar}}\mathrm{e}^{\mathrm{i}p_x x/\hbar} \tag{4-63}$$

它与一维自由粒子能量的本征函数［式（3-12)］相同。

对于三维情况，动量算符 $\hat{\vec{p}}$ 满足的本征方程为

$$\hat{\vec{p}}\psi_{\vec{p}}(\vec{r}) = -\mathrm{i}\hbar\nabla\psi_{\vec{p}}(\vec{r}) = \vec{p}\psi_{\vec{p}}(\vec{r}) \tag{4-64}$$

利用分离变量法求解，设

$$\psi_{\vec{p}}(\vec{r}) = \psi_{p_x}(x)\psi_{p_y}(y)\psi_{p_z}(z) \tag{4-65}$$

则本征方程［式（4-64)］的分量形式为

$$\begin{cases} \hat{p}_x\psi_{p_x}(x) = p_x\psi_{p_x}(x) \\ \hat{p}_y\psi_{p_y}(y) = p_y\psi_{p_y}(y) \\ \hat{p}_z\psi_{p_z}(z) = p_z\psi_{p_z}(z) \end{cases}$$

动量算符的本征值是可以连续取值的，相应的规格化本征函数为

$$\begin{cases} \psi_x(x) = \dfrac{1}{\sqrt{2\pi\hbar}}\mathrm{e}^{\mathrm{i}p_x x/\hbar} \\ \psi_y(y) = \dfrac{1}{\sqrt{2\pi\hbar}}\mathrm{e}^{\mathrm{i}p_y y/\hbar} \\ \psi_z(z) = \dfrac{1}{\sqrt{2\pi\hbar}}\mathrm{e}^{\mathrm{i}p_z z/\hbar} \end{cases} \tag{4-66}$$

或

$$\psi_{\vec{p}}(\vec{r}) = \frac{1}{(2\pi\hbar)^{3/2}}\mathrm{e}^{\mathrm{i}\vec{p}\cdot\vec{r}/\hbar} \tag{4-67}$$

本征函数的规格化条件为

$$\int_{-\infty}^{\infty} \psi_{\vec{p}}^*(\vec{r})\psi_{\vec{p}'}(\vec{r})\mathrm{d}\tau = \delta(\vec{p} - \vec{p}') \tag{4-68}$$

§4-4　角动量算符

一、轨道角动量算符

角动量是物理学中最重要的力学量之一，特别是对中心力场尤为重要。在量子力学中，轨道角动量算符可以利用算符化规则得到，即

$$\hat{\vec{L}} = \hat{\vec{r}} \times \hat{\vec{p}} \tag{4-69}$$

在直角坐标系中，其分量形式为

$$\hat{L}_x = y\hat{p}_z - z\hat{p}_y \qquad \hat{L}_y = z\hat{p}_x - x\hat{p}_z \qquad \hat{L}_z = x\hat{p}_y - y\hat{p}_x \tag{4-70}$$

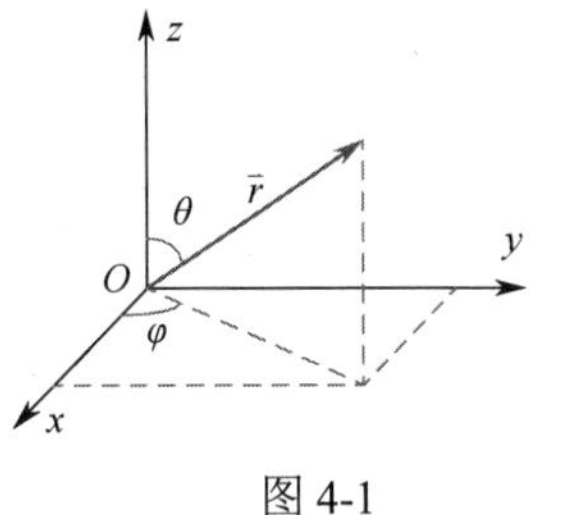

图 4-1

轨道角动量平方算符为

$$\hat{L}^2 = \hat{L}_x^2 + \hat{L}_y^2 + \hat{L}_z^2 \tag{4-71}$$

如图 4-1 所示，在直角坐标系与球坐标系中，坐标 (x,y,z) 与 (r,θ,φ) 之间的关系为

$$x = r\sin\theta\cos\varphi \qquad y = r\sin\theta\sin\varphi \qquad z = r\cos\theta$$

$$r = \sqrt{x^2+y^2+z^2} \qquad \theta = \arccos(z/r) \qquad \varphi = \arctan(y/x)$$

利用上述关系可推出，在球坐标系中，角动量算符与其平方算符分别为

$$\begin{cases} \hat{L}_x = \mathrm{i}\hbar\left(\sin\varphi\dfrac{\partial}{\partial\theta} + \cot\theta\cos\varphi\dfrac{\partial}{\partial\varphi}\right) \\ \hat{L}_y = -\mathrm{i}\hbar\left(\cos\varphi\dfrac{\partial}{\partial\theta} - \cot\theta\sin\varphi\dfrac{\partial}{\partial\varphi}\right) \\ \hat{L}_z = -\mathrm{i}\hbar\dfrac{\partial}{\partial\varphi} \end{cases} \tag{4-72}$$

$$\hat{L}^2 = -\hbar^2\left[\frac{1}{\sin\theta}\frac{\partial}{\partial\theta}\left(\sin\theta\frac{\partial}{\partial\theta}\right) + \frac{1}{\sin^2\theta}\frac{\partial^2}{\partial\varphi^2}\right] \tag{4-73}$$

二、角动量算符的本征问题

1. $\hat{L}_z$ 的本征值和本征函数

$\hat{L}_z$ 满足的本征方程为

$$-\mathrm{i}\hbar\frac{\mathrm{d}}{\mathrm{d}\varphi}\Phi(\varphi) = m\hbar\Phi(\varphi) \tag{4-74}$$

其中，$m\hbar$ 是算符 $\hat{L}_z$ 的本征值。方程（4-74）的解为

$$\Phi(\varphi) = C\mathrm{e}^{\mathrm{i}m\varphi}$$

由周期性条件 $\Phi(0) = \Phi(2\pi)$，得

$$e^{im2\pi}=1$$

所以，式中 m 只能取整数，即

$$m=0,\pm1,\pm2,\cdots$$

所以，$\hat{L}_z$ 的本征值为

$$L_z=m\hbar \tag{4-75}$$

m 称为轨道角动量磁量子数，简称轨道磁量子数。

把波函数归一化，有

$$\int_0^{2\pi}\varPhi^*(\varphi)\varPhi(\varphi)\mathrm{d}\varphi=2\pi|C|^2=1$$

取

$$C=\frac{1}{\sqrt{2\pi}}$$

于是，归一化的本征函数为

$$\varPhi(\varphi)=\frac{1}{\sqrt{2\pi}}e^{im\varphi} \tag{4-76}$$

2. $\hat{L}^2$ 的本征值和本征函数

$\hat{L}^2$ 满足的本征方程为

$$-\hbar^2\left[\frac{1}{\sin\theta}\frac{\partial}{\partial\theta}\left(\sin\theta\frac{\partial}{\partial\theta}\right)+\frac{1}{\sin^2\theta}\frac{\partial^2}{\partial\varphi^2}\right]Y(\theta,\varphi)=\lambda\hbar^2Y(\theta,\varphi) \tag{4-77}$$

其中，$\lambda\hbar^2$ 是算符 $\hat{L}^2$ 的本征值。

利用分离变量法，令

$$Y(\theta,\varphi)=\varTheta(\theta)\varPhi(\varphi) \tag{4-78}$$

其中，$\varPhi(\varphi)$ 是 $\hat{L}_z$ 的本征函数，即式（4-76）。

把式（4-78）代入本征方程（4-77），得

$$\frac{1}{\sin\theta}\frac{\mathrm{d}}{\mathrm{d}\theta}\left(\sin\theta\frac{\mathrm{d}}{\mathrm{d}\theta}\varTheta\right)+\left(\lambda-\frac{m^2}{\sin^2\theta}\right)\varTheta(\theta)=0$$

令 $\xi=\cos\theta$（$|\xi|\leqslant1$），则

$$(1-\xi^2)\frac{\mathrm{d}^2}{\mathrm{d}\xi^2}\varTheta-2\xi\frac{\mathrm{d}}{\mathrm{d}\xi}\varTheta+\left(\lambda-\frac{m^2}{1-\xi^2}\right)\varTheta=0 \tag{4-79}$$

这就是连带勒让德方程。为使 $\varTheta(\xi)$ 在 $|\xi|\leqslant1$ 时有限，必须满足

$$\lambda=l(l+1)\qquad l=0,1,2,\cdots \tag{4-80}$$

方程的解为连带勒让德多项式

$$\varTheta_{lm}(\xi)=P_l^m(\xi)\qquad |m|\leqslant l \tag{4-81}$$

或

$$\varTheta_{lm}(\theta)=P_l^m(\cos\theta) \tag{4-82}$$

所以，$\hat{L}^2$ 的本征值为

$$L^2 = l(l+1)\hbar^2 \tag{4-83}$$

其中，$l = 0,1,2,\cdots$ 称为轨道角动量量子数，简称轨道角量子数。

$\hat{L}^2$ 的本征函数为

$$Y_{lm}(\theta,\varphi) = (-1)^m N_{lm} P_l^m(\cos\theta)\mathrm{e}^{\mathrm{i}m\varphi} \tag{4-84}$$

$Y_{lm}(\theta,\varphi)$ 称为球谐函数。式中，轨道磁量子数 $m = 0,\pm1,\pm2,\cdots,\pm l$，归一化常数 N_{lm} 为

$$N_{lm} = \sqrt{\frac{(l-|m|)!(2l+1)}{(l+|m|)!4\pi}} \tag{4-85}$$

球谐函数满足的归一化条件为

$$\int_0^{2\pi}\int_0^{\pi} Y_{lm}^*(\theta,\varphi) Y_{l'm'}(\theta,\varphi)\sin\theta \mathrm{d}\theta \mathrm{d}\varphi = \delta_{ll'}\delta_{mm'} \tag{4-86}$$

下面列出前几个球谐函数，即

$$Y_{0,0}(\theta,\varphi) = \frac{1}{\sqrt{4\pi}} \qquad Y_{1,0}(\theta,\varphi) = \sqrt{\frac{3}{4\pi}}\cos\theta$$

$$Y_{1,1}(\theta,\varphi) = -\sqrt{\frac{3}{8\pi}}\sin\theta \mathrm{e}^{\mathrm{i}\varphi} \qquad Y_{1,-1}(\theta,\varphi) = \sqrt{\frac{3}{8\pi}}\sin\theta \mathrm{e}^{-\mathrm{i}\varphi}$$

$$Y_{2,1}(\theta,\varphi) = -\sqrt{\frac{15}{8\pi}}\sin\theta\cos\theta \mathrm{e}^{\mathrm{i}\varphi} \qquad Y_{2,-1}(\theta,\varphi) = \sqrt{\frac{15}{8\pi}}\sin\theta\cos\theta \mathrm{e}^{-\mathrm{i}\varphi}$$

$$Y_{2,0}(\theta,\varphi) = \sqrt{\frac{5}{16\pi}}(3\cos^2\theta - 1) \qquad Y_{2,2}(\theta,\varphi) = \sqrt{\frac{15}{32\pi}}\sin^2\theta \mathrm{e}^{2\mathrm{i}\varphi}$$

$$Y_{2,-2}(\theta,\varphi) = \sqrt{\frac{15}{32\pi}}\sin^2\theta \mathrm{e}^{-2\mathrm{i}\varphi}$$

三、对角动量算符的讨论

（1）本征函数 $Y_{lm}(\theta,\varphi)$ 既是算符 $\hat{L}^2$ 对应量子数 l 的本征态，又是算符 $\hat{L}_z$ 对应量子数 m 的本征态，换句话说，$\{Y_{lm}(\theta,\varphi)\}$ 构成了算符 $\hat{L}^2$ 与 $\hat{L}_z$ 的共同本征函数系，即

$$\left.\begin{matrix}\hat{L}^2 \\ \hat{L}_z\end{matrix}\right\} Y_{lm}(\theta,\varphi) = \left.\begin{matrix} l(l+1)\hbar^2 \\ m\hbar\end{matrix}\right\} Y_{lm}(\theta,\varphi)$$

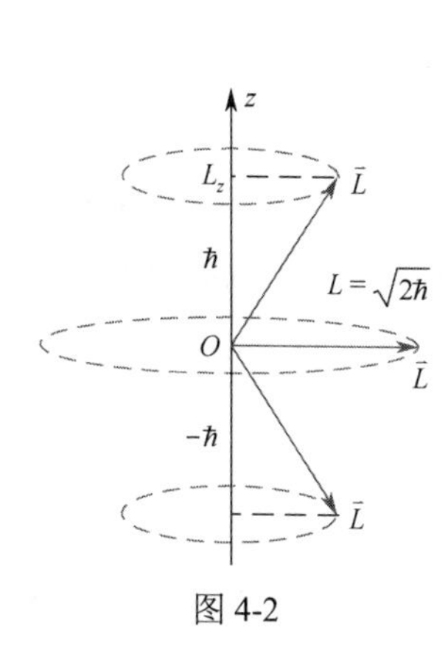

图 4-2

（2）由式（4-83）可以看出，轨道角量子数 l 反映了轨道角动量 $\hat{L}^2$ 的取值情况，显然 $\hat{L}^2$ 取值量子化。$l = 0,1,2,3,\cdots$ 对应的态分别称为 $s,p,d,f,\cdots$ 态。

（3）由式（4-75）可以看出，轨道磁量子数 m 反映了轨道角动量在 z 轴上的分量 $\hat{L}_z$ 的取值情况，显然 $\hat{L}_z$ 取值量子化。

由于 $\hat{L}_z$ 的取值只能是 $\hbar$ 的整数倍，因此 $\hat{\vec{L}}$ 的空间取向不能是任意方向。例如，当 $l=1$ 时，$L = \sqrt{2}\hbar$，$\hat{L}_z$ 的取值只能是 $\hbar$、0 和 $-\hbar$，这意味着 $\hat{\vec{L}}$ 只有三种空间取向，如图 4-2 所示。

（4）$\hat{L}^2$ 本征值的简并度

因为当l一定时，m可取$2l+1$个不同的值，所以$\hat{L}^2$本征值的简并度为$2l+1$。如当$l=2$时，$m=0,\pm1,\pm2$，$L^2=6\hbar^2$的简并度为5，对应的本征态分别为$Y_{2,0}$、$Y_{2,1}$、$Y_{2,-1}$、$Y_{2,2}$、$Y_{2,-2}$。

§4-5　共同完备本征函数系、力学量完全集

一、共同完备本征函数系

上节讲过，算符$\hat{L}^2$和$\hat{L}_z$有共同本征函数系$\{Y_{lm}(\theta,\varphi)\}$，但并不是任意两个算符都有共同本征函数系。当且仅当两个算符相互对易时，才可能存在共同完备的本征函数系，或者说，它们才可能同时取确定值。下面对此进行证明。

定理 4-1：若算符$\hat{A}$与算符$\hat{B}$有共同本征函数系，则算符$\hat{A}$和$\hat{B}$对易，即$[\hat{A},\hat{B}]=0$。

证明：设算符$\hat{A}$和$\hat{B}$有共同本征函数系$\{\psi_n\}$，它们满足的本征方程分别为

$$\hat{A}\psi_n=a_n\psi_n \qquad \hat{B}\psi_n=b_n\psi_n \tag{4-87}$$

因此

$$\hat{B}\hat{A}\psi_n=a_n\hat{B}\psi_n=a_nb_n\psi_n$$
$$\hat{A}\hat{B}\psi_n=b_n\hat{A}\psi_n=a_nb_n\psi_n$$

于是

$$[\hat{A},\hat{B}]\psi_n=0$$

根据展开假定，任意状态ψ总可以向完备系$\{\psi_n\}$做展开，即

$$\psi=\sum_n C_n\psi_n \tag{4-88}$$

将$[\hat{A},\hat{B}]$作用到式（4-88）的两端，得

$$[\hat{A},\hat{B}]\psi=\sum_n C_n[\hat{A},\hat{B}]\psi_n=0$$

根据ψ的任意性，知

$$[\hat{A},\hat{B}]=0$$

定理 4-2：若算符$\hat{A}$和算符$\hat{B}$对易，即$[\hat{A},\hat{B}]=0$，则它们有共同本征函数系。

证明：设$\hat{A}$满足的本征方程为

$$\hat{A}\psi_n=a_n\psi_n \tag{4-89}$$

ψ_n是$\hat{A}$的对应本征值a_n的本征态。

（1）首先假定算符$\hat{A}$的本征值a_n不简并。将算符$\hat{B}$作用到$\hat{A}$本征方程（4-89）的两端，得

$$\hat{B}\hat{A}\psi_n=a_n\hat{B}\psi_n$$

因为$\hat{A}$和$\hat{B}$对易，所以

$$\hat{A}\hat{B}\psi_n=a_n\hat{B}\psi_n$$

即 $\hat{B}\psi_n$ 也是算符 $\hat{A}$ 的对应本征值 a_n 的本征态。由于 a_n 不简并，因此它与 ψ_n 描述同一状态，二者之间只相差一个常数因子，令

$$\hat{B}\psi_n = b_n\psi_n \tag{4-90}$$

该式表明，ψ_n 也是算符 $\hat{B}$ 的本征态。因此，算符 $\hat{A}$ 和 $\hat{B}$ 具有共同本征函数系。

（2）假设 $\hat{A}$、$\hat{B}$ 的本征值都有简并，且它们的本征方程分别为

$$\hat{A}\psi_{n\alpha} = a_n\psi_{n\alpha} \qquad \hat{B}\varphi_{k\beta} = b_k\varphi_{k\beta} \tag{4-91}$$

把 $\hat{A}$ 的本征函数 $\psi_{n\alpha}$ 用 $\hat{B}$ 的本征函数系 $\left\{\varphi_{k\beta}\right\}$ 展开，则

$$\psi_{n\alpha} = \sum_{k,\beta} c_{n\alpha,k\beta}\varphi_{k\beta} \tag{4-92}$$

把它代入 $\hat{A}$ 的本征方程，有

$$\hat{A}\sum_{k,\beta} c_{n\alpha,k\beta}\varphi_{k\beta} = a_n\sum_{k,\beta} c_{n\alpha,k\beta}\varphi_{k\beta}$$

或

$$\sum_k\left[(\hat{A}-a_n)\sum_\beta c_{n\alpha,k\beta}\varphi_{k\beta}\right] = 0 \tag{4-93}$$

将 $\hat{B}$ 作用到 $(\hat{A}-a_n)\sum_\beta c_{n\alpha,k\beta}\varphi_{k\beta}$，并利用 $\left[\hat{A},\hat{B}\right]=0$，得

$$\hat{B}(\hat{A}-a_n)\sum_\beta c_{n\alpha,k\beta}\varphi_{k\beta} = b_k(\hat{A}-a_n)\sum_\beta c_{n\alpha,k\beta}\varphi_{k\beta} \tag{4-94}$$

如果 $(\hat{A}-a_n)\sum_\beta c_{n\alpha,k\beta}\varphi_{k\beta} \neq 0$，它就是 $\hat{B}$ 的本征函数，对应本征值 b_k。但是式（4-93）意味着对应于 $\hat{B}$ 的不同本征值的本征函数是线性相关的。但这是不可能的，所以必有

$$(\hat{A}-a_n)\sum_\beta c_{n\alpha,k\beta}\varphi_{k\beta} = 0$$

即

$$\hat{A}\sum_\beta c_{n\alpha,k\beta}\varphi_{k\beta} = a_n\sum_\beta c_{n\alpha,k\beta}\varphi_{k\beta} \tag{4-95}$$

令

$$\psi_\alpha = \sum_\beta c_{n\alpha,k\beta}\varphi_{k\beta} \tag{4-96}$$

则

$$\hat{A}\psi_\alpha = a_n\psi_\alpha \tag{4-97}$$

ψ_α 既是 $\hat{A}$ 的对应本征值 a_n 的本征函数，又是 $\hat{B}$ 的对应本征值 b_k 的本征函数。因此，算符 $\hat{A}$ 和 $\hat{B}$ 具有共同本征函数系。

二、力学量完全集

前面讲述了算符 $\hat{L}^2$ 的本征值 $l(l+1)\hbar^2$ 是 $2l+1$ 度简并的，也就是说，仅由量子数 l 无法唯一地确定其本征态。若要唯一地确定其本征态，必须引入另一个与之对易的算符 $\hat{L}_z$。由于

相互对易，因此 $\hat{L}^2$ 和 $\hat{L}_z$ 有共同的本征函数 $Y_{lm}(\theta,\varphi)$，能唯一地确定体系的状态。在它们共同的本征函数 $Y_{lm}(\theta,\varphi)$ 所描述的态上，$\hat{L}^2$ 和 $\hat{L}_z$ 可以同时取确定值 $l(l+1)\hbar^2$ 和 $m\hbar$，称 $(\hat{L}^2,\hat{L}_z)$ 构成了描述粒子轨道角动量的力学量完全集。

定义：对于一个量子力学体系，寻找一组两两相互对易的力学量算符，它们具有共同的本征函数。如果它们共同的本征函数能够完全确定体系的状态，就称这一组力学量算符为描述该量子力学体系的力学量完全集。

力学量完全集的选取一般不是唯一的。力学量完全集中力学量的数目等于经典力学的自由度数和一些具有纯量子力学起源的自由度数（如自旋、宇称等）之和。

例如，对在三维空间自由运动的粒子，如果不考虑其自旋，其自由度为 3，力学量完全集可以选为 (x,y,z)，也可以选为 $(\hat{p}_x,\hat{p}_y,\hat{p}_z)$，它们都能唯一地确定自由粒子的运动状态。

再如，后面将讲到氢原子中电子的轨道运动，哈密顿算符 $\hat{H}$、角动量平方算符 $\hat{L}^2$、角动量 z 分量算符 $\hat{L}_z$ 两两相互对易，它们有共同完备的本征函数——氢原子定态波函数 $\psi_{nlm}(r,\theta,\varphi)$。在这个态中，电子的能量、角动量平方、角动量 z 分量同时取确定值，可以完全确定电子的轨道运动状态，$(\hat{H},\hat{L}^2,\hat{L}_z)$ 构成了描述该体系的力学量完全集。

如果力学量完全集包含体系的哈密顿算符，则该力学量完全集又称为守恒量完全集。

§4-6　力学量的平均值

前面讲过，量子力学中表示力学量的算符为线性厄米算符，力学量算符的本征函数组成正交归一完备函数系。下面以一维运动为例，给出力学量平均值的概念和表达式。

一、平均值公式

若力学量算符 $\hat{F}$ 的本征值是断续的且不简并，其本征方程为

$$\hat{F}\psi_n(x)=\lambda_n\psi_n(x) \tag{4-98}$$

则 $\{\psi_n(x)\}$ 构成正交归一完备本征函数系。

如果量子体系处于状态 $\psi(x,t)$，则可把它向 $\{\psi_n(x)\}$ 做展开，即

$$\psi(x,t)=\sum_n c_n(t)\psi_n(x) \tag{4-99}$$

展开系数

$$c_n(t)=\int\psi_n^*(x)\psi(x,t)\mathrm{d}x \tag{4-100}$$

如果 $\psi(x,t)$ 已归一化，则

$$1=\int\psi^*(x,t)\psi(x,t)\mathrm{d}x=\sum_{mn}c_m^*c_n\int\psi_m^*\psi_n\mathrm{d}x=\sum_{mn}c_m^*c_n\delta_{mn}=\sum_n|c_n|^2$$

可以看出，$|c_n|^2$ 具有概率的意义，它表示 t 时刻在 $\psi(x,t)$ 态下测得 $\hat{F}$ 等于本征值 λ_n 的概率，或 $\psi(x,t)$ 包含 $\psi_n(x)$ 的概率。特别地，如果 $\psi(x,t)=\psi_n(x)$，则上式中除 $|c_n|^2=1$ 外，其余系数皆为 0，此时测量 F 时得到的值必为 λ_n。

由以上讨论可知，力学量 F 在 $\psi(x,t)$ 态下的平均值（也称为期望值）为

$$\bar{F}=\sum_{n}\lambda_{n}\left|c_{n}\right|^{2} \tag{4-101}$$

下面，引入力学量平均值的另一种表达。为此，做下面的计算

$$\int\psi^{*}(x,t)\hat{F}\psi(x,t)\mathrm{d}x=\sum_{mn}c_{m}^{*}c_{n}\int\psi_{m}^{*}\hat{F}\psi_{n}\mathrm{d}x=\sum_{mn}c_{m}^{*}c_{n}\int\psi_{m}^{*}\lambda_{n}\psi_{n}\mathrm{d}x$$

$$=\sum_{mn}c_{m}^{*}c_{n}\lambda_{n}\delta_{mn}=\sum_{n}\lambda_{n}\left|c_{n}\right|^{2}$$

该结果等于力学量平均值。所以，平均值公式又可写成

$$\bar{F}=\int\psi^{*}(x,t)\hat{F}\psi(x,t)\mathrm{d}x \tag{4-102}$$

三维情况下，平均值公式为

$$\bar{F}=\int\psi^{*}(\vec{r},t)\hat{F}\psi(\vec{r},t)\mathrm{d}\tau \tag{4-103}$$

二、对平均值公式的说明

1．力学量本征值简并情况下的平均值公式

若算符 $\hat{F}$ 的本征值 λ_n 是 f_n 度简并的，则其本征方程为

$$\hat{F}\psi_{n\alpha}(x)=\lambda_{n}\psi_{n\alpha}(x) \tag{4-104}$$

式中，$\alpha=1,2,3,\cdots,f_n$。对于本征值 λ_n 存在 f_n 个线性独立的简并波函数，把它们重新线性组合，总可以使其满足正交归一条件，即

$$\int\psi_{m\alpha}^{*}(x)\psi_{n\beta}(x)\mathrm{d}x=\delta_{mn}\delta_{\alpha\beta} \tag{4-105}$$

把 $\psi(x,t)$ 用该本征函数系 $\{\psi_{n\alpha}(x)\}$ 做展开，则

$$\psi(x,t)=\sum_{n}\sum_{\alpha=1}^{f_n}c_{n\alpha}(t)\psi_{n\alpha}(x) \tag{4-106}$$

容易证明，展开系数为

$$c_{n\alpha}(t)=\int\psi_{n\alpha}^{*}(x)\psi(x,t)\mathrm{d}x \tag{4-107}$$

那么，t 时刻在 $\psi(x,t)$ 态上测得 $\hat{F}$ 取 λ_n 值的概率为

$$W(\lambda_{n},t)=\sum_{\alpha=1}^{f_n}\left|c_{n\alpha}(t)\right|^{2} \tag{4-108}$$

所以，在 $\psi(x,t)$ 态下 $\hat{F}$ 的平均值

$$\bar{F}=\sum_{n}\lambda_{n}\sum_{\alpha=1}^{f_n}\left|c_{n\alpha}(t)\right|^{2} \tag{4-109}$$

2．力学量本征值为连续谱情况下的平均值公式

如果 $\hat{F}$ 的本征值谱为连续谱，其本征方程为

$$\hat{F}\psi_{f}(x)=f\psi_{f}(x) \tag{4-110}$$

对于连续谱，本征函数不能归一，只能规格化为

$$\int\psi_{f'}^{*}(t)\psi_{f}(x)\mathrm{d}x=\delta(f'-f) \tag{4-111}$$

把 $\psi(x,t)$ 向 $\psi_f(x)$ 做展开，即

$$\psi(x,t)=\int c_f(t)\psi_f(x)\mathrm{d}f \tag{4-112}$$

因为

$$\int\psi_{f'}^*(x)\psi(x,t)\mathrm{d}x=\int\psi_{f'}^*(x)\left[\int c_f(t)\psi_f(x)\mathrm{d}f\right]\mathrm{d}x=\int c_f(t)\left[\int\psi_{f'}^*(x)\psi_f(x)\mathrm{d}x\right]\mathrm{d}f$$
$$=\int c_f(t)\delta(f'-f)\mathrm{d}f=c_{f'}(t)$$

所以，展开系数为

$$c_f(t)=\int\psi_f^*(x)\psi(x,t)\mathrm{d}x \tag{4-113}$$

若$\psi(x,t)$已经归一化，则

$$1=\int\psi^*(x,t)\psi(x,t)\mathrm{d}x=\int\left[\int c_f^*(t)\psi_f^*(x)\mathrm{d}f\right]\psi(x,t)\mathrm{d}x=\int c_f^*(t)\left[\int\psi_f^*(x)\psi(x,t)\mathrm{d}x\right]\mathrm{d}f$$
$$=\int c_f^*(t)c_f(f)\mathrm{d}f=\int\left|c_f(f)\right|^2\mathrm{d}f$$

即

$$\int\left|c_f(t)\right|^2\mathrm{d}f=1 \tag{4-114}$$

由式（4-114）容易看出，t时刻在$\psi(x,t)$态上测得$\hat{F}$在$f\to f+\mathrm{d}f$之间的概率为

$$\mathrm{d}W(f,t)=\left|c_f(t)\right|^2\mathrm{d}f \tag{4-115}$$

所以，$\hat{F}$的平均值为

$$\overline{F}=\int f\left|c_f(t)\right|^2\mathrm{d}f \tag{4-116}$$

三、坐标算符和动量算符的平均值公式

1．坐标算符

在$\psi(x,t)$态下，坐标的平均值为

$$\overline{x}=\int_{-\infty}^{\infty}\psi^*(x,t)x\psi(x,t)\mathrm{d}x=\int_{-\infty}^{\infty}\left|\psi(x,t)\right|^2x\mathrm{d}x \tag{4-117}$$

对坐标算符，平均值的两种表达显然是相等的。

三维情况下，坐标的平均值为

$$\overline{\vec{r}}=\int\psi^*(\vec{r},t)\vec{r}\psi(\vec{r},t)\mathrm{d}\tau=\int\left|\psi(\vec{r},t)\right|^2\vec{r}\mathrm{d}\tau \tag{4-118}$$

2．动量算符

把波函数$\psi(x,t)$用动量本征函数做展开，即

$$\psi(x,t)=\int_{-\infty}^{\infty}c(p,t)\psi_p(x)\mathrm{d}p=\frac{1}{\sqrt{2\pi\hbar}}\int_{-\infty}^{\infty}c(p,t)\mathrm{e}^{\mathrm{i}px/\hbar}\mathrm{d}p \tag{4-119}$$

则展开系数为

$$c(p,t)=\int_{-\infty}^{\infty}\psi_p^*(x)\psi(x,t)\mathrm{d}x=\frac{1}{\sqrt{2\pi\hbar}}\int_{-\infty}^{\infty}\psi(x,t)\mathrm{e}^{-\mathrm{i}px/\hbar}\mathrm{d}x \tag{4-120}$$

这正是§2-2 讲过的一维情况下$\psi(x,t)$和$c(p,t)$之间的傅里叶变换。实际上，$\psi(x,t)$是以坐标为自变量的波函数，而$c(p,t)$是以动量为自变量的波函数。$\left|c(p,t)\right|^2\mathrm{d}p$表示$t$时刻粒子动量

在 $p \to p+\mathrm{d}p$ 中的概率。所以，动量平均值为

$$\begin{aligned}\overline{p} &= \int |c(p,t)|^2 p\mathrm{d}p = \int c^*(p,t)pc(p,t)\mathrm{d}p \\ &= \frac{1}{\sqrt{2\pi\hbar}}\int\left[\int \psi^*(x,t)\mathrm{e}^{\mathrm{i}px/\hbar}\mathrm{d}x\right]pc(p,t)\mathrm{d}p \\ &= \int \psi^*(x,t)\left[\frac{1}{\sqrt{2\pi\hbar}}\int c(p,t)p\mathrm{e}^{\mathrm{i}px/\hbar}\mathrm{d}p\right]\mathrm{d}x \\ &= \int \psi^*(x,t)\left\{\frac{1}{\sqrt{2\pi\hbar}}\int c(p,t)\left(-\mathrm{i}\hbar\frac{\mathrm{d}}{\mathrm{d}x}\right)\mathrm{e}^{\mathrm{i}px/\hbar}\mathrm{d}p\right\}\mathrm{d}x \\ &= \int \psi^*(x,t)\left(-\mathrm{i}\hbar\frac{\mathrm{d}}{\mathrm{d}x}\right)\left[\frac{1}{\sqrt{2\pi\hbar}}\int c(p,t)\mathrm{e}^{\mathrm{i}px/\hbar}\mathrm{d}p\right]\mathrm{d}x \\ &= \int \psi^*(x,t)\left(-\mathrm{i}\hbar\frac{\mathrm{d}}{\mathrm{d}x}\right)\psi(x,t)\mathrm{d}x \\ &= \int \psi^*(x,t)\hat{p}\psi(x,t)\mathrm{d}x\end{aligned}$$

即

$$\overline{p} = \int |c(p,t)|^2 p\mathrm{d}p = \int \psi^*(x,t)\hat{p}\psi(x,t)\mathrm{d}x \tag{4-121}$$

这正是期望的结果。

三维情况时，动量的平均值为

$$\overline{\vec{p}} = \int \psi^*(\vec{r},t)\hat{\vec{p}}\psi(\vec{r},t)\mathrm{d}\tau = \int \psi^*(\vec{r},t)(-\mathrm{i}\hbar\nabla)\psi(\vec{r},t)\mathrm{d}\tau \tag{4-122}$$

【例 4-12】做一维运动时的粒子处于状态

$$\psi(x) = \begin{cases} Ax\mathrm{e}^{-\lambda x} & x \geqslant 0 \\ 0 & x < 0 \end{cases}$$

式中，常数 $\lambda > 0$。求粒子动量的概率分布函数与平均值。

解：对波函数进行归一化，有

$$1 = \int_0^\infty |A|^2 x^2 \mathrm{e}^{-2\lambda x}\mathrm{d}x = |A|^2 \frac{2!}{(2\lambda)^3} = \frac{|A|^2}{4\lambda^3}$$

取 $A = 2\lambda^{3/2}$，所以波函数

$$\psi(x) = \begin{cases} 2\lambda^{3/2}x\mathrm{e}^{-\lambda x} & x \geqslant 0 \\ 0 & x < 0 \end{cases}$$

把波函数 $\psi(x)$ 用动量算符的本征函数系做展开，即

$$\psi(x) = \int c(p)\psi_p(x)\mathrm{d}p$$

展开系数为

$$\begin{aligned}c(p) &= \int \psi_p^*(x)\psi(x)\mathrm{d}x = \frac{1}{\sqrt{2\pi\hbar}}\int_{-\infty}^{\infty}\psi(x)\mathrm{e}^{-\mathrm{i}px/\hbar}\mathrm{d}x = \frac{2\lambda^{3/2}}{\sqrt{2\pi\hbar}}\int_0^\infty x\mathrm{e}^{-\lambda x}\mathrm{e}^{-\mathrm{i}px/\hbar}\mathrm{d}x \\ &= \frac{2\lambda^{3/2}}{\sqrt{2\pi\hbar}}\frac{1}{(\lambda+\mathrm{i}p/\hbar)^2}\end{aligned}$$

此即动量的概率分布函数。所以，动量取值概率密度为

$$|c(p)|^2 = \frac{4\lambda^3}{2\pi\hbar}\frac{1}{(\lambda+\mathrm{i}p/\hbar)^2}\frac{1}{(\lambda-\mathrm{i}p/\hbar)^2} = \frac{2\lambda^3\hbar^3}{\pi(\lambda^2\hbar^2+p^2)^2}$$

动量的平均值为

$$\overline{p} = \int_{-\infty}^{\infty}|c(p,t)|^2 p\mathrm{d}p = \int_{-\infty}^{\infty}\frac{2\lambda^3\hbar^3 p}{\pi(\lambda^2\hbar^2+p^2)^2}\mathrm{d}p = 0$$

此例题也可以直接利用$\psi(x)$计算动量的平均值，即

$$\overline{p} = \int\psi^*\hat{p}\psi\mathrm{d}x = 4\lambda^3\int_0^{\infty}x\mathrm{e}^{-\lambda x}\left(-\mathrm{i}\hbar\frac{\mathrm{d}}{\mathrm{d}x}\right)x\mathrm{e}^{-\lambda x}\mathrm{d}x = -4\lambda^3\hbar\mathrm{i}\int_0^{\infty}(x-\lambda x^2)\mathrm{e}^{-2\lambda x}\mathrm{d}x$$

$$= -4\lambda^3\hbar\mathrm{i}\left[\frac{1}{4\lambda^2}-\frac{\lambda}{4\lambda^3}\right] = 0$$

【例 4-13】若粒子处于状态

$$\psi(\theta,\varphi) = \frac{\sqrt{5}}{3}Y_{21}(\theta,\varphi) - \frac{1}{3}Y_{20}(\theta,\varphi) + \frac{1}{\sqrt{3}}Y_{31}(\theta,\varphi)$$

求：（1）在$\psi(\theta,\varphi)$上分别测量$\hat{L}^2$和$\hat{L}_z$的可能取值与相应的取值概率及平均值；（2）在$\psi(\theta,\varphi)$上同时测量$\hat{L}^2$和$\hat{L}_z$，测得$L^2=6\hbar^2$、$L_z=\hbar$和$L^2=12\hbar^2$、$L_z=\hbar$的取值概率。

解：首先，判断$\psi(\theta,\varphi)$是否归一化。因为

$$\left(\frac{\sqrt{5}}{3}\right)^2 + \left(-\frac{1}{3}\right)^2 + \left(\frac{1}{\sqrt{3}}\right)^2 = 1$$

所以，$\psi(\theta,\varphi)$已经归一化了。

（1）由题意可知，$\psi(\theta,\varphi)$由球谐函数$Y_{21}(\theta,\varphi)$、$Y_{20}(\theta,\varphi)$、$Y_{31}(\theta,\varphi)$叠加组成。在$Y_{21}(\theta,\varphi)$、$Y_{20}(\theta,\varphi)$上的角量子数$l=2$，在$Y_{31}(\theta,\varphi)$上的角量子数$l=3$，所以，$\hat{L}^2$的可能取值分别为

$$L^2 = 2(2+1)\hbar^2 = 6\hbar^2 \qquad L^2 = 3(3+1)\hbar^2 = 12\hbar^2$$

相应的概率分别为

$$W(6\hbar^2) = \frac{5}{9}+\frac{1}{9} = \frac{2}{3} \qquad W(12\hbar^2) = \frac{1}{3}$$

$\hat{L}^2$的平均值为

$$\overline{L^2} = 6\hbar^2\times\frac{2}{3} + 12\hbar^2\times\frac{1}{3} = 8\hbar^2$$

在$Y_{21}(\theta,\varphi)$、$Y_{31}(\theta,\varphi)$上的磁量子数$m=1$，在$Y_{20}(\theta,\varphi)$上的磁量子数$m=0$，所以，$\hat{L}_z$的可能取值分别为

$$L_z = \hbar \qquad L_z = 0$$

相应的概率分别为

$$W(\hbar) = \frac{5}{9}+\frac{1}{3} = \frac{8}{9} \qquad W(0) = \frac{1}{9}$$

$\hat{L}_z$的平均值

$$\overline{L}_z = \hbar \times \frac{8}{9} + 0 \times \frac{1}{9} = \frac{8}{9}\hbar$$

（2）因为在 $Y_{21}(\theta,\varphi)$ 上 $\hat{L}^2$ 和 $\hat{L}_z$ 的取值分别为 $L^2 = 6\hbar^2$、$L_z = \hbar$，在 $Y_{20}(\theta,\varphi)$ 上 $\hat{L}^2$ 和 $\hat{L}_z$ 的取值分别为 $L^2 = 6\hbar^2$、$L_z = 0$，在 $Y_{31}(\theta,\varphi)$ 上 $\hat{L}^2$ 和 $\hat{L}_z$ 的取值分别为 $L^2 = 12\hbar^2$、$L_z = \hbar$，所以若同时测量 $\hat{L}^2$ 和 $\hat{L}_z$，则 $L^2 = 6\hbar^2$、$L_z = \hbar$ 和 $L^2 = 12\hbar^2$、$L_z = \hbar$ 的取值概率分别为

$$W(L^2 = 6\hbar^2, L_z = \hbar) = \frac{5}{9} \qquad W(L^2 = 12\hbar^2, L_z = \hbar) = \frac{1}{3}$$

【例 4-14】设一量子体系处于

$$\psi(\theta,\varphi) = \frac{1}{\sqrt{4\pi}}(\mathrm{e}^{\mathrm{i}\varphi}\sin\theta + \cos\theta)$$

所描述的量子态，求：（1）该态下，$\hat{L}_z$ 的可能取值及相应概率；（2）$\hat{L}_z$ 的平均值。

解：（1）球谐函数

$$Y_{10} = \sqrt{\frac{3}{4\pi}}\cos\theta \qquad Y_{1,\pm1} = \mp\sqrt{\frac{3}{8\pi}}\sin\theta\,\mathrm{e}^{\pm\mathrm{i}\varphi}$$

所以

$$\psi(\theta,\varphi) = -\sqrt{\frac{8\pi}{3}}\frac{1}{\sqrt{4\pi}}\left[-\sqrt{\frac{3}{8\pi}}\sin\theta\,\mathrm{e}^{\mathrm{i}\varphi}\right] + \sqrt{\frac{4\pi}{3}}\frac{1}{\sqrt{4\pi}}\left[\sqrt{\frac{3}{4\pi}}\cos\theta\right] = -\sqrt{\frac{2}{3}}Y_{1,1} + \sqrt{\frac{1}{3}}Y_{1,0}$$

显然，$\psi(\theta,\varphi)$ 已归一化。

在 $Y_{1,1}$ 上 $m = 1$，在 $Y_{1,0}$ 上 $m = 0$，所以 $\hat{L}_z$ 的可能取值分别为 $\hat{L}_z$ 的可能取值

$$L_z = \hbar, 0$$

相应概率分别为 $\frac{1}{3}$ 和 $\frac{2}{3}$。

（2）$\hat{L}_z$ 的平均值为

$$\overline{L}_z = \hbar \times \frac{2}{3} + 0 \times \frac{1}{3} = \frac{2}{3}\hbar$$

【例 4-15】设粒子在宽为 a 的非对称一维无限深势阱中运动，若粒子处于状态

$$\psi(x) = \frac{4}{\sqrt{a}}\sin\frac{\pi x}{a}\cos^2\frac{\pi x}{a}$$

求粒子能量的可能取值与相应的取值概率。

解：一维无限深势阱中粒子能量的本征解为

$$E_n = \frac{n^2\pi^2\hbar^2}{2\mu a^2} \qquad \psi_n(x) = \sqrt{\frac{2}{a}}\sin\frac{n\pi x}{a} \qquad (n = 1,2,3,\cdots)$$

把 $\psi(x)$ 用 $\psi_n(x)$ 做展开，即

$$\psi(x) = \frac{2}{\sqrt{a}}\sin\frac{2\pi x}{a}\cos\frac{\pi x}{a} = \frac{1}{\sqrt{a}}\left[\sin\frac{3\pi x}{a} + \sin\frac{\pi x}{a}\right]$$

$$= \frac{1}{\sqrt{2}}\left[\sqrt{\frac{2}{a}}\sin\frac{3\pi x}{a} + \sqrt{\frac{2}{a}}\sin\frac{\pi x}{a}\right] = \frac{1}{\sqrt{2}}[\psi_1(x) + \psi_3(x)]$$

所以，能量取值分别为

$$E_1 = \frac{\pi^2\hbar^2}{2\mu a^2} \qquad\qquad E_3 = \frac{9\pi^2\hbar^2}{2\mu a^2}$$

相应的取值概率都是$\frac{1}{2}$。

§4-7 不确定关系

前面讲过，两个对易的算符具有共同完备的本征函数系，可以同时取确定值。本节讨论两个算符不对易的情况。

一、物理量的涨落

定义：力学量算符$\hat{F}$在ψ态下的偏差算符为

$$\Delta\hat{F} = \hat{F} - \overline{F} \tag{4-123}$$

显然偏差算符也是厄米算符。在ψ态下

$$\overline{\Delta\hat{F}} = \overline{\hat{F} - \overline{F}} = \overline{F} - \overline{F} = 0$$

即在ψ态下$\hat{F}$的偏差算符的平均值为零。

定义：力学量算符$\hat{F}$在ψ态下的方均偏差算符（也称为涨落）为

$$\overline{(\Delta\hat{F})^2} = \overline{(\hat{F} - \overline{F})^2} = \int \psi^*(\hat{F} - \overline{F})^2\psi\,\mathrm{d}\tau \tag{4-124}$$

显然有

$$\overline{(\Delta\hat{F})^2} = \overline{(\hat{F} - \overline{F})^2} = \overline{\hat{F}^2 - 2\hat{F}\overline{F} + \overline{F}^2} = \overline{\hat{F}^2} - 2\overline{F}^2 + \overline{F}^2 = \overline{\hat{F}^2} - \overline{F}^2 \tag{4-125}$$

且

$$\overline{(\Delta\hat{F})^2} = \int \psi^*(\hat{F} - \overline{F})^2\psi\,\mathrm{d}\tau = \int \left[(\hat{F} - \overline{F})\psi\right]^*(\hat{F} - \overline{F})\psi\,\mathrm{d}\tau = \int \left|(\hat{F} - \overline{F})\psi\right|^2\mathrm{d}\tau \geqslant 0$$

上式在什么情况下取“=”呢？

定理 4-3：当且仅当ψ是力学量算符$\hat{F}$的本征态时，$\overline{(\Delta\hat{F})^2} = 0$。

首先，如果ψ是$\hat{F}$的本征态，且对应的本征值为λ，则

$$\overline{F} = \int \psi^*\hat{F}\psi\,\mathrm{d}\tau = \lambda \qquad\qquad \overline{\hat{F}^2} = \int \psi^*\hat{F}^2\psi\,\mathrm{d}\tau = \lambda^2$$

所以

$$\overline{(\Delta\hat{F})^2} = \overline{\hat{F}^2} - \overline{F}^2 = 0$$

其次，若$\overline{(\Delta\hat{F})^2} = 0$，则

$$\overline{(\Delta\hat{F})^2} = \int \left|(\hat{F} - \overline{F})\psi\right|^2\mathrm{d}\tau = 0$$

必有

$$(\hat{F} - \overline{F})\psi = 0 \qquad\qquad \hat{F}\psi = \overline{F}\psi$$

这正是$\hat{F}$的本征方程，所以ψ是力学量算符$\hat{F}$的本征态。

二、不确定关系

当两个算符不对易时，一般它们没有共同的本征态，即不可能同时具有确定值。我们直接从对易关系来肯定这一结论，并估计在同一个态中两个不对易算符不确定程度之间的关系。

设 $\hat{A}$、$\hat{B}$ 代表两个力学量算符，且它们的对易关系为 $[\hat{A},\hat{B}]=\mathrm{i}\hat{C}$，那么对于任意的归一化波函数 ψ，有

$$\overline{\hat{A}^2}\cdot\overline{\hat{B}^2}\geqslant\frac{1}{4}\overline{C}^2 \tag{4-126}$$

$$\overline{(\Delta\hat{A})^2}\cdot\overline{(\Delta\hat{B})^2}\geqslant\frac{1}{4}\overline{C}^2 \tag{4-127}$$

其中，$\hat{C}$ 是厄米算符或普通的数，$\Delta\hat{A}$、$\Delta\hat{B}$ 和 $\overline{(\Delta\hat{A})^2}$、$\overline{(\Delta\hat{B})^2}$ 分别代表算符 $\hat{A}$ 和 $\hat{B}$ 的偏差算符和涨落。通常称式（4-127）为算符 $\hat{A}$ 和 $\hat{B}$ 满足的不确定关系。

下面证明不确定关系。

证明：引入实参数 ξ，并令

$$\hat{F}=\xi\hat{A}+\mathrm{i}\hat{B}\qquad\qquad \hat{F}^{+}=\xi\hat{A}-\mathrm{i}\hat{B}$$

所以

$$\hat{F}^{+}\hat{F}=(\xi\hat{A}-\mathrm{i}\hat{B})(\xi\hat{A}+\mathrm{i}\hat{B})=\xi^2\hat{A}^2+\hat{B}^2+\mathrm{i}\xi(\hat{A}\hat{B}-\hat{B}\hat{A})=\xi^2\hat{A}^2+\hat{B}^2-\xi\hat{C}$$

则

$$\overline{\hat{F}^{+}\hat{F}}=\xi^2\overline{\hat{A}^2}+\overline{\hat{B}^2}-\xi\overline{C}$$

另外

$$\overline{\hat{F}^{+}\hat{F}}=\int\psi^{*}\hat{F}^{+}\hat{F}\psi\,\mathrm{d}\tau=\int(\hat{F}\psi)(\hat{F}\psi)^{*}\,\mathrm{d}\tau=\int\left|\hat{F}\psi\right|^2\mathrm{d}\tau\geqslant 0$$

因此

$$\xi^2\overline{A^2}+\overline{B^2}-\xi\overline{C}\geqslant 0$$

在数学上，$a\xi^2+b\xi+c\geqslant 0$ 的必要条件是 $\varDelta=b^2-4ac\leqslant 0$，所以

$$\overline{C}^2-4\overline{\hat{A}^2}\cdot\overline{\hat{B}^2}\leqslant 0$$

$$\overline{\hat{A}^2}\cdot\overline{\hat{B}^2}\geqslant\frac{1}{4}\overline{C}^2$$

又因为

$$[\Delta\hat{A},\Delta\hat{B}]=[\hat{A}-\overline{A},\hat{B}-\overline{B}]=[\hat{A},\hat{B}]-[\hat{A},\overline{B}]-[\overline{A},\hat{B}]+[\overline{A},\overline{B}]=[\hat{A},\hat{B}]=\mathrm{i}\hat{C}$$

即 $\Delta\hat{A}$、$\Delta\hat{B}$ 也满足定理的条件，所以

$$\overline{(\Delta\hat{A})^2}\cdot\overline{(\Delta\hat{B})^2}\geqslant\frac{1}{4}\overline{C}^2$$

可以看出，当 $\overline{C}\neq 0$，即算符 $\hat{A}$ 和 $\hat{B}$ 不对易时，它们的方均偏差不会同时为零，其乘积不小于某一正数。

【例 4-16】写出坐标与动量的不确定关系。

解：因为 $[x,\hat{p}_x]=\mathrm{i}\hbar$，所以

$$\overline{(\Delta x)^2}\cdot\overline{(\Delta\hat{p}_x)^2}\geqslant\frac{\hbar^2}{4} \tag{4-128}$$

或简记为

$$\Delta x \cdot \Delta p_x = \sqrt{\overline{(\Delta \hat{x})^2}} \cdot \sqrt{\overline{(\Delta \hat{p}_x)^2}} \geqslant \frac{\hbar}{2} \tag{4-129}$$

【例 4-17】写出角动量算符之间的不确定关系。

解：因为$[\hat{L}_x, \hat{L}_y] = \mathrm{i}\hbar \hat{L}_z$，所以

$$\overline{(\Delta \hat{L}_x)^2} \cdot \overline{(\Delta \hat{L}_y)^2} \geqslant \frac{\hbar^2}{4} \bar{L}_z^{\ 2} \tag{4-130}$$

在$\hat{L}_z$的本征态Y_{lm}下，式（4-130）变为

$$\overline{(\Delta \hat{L}_x)^2} \cdot \overline{(\Delta \hat{L}_y)^2} \geqslant \frac{m^2 \hbar^4}{4} \tag{4-131}$$

三、对不确定关系的讨论

（1）不确定关系不是由测量过程决定的，关系的存在源于微粒的波动性。它揭示了用经典理论描述微观粒子的局限性，把经典力学中沿用的纯属粒子性的力学量（如坐标和动量）用于有波动性的粒子，不会完全适用。不确定关系正确地反映了微观世界的规律，是人们对于物质世界认识的进一步深化。

（2）一般情况下，两个不对易的力学量不能同时具有确定值，其中一个力学量的取值越确定，另一个力学量的取值就越不确定。

例如，$\Delta x \cdot \Delta p_x \geqslant \hbar/2$，说明微观粒子的位置和动量不可能同时具有确定值，即经典力学中的轨道概念对微观粒子是不适用的。若p_x完全确定，即$\Delta p_x \to 0$，则$\Delta x \to \infty$，即x完全不确定；反之，若x完全确定，即$\Delta x \to 0$，则$\Delta p_x \to \infty$，即p_x就完全不确定。

【例 4-18】利用不确定关系论证经典力学不适用于氢原子问题。已知氢原子中电子的速度大约是10^6 m/s，坐标的不准确度是原子的线度，即$\Delta x \sim 10^{-10}$ m。

解：按不确定关系［式（4-129）］可以得到电子速度的不准确度为

$$\Delta v \geqslant \frac{\hbar}{2\mu_e \Delta x} \approx 6 \times 10^5 \text{ m/s}$$

即电子速度的不准确度与电子的速度10^6 m/s 几乎处于同一个量级。因此对原子问题，经典力学已不适用了，必须采用量子力学。

（3）h标志着微观规律性和宏观规律性之间的差异。若$h \to 0$，则坐标和动量及角动量之间都对易，在其共同的本征态中同时具有确定值，量子力学过渡到经典力学。若 h 值很大，如$h = 6.63\text{J} \cdot \text{s}$，则宏观物体也会表现出明显的波动性，经典力学就不再适用。

（4）不确定关系中取等号的状态称为“最小不确定态”，但并不是所有量子体系都存在“最小不确定态”。

【例 4-19】对线性谐振子的能量本征态ψ_n，求$\overline{(\Delta x)^2} \cdot \overline{(\Delta \hat{p})^2}$。

解：对能量本征态ψ_n，利用式（3-50）～式（3-53），得

$$\bar{x} = \int \psi_n^* x \psi_n \mathrm{d}x = \frac{1}{\alpha} \int \psi_n^* \left[\sqrt{\frac{n}{2}} \psi_{n-1} + \sqrt{\frac{n+1}{2}} \psi_{n+1} \right] \mathrm{d}x = 0$$

$$\overline{p}=\int\psi_n^*\hat{p}\psi_n\mathrm{d}x=-\mathrm{i}\hbar\int\psi_n^*\frac{\mathrm{d}}{\mathrm{d}x}\psi_n\mathrm{d}x=-\mathrm{i}\hbar\alpha\int\psi_n^*\left[\sqrt{\frac{n}{2}}\psi_{n-1}-\sqrt{\frac{n+1}{2}}\psi_{n+1}\right]\mathrm{d}x=0$$

$$\begin{aligned}\overline{x^2}&=\int\psi_n^*x^2\psi_n\mathrm{d}x\\&=\frac{1}{2\alpha^2}\int\psi_n^*\left[\sqrt{n(n-1)}\psi_{n-2}(x)+(2n+1)\psi_n(x)+\sqrt{(n+1)(n+2)}\psi_{n+2}(x)\right]\mathrm{d}x\\&=\frac{2n+1}{2\alpha^2}\end{aligned}$$

$$\begin{aligned}\overline{p^2}&=\int\psi_n^*\hat{p}^2\psi_n\mathrm{d}x=-\hbar^2\int\psi_n^*\frac{\mathrm{d}^2}{\mathrm{d}x^2}\psi_n\mathrm{d}x\\&=-\hbar^2\frac{\alpha^2}{2}\int\psi_n^*\left[\sqrt{n(n-1)}\psi_{n-2}(x)-(2n+1)\psi_n(x)+\sqrt{(n+1)(n+2)}\psi_{n+2}(x)\right]\mathrm{d}x\\&=\frac{\hbar^2\alpha^2(2n+1)}{2}\end{aligned}$$

所以

$$\overline{(\Delta x)^2}\cdot\overline{(\Delta\hat{p})^2}=\overline{x^2}\cdot\overline{\hat{p}^2}=\frac{\hbar^2}{4}(2n+1)^2$$

对基态 $n=0$，有

$$\overline{(\Delta x)^2}\cdot\overline{(\Delta\hat{p})^2}\Big|_{n=0}=\frac{\hbar^2}{4}$$

所以，一维谐振子的最小不确定态就是基态。

【例 4-20】对一维无限深势阱（$0\leqslant x\leqslant a$）中粒子的能量本征态 ψ_n，求 $\overline{(\Delta x)^2}\cdot\overline{(\Delta\hat{p})^2}$。

解：一维无限深势阱中粒子的能量本征态为

$$\psi_n=\sqrt{\frac{2}{a}}\sin\frac{n\pi x}{a}\quad 0\leqslant x\leqslant a$$

则

$$\overline{x}=\int_0^a x|\psi_n|^2\mathrm{d}x=\frac{2}{a}\int_0^a x\sin^2\frac{n\pi x}{a}\mathrm{d}x=\frac{a}{2}$$

$$\overline{x^2}=\int_0^a x^2|\psi_n|^2\mathrm{d}x=\frac{2}{a}\int_0^a x^2\sin^2\frac{n\pi x}{a}\mathrm{d}x=\left(\frac{1}{3}-\frac{1}{2n^2\pi^2}\right)a^2$$

$$\overline{p}=\int_0^a\psi_n^*\hat{p}\psi_n\mathrm{d}x=\frac{2}{a}\int_0^a\sin\frac{n\pi x}{a}\left(-\mathrm{i}\hbar\frac{\mathrm{d}}{\mathrm{d}x}\right)\sin\frac{n\pi x}{a}\mathrm{d}x=0$$

$$\overline{p^2}=\int_0^a\psi_n^*\hat{p}^2\psi_n\mathrm{d}x=\frac{2}{a}\int_0^a\sin\frac{n\pi x}{a}\left(-\hbar^2\frac{\mathrm{d}^2}{\mathrm{d}x^2}\right)\sin\frac{n\pi x}{a}\mathrm{d}x=\frac{n^2\pi^2\hbar^2}{a^2}$$

所以

$$\overline{(\Delta x)^2}=\overline{x^2}-\overline{x}^2=\left(\frac{1}{12}-\frac{1}{2n^2\pi^2}\right)a^2$$

$$\overline{(\Delta\hat{p})^2}=\overline{\hat{p}^2}-\overline{p}^2=\frac{n^2\pi^2\hbar^2}{a^2}$$

因此

$$\overline{(\Delta x)^2}\cdot\overline{(\Delta\hat{p})^2}=\left(\frac{n^2\pi^2}{12}-\frac{1}{2}\right)\hbar^2$$

对基态$n=1$，有

$$\overline{(\Delta x)^2}\cdot\overline{(\Delta\hat{p})^2}=\left(\frac{\pi^2}{12}-\frac{1}{2}\right)\hbar^2>\frac{\hbar^2}{4}$$

所以，一维无限深势阱的基态不是最小不确定态。

（5）利用不确定关系可以估算体系的基态能量。

设某体系的能量本征方程为

$$\hat{H}\psi_n=E_n\psi_n\quad n=0,1,2,\cdots$$

任意波函数ψ都可以用本征函数系$\{\psi_n\}$做展开，即

$$\psi=\sum_n c_n\psi_n$$

在ψ态下，能量的平均值为

$$\overline{E}=\int\psi^*\hat{H}\psi\mathrm{d}\tau=\sum_{m,n}c_m^*c_n\int\psi_m^*\hat{H}\psi_n\mathrm{d}\tau=\sum_{m,n}c_m^*c_nE_n\delta_{mn}=\sum_n|c_n|^2E_n\geqslant\sum_n|c_n|^2E_0=E_0$$

所以，运算时常用能量平均值的最小值作为基态能量的近似值。

【例 4-21】利用不确定关系估算线性谐振子的零点能（基态能量）。

解：线性谐振子的哈密顿算符为

$$\hat{H}=\frac{\hat{p}^2}{2\mu}+\frac{1}{2}\mu\omega^2x^2$$

在任意状态下，能量平均值为

$$\overline{E}=\frac{\overline{\hat{p}^2}}{2\mu}+\frac{1}{2}\mu\omega^2\overline{x^2}$$

由不确定关系［式（4-126）］，得

$$\overline{x^2}\cdot\overline{\hat{p}^2}\geqslant\frac{\hbar^2}{4}$$

于是

$$\overline{E}\geqslant\frac{\hbar^2}{8\mu\overline{x^2}}+\frac{1}{2}\mu\omega^2\overline{x^2}$$

上式取等号，则

$$\overline{E}=\frac{\hbar^2}{8\mu\overline{x^2}}+\frac{1}{2}\mu\omega^2\overline{x^2}$$

令$\dfrac{\mathrm{d}\overline{E}}{\mathrm{d}\overline{x^2}}=0$，得

$$-\frac{\hbar^2}{8\mu(\overline{x^2})^2}+\frac{1}{2}\mu\omega^2=0$$

所以

$$\overline{x^2}=\frac{\hbar}{2\mu\omega}$$

因此，能量平均值的最小值为

$$\overline{E}_{\min}=\frac{\hbar^2}{8\mu}\frac{2\mu\omega}{\hbar}+\frac{1}{2}\mu\omega^2\frac{\hbar}{2\mu\omega}=\frac{1}{2}\hbar\omega$$

其值刚好等于线性谐振子的零点能（基态能量），即线性谐振子的零点能是不确定关系所要求的最小能量。

§4-8　力学量平均值随时间的变化、守恒定律

一、力学量平均值随时间的变化

力学量 $\hat{F}$ 在归一化的波函数 $\psi(x,t)$ 下的平均值为

$$\overline{F}=\int\psi^*(x,t)\hat{F}\psi(x,t)\mathrm{d}x \tag{4-132}$$

把式（4-132）两边对时间 t 求导，则

$$\frac{\mathrm{d}\overline{F}}{\mathrm{d}t}=\int\frac{\partial\psi^*}{\partial t}\hat{F}\psi\mathrm{d}x+\int\psi^*\frac{\partial\hat{F}}{\partial t}\psi\mathrm{d}x+\int\psi^*\hat{F}\frac{\partial\psi}{\partial t}\mathrm{d}x$$

由薛定谔方程得

$$\frac{\partial\psi}{\partial t}=\frac{1}{\mathrm{i}\hbar}\hat{H}\psi\qquad\qquad\frac{\partial\psi^*}{\partial t}=-\frac{1}{\mathrm{i}\hbar}(\hat{H}\psi)^* \tag{4-133}$$

考虑到 $\hat{H}$ 为厄米算符，于是

$$\begin{aligned}\frac{\mathrm{d}\overline{F}}{\mathrm{d}t}&=-\frac{1}{\mathrm{i}\hbar}\int(\hat{H}\psi)^*\hat{F}\psi\mathrm{d}x+\int\psi^*\frac{\partial\hat{F}}{\partial t}\psi\mathrm{d}x+\frac{1}{\mathrm{i}\hbar}\int\psi^*\hat{F}\hat{H}\psi\mathrm{d}x\\&=\int\psi^*\frac{\partial\hat{F}}{\partial t}\psi\mathrm{d}x+\frac{1}{\mathrm{i}\hbar}\int\psi^*(\hat{F}\hat{H}-\hat{H}\hat{F})\psi\mathrm{d}x\end{aligned}$$

即

$$\frac{\mathrm{d}\overline{F}}{\mathrm{d}t}=\overline{\frac{\partial\hat{F}}{\partial t}}+\frac{1}{\mathrm{i}\hbar}\overline{[\hat{F},\hat{H}]} \tag{4-134}$$

该式称为量子力学运动方程或海森伯运动方程。若 $\hat{F}$ 不显含时间 t，即 $\overline{\dfrac{\partial\hat{F}}{\partial t}}=0$，则

$$\frac{\mathrm{d}\overline{F}}{\mathrm{d}t}=\frac{1}{\mathrm{i}\hbar}\overline{[\hat{F},\hat{H}]} \tag{4-135}$$

例如，$\hat{F}=x$，有

$$[x,\hat{H}]=\left[x,\frac{\hat{p}_x^2}{2\mu}+U(x)\right]=\frac{1}{2\mu}[x,\hat{p}_x^2]=\frac{1}{2\mu}\{\hat{p}_x[x,\hat{p}_x]+[x,\hat{p}_x]\hat{p}_x\}=\frac{\mathrm{i}\hbar}{\mu}\hat{p}_x$$

即

$$[x,\hat{H}]=\frac{\mathrm{i}\hbar}{\mu}\hat{p}_x \tag{4-136}$$

所以

$$\frac{\mathrm{d}\overline{x}}{\mathrm{d}t}=\frac{1}{\mathrm{i}\hbar}\overline{[x,\hat{H}]}=\frac{\overline{\hat{p}_x}}{\mu} \tag{4-137}$$

式（4-137）对应于经典力学的速度。

再如，$\hat{F}=\hat{p}_x$，则

$$[\hat{p}_x,\hat{H}]\psi=\left[\hat{p}_x,\frac{\hat{p}_x^2}{2\mu}+U\right]\psi=[\hat{p}_x,U]\psi=-\mathrm{i}\hbar\left[\frac{\partial}{\partial x}(U\psi)-U\frac{\partial}{\partial x}\psi\right]=-\mathrm{i}\hbar\frac{\partial U}{\partial x}\psi$$

即

$$[\hat{p}_x,\hat{H}]=-\mathrm{i}\hbar\frac{\partial U}{\partial x} \tag{4-138}$$

所以

$$\frac{\mathrm{d}\overline{\hat{p}_x}}{\mathrm{d}t}=\frac{1}{\mathrm{i}\hbar}\overline{[\hat{p}_x,\hat{H}]}=-\overline{\frac{\partial U}{\partial x}} \tag{4-139}$$

式（4-139）对应于经典牛顿第二定律，称为艾伦弗斯特定律。

二、量子力学中的守恒定律

在海森伯运动方程（4-134）中，如果$\hat{F}$不显含时间t，即$\frac{\partial\hat{F}}{\partial t}=0$，并且$\hat{F}$和$\hat{H}$对易，即$[\hat{F},\hat{H}]=0$，则

$$\frac{\mathrm{d}\overline{F}}{\mathrm{d}t}=0 \tag{4-140}$$

即力学量$\hat{F}$平均值不随时间而变化，称为量子体系的守恒量，表征守恒量本征值的量子数称为好量子数。这就是量子力学中的守恒定律。

下面举几个守恒量的例子。

1．自由粒子的动量

自由粒子的哈密顿算符为

$$\hat{H}=\frac{\hat{p}^2}{2\mu}$$

因为$\frac{\partial\hat{\overline{p}}}{\partial t}=0$，且

$$[\hat{\overline{p}},\hat{H}]=\left[\hat{\overline{p}},\frac{\hat{p}^2}{2\mu}\right]=0 \tag{4-141}$$

则

$$\frac{\mathrm{d}\overline{\overline{p}}}{\mathrm{d}t}=0 \tag{4-142}$$

即自由粒子的动量是守恒量，这就是量子力学中的动量守恒定律。

2．粒子在中心力场中运动的角动量

中心力场中粒子的哈密顿量（见§5-1）为

$$\hat{H}=-\frac{\hbar^2}{2\mu r^2}\frac{\partial}{\partial r}\left(r^2\frac{\partial}{\partial r}\right)+\frac{\hat{L}^2}{2\mu r^2}+U(r) \tag{4-143}$$

因为$\hat{L}^2$、$\hat{L}_x$、$\hat{L}_y$、$\hat{L}_z$只与θ、φ有关而与r和t无关，显然有

$$[\hat{L}^2,\hat{H}]=[\hat{L}_x,\hat{H}]=[\hat{L}_y,\hat{H}]=[\hat{L}_z,\hat{H}]=0 \tag{4-144}$$

所以

$$\frac{\mathrm{d}\overline{L^2}}{\mathrm{d}t}=0 \qquad \frac{\mathrm{d}\overline{L}_x}{\mathrm{d}t}=0 \qquad \frac{\mathrm{d}\overline{L}_y}{\mathrm{d}t}=0 \qquad \frac{\mathrm{d}\overline{L}_z}{\mathrm{d}t}=0 \tag{4-145}$$

即中心力场中的角动量平方算符和角动量分量算符都是守恒量，这就是量子力学中的角动量守恒定律。

3．哈密顿不显含时间的体系能量

若体系的哈密顿不显含时间，即$\dfrac{\partial\hat{H}}{\partial t}=0$，且$[\hat{H},\hat{H}]=0$，则有

$$\frac{\mathrm{d}\overline{H}}{\mathrm{d}t}=0 \tag{4-146}$$

即如果体系的哈密顿不显含时间，则能量为守恒量，这就是量子力学中的能量守恒定律。如无限深势阱、线性谐振子、氢原子等的能量均为守恒量。

4．哈密顿算符对空间反演不变时的宇称

1）宇称算符

若对任意波函数$\psi(x,t)$，有

$$\hat{P}\psi(x,t)=\psi(-x,t) \tag{4-147}$$

则称$\hat{P}$为宇称算符。宇称算符$\hat{P}$描写了空间的对称性。

设$\hat{P}$的本征值方程为

$$\hat{P}\psi(x,t)=c\psi(x,t) \tag{4-148}$$

则

$$\hat{P}^2\psi(x,t)=c\hat{P}\psi(x,t)=c^2\psi(x,t)$$

又

$$\hat{P}^2\psi(x,t)=\hat{P}\psi(-x,t)=\psi(x,t)$$

于是

$$c^2=1 \qquad\qquad c=\pm1$$

即$\hat{P}$的本征值$c=\pm1$。若

$$\hat{P}\psi(x,t)=\psi(x,t)$$

则$\psi(x,t)$为偶宇称态；若

$$\hat{P}\psi(x,t)=-\psi(x,t)$$

则$\psi(x,t)$为奇宇称态。

2）$\hat{H}$ 在空间反演不变时的宇称守恒

设 $\hat{H}$ 具有空间反演不变性，即 $\hat{H}(x)=\hat{H}(-x)$，则

$$\hat{P}\hat{H}(x)\psi(x,t)=\hat{H}(-x)\psi(-x,t)=\hat{H}(x)\hat{P}\psi(x,t)$$

所以

$$[\hat{P},\hat{H}]\psi(x,t)=0$$

因为 $\psi(x,t)$ 为任意波函数，所以

$$[\hat{P},\hat{H}]=0 \tag{4-149}$$

因此

$$\frac{\mathrm{d}\bar{P}}{\mathrm{d}t}=0 \tag{4-150}$$

此即量子力学中的宇称守恒定律。它说明如果体系的 $\hat{H}$ 空间反演不变，体系状态的奇偶性就不随 t 变化。

三、对量子力学中守恒量的说明

1. 区别“定态”与“守恒量”

定态是体系的一种特殊状态，即能量本征态；而守恒量则是体系的一个与哈密顿算符对易的特殊力学量。在定态下，任何力学量（不显含 t，不管是否为守恒量）的平均值和取值概率都不随时间而改变；而守恒量则在任何状态下（不管是否为定态）的平均值和取值概率都不随时间而改变。

下面对此做出证明。

（1）在定态下，任何力学量的取值概率都不随时间而改变。

设体系处于定态，即波函数为

$$\psi(\vec{r},t)=\psi(\vec{r})\mathrm{e}^{-\mathrm{i}Et/\hbar}$$

力学量 $\hat{F}$ 的本征方程为

$$\hat{F}\varphi_n(\vec{r})=f_n\varphi_n(\vec{r})$$

把定态波函数 $\psi(\vec{r},t)$ 用 $\{\varphi_n(\vec{r})\}$ 做展开，即

$$\psi(\vec{r},t)=\sum_n c_n(t)\varphi_n(\vec{r})$$

则展开系数为

$$c_n(t)=\int\varphi_n^*(\vec{r})\psi(\vec{r},t)\mathrm{d}\tau=\mathrm{e}^{-\mathrm{i}Et/\hbar}\int\varphi_n^*(\vec{r})\psi(\vec{r})\mathrm{d}\tau$$

所以

$$|c_n(t)|^2=\left|\int\varphi_n^*(\vec{r})\psi(\vec{r})\mathrm{d}\tau\right|^2$$

因此，在定态波函数 $\psi(\vec{r},t)$ 上，力学量 $\hat{F}$ 取值 f_n 的概率与时间无关。

（2）在任何状态下，守恒量的取值概率不随时间而改变。

因为守恒量 $\hat{F}$ 满足 $[\hat{F},\hat{H}]=0$，所以 $\hat{F}$ 和 $\hat{H}$ 有共同完备的本征函数系 $\{\psi_n(\vec{r})\}$。令

$$\hat{F}\psi_n=f_n\psi_n \qquad \hat{H}\psi_n=E_n\psi_n$$

体系的任意状态 $\psi(\vec{r},t)$ 可以展开成

$$\psi(\vec{r},t)=\sum_n c_n(t)\psi_n$$

展开系数为

$$c_n(t)=\int\psi_n^*\psi(\vec{r},t)\mathrm{d}\tau$$

在 $\psi(\vec{r},t)$ 下测量 $F=f_n$ 的概率为 $|c_n(t)|^2$，它随时间的变化率为

$$\begin{aligned}\frac{\mathrm{d}|c_n|^2}{\mathrm{d}t}&=\frac{\mathrm{d}c_n^*}{\mathrm{d}t}c_n+c_n^*\frac{\mathrm{d}c_n}{\mathrm{d}t}=\left(\int\frac{\partial\psi^*}{\partial t}\psi_n\mathrm{d}\tau\right)c_n+c_n^*\left(\int\psi_n^*\frac{\partial\psi}{\partial t}\mathrm{d}\tau\right)\\&=-\frac{1}{\mathrm{i}\hbar}\left(\int(H\psi)^*\psi_n\mathrm{d}\tau\right)c_n+\frac{1}{\mathrm{i}\hbar}c_n^*\left(\int\psi_n^*H\psi\mathrm{d}\tau\right)\\&=-\frac{1}{\mathrm{i}\hbar}\left(\int\psi^*H\psi_n\mathrm{d}\tau\right)c_n+\frac{1}{\mathrm{i}\hbar}c_n^*\left(\int(H\psi_n)^*\psi\mathrm{d}\tau\right)\\&=-\frac{E_n}{\mathrm{i}\hbar}\left(\int\psi^*\psi_n\mathrm{d}\tau\right)c_n+\frac{E_n}{\mathrm{i}\hbar}c_n^*\left(\int\psi_n^*\psi\mathrm{d}\tau\right)\\&=-\frac{E_n}{\mathrm{i}\hbar}c_n^*c_n+\frac{E_n}{\mathrm{i}\hbar}c_n^*c_n=0\end{aligned}$$

即量子体系的守恒量在任何态下的取值概率都不随时间而改变。

2．区分“力学量有确定值”和“力学量守恒”

力学量有确定值意味着体系处于该力学量本征态；力学量守恒意味着在任何状态下它的平均值不随时间而改变，但体系并不一定处于它的本征态；一个体系可能有许多守恒量，但它们未必都彼此对易，即它们未必同时都有确定值。

若体系在初始时刻处于该守恒量的本征态，那么以后任何时刻都处于它的本征态；若初始时刻体系不处于守恒量的本征态，则以后的状态也不是体系的本征态。

3．能级简并与守恒量的关系

（1）若体系具有两个不对易的守恒量，则体系的能级一般是简并的。

设体系力学量 $\hat{F}$ 和 $\hat{G}$ 是体系的两个守恒量，但 $[\hat{F},\hat{G}]\neq0$。

由于 $[\hat{F},\hat{H}]=0$，因此 $\hat{F}$ 和 $\hat{H}$ 有共同本征函数系，即

$$\hat{H}\psi_n=E_n\psi_n\qquad\qquad\hat{F}\psi_n=f_n\psi_n$$

因 $[\hat{G},\hat{H}]=0$，故

$$\hat{H}\hat{G}\psi_n=\hat{G}\hat{H}\psi_n=E_n\hat{G}\psi_n$$

即 $\hat{G}\psi_n$ 也是 $\hat{H}$ 的属于本征值 E_n 的本征态。

因为 $[\hat{F},\hat{G}]\neq0$，所以

$$\hat{F}\hat{G}\psi_n\neq\hat{G}\hat{F}\psi_n=f_n\hat{G}\psi_n$$

即 $\hat{G}\psi_n$ 不是 $\hat{F}$ 的属于本征值 f_n 的本征态，但 ψ_n 是 $\hat{F}$ 的属于本征值 f_n 的本征态，所以 $\hat{G}\psi_n$ 和 ψ_n 不是同一个态。但它们都是 $\hat{H}$ 的属于本征值 E_n 的本征态，所以能级简并。

（2）若体系能级不简并，则能量本征态也是体系某一守恒量的本征态。

设体系的能量本征方程为

$$\hat{H}\psi_n = E_n\psi_n$$

且 E_n 不简并。

设 $\hat{F}$ 是体系的一个守恒量，则 $[\hat{F},\hat{H}]=0$，所以

$$\hat{H}\hat{F}\psi_n = \hat{F}\hat{H}\psi_n = E_n\hat{F}\psi_n$$

即 $\hat{F}\psi_n$ 也是 $\hat{H}$ 的属于本征值 E_n 的本征态。由于 E_n 不简并，因此 $\hat{F}\psi_n$ 和 ψ_n 表示同一个态，它们最多相差一个常数因子 f_n，即

$$\hat{F}\psi_n = f_n\psi_n$$

因此，ψ_n 是 $\hat{F}$ 的属于本征值 f_n 的本征态。

从以上讨论可以得出，体系的守恒量总是与体系的某种对称性相联系的，能级的简并往往是体系某种对称性的反映。

§4-9 位力定理和费曼-海尔曼定理

一、位力定理

设粒子处于势场 $U(\vec{r})$ 中，哈密顿量为

$$\hat{H} = \frac{\hat{p}^2}{2\mu} + U(\vec{r})$$

其本征值方程为

$$\hat{H}\psi_n = E_n\psi_n$$

其中，ψ_n 已归一化。

下面计算对易关系 $[\hat{\vec{r}}\cdot\hat{\vec{p}},\hat{H}]$，有

$$\begin{aligned}[\hat{\vec{r}}\cdot\hat{\vec{p}},\hat{H}] &= [x\hat{p}_x,\hat{H}]+[y\hat{p}_y,\hat{H}]+[z\hat{p}_z,\hat{H}]\\ &= [x,\hat{H}]\hat{p}_x + x[\hat{p}_x,\hat{H}]+[y,\hat{H}]\hat{p}_y + y[\hat{p}_y,\hat{H}]+[z,\hat{H}]\hat{p}_z + z[\hat{p}_z,\hat{H}]\end{aligned}$$

利用式（4-136）和式（4-137），知

$$[x,\hat{H}] = \frac{\mathrm{i}\hbar}{\mu}\hat{p}_x \qquad [y,\hat{H}] = \frac{\mathrm{i}\hbar}{\mu}\hat{p}_y \qquad [z,\hat{H}] = \frac{\mathrm{i}\hbar}{\mu}\hat{p}_z \tag{4-151}$$

$$[\hat{p}_x,\hat{H}] = -\mathrm{i}\hbar\frac{\partial U}{\partial x} \qquad [\hat{p}_y,\hat{H}] = -\mathrm{i}\hbar\frac{\partial U}{\partial y} \qquad [\hat{p}_z,\hat{H}] = -\mathrm{i}\hbar\frac{\partial U}{\partial z} \tag{4-152}$$

把式（4-151）、式（4-152）代入上面的对易关系中，得

$$(\vec{r}\cdot\hat{\vec{p}})\hat{H} - \hat{H}(\vec{r}\cdot\hat{\vec{p}}) = \frac{\mathrm{i}\hbar}{\mu}\hat{p}^2 - \mathrm{i}\hbar\vec{r}\cdot\nabla U$$

在能量本征态 ψ_n 下，对上式求平均，即做 $\int\psi_n^*\cdots\psi_n\mathrm{d}\tau$ 运算，得

$$\int\psi_n^*(\vec{r}\cdot\hat{\vec{p}})\hat{H}\psi_n\mathrm{d}\tau - \int\psi_n^*\hat{H}(\vec{r}\cdot\hat{\vec{p}})\psi_n\mathrm{d}\tau = \left\langle\frac{\mathrm{i}\hbar}{\mu}\hat{p}^2 - \mathrm{i}\hbar\vec{r}\cdot\nabla U\right\rangle_n$$

式中，符号$\langle\ \rangle_n$代表在ψ_n下的平均值。上式左边的两项分别为

$$\int\psi_n^*(\vec{r}\cdot\hat{\vec{p}})\hat{H}\psi_n\mathrm{d}\tau=E_n\left\langle\vec{r}\cdot\hat{\vec{p}}\right\rangle_n$$

$$\int\psi_n^*\hat{H}(\vec{r}\cdot\hat{\vec{p}})\psi_n\mathrm{d}\tau=\int(\hat{H}\psi_n)^*(\vec{r}\cdot\hat{\vec{p}})\psi_n\mathrm{d}\tau=E_n\left\langle\vec{r}\cdot\hat{\vec{p}}\right\rangle_n$$

两项相等，所以

$$\left\langle\frac{\mathrm{i}\hbar}{\mu}\hat{p}^2-\mathrm{i}\hbar\vec{r}\cdot\nabla U\right\rangle_n=0$$

$$\left\langle\frac{\hat{p}^2}{2\mu}\right\rangle_n=\frac{1}{2}\langle\vec{r}\cdot\nabla U\rangle_n$$

$$\left\langle\hat{T}\right\rangle_n=\frac{1}{2}\langle\vec{r}\cdot\nabla U\rangle_n \tag{4-153}$$

该式即位力定理。

一般而言，当$U(x,y,z)$是x、y、z的ν次齐次函数（即$U(cx,cy,cz)=c^{\nu}U(x,y,z)$，$c$为常数）时，有

$$\vec{r}\cdot\nabla U=\nu U$$

则位力定理可以简化为

$$\left\langle\hat{T}\right\rangle_n=\frac{1}{2}\nu\langle U\rangle_n \tag{4-154}$$

利用位力定理可以方便地讨论在能量本征态下动能、势能的平均值与总能量之间的关系。

【例 4-22】利用位力定理求一维谐振子在能量本征态下动能和势能的平均值。

解：一维谐振子的势能

$$U=\frac{1}{2}\mu\omega^2x^2$$

显然

$$x\frac{\mathrm{d}U}{\mathrm{d}x}=\mu\omega^2x^2=2U$$

利用位力定理［式（4-153）］，得

$$\left\langle\hat{T}\right\rangle_n=\frac{1}{2}\langle 2U\rangle_n=\langle U\rangle_n$$

因为

$$\left\langle\hat{T}\right\rangle_n+\langle U\rangle_n=E_n$$

所以

$$\langle T\rangle_n=\langle U\rangle_n=\frac{1}{2}E_n=\frac{1}{2}\left(n+\frac{1}{2}\right)\hbar\omega$$

【例 4-23】利用位力定理讨论中心力场中在能量本征态下动能和势能平均值的关系。

解：中心力场的势能为$U=-k/r$，则

$$\vec{r}\cdot\nabla U=\vec{r}\cdot\left[\vec{e}_r\frac{\partial}{\partial r}+\frac{1}{r}\vec{e}_\theta\frac{\partial}{\partial\theta}+\vec{e}_\varphi\frac{1}{r\sin\theta}\frac{\partial}{\partial\varphi}\right]U=\vec{r}\cdot\vec{e}_r\frac{\partial}{\partial r}\left(-\frac{k}{r}\right)=\frac{k}{r}=-U$$

利用位力定理［式（4-153）］，得

$$\left\langle\hat{T}\right\rangle_n=-\frac{1}{2}\langle U\rangle_n$$

二、费曼-海尔曼定理

设体系的哈密顿算符 $\hat{H}$ 中含有某参量 λ（如质量 μ、普朗克常数 $\hbar$、角频率 ω 等），E_n 为 $\hat{H}$ 的本征值，相应的归一化本征函数（束缚态）为 ψ_n（n 为一组量子数），则能量本征方程为

$$\hat{H}\psi_n=E_n\psi_n$$

将方程两边对 λ 求导数，得

$$\left(\frac{\partial\hat{H}}{\partial\lambda}\right)\psi_n+\hat{H}\frac{\partial\psi_n}{\partial\lambda}=\left(\frac{\partial E_n}{\partial\lambda}\right)\psi_n+E_n\frac{\partial\psi_n}{\partial\lambda}$$

$$\left(\frac{\partial\hat{H}}{\partial\lambda}-\frac{\partial E_n}{\partial\lambda}\right)\psi_n=(E_n-\hat{H})\frac{\partial\psi_n}{\partial\lambda}$$

将上式两边左乘 ψ_n^* 并对整个空间求积分，得

$$\left\langle\frac{\partial\hat{H}}{\partial\lambda}\right\rangle_n-\frac{\partial E_n}{\partial\lambda}=\int\psi_n^*(E_n-\hat{H})\frac{\partial\psi_n}{\partial\lambda}\mathrm{d}\tau$$

上式的右边为

$$\begin{aligned}\int\psi_n^*(E_n-\hat{H})\frac{\partial\psi_n}{\partial\lambda}\mathrm{d}\tau&=E_n\int\psi_n^*\frac{\partial\psi_n}{\partial\lambda}\mathrm{d}\tau-\int\psi_n^*\hat{H}\frac{\partial\psi_n}{\partial\lambda}\mathrm{d}\tau\\&=E_n\int\psi_n^*\frac{\partial\psi_n}{\partial\lambda}\mathrm{d}\tau-\int(\hat{H}\psi_n)^*\frac{\partial\psi_n}{\partial\lambda}\mathrm{d}\tau\\&=E_n\int\psi_n^*\frac{\partial\psi_n}{\partial\lambda}\mathrm{d}\tau-E_n\int\psi_n^*\frac{\partial\psi_n}{\partial\lambda}\mathrm{d}\tau\\&=0\end{aligned}$$

所以

$$\left\langle\frac{\partial\hat{H}}{\partial\lambda}\right\rangle_n=\frac{\partial E_n}{\partial\lambda}\tag{4-155}$$

即为费曼-海尔曼（FH，Feynman-Hellman）定理。

【例 4-24】利用费曼-海尔曼定理求一维谐振子在能量本征态下动能和势能的平均值。

解：一维谐振子的哈密顿量和能量本征值分别为

$$\hat{H}=-\frac{\hbar^2}{2\mu}\frac{\mathrm{d}^2}{\mathrm{d}x^2}+\frac{1}{2}\mu\omega^2x^2\qquad E_n=\left(n+\frac{1}{2}\right)\hbar\omega$$

（1）取 $\lambda=\omega$，则

$$\frac{\partial\hat{H}}{\partial\omega}=\mu\omega x^2=2\frac{U}{\omega}\qquad\frac{\partial E_n}{\partial\omega}=\left(n+\frac{1}{2}\right)\hbar=\frac{E_n}{\omega}$$

由 FH 定理可得

$$\left\langle 2\frac{U}{\omega}\right\rangle_n = \frac{E_n}{\omega}$$

因此

$$\langle U\rangle_n = \frac{1}{2}E_n$$

（2）取 $\lambda=\mu$，则

$$\frac{\partial \hat{H}}{\partial \mu} = \frac{\hbar^2}{2\mu^2}\frac{\mathrm{d}^2}{\mathrm{d}x^2} + \frac{1}{2}\omega^2 x^2 = -\frac{\hat{T}}{\mu} + \frac{U}{\mu} \qquad \frac{\partial E_n}{\partial \mu} = 0$$

由 FH 定理可得

$$\left\langle -\frac{\hat{T}}{\mu} + \frac{U}{\mu}\right\rangle_n = 0$$

$$\langle \hat{T}\rangle_n = \langle U\rangle_n$$

（3）取 $\lambda=\hbar$，则

$$\frac{\partial \hat{H}}{\partial \hbar} = -\frac{2\hbar}{2\mu}\frac{\mathrm{d}^2}{\mathrm{d}x^2} = \frac{2}{\hbar}\hat{T} \qquad \frac{\partial E_n}{\partial \hbar} = \left(n+\frac{1}{2}\right)\omega = \frac{E_n}{\hbar}$$

所以

$$\left\langle \frac{2}{\hbar}\hat{T}\right\rangle_n = \frac{E_n}{\hbar}$$

$$\langle T\rangle_n = \frac{1}{2}E_n$$

习　　题

4-1　证明：$\hat{\vec{A}}\cdot\hat{\vec{p}} - \hat{\vec{p}}\cdot\hat{\vec{A}} = \mathrm{i}\hbar\nabla\cdot\hat{\vec{A}}$，其中 $\vec{A}$ 为任意力学量算符。

4-2　设算符 $\hat{A}$、$\hat{B}$ 皆与它们的对易子 $[\hat{A},\hat{B}]$ 对易。证明：

$$[\hat{A},\hat{B}^n] = n\hat{B}^{n-1}[\hat{A},\hat{B}] \qquad [\hat{A}^n,\hat{B}] = n\hat{A}^{n-1}[\hat{A},\hat{B}]$$

4-3　一维谐振子处在基态 $\psi(x)=\sqrt{\frac{\alpha}{\pi^{1/2}}}\mathrm{e}^{-\frac{\alpha^2x^2}{2}-\frac{\mathrm{i}}{2}\omega t}$，求：

（1）势能的平均值 $\bar{U}=\frac{1}{2}\mu\omega^2\overline{x^2}$；

（2）动能的平均值 $\bar{T}=\frac{1}{2\mu}\overline{P^2}$；

（3）动量的概率分布函数。

4-4　氢原子处在基态 $\psi(r,\theta,\varphi)=\frac{1}{\sqrt{\pi a^3}}\mathrm{e}^{-\frac{r}{a}}$。求：（1）$r$ 的平均值；（2）势能 $-\frac{e^2}{r}$ 的平均值；（3）最概然半径；（4）动能的平均值；（5）动量的概率分布函数。

4-5 设粒子处于一维无限深势阱中

$$U(x)=\begin{cases}0 & 0\leqslant x\leqslant a\\ \infty & x<0,x>a\end{cases}$$

证明：处于能量本征态$\psi_n(x)$的粒子，满足

$$\overline{x}=\frac{a}{2} \qquad \overline{(x-\overline{x})^2}=\frac{a^2}{12}\left(1-\frac{6}{n^2\pi^2}\right)$$

讨论当$n\to\infty$时的情况，并与经典结果比较。

4-6 设做一维自由运动的粒子在$t=0$时刻处于状态

$$\psi(x,0)=A\left(\sin^2 kx+\frac{1}{2}\cos kx\right)$$

分别求出$t=0$和$t>0$时粒子的动量与动能的取值概率及平均值。

4-7 设粒子处于一维无限深势阱

$$U(x)=\begin{cases}0 & 0\leqslant x\leqslant a\\ \infty & x<0,x>a\end{cases}$$

中的粒子处于基态（$n=1$），$E_1=\dfrac{\pi^2\hbar^2}{2\mu a^2}$。设$t=0$时刻阱宽突然变为$2a$，粒子的波函数来不及变化，即

$$\psi(x,0)=\psi_1(x)=\sqrt{\frac{2}{a}}\sin\frac{\pi x}{a}$$

试问：对于加宽了的无限深势阱

$$U(x)=\begin{cases}0 & 0\leqslant x\leqslant 2a\\ \infty & x<0,x>2a\end{cases}$$

$\psi(x,0)$是否还是能量本征态？求测得粒子处于能量本征态E_1的概率。

4-8 质量为μ的粒子在势场$U(r)=-\lambda/r^{3/2}$中运动，用不确定关系估计其基态能量。

4-9 一个质量为μ的粒子处于态

$$\psi(x,t)=A\mathrm{e}^{-a(\mu x^2/\hbar+\mathrm{i}t)}$$

式中，A和a为正的实数。（1）求出A；（2）对什么样的势能函数$U(x)$，这个ψ满足薛定谔方程？（3）计算x、x^2和$\hat{p}$、$\hat{p}^2$的平均值；（4）求出$\overline{(\Delta x)^2}$和$\overline{(\Delta p)^2}$，它们的积满足测不准关系吗？

第五章　中心力场

§5-1　中心力场中粒子运动的一般性质

中心力场是物理学中一种常见的势场，如引力场、库仑场等都是中心力场。中心力场的特点是势能仅与径向有关，而与角向无关，即$U(\vec{r})=U(r)$。

一、粒子在中心力场中的运动

首先回顾一下经典粒子在中心力场中的运动。如图 5-1 所示，粒子做曲线运动。设某一时刻其速度为$\vec{v}$，它可以分解为径向速度v_r和横向速度v_φ，动能为

$$T=\frac{1}{2}\mu(v_r^2+v_\varphi^2)=\frac{\mu}{2}\left[\left(\frac{\mathrm{d}r}{\mathrm{d}t}\right)^2+\left(\frac{r\mathrm{d}\varphi}{\mathrm{d}t}\right)^2\right]$$

$$=\frac{\mu}{2}\left[\left(\frac{\mathrm{d}r}{\mathrm{d}t}\right)^2+r^2\left(\frac{\mathrm{d}\varphi}{\mathrm{d}t}\right)^2\right]$$

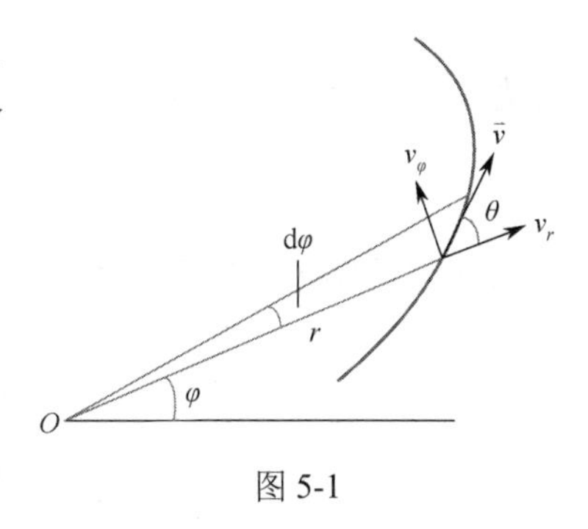

图 5-1

总能量为

$$E=T+U=\frac{1}{2}\mu v_r^2+\frac{1}{2}\mu v_\varphi^2+U$$

中心力场中粒子的角动量是守恒量，其大小为

$$L=r\mu v\sin\theta=r\mu v_\varphi$$

所以

$$v_\varphi=\frac{L}{\mu r}$$

因此

$$E=\frac{1}{2}\mu v_r^2+\frac{L^2}{2\mu r^2}+U=\frac{\hat{p}_r^2}{2\mu}+\frac{L^2}{2\mu r^2}+U$$

式中，右侧第一项$\dfrac{\hat{p}_r^2}{2\mu}=\dfrac{1}{2}\mu v_r^2=\dfrac{\mu}{2}\left(\dfrac{\mathrm{d}r}{\mathrm{d}t}\right)^2$是由$r$的大小改变而引起的动能，称为径向动能；令第二项$\dfrac{L^2}{2\mu r^2}=U_1$，它是由$\vec{r}$的方向改变而引起的动能，称为横向动能。因为

$$-\frac{\mathrm{d}U_1}{\mathrm{d}r}=\frac{L^2}{\mu r^3}=\frac{(r\mu v_\varphi)^2}{\mu r^3}=\mu\frac{v_\varphi^2}{r}=\frac{\mu}{r}r^2\left(\frac{\mathrm{d}\varphi}{\mathrm{d}t}\right)^2=\mu r\omega^2$$

因为具有转动参考系中的离心力的形式，所以U_1又称为离心势能。令

$$U'(r) = \frac{L^2}{2\mu r^2} + U(r)$$

称为有效势能。

量子力学中，粒子处于中心力场时的哈密顿算符在球坐标系中的形式为

$$\begin{aligned}\hat{H} &= -\frac{\hbar^2}{2\mu}\nabla^2 + U(r) \\ &= -\frac{\hbar^2}{2\mu r^2}\left[\frac{\partial}{\partial r}\left(r^2\frac{\partial}{\partial r}\right) + \frac{1}{\sin\theta}\frac{\partial}{\partial\theta}\left(\sin\theta\frac{\partial}{\partial\theta}\right) + \frac{1}{\sin^2\theta}\frac{\partial^2}{\partial\varphi^2}\right] + U(r) \\ &= \hat{T}_r + \hat{T}_\varphi + U(r)\end{aligned} \tag{5-1}$$

式（5-1）中，第一项

$$\hat{T}_r = -\frac{\hbar^2}{2\mu r^2}\frac{\partial}{\partial r}\left(r^2\frac{\partial}{\partial r}\right) = \frac{\hat{p}_r^2}{2\mu} \tag{5-2}$$

称为径向动能。径向动量算符为

$$\hat{p}_r = -\mathrm{i}\hbar\left(\frac{\partial}{\partial r} + \frac{1}{r}\right) \tag{5-3}$$

可以证明 $\hat{p}_r$ 是厄米算符，即 $\hat{p}_r^+ = \hat{p}_r$。容易验证

$$\begin{aligned}\hat{p}_r^2\psi &= -\hbar^2\left(\frac{\partial}{\partial r} + \frac{1}{r}\right)\left(\frac{\partial}{\partial r} + \frac{1}{r}\right)\psi = -\hbar^2\left(\frac{\partial}{\partial r} + \frac{1}{r}\right)\left(\frac{\partial\psi}{\partial r} + \frac{\psi}{r}\right) \\ &= -\hbar^2\left(\frac{\partial^2\psi}{\partial r^2} + \frac{2}{r}\frac{\partial\psi}{\partial r}\right) = -\frac{\hbar^2}{r^2}\frac{\partial}{\partial r}\left(r^2\frac{\partial}{\partial r}\right)\psi\end{aligned}$$

所以，径向动量平方算符

$$\hat{p}_r^2 = -\frac{\hbar^2}{r^2}\frac{\partial}{\partial r}\left(r^2\frac{\partial}{\partial r}\right) = -\hbar^2\left(\frac{\partial^2}{\partial r^2} + \frac{2}{r}\frac{\partial}{\partial r}\right) = -\hbar^2\frac{1}{r}\frac{\partial^2}{\partial r^2}r \tag{5-4}$$

式（5-1）中，第二项

$$\hat{T}_\varphi = -\frac{\hbar^2}{2\mu r^2}\left[\frac{1}{\sin\theta}\frac{\partial}{\partial\theta}\left(\sin\theta\frac{\partial}{\partial\theta}\right) + \frac{1}{\sin^2\theta}\frac{\partial^2}{\partial\varphi^2}\right] = \frac{\hat{L}^2}{2\mu r^2} \tag{5-5}$$

称为横向动能或离心势能。把式（5-5）代入式（5-1），得

$$\hat{H} = -\frac{\hbar^2}{2\mu r^2}\frac{\partial}{\partial r}\left(r^2\frac{\partial}{\partial r}\right) + \frac{\hat{L}^2}{2\mu r^2} + U(r) \tag{5-6}$$

形式上与经典粒子的能量一致。

中心力场的薛定谔方程为

$$\left[-\frac{\hbar^2}{2\mu r^2}\frac{\partial}{\partial r}\left(r^2\frac{\partial}{\partial r}\right) + \frac{\hat{L}^2}{2\mu r^2} + U(r)\right]\psi(r,\theta,\varphi) = E\psi(r,\theta,\varphi) \tag{5-7}$$

由于

$$[\hat{L}^2,\hat{H}] = [\hat{L}_x,\hat{H}] = [\hat{L}_y,\hat{H}] = [\hat{L}_z,\hat{H}] = 0 \tag{5-8}$$

所以 $\hat{L}^2$ 及 $\vec{L}$ 的各分量都是守恒量。但因为 $\hat{L}_x$、$\hat{L}_y$、$\hat{L}_z$ 不对易，所以能级一般是简并的。

若不考虑自旋，则体系的自由度数是 3。由于$(\hat{H},\hat{L}^2,\hat{L}_z)$两两对易，所以它们构成了中心力场中描述粒子轨道运动的力学量完全集（守恒量完全集）。设能量本征函数为$\psi(r,\theta,\varphi)$，它也是角动量算符的本征函数。因此，本征函数可分离变量为

$$\psi(r,\theta,\varphi)=R(r)Y_{lm}(\theta,\varphi) \tag{5-9}$$

式中，$R(r)$为径向波函数，角量子数$l=0,1,2,3,\cdots$分别对应于$s,p,d,f,\cdots$态；磁量子数$m=0,\pm1,\pm2,\cdots,\pm l$。把式（5-9）代入方程（5-7）中，利用$\hat{L}^2Y=l(l+1)\hbar^2Y$，并约去$Y$，则有

$$\left[-\frac{\hbar^2}{2\mu r^2}\frac{\partial}{\partial r}\left(r^2\frac{\partial}{\partial r}\right)+\frac{l(l+1)\hbar^2}{2\mu r^2}+U(r)\right]R(r)=ER(r) \tag{5-10}$$

这就是中心力场中径向波函数满足的方程。

利用式（5-4），方程（5-10）可以写成

$$-\frac{\hbar^2}{2\mu}\frac{1}{r}\frac{\mathrm{d}^2}{\mathrm{d}r^2}(rR)+\left[\frac{l(l+1)\hbar^2}{2\mu r^2}+U(r)\right]R(r)=ER(r) \tag{5-11}$$

令$R(r)=u(r)/r$，则方程（5-11）变形为

$$-\frac{\hbar^2}{2\mu}\frac{\mathrm{d}^2u(r)}{\mathrm{d}r^2}+\left[\frac{l(l+1)\hbar^2}{2\mu r^2}+U(r)\right]u(r)=Eu(r) \tag{5-12}$$

该方程称为约化的径向方程，$u(r)$称为约化的径向波函数。不同中心力场中能量本征函数的差别仅在于径向波函数$R(r)$或$u(r)$不同。

径向方程（5-12）与一维定态薛定谔方程相比较，在形式上相似，但有以下两点区别。

（1）独立变量r是从 0 到∞，而不是从$-\infty$到$+\infty$。$r=0$是一个边界点，方程的解必须要满足相应的边界条件。为了保证波函数$R(r)=u(r)/r$有限，必须附加边界条件$u(0)=0$。

（2）有效势能$U(r)_{eff}=\dfrac{l(l+1)\hbar^2}{2\mu r^2}+U(r)$代替了势能$U(r)$，相比之下多了离心势能$\dfrac{l(l+1)\hbar^2}{2\mu r^2}$（即横向动能）这一项。

束缚态波函数$\psi(r,\theta,\varphi)$满足归一化条件

$$\int_0^\infty\int_0^\pi\int_0^{2\pi}|\psi(r,\theta,\varphi)|^2r^2\sin\theta\mathrm{d}r\mathrm{d}\theta\mathrm{d}\varphi=1 \tag{5-13}$$

所以，径向波函数满足的归一化条件为

$$\int_0^\infty|R(r)|^2r^2\mathrm{d}r=\int_0^\infty|u(r)|^2\mathrm{d}r=1 \tag{5-14}$$

二、两体问题转化为单体问题

中心力场问题一般都是两体问题，例如，原子中的电子在原子核周围运动就是两体问题，前面讨论的结论只有在力心固定时才严格成立。所以，必须首先解决两体问题。

如果不考虑粒子与外界势能，即势能只在两粒子之间存在，则两粒子体系的定态薛定谔方程为

$$\left[-\frac{\hbar^2}{2\mu_1}\nabla_1^2-\frac{\hbar^2}{2\mu_2}\nabla_2^2+U(\vec{r})\right]\psi(\vec{r}_1,\vec{r}_2)=E\psi(\vec{r}_1,\vec{r}_2) \tag{5-15}$$

式中，μ_1、μ_2和$\vec{r}_1$、$\vec{r}_2$分别为两个粒子的质量和位置矢量。

如图 5-2 所示，引入相对坐标和质心坐标

$$\vec{r}=\vec{r}_1-\vec{r}_2$$

$$\vec{R}=\frac{\mu_1\vec{r}_1+\mu_2\vec{r}_2}{\mu_1+\mu_2}=\frac{\mu_1\vec{r}_1+\mu_2\vec{r}_2}{M}$$

式中，M为体系总质量。它们的分量形式为

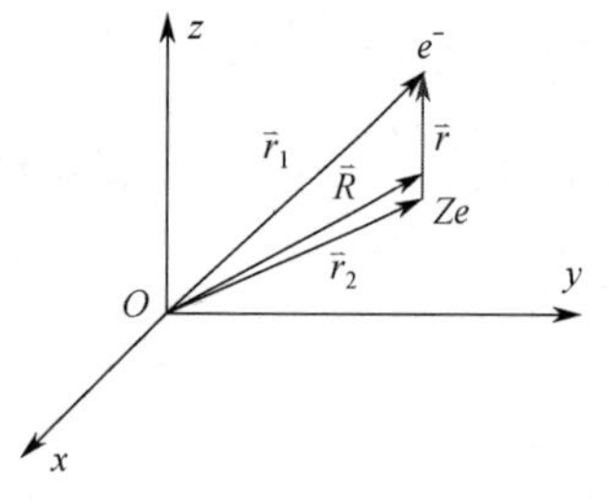

图 5-2

$$\begin{cases}x=x_1-x_2\\y=y_1-y_2\\z=z_1-z_2\end{cases}$$

$$\begin{cases}X=\dfrac{\mu_1x_1+\mu_2x_2}{M}\\Y=\dfrac{\mu_1y_1+\mu_2y_2}{M}\\X=\dfrac{\mu_1z_1+\mu_2z_2}{M}\end{cases}$$

因为

$$\frac{\partial}{\partial x_1}=\frac{\partial X}{\partial x_1}\frac{\partial}{\partial X}+\frac{\partial x}{\partial x_1}\frac{\partial}{\partial x}=\frac{\mu_1}{M}\frac{\partial}{\partial X}+\frac{\partial}{\partial x}$$

所以

$$\frac{\partial^2}{\partial x_1^2}=\left(\frac{\mu_1}{M}\frac{\partial}{\partial X}+\frac{\partial}{\partial x}\right)\left(\frac{\mu_1}{M}\frac{\partial}{\partial X}+\frac{\partial}{\partial x}\right)=\frac{\mu_1^{\ 2}}{M^2}\frac{\partial^2}{\partial X^2}+2\frac{\mu_1}{M}\frac{\partial^2}{\partial X\partial x}+\frac{\partial^2}{\partial x^2}$$

同理

$$\frac{\partial^2}{\partial y_1^2}=\frac{\mu_1^{\ 2}}{M^2}\frac{\partial^2}{\partial Y^2}+2\frac{\mu_1}{M}\frac{\partial^2}{\partial Y\partial y}+\frac{\partial^2}{\partial y^2}$$

$$\frac{\partial^2}{\partial z_1^2}=\frac{\mu_1^{\ 2}}{M^2}\frac{\partial^2}{\partial Z^2}+2\frac{\mu_1}{M}\frac{\partial^2}{\partial Z\partial z}+\frac{\partial^2}{\partial z^2}$$

$$\frac{\partial^2}{\partial x_2^2}=\frac{\mu_2^{\ 2}}{M^2}\frac{\partial^2}{\partial X^2}-2\frac{\mu_2}{M}\frac{\partial^2}{\partial X\partial x}+\frac{\partial^2}{\partial x^2}$$

$$\frac{\partial^2}{\partial y_2^2}=\frac{\mu_2^{\ 2}}{M^2}\frac{\partial^2}{\partial Y^2}-2\frac{\mu_2}{M}\frac{\partial^2}{\partial Y\partial y}+\frac{\partial^2}{\partial y^2}$$

$$\frac{\partial^2}{\partial z_2^2}=\frac{\mu_2^{\ 2}}{M^2}\frac{\partial^2}{\partial Z^2}-2\frac{\mu_2}{M}\frac{\partial^2}{\partial Z\partial z}+\frac{\partial^2}{\partial z^2}$$

所以

$$\begin{aligned}\nabla_1^2&=\frac{\partial^2}{\partial x_1^2}+\frac{\partial^2}{\partial y_1^2}+\frac{\partial^2}{\partial z_1^2}\\&=\frac{\mu_1^2}{M^2}\left(\frac{\partial^2}{\partial X^2}+\frac{\partial^2}{\partial Y^2}+\frac{\partial^2}{\partial Z^2}\right)+2\frac{\mu_1}{M}\left(\frac{\partial^2}{\partial X\partial x}+\frac{\partial^2}{\partial Y\partial y}+\frac{\partial^2}{\partial Z\partial z}\right)+\left(\frac{\partial^2}{\partial x^2}+\frac{\partial^2}{\partial y^2}+\frac{\partial^2}{\partial z^2}\right)\\&=\frac{\mu_1^2}{M^2}\nabla_{质心}^2+\nabla_{相对}^2+2\frac{\mu_1}{M}\left(\frac{\partial^2}{\partial X\partial x}+\frac{\partial^2}{\partial Y\partial y}+\frac{\partial^2}{\partial Z\partial z}\right)\end{aligned}$$

同理

$$\nabla_2^2=\frac{\mu_2^2}{M^2}\nabla_{质心}^2+\nabla_{相对}^2-2\frac{\mu_2}{M}\left(\frac{\partial^2}{\partial X\partial x}+\frac{\partial^2}{\partial Y\partial y}+\frac{\partial^2}{\partial Z\partial z}\right)$$

所以

$$-\frac{\hbar^2}{2\mu_1}\nabla_1^2-\frac{\hbar^2}{2\mu_2}\nabla_2^2=-\frac{\hbar^2}{2M}\nabla_{质心}^2-\frac{\hbar^2}{2\mu}\nabla_{相对}^2$$

注意到$\psi(\vec{r}_1,\vec{r}_2)=\psi(\vec{r},\vec{R})$，定态薛定谔方程（5-15）化简为

$$\left[-\frac{\hbar^2}{2M}\nabla_{质心}^2-\frac{\hbar^2}{2\mu}\nabla_{相对}^2+U(\vec{r})\right]\psi(\vec{r},\vec{R})=E\psi(\vec{r},\vec{R})\tag{5-16}$$

式中，$\mu=\dfrac{\mu_1\mu_2}{\mu_1+\mu_2}$，称为约化质量（或折合质量）。

采用分离变量法，令

$$\psi(\vec{r},\vec{R})=\psi(\vec{r})\Phi(\vec{R})$$

代入薛定谔方程（5-16），得

$$-\frac{\hbar^2}{2M}\psi(\vec{r})\nabla_{质心}^2\Phi(\vec{R})-\frac{\hbar^2}{2\mu}\Phi(\vec{R})\nabla_{相对}^2\psi(\vec{r})+U(\vec{r})\psi(\vec{r})\Phi(\vec{R})=E\psi(\vec{r})\Phi(\vec{R})$$

或

$$-\frac{\hbar^2}{2M}\frac{1}{\Phi(\vec{R})}\nabla_{质心}^2\Phi(\vec{R})-\frac{\hbar^2}{2\mu}\frac{1}{\psi(\vec{r})}\nabla_{相对}^2\psi(\vec{r})+U(\vec{r})=E\tag{5-17}$$

因为势能与$\vec{R}$无关，所以质心以自由粒子的方式在运动。如果选质心参考系，则质心的动量为零，所以

$$\Phi(\vec{R})=常数$$

方程（5-17）进一步简化为

$$\left[-\frac{\hbar^2}{2\mu}\nabla_{相对}^2+U(r)\right]\psi(\vec{r})=E\psi(\vec{r})\tag{5-18}$$

变成了前面讲过的单体方程，区别是折合质量代替了单粒子质量。

§5-2　氢原子问题

研究负电荷e^-和一个正电荷组成体系的问题统称为氢原子问题。例如，氢原子$p-e^-$、类氢离子$Ze-e^-$、电子对$e-e^-$、μ原子$Ze-\mu^-$等。显然，氢原子问题属于中心力场问题。

一、氢原子问题的本征解

电子和带正电的核Ze之间的库仑势为

$$U(r)=-\frac{Ze^2}{4\pi\varepsilon_0 r}=-\frac{Ze_s^2}{r}\tag{5-19}$$

式中，$e_s^2=\dfrac{e^2}{4\pi\varepsilon_0}$。该体系满足的定态薛定谔方程为

$$\left(-\frac{\hbar^2}{2\mu}\nabla^2-\frac{Ze_s^2}{r}\right)\psi(\vec{r})=E\psi(\vec{r}) \tag{5-20}$$

式中的 μ 代表体系的折合质量。

令 $\psi(r,\theta,\varphi)=R(r)Y_{lm}(\theta,\varphi)$，则径向波函数满足的方程为

$$-\frac{\hbar^2}{2\mu}\frac{1}{r}\frac{\mathrm{d}^2}{\mathrm{d}r^2}(rR)+\left[\frac{l(l+1)\hbar^2}{2\mu r^2}-\frac{Ze_s^2}{r}\right]R(r)=ER(r) \tag{5-21}$$

再令 $R(r)=u(r)/r$，则方程变形为

$$-\frac{\hbar^2}{2\mu}\frac{\mathrm{d}^2u(r)}{\mathrm{d}r^2}+\left[\frac{l(l+1)\hbar^2}{2\mu r^2}-\frac{Ze_s^2}{r}\right]u(r)=Eu(r) \tag{5-22}$$

或

$$\frac{\mathrm{d}^2u(r)}{\mathrm{d}r^2}+\left[\frac{2\mu}{\hbar^2}\left(E+\frac{Ze_s^2}{r}\right)-\frac{l(l+1)}{r^2}\right]u(r)=0 \tag{5-23}$$

式（5-22）或式（5-23）就是约化的径向方程，$u(r)$ 为约化的径向波函数。

当 $E>0$ 时，对于任何 E 值，电子均处于非束缚态，波函数为非平方可积函数，体系的能量具有连续谱，这时电子可离开核而运动到无限远处（电离）。当 $E<0$ 时，电子处于束缚态，波函数为平方可积函数，体系的能量具有分立谱。此处只讨论 $E<0$（束缚态）的情况。

令

$$\alpha=\frac{\sqrt{8\mu|E|}}{\hbar}\qquad \beta=\frac{2\mu Ze_s^2}{\alpha\hbar^2}=\frac{Ze_s^2}{\hbar}\sqrt{\frac{\mu}{2|E|}}\qquad \rho=\alpha r \tag{5-24}$$

方程（5-23）简化为

$$\frac{\mathrm{d}^2u}{\mathrm{d}\rho^2}+\left[\frac{\beta}{\rho}-\frac{1}{4}-\frac{l(l+1)}{\rho^2}\right]u=0 \tag{5-25}$$

先研究该方程的两个渐近行为。当 $\rho\to\infty$ 时，方程变为

$$\frac{\mathrm{d}^2u}{\mathrm{d}\rho^2}-\frac{1}{4}u=0 \tag{5-26}$$

该方程的解为 $u=\mathrm{e}^{\pm\rho/2}$。考虑到波函数的有限性要求，方程（5-26）的解只能取 $u=\mathrm{e}^{-\rho/2}$。

当 $\rho\to 0$ 时，方程（5-25）变为

$$\frac{\mathrm{d}^2u}{\mathrm{d}\rho^2}-\frac{l(l+1)}{\rho^2}u=0 \tag{5-27}$$

该方程称为欧拉方程，其解为 $u(\rho)=\rho^k$。代入方程（5-27），解得 $k=l+1,-l$。若 $k=-l=0,-1,-2,\cdots$，则当 $\rho\to 0$ 时，波函数趋于无限大，不符合波函数的有限性要求，所以方程（5-27）的解只能取 $u=\rho^{l+1}$。

结合两个渐近解，方程（5-25）的一般解可以写为

$$u(\rho)=\rho^{l+1}\mathrm{e}^{-\rho/2}f(\rho) \tag{5-28}$$

把它代入方程（5-25），得

$$\rho\frac{\mathrm{d}^2f}{\mathrm{d}\rho^2}+(2l+2-\rho)\frac{\mathrm{d}f}{\mathrm{d}\rho}-(l+1-\beta)f=0 \tag{5-29}$$

此方程为合流超几何方程。要得到符合波函数有限性的解，必须满足

$$l+1-\beta=-n_r \qquad n_r=0,1,2,\cdots$$

记为

$$\beta=l+1+n_r=n \tag{5-30}$$

式中，n_r 称为径向量子数。由于 l 和 n_r 都是正整数或零，因此 $n=1,2,\cdots$，称为主量子数。

由式（5-24）和式（5-30）得，体系的能量本征值为

$$E_n=-\frac{\mu Z^2 e_s^4}{2n^2\hbar^2} \tag{5-31}$$

由式（5-24），得

$$\alpha=\frac{2\mu Z e_s^2}{n\hbar^2}=\frac{2Z}{na} \tag{5-32}$$

$$\rho=\frac{2Z}{na}r \tag{5-33}$$

其中 $a=\dfrac{\hbar^2}{\mu e_s^2}=0.53\,\text{Å}$，为玻尔半径。

约化的径向波函数为

$$u_{nl}=N_{nl}r^{l+1}\left(\frac{2Z}{na}\right)^l \mathrm{e}^{-\frac{Zr}{na}}F\left(-n+l+1,2l+2,\frac{2Zr}{na}\right) \tag{5-34}$$

其中 $F\left(-n+l+1,2l+2,\dfrac{2Zr}{na}\right)$ 为合流超几何多项式。所以，径向波函数为

$$R_{nl}=\frac{u_{nl}}{r}=N_{nl}\left(\frac{2Zr}{na}\right)^l \mathrm{e}^{-\frac{Zr}{na}}F\left(-n+l+1,2l+2,\frac{2Zr}{na}\right) \tag{5-35}$$

能量本征函数为

$$\psi_{nlm}(r,\theta,\varphi)=R_{nl}(r)Y_{lm}(\theta,\varphi) \tag{5-36}$$

本征函数的归一化方程为

$$\begin{aligned}
&\int_{r=0}^{\infty}\int_{\theta=0}^{\pi}\int_{\varphi=0}^{2\pi}\psi_{nlm}^*(r,\theta,\varphi)\psi_{nlm}(r,\theta,\varphi)r^2\sin\theta\mathrm{d}r\mathrm{d}\theta\mathrm{d}\varphi\\
&=\int_{r=0}^{\infty}R_{nl}^2(r)r^2\mathrm{d}r\int_{\theta=0}^{\pi}\int_{\varphi=0}^{2\pi}Y_{lm}^*(\theta,\varphi)Y_{lm}(\theta,\varphi)\sin\theta\mathrm{d}\theta\mathrm{d}\varphi\\
&=\int_{r=0}^{\infty}R_{nl}^2(r)r^2\mathrm{d}r=1
\end{aligned}$$

由此可求得归一化因子为

$$N_{nl}=\frac{2}{(2l+1)!}\sqrt{\frac{(n+l)!Z^3}{(n-l-1)!a^3}}$$

为了使用方便，下面列出能级较低的几个径向波函数

$$R_{10}=\frac{2}{a^{3/2}}\mathrm{e}^{-r/a} \qquad R_{20}=\frac{1}{\sqrt{2}a^{3/2}}\left(1-\frac{r}{2a}\right)\mathrm{e}^{-r/2a}$$

$$R_{21}=\frac{1}{2\sqrt{6}a^{3/2}}\frac{r}{a}\mathrm{e}^{-r/2a} \qquad R_{30}=\frac{2}{3\sqrt{3}a^{3/2}}\left[1-\frac{2r}{3a}+\frac{2}{27}\left(\frac{r}{a}\right)^2\right]\mathrm{e}^{-r/3a}$$

$$R_{31}=\frac{8}{27\sqrt{6}a^{3/2}}\frac{r}{a}\left(1-\frac{r}{6a}\right)\mathrm{e}^{-r/3a}\qquad R_{32}=\frac{4}{81\sqrt{30}a^{3/2}}\left(\frac{r}{a}\right)^2\mathrm{e}^{-r/3a}$$

二、对氢原子的讨论

1. 三个量子数

波函数$\psi_{nlm}(r,\theta,\varphi)$中涉及三个量子数，分别是：

（1）主量子数$n=1,2,3,\cdots$，表征了氢原子的能量本征值；

（2）当n取值一定时，角量子数$l=0,1,2,\cdots,n-1$，表征了氢原子的轨道角动量的取值；

（3）当l取值一定时，磁量子数$m=0,\pm1,\pm2,\cdots,\pm l$，表征了氢原子的轨道角动量 z 分量的取值。

$(\hat{H},\hat{L}^2,\hat{L}_z)$构成了描述氢原子中电子轨道运动的力学量完全集（守恒量完全集），三个量子数(n,l,m)共同决定了氢原子轨道运动的状态$\psi_{nlm}(r,\theta,\varphi)$。

2. 能量本征值

氢原子（$Z=1$）的能量本征值为

$$E_n=-\frac{\mu e_s^4}{2n^2\hbar^2}\tag{5-37}$$

（1）束缚态能级取分立值，且随着n的增大，能级越来越密，即

$$\Delta E=E_{n+1}-E_n=\frac{\mu e_s^4}{2\hbar^2}\frac{2n+1}{n^2(n+1)^2}\xrightarrow{n\to\infty}0$$

非束缚态能谱为连续谱，电子处于电离状态，这时电子脱离原子核的库仑力束缚而做自由运动，E取大于零的任意值。电子由基态跃迁到非束缚态所需的最小能量称为电离能。因为当$n\to\infty$时，$E_\infty=0$，所以氢原子的电离能为

$$E_\infty-E_1=\frac{\mu e_s^4}{2\hbar^2}\approx 13.592\ 6\mathrm{cV}$$

（2）能量简并度为

$$f_n=\sum_{l=0}^{n-1}(2l+1)=n^2\tag{5-38}$$

库仑势比一般的中心场具有更多的对称性，所以其简并度更大。

（3）光谱公式（跃迁频率）。

由式（5-37）得氢原子由能级E_n跃迁到E_k（$E_k<E_n$）辐射的光谱满足

$$h\nu=E_n-E_k=\frac{\mu e_s^4}{2\hbar^2}\left(\frac{1}{k^2}-\frac{1}{n^2}\right)$$

或

$$\frac{1}{\lambda}=\frac{\mu e_s^4}{4\pi\hbar^3 c}\left(\frac{1}{k^2}-\frac{1}{n^2}\right)=R_H\left(\frac{1}{k^2}-\frac{1}{n^2}\right)\tag{5-39}$$

其中$R_H=\frac{\mu e_s^2}{4\pi\hbar^3 c}=10\ 967\ 758\mathrm{m}^{-1}$，与实验值$R_{H实验}$=10 967 757.6$\mathrm{m}^{-1}$符合得很好。

3．电子的概率分布

当氢原子处于ψ_{nlm}态时，电子处于(r,θ,φ)点周围的体积元$\mathrm{d}\tau=r^2\sin\theta\mathrm{d}r\mathrm{d}\theta\mathrm{d}\phi$内出现的概率为

$$W_{nlm}\mathrm{d}\tau=\left|\psi_{nlm}\right|^2\mathrm{d}\tau=R_{nl}^2(r)\left|Y_{lm}(\theta,\varphi)\right|^2 r^2\sin\theta\mathrm{d}r\mathrm{d}\theta\mathrm{d}\varphi \tag{5-40}$$

（1）径向概率分布。

把式（5-39）对θ、φ积分，得到在半径为r到$r+\mathrm{d}r$的球壳内找到电子的概率为

$$\mathrm{d}W_{nl}=\int_0^{2\pi}\int_0^{\pi}\left|R_{nl}(r)Y_{lm}(\theta,\varphi)\right|^2 r^2\sin\theta\mathrm{d}r\mathrm{d}\theta\mathrm{d}\varphi=R_{nl}^2r^2\mathrm{d}r$$

所以，径向概率密度

$$w_{nl}=\mathrm{d}W_{nl}/\mathrm{d}r=R_{nl}^2r^2 \tag{5-41}$$

表示半径为r的单位厚度的球壳内找到电子的概率。较低的几条能级上的电子的径向概率分布曲线如图5-3所示。

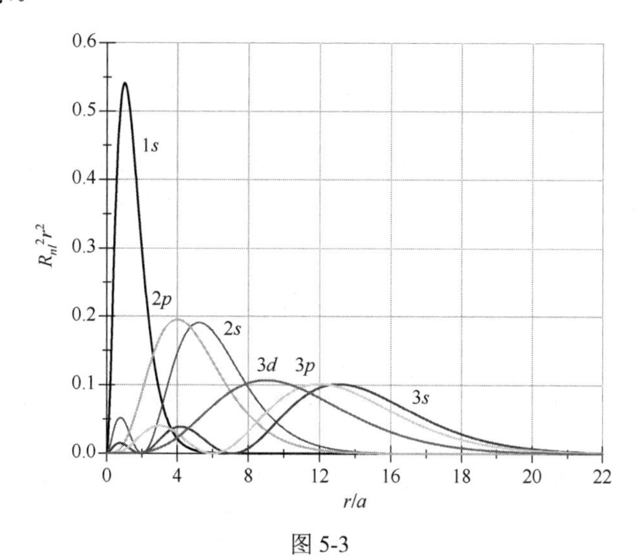

图5-3

令$w_{nl}=\dfrac{\mathrm{d}W_{nl}}{\mathrm{d}r}=\dfrac{\mathrm{d}(R_{nl}^2r^2)}{\mathrm{d}r}$或$\dfrac{\mathrm{d}(R_{nl}r)}{\mathrm{d}r}=0$，可求得最概然半径$r_{概}$。例如，基态时

$$w_{10}=R_{10}^2r^2=\left(\frac{1}{a}\right)^3 4\mathrm{e}^{-\frac{2r}{a}}r^2$$

令

$$\frac{\mathrm{d}(r\mathrm{e}^{-r/a})}{\mathrm{d}r}=\left(1-\frac{r}{a}\right)\mathrm{e}^{-r/a}=0$$

得

$$r_{10概}=a$$

特例：对氢原子，当$l=n-1$时，有

$$R_{n,n-1}=cr^{n-1}\mathrm{e}^{-r/(na)} \tag{5-42}$$

令

$$\frac{\mathrm{d}(rR_{n,n-1})}{\mathrm{d}r}=\frac{\mathrm{d}}{\mathrm{d}r}\left[cr^n\mathrm{e}^{-r/(na)}\right]=c\left(nr^{n-1}-\frac{r^n}{na}\right)\mathrm{e}^{-r/(na)}=0$$

得

$$r_{n,\,n-1概}=n^2a \tag{5-43}$$

对应于玻尔轨道。值得注意的是，在量子力学中电子并无严格的轨道概念，只能给出位置概率分布。玻尔轨道与量子力学中电子位置概率分布最大位置符合，这就是玻尔轨道半径的本质。可把径向概率分布比喻成“云”，即电子云概念。

（2）角向概率分布。

把式（5-39）对 r 积分，可以得到在方向 (θ,φ) 附近立体角 $\mathrm{d}\Omega=\sin\theta\mathrm{d}\theta\mathrm{d}\phi$ 内找到电子的概率

$$\mathrm{d}W_{lm}(\theta,\varphi)=\int_0^\infty\left|R_{nl}(r)Y_{lm}(\theta,\varphi)\right|^2r^2\mathrm{d}r\mathrm{d}\Omega=\left|Y_{lm}(\theta,\varphi)\right|^2\mathrm{d}\Omega$$

所以，角向概率密度为

$$w_{lm}(\theta,\phi)=\frac{\mathrm{d}W_{lm}(\theta,\phi)}{\mathrm{d}\Omega}=\left|Y_{lm}\right|^2 \tag{5-44}$$

而 Y_{lm} 中关于 φ 的部分仅为 $\mathrm{e}^{\mathrm{i}m\varphi}$，故 $w_{lm}(\theta,\varphi)=\left|Y_{lm}\right|^2=w_{lm}(\theta)$ 仅与 θ 有关，而与 φ 无关，所以角向概率分布对 z 轴具有旋转对称性。角量子数 l 较低的粒子态的角向概率分布如图 5-4 所示。

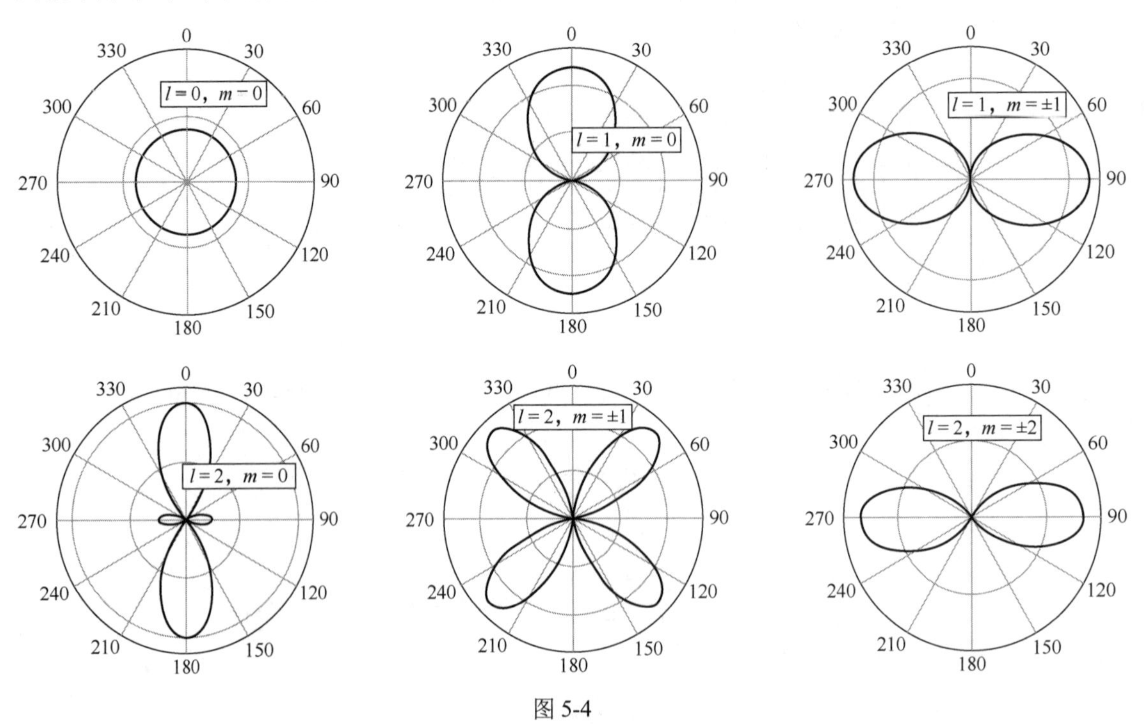

图 5-4

例如：

$l=0,m=0$ 时，概率密度为 $w_{00}=\dfrac{1}{4\pi}$，是一球面。

$l=1, m=\pm1$ 时，概率密度为 $w_{1,\pm1}=\dfrac{3}{8\pi}\sin^2\theta$，在 $\theta=\dfrac{\pi}{2}$ 时有最大值，在极轴方向（$\theta=0$）时值为0。

$l=1, m=0$ 时，概率密度为 $w_{1,0}=\dfrac{3}{4\pi}\cos^2\theta$，在 $\theta=0$ 处概率最大，在 $\theta=\dfrac{\pi}{2}$ 处概率为零。

4．电流分布和磁矩

氢原子中电子的电流密度矢量为

$$\vec{J}_e=-e\vec{J}=-e\frac{\mathrm{i}\hbar}{2\mu}(\psi_{nlm}\nabla\psi_{nlm}^*-\psi_{nlm}^*\nabla\psi_{nlm}) \tag{5-45}$$

在如图5-5所示的球坐标中

$$\nabla=\vec{e}_r\frac{\partial}{\partial r}+\frac{1}{r}\vec{e}_\theta\frac{\partial}{\partial\theta}+\vec{e}_\varphi\frac{1}{r\sin\theta}\frac{\partial}{\partial\varphi}$$

式中，$\vec{e}_r$、$\vec{e}_\theta$、$\vec{e}_\varphi$ 为单位矢量。

因为

$$\psi_{nlm}(r,\theta,\varphi)=R_{nl}(r)Y_{lm}(\theta,\varphi)=R_{nl}(r)P_l^m(\cos\theta)\mathrm{e}^{\mathrm{i}m\varphi} \tag{5-46}$$

其中，径向波函数 $R_{nl}(r)$ 和与 θ 有关的波函数 $P_l^m(\cos\theta)$ 是实数，只有 $\mathrm{e}^{\mathrm{i}m\varphi}$ 部分是复数，所以，$\vec{J}_e$ 的三个分量分别为

$$J_{er}=-e\frac{\mathrm{i}\hbar}{2\mu}\left(\psi_{nlm}\frac{\partial}{\partial r}\psi_{nlm}^*-\psi_{nlm}^*\frac{\partial}{\partial r}\psi_{nlm}\right)=0$$

$$J_{e\theta}=-e\frac{\mathrm{i}\hbar}{2\mu}\left(\psi_{nlm}\frac{1}{r}\frac{\partial}{\partial\theta}\psi_{nlm}^*-\psi_{nlm}^*\frac{1}{r}\frac{\partial}{\partial\theta}\psi_{nlm}\right)=0$$

$$J_{e\varphi}=-e\frac{\mathrm{i}\hbar}{2\mu}\left(\psi_{nlm}\frac{1}{r\sin\theta}\frac{\partial}{\partial\varphi}\psi_{nlm}^*-\psi_{nlm}^*\frac{1}{r\sin\theta}\frac{\partial}{\partial\varphi}\psi_{nlm}\right)=-\frac{em\hbar}{\mu r\sin\theta}|\psi_{nlm}|^2$$

如图5-6所示，取 $\mathrm{d}s$ 为垂直于电流方向、距原点为 r 的面积元，则以它为截面的圆电流的磁矩为（设 d_i 为圆周电流，A 为圆周所围的面积）

$$\begin{aligned}\mathrm{d}M&=d_iA=J_{e\varphi}\mathrm{d}s\cdot A=-\frac{e\hbar m}{\mu r\sin\theta}|\psi_{nlm}|^2\,\mathrm{d}s\cdot\pi(r\sin\theta)^2\\&=-\frac{e\hbar m}{2\mu}|\psi_{nlm}|^2\,2\pi r\sin\theta\mathrm{d}s=-\frac{e\hbar m}{2\mu}|\psi_{nlm}|^2\,\mathrm{d}\tau\end{aligned}$$

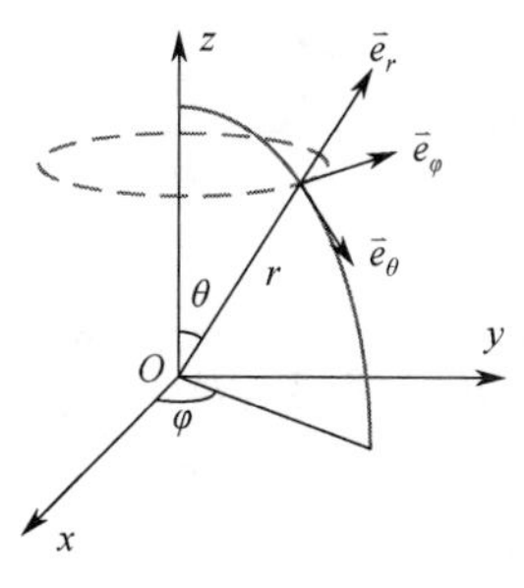

图5-5

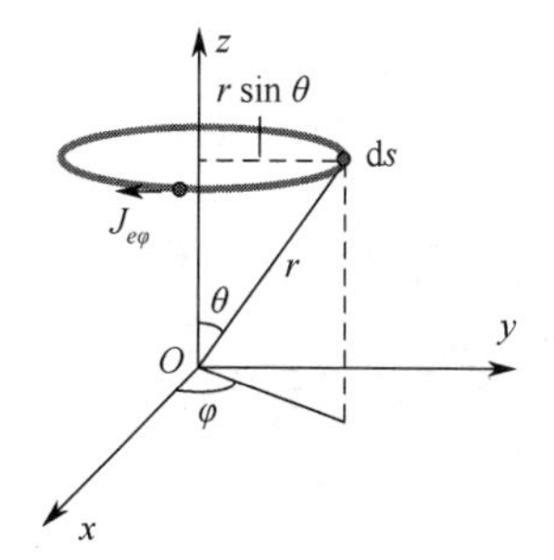

图5-6

所以，氢原子的磁矩为

$$M=\int \mathrm{d}M=-\frac{e\hbar m}{2\mu}\int|\psi_{nlm}|^2\,\mathrm{d}\tau=-\frac{e\hbar m}{2\mu}=-mM_B \tag{5-47}$$

式中，$M_B=\dfrac{e\hbar}{2\mu}$为玻尔磁子。

一般情况下，电子轨道运动的角动量和磁矩的关系为

$$\vec{M}=-g\frac{e}{2\mu}\vec{L} \tag{5-48}$$

式中，g为朗德因子（g因子）。对比二式得，电子做轨道运动时，$g=1$。

【例 5-1】对于氢原子基态，计算$\Delta x\cdot\Delta p_x$。

解：氢原子基态波函数

$$\psi_{100}=R_{10}Y_{00}=\frac{1}{\sqrt{\pi a^3}}\mathrm{e}^{-r/a}$$

由波函数的球对称性，得

$$\overline{r}=0 \qquad\qquad \overline{p}=0$$

基态下，r^2的平均值为

$$\begin{aligned}\left\langle r^2\right\rangle_1&=\int\psi_{100}^*r^2\psi_{100}\mathrm{d}\tau=\int_0^\infty R_{10}^2r^4\mathrm{d}r\iint Y_{00}^*Y_{00}\sin\theta\mathrm{d}\theta\mathrm{d}\varphi=\int_0^\infty R_{00}^2r^4\mathrm{d}r\\&=\frac{4}{a^3}\int_0^\infty r^4\mathrm{e}^{-2r/a}\mathrm{d}r=3a^2\end{aligned}$$

因为

$$\hat{H}=\frac{\hat{p}^2}{2\mu}-\frac{e_s^2}{r} \qquad\qquad E_1=-\frac{\mu e_s^4}{2\hbar^2}$$

所以

$$\frac{\partial\hat{H}}{\partial\mu}=-\frac{1}{\mu}\frac{\hat{p}^2}{2\mu}=-\frac{\hat{T}}{\mu} \qquad\qquad \frac{\partial E_1}{\partial\mu}=-\frac{e_s^4}{2\hbar^2}=\frac{E_1}{\mu}$$

由费曼-海尔曼定理$\left\langle\dfrac{\partial\hat{H}}{\partial\lambda}\right\rangle_n=\dfrac{\partial E_n}{\partial\lambda}$，得

$$\left\langle-\frac{\hat{T}}{\mu}\right\rangle_1=\frac{E_1}{\mu} \qquad\qquad \left\langle\hat{T}\right\rangle_1=-E_1$$

即

$$\frac{\left\langle\hat{p}^2\right\rangle_1}{2\mu}=-E_1 \qquad\qquad \left\langle\hat{p}^2\right\rangle_1=-2\mu E_1=\frac{\mu^2e_s^4}{\hbar^2}=\frac{\hbar^2}{a^2}$$

由于基态波函数球对称，因此

$$\overline{x^2}=\overline{y^2}=\overline{z^2}=\frac{1}{3}\overline{r^2}=a^2 \qquad\qquad \overline{p_x^2}=\overline{p_y^2}=\overline{p_z^2}=\frac{1}{3}\overline{p^2}=\frac{\hbar^2}{3a^2}$$

因此

$$\Delta x\cdot\Delta p_x=\sqrt{\overline{(\Delta x)^2}\cdot\overline{(\Delta p_x)^2}}=\sqrt{\overline{x^2}\cdot\overline{p_x^2}}=\hbar/\sqrt{3}$$

§5-3　无限深球方形势阱

考虑质量为μ的粒子在半径为a的球形匣子中运动，势能为

$$U(r)=\begin{cases}0 & r\leqslant a\\ \infty & r>a\end{cases} \tag{5-49}$$

显然，粒子只能处于束缚态，即当$r>a$时，$\psi=0$。当$r<a$时，径向方程为

$$-\frac{\hbar^2}{2\mu}\left(\frac{\mathrm{d}^2R}{\mathrm{d}r^2}+\frac{2}{r}\frac{\mathrm{d}R}{\mathrm{d}r}\right)+\frac{l(l+1)\hbar^2}{2\mu r^2}R=ER \tag{5-50}$$

或

$$\frac{\mathrm{d}^2R}{\mathrm{d}r^2}+\frac{2}{r}\frac{\mathrm{d}R}{\mathrm{d}r}+\left[\frac{2\mu E}{\hbar^2}-\frac{l(l+1)}{r^2}\right]R=0 \tag{5-51}$$

令$k=\dfrac{\sqrt{2\mu E}}{\hbar}$，$\rho=kr$，则方程（5-51）简化为

$$\frac{\mathrm{d}^2R}{\mathrm{d}\rho^2}+\frac{2}{\rho}\frac{\mathrm{d}R}{\mathrm{d}\rho}+\left[1-\frac{l(l+1)}{\rho^2}\right]R=0 \tag{5-52}$$

此方程为二阶常微分方程，称为球贝塞尔方程。其解有两个，其中一个解在$\rho\to 0$时发散，不符合物理意义；有物理意义的解为球贝塞尔函数$j_l(\rho)$，其中l（$l=0,1,2,3,\cdots$）为函数的阶次。所以，径向波函数

$$R_l(\rho)=j_l(\rho)=j_l(kr) \tag{5-53}$$

球贝塞尔函数可以通过贝塞尔函数J表达出来，即

$$j_l(\rho)=\sqrt{\frac{\pi}{2\rho}}J_{l+1/2}(\rho) \tag{5-54}$$

一般情况下，贝塞尔函数J是特殊函数，但半整数阶的贝塞尔函数却是初等函数，如

$$J_{1/2}(\rho)=\sqrt{\frac{2}{\pi\rho}}\sin\rho \qquad J_{3/2}(\rho)=\sqrt{\frac{2}{\pi\rho}}\left(\frac{\sin\rho}{\rho}-\cos\rho\right) \tag{5-55}$$

利用式（5-54）可求出

$$j_0(\rho)=\frac{\sin\rho}{\rho} \qquad j_1(\rho)=\frac{\sin\rho}{\rho^2}-\frac{\cos\rho}{\rho} \tag{5-56}$$

球贝塞尔函数$j_l(\rho)$的一般表达式为

$$j_l(\rho)=(-1)^l\rho^l\left(\frac{1}{\rho}\frac{\mathrm{d}}{\mathrm{d}\rho}\right)^l\frac{\sin\rho}{\rho} \tag{5-57}$$

它满足递推公式

$$j_{l+1}(\rho)=-\frac{\mathrm{d}}{\mathrm{d}\rho}j_l(\rho)+\frac{l}{\rho}j_l(\rho) \tag{5-58}$$

知道了 $j_0(\rho)$，利用递推公式［式（5-58）］就可以推出各阶的 $j_l(\rho)$。

由波函数的边界条件（连续性）$R(a)=0$，可得

$$j_l(ka)=0 \tag{5-59}$$

当 a 取有限值时，k 只能取一系列有限的值。方程

$$j_l(x)=j_l(ka)=0$$

的根依次记为 x_{nl}（$n=1,2,\cdots$），其值可从表 5-1 查得。

表 5-1 x_{nl}/π 的数值

	n				
l	1	2	3	4	5
0	1	2	3	4	5
1	1.430 3	2.459 0	3.470 9	4.477 4	5.481 6
2	1.834 6	2.895 0	3.922 5	4.938 6	5.948 9
3	2.224 3	3.315 9	3.360 2	5.387 0	6.405 0
4	2.604 6	3.725 8	4.787 3	5.825 5	6.851 8
5	2.978 0	4.127 4	5.205 9	6.255 8	7.290 8
6	3.346 4	4.522 4	5.617 2	6.679 3	7.723 1

粒子能量的本征值为

$$E_{nl}=\frac{\hbar^2k_{nl}^2}{2\mu}=\frac{\hbar^2x_{nl}^2}{2\mu a^2} \tag{5-60}$$

由于 $j_l(x)$ 没有相同的零点，因此属于 $l=0,1,2,\cdots$（分别记为 $s,p,d,\cdots$）的各组能级互不相同，能级的简并度为 $2l+1$，对应于 $2l+1$ 个 m 值，$m=0,\pm1,\pm2,\cdots,\pm l$。

一般情况下，x_{nl} 没有解析表达式，但 $l=0$ 是个例外。这是因为

$$j_0(x_{n0})=\frac{\sin x_{n0}}{x_{n0}}=0$$

所以

$$x_{n0}=k_{n0}a=n\pi \qquad k_{n0}=\frac{n\pi}{a}$$

$l=0$ 时对应的能量本征值为

$$E_{n0}=\frac{\hbar^2k_{nl}^2}{2\mu}=\frac{n^2\pi^2\hbar^2}{2\mu a^2} \tag{5-61}$$

显然，基态（$n=1,l=0$）能量为

$$E_{10}=\frac{\pi^2\hbar^2}{2\mu a^2} \tag{5-62}$$

所以，能量本征值也可以写为

$$E_{nl}=\left(\frac{x_{nl}}{\pi}\right)^2E_{10} \tag{5-63}$$

由表 5-1 可以看出，能级由低到高的次序为

$$1s,1p,1d,2s,1f,2p,1g,2d,1h,3s,2f,\cdots$$

较低的几个能级（E_{nl}/E_{10}）如图 5-7 所示。

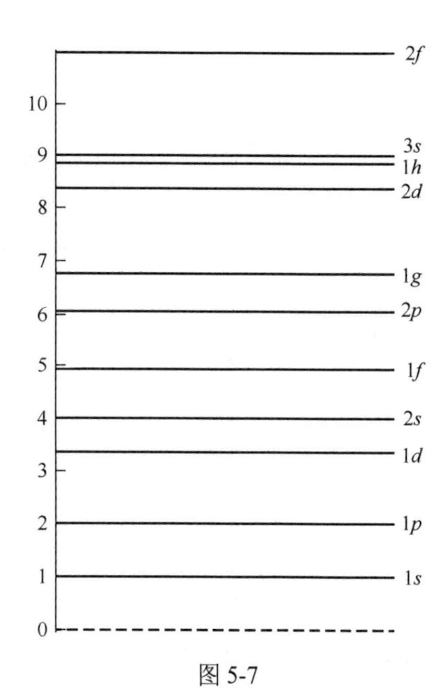

图 5-7

粒子的能量本征函数为

$$\begin{aligned}\psi_{nlm}(r,\theta,\varphi) &= R_{nl}(r)Y_{lm}(\theta,\varphi) \\ &= c_{nl}j_l(k_{nl}r)Y_{lm}(\theta,\varphi)\end{aligned} \tag{5-64}$$

式中，c_{nl} 为归一化常数。

【例 5-2】一电子被束缚在半径为 a 的球形匣子中，求基态能量。

解：无限深球方形势阱中粒子满足

$$-\frac{\hbar^2}{2\mu}\nabla^2\psi = E\psi$$

令能量本征函数为

$$\psi(r,\theta,\varphi) = R(r)Y_{lm}(\theta,\varphi)$$

则径向方程为

$$\left[-\frac{\hbar^2}{2\mu}\frac{1}{r}\frac{\mathrm{d}^2}{\mathrm{d}r^2}r + \frac{l(l+1)\hbar^2}{2\mu r^2}\right]R(r) = ER(r)$$

基态时，$l=0$，所以

$$-\frac{\hbar^2}{2\mu}\frac{1}{r}\frac{\mathrm{d}^2}{\mathrm{d}r^2}(rR) = ER$$

令 $u=rR$，$k=\dfrac{\sqrt{2\mu E}}{\hbar}$，则

$$\frac{\mathrm{d}^2u}{\mathrm{d}r^2} + k^2u = 0$$

所以

$$u(r) = A\sin kr + B\cos kr$$

由 $u(0)=0$，得

$$u(r) = A\sin kr$$

由 $u(a)=0$，得

$$ka = n\pi \qquad k = \frac{n\pi}{a}$$

式中，$n=1,2,\cdots$。所以

$$E_{n0} = \frac{k^2\hbar^2}{2\mu} = \frac{\pi^2\hbar^2n^2}{2\mu a^2}$$

进一步，对基态 $n=1$，所以基态能量为

$$E_{10} = \frac{\pi^2\hbar^2n^2}{2\mu a^2}$$

§5-4 氘核

氘核是质子和中子在核力（强相互作用）的作用下形成的唯一的束缚态。实验测定，氘核的结合能为$|E| = 2.237\text{MeV}$。核力是短程力，可以用如图 5-8 所示的球形势阱近似地表示质子和中子之间的核力作用势

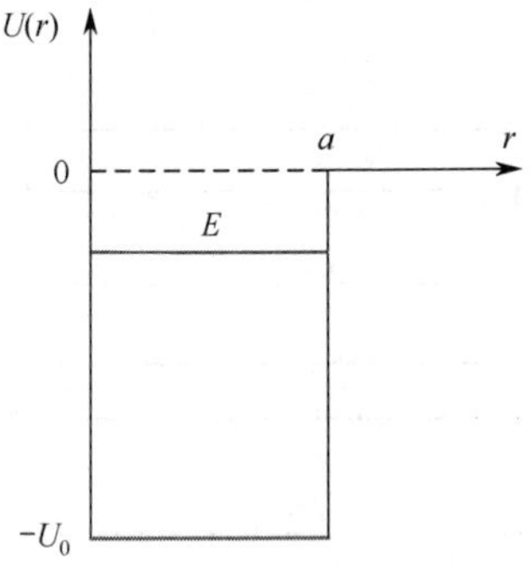

$$U(r) = \begin{cases} -U_0 & r \leqslant a \\ 0 & r > a \end{cases} \tag{5-65}$$

图 5-8

式中，a为力程，U_0为作用强度。利用结合能的实验值可以求出U_0与a的依赖关系。

氘核是稳定的，通常处于基态，所以$l = 0$。径向波函数满足方程

$$-\frac{\hbar^2}{2\mu}\frac{\mathrm{d}^2 u(r)}{\mathrm{d}r^2} + U(r)u(r) = Eu(r) \tag{5-66}$$

式中，μ为折合质量。令

$$k = \frac{\sqrt{2\mu(E + U_0)}}{\hbar} \qquad \beta = \frac{\sqrt{-2\mu E}}{\hbar} \tag{5-67}$$

则

$$\begin{cases} \dfrac{\mathrm{d}^2 u(r)}{\mathrm{d}r^2} + k^2 u(r) = 0 & r \leqslant a \\ \dfrac{\mathrm{d}^2 u(r)}{\mathrm{d}r^2} + \beta^2 u(r) = 0 & r > a \end{cases} \tag{5-68}$$

满足的边界条件为

$$u(0) \to 0 \qquad u(\infty) \to 0 \tag{5-69}$$

容易求出，方程（5-68）满足边界条件的解为

$$u(r) = \begin{cases} A\sin kr & r \leqslant a \\ C\mathrm{e}^{-\beta r} & r > a \end{cases} \tag{5-70}$$

利用$r = a$处的$u(r)$及$u'(r)$连续条件，得

$$A\sin ka = C\mathrm{e}^{-\beta a} \qquad Ak\cos ka = -C\beta\mathrm{e}^{-\beta a}$$

所以

$$\tan ka = -\frac{k}{\beta} \tag{5-71}$$

式（5-71）变形为

$$\sin^2 ka = \frac{k^2}{k^2 + \beta^2} = 1 + \frac{E}{U_0} \tag{5-72}$$

把式（5-67）中的k代入式（5-72），得

$$\sin^2\frac{\sqrt{2\mu(E+U_0)}}{\hbar}a=1+\frac{E}{U_0} \tag{5-73}$$

该式就是U_0与a的依赖关系。对于氘核

$$E=-2.237\text{MeV} \qquad \mu=\frac{\mu_p\mu_n}{\mu_p+\mu_n}\approx\frac{\mu_p}{2}$$

可以算出，若$U_0=30\text{MeV}$，则$a=2.26\times10^{-15}\text{m}$；若$U_0=25\text{MeV}$，则$a=2.53\times10^{-15}\text{m}$；若$U_0=20\text{MeV}$，则$a=2.92\times10^{-15}\text{m}$。

【例 5-3】设碱金属原子中的价电子所受原子实（原子核+满壳电子）的作用可近似表示为

$$U(r)=-\frac{e_s^2}{r}-\lambda\frac{e_s^2 a}{r^2} \qquad 0<\lambda\ll1$$

a为玻尔半径，上式右侧的第二项为屏蔽库仑势。求价电子的能级。

解：取守恒量完全集为(H,l^2,l_z)，其共同本征函数为

$$\psi(r,\theta,\varphi)=R(r)Y_{lm}(\theta,\varphi)=\frac{u(r)}{r}Y_{lm}(\theta,\varphi)$$

$u(r)$满足径向方程

$$-\frac{\hbar^2}{2\mu}\frac{\mathrm{d}^2u}{\mathrm{d}r^2}+\left[\frac{l(l+1)\hbar^2}{2\mu r^2}-\frac{e_s^2}{r}-\lambda\frac{e_s^2a}{r^2}\right]u=Eu$$

考虑到$a=\dfrac{\hbar^2}{\mu e_s^2}$，上式变形为

$$-\frac{\hbar^2}{2\mu}\frac{\mathrm{d}^2u}{\mathrm{d}r^2}+\left[\frac{l(l+1)\hbar^2}{2\mu r^2}-\frac{\lambda\hbar^2}{\mu r^2}-\frac{e_s^2}{r}\right]u=Eu$$

令$l(l+1)-2\lambda=l'(l'+1)$，则

$$-\frac{\hbar^2}{2\mu}\frac{\mathrm{d}^2u}{\mathrm{d}r^2}+\left[\frac{l'(l'+1)\hbar^2}{2\mu r^2}-\frac{e_s^2}{r}\right]u=Eu$$

该式相当于把氢原子径向方程中的l换成l'，其求解过程完全类似于氢原子，所以能级为

$$E_{nl'}=-\frac{e_s^2}{2n'^2a} \qquad n'=n_r+l'+1$$

令$l'=l+\Delta l$，则

$$l(l+1)-2\lambda=(l+\Delta l)(l+\Delta l+1)=l(l+1)+(2l+1)\Delta l+(\Delta l)^2$$

略去高阶小量$(\Delta l)^2$，则

$$\Delta l\approx-\frac{\lambda}{l+1/2}$$

所以

$$E_{nl'}\approx-\frac{e_s^2}{2(n_r+l'+1)^2a}=-\frac{e_s^2}{2(n_r+l+\Delta l+1)^2a}=-\frac{e_s^2}{2(n+\Delta l)^2a}=-\frac{e_s^2}{2\left(n-\dfrac{\lambda}{l+1/2}\right)^2a}$$

由于λ很小，因此它与氢原子的能级差别很小，但能级的l简并被消除，其结果与实验

大致相符。特别是随着l的增大，能量修正随之减小，这一点与实验符合得极好。

习　题

5-1 利用氢原子能级公式，讨论下列体系的能谱：

（1）电子偶素（positronium，指$e^+ - e^-$束缚体系）；

（2）μ原子（muonic atom），指平常原子中有一个电子e^-被一个μ^-粒子代替；

（3）μ子偶素（muonium，指$\mu^+ - \mu^-$束缚体系）。

5-2 对于氢原子基态，求电子处于经典禁区（$r > 2a$）（即$E - V < 0$区域）的概率。

5-3 一质量为μ的粒子在下面的势场中运动

$$V(r) = \begin{cases} \infty & r < a \\ 0 & a \leqslant r \leqslant b \\ \infty & r > b \end{cases}$$

求粒子的基态能量和归一化波函数。

5-4 一质量为μ的粒子在一圆圈（周长为L）上运动，如果存在δ函数势$V(x) = a\delta(x - L/2)$，$a \neq 0$，请写出系统的所有能级和相应的归一化波函数。

5-5 在直角坐标系中求解二维各向同性谐振子的能级和简并度，并与三维各向同性谐振子进行比较。

第六章　量子力学的矩阵表示

§6-1　状态的表象

一、表象概念

量子力学对状态的描述不是唯一的。前面，我们用$\psi(x,t)$描述体系的状态，它是坐标的函数。实际上，波函数也可以选为其他变量的函数，正如几何学中可以选取不同的坐标系一样。

物理体系的任意一个微观状态都可以用一种抽象的矢量描述，这种抽象的矢量称为态矢量（简称态矢）。全体态矢构成的空间称为态矢空间或希尔伯特空间。

设力学量算符$\hat{F}$具有断续谱，它满足的本征方程为

$$\hat{F}u_n(x)=f_n u_n(x) \tag{6-1}$$

算符$\hat{F}$具有一组正交归一完备的本征函数系$\{u_n(x)\}$。如果把$\{u_n(x)\}$作为态矢空间的一组基矢（基底），则称该空间为F表象下的态矢空间。

由展开假设可知，对任意一个状态$\psi(x,t)$，都有

$$\psi(x,t)=\sum_n c_n(t)u_n(x) \tag{6-2}$$

显然，$\psi(x,t)$就是态矢空间的一个态矢量。$\psi(x,t)$的展开系数为

$$c_n(t)=\int_{-\infty}^{\infty}u_n^*(x)\psi(x,t)\mathrm{d}x \tag{6-3}$$

它表示态矢$\psi(x,t)$在基矢$u_n(x)$上的投影或分量，称为波函数在F表象下的表示。

若波函数$\psi(x,t)$已归一化，则

$$\int_{-\infty}^{\infty}\psi^*(x,t)\psi(x,t)\mathrm{d}x=\sum_{mn}c_m^*c_n\int_{-\infty}^{\infty}u_m^*u_n\mathrm{d}x=\sum_{mn}c_m^*c_n\delta_{mn}=\sum_n|c_n|^2=1$$

$|c_n(t)|^2$的物理意义是在$\psi(x,t)$态下测量力学量F取值为f_n的概率。

当然，也可以用其他任一力学量算符$\hat{G}$的正交归一完备的本征函数系$\{\varphi_n(x)\}$作为基底，把$\psi(x,t)$做展开，即

$$\psi(x,t)=\sum_n a_n(t)\varphi_n(x) \tag{6-4}$$

那么，$a_n(t)$（n=1,2,⋯）就是$\psi(x,t)$在G表象下的表示。

由此可知，态矢空间中的基底相当于几何学中的坐标系。选取不同的基底，相当于选取了不同的坐标系。在不同基底下得到的物理结果是相同的，但是，如果基底选取得合适，则可使问题的推导与计算更加简单。

表 6-1 所示为态矢空间与三维空间的比较。

表 6-1 态矢空间与三维空间的比较

名称	态矢空间	三维空间
基矢组（基底）	$\{u_n(x)\}$	$\vec{e}_i$、$\vec{e}_j$、$\vec{e}_k$
基矢组正交归一条件	$\int u_m^* u_n \mathrm{d}x = \delta_{mn}$	$\vec{e}_i \cdot \vec{e}_j = \delta_{ij}$
空间中的矢量	态矢量 $\psi(x,t)$	矢量 $\vec{A}$
矢量展开式	$\psi(x,t) = \sum_n c_n(t) u_n(x)$	$\vec{A} = A_x\vec{e}_i + A_y\vec{e}_j + A_z\vec{e}_k$
矢量在基矢上的投影	$c_n(t) = \int_{-\infty}^{\infty} u_n^*(x)\psi(x,t)\mathrm{d}x$	$A_x = \vec{e}_i \cdot \vec{A}$
维数	可以有限，也可以无限	三维
空间性质	复空间	实空间

二、坐标表象和动量表象

以一维问题为例，设 $\psi(x,t)$ 是坐标表象中任意一个归一化的波函数。下面将导出波函数 $\psi(x,t)$ 分别在坐标表象、动量表象中的表示。

1．波函数 $\psi(x,t)$ 在坐标表象中的表示

坐标算符 x 满足的本征方程为

$$x\psi_{x'}(x) = x'\psi_{x'}(x) \tag{6-5}$$

其本征值及相应的规格化本征函数为

$$x' \in (-\infty, \infty) \tag{6-6}$$

$$\psi_{x'}(x) = \delta(x - x') \tag{6-7}$$

由展开假定可知，状态 $\psi(x,t)$ 可以向坐标的本征函数展开，即

$$\psi(x,t) = \int_{-\infty}^{\infty} c_{x'}(t)\delta(x - x')\mathrm{d}x' \tag{6-8}$$

展开系数

$$c_{x'}(t) = \int_{-\infty}^{\infty} \delta^*(x - x')\psi(x,t)\mathrm{d}x = \int_{-\infty}^{\infty} \delta(x - x')\psi(x,t)\mathrm{d}x = \psi(x',t)$$

或

$$c_x(t) = \psi(x,t) \tag{6-9}$$

显然，它就是坐标表象中的波函数，即 $\psi(x,t)$ 在本征值为 x 的基矢上的投影就是它本身。

2．波函数 $\psi(x,t)$ 在动量表象中的表示

要得到波函数 $\psi(x,t)$ 在动量表象中的表示，既可以以坐标为自变量，又可以以动量为自变量。

1）以 x 为自变量

在坐标表象中，动量算符 $\hat{p}$ 满足的本征方程为

$$-\mathrm{i}\hbar\frac{\partial}{\partial x}\psi_p(x) = p\psi_p(x) \tag{6-10}$$

其本征值及相应的规格化波函数为

$$p \in (-\infty, \infty) \tag{6-11}$$

$$\psi_p(x) = \frac{1}{\sqrt{2\pi\hbar}} e^{ipx/\hbar} \tag{6-12}$$

由展开假定可知，状态$\psi(x,t)$可以向动量的本征函数展开，即

$$\psi(x,t) = \int_{-\infty}^{\infty} c_p(t)\psi_p(x)dp = \frac{1}{\sqrt{2\pi\hbar}}\int_{-\infty}^{\infty} c_p(t)e^{ipx/\hbar}dp \tag{6-13}$$

其中，展开系数

$$c_p(t) = \int_{-\infty}^{\infty} \psi_p^*(x)\psi(x,t)dx = \frac{1}{\sqrt{2\pi\hbar}}\int_{-\infty}^{\infty} e^{-ipx/\hbar}\psi(x,t)dx \tag{6-14}$$

$\left|c_p(t)\right|^2$就是在$\psi(x,t)$状态上动量取p值的概率，展开系数$c_p(t)$是波函数$\psi(x,t)$在动量表象中的表示。

2）以p为自变量

在动量表象中，动量为自变量，类似坐标算符的情况，动量算符$\hat{p}$满足的本征方程为

$$p\psi_{p'}(p) = p'\psi_{p'}(p) \tag{6-15}$$

其本征值及相应的规格化本征函数为

$$p' \in (-\infty, \infty) \tag{6-16}$$

$$\psi_{p'}(p) = \delta(p - p') \tag{6-17}$$

说明动量算符与坐标算符一样，在自身表象中，其本征函数也是一个δ函数。

一般情况下，当以p为自变量时，把状态$\psi(x,t)$表示为$\Phi(p,t)$，则

$$\Phi(p,t) = \int_{-\infty}^{\infty} c_{p'}(t)\delta(p - p')dp' \tag{6-18}$$

其中，展开系数

$$c_{p'}(t) = \int_{-\infty}^{\infty} \delta^*(p - p')\Phi(p,t)dp = \Phi(p',t)$$

或

$$c_p(t) = \Phi(p,t) \tag{6-19}$$

它就是$\psi(x,t)$在动量表象中的表示。

比较式（6-14）和式（6-19），可知

$$\Phi(p,t) = \frac{1}{\sqrt{2\pi\hbar}}\int_{-\infty}^{\infty} e^{-ipx/\hbar}\psi(x,t)dx \tag{6-20}$$

这正是前面讲过的傅里叶变换。

【例 6-1】证明动量表象中坐标算符$\hat{x} = i\hbar\dfrac{\partial}{\partial p}$。

解：坐标表象和动量表象中波函数满足的傅里叶变换为

$$\psi(x) = \frac{1}{\sqrt{2\pi\hbar}}\int \Phi(p)e^{ipx/\hbar}dp \qquad \Phi(p) = \frac{1}{\sqrt{2\pi\hbar}}\int \psi(x)e^{-ipx/\hbar}dx$$

两种表象中坐标的平均值分别为

$$\overline{x} = \int \psi^*(x)x\psi(x)dx \qquad \overline{x} = \int \Phi^*(p)\hat{x}\Phi(p)dp$$

所以

$$
\begin{aligned}
\overline{x} &= \int \psi^*(x) x \psi(x) \mathrm{d}x = \frac{1}{\sqrt{2\pi\hbar}} \iint \varPhi^*(p) \mathrm{e}^{-\mathrm{i}px/\hbar} x \psi(x) \mathrm{d}x \mathrm{d}p \\
&= \frac{1}{\sqrt{2\pi\hbar}} \iint \varPhi^*(p) \left(\mathrm{i}\hbar \frac{\partial}{\partial p} \right) \mathrm{e}^{-\mathrm{i}px/\hbar} \psi(x) \mathrm{d}x \mathrm{d}p \\
&= \int \varPhi^*(p) \left(\mathrm{i}\hbar \frac{\partial}{\partial p} \right) \left[\frac{1}{\sqrt{2\pi\hbar}} \int \psi(x) \mathrm{e}^{-\mathrm{i}px/\hbar} \mathrm{d}x \right] \mathrm{d}p \\
&= \int \varPhi^*(p) \left(\mathrm{i}\hbar \frac{\partial}{\partial p} \right) \varPhi(p) \mathrm{d}p
\end{aligned}
$$

因此，在动量表象中坐标算符为

$$
\hat{x} = \mathrm{i}\hbar \frac{\partial}{\partial p} \tag{6-21}
$$

§6-2 量子力学的矩阵表示

一、波函数的矩阵表示

以一维情况为例，力学量算符 $\hat{G}$ 满足的本征方程为

$$
\hat{G}\varphi_n(x) = g_n \varphi_n(x) \tag{6-22}
$$

$\{\varphi_n(x)\}$ 构成一组正交归一完备的基矢组，所张开的空间称为 G 表象下的态矢空间。

在 G 表象中，波函数 $\psi(x,t)$ 可以展开为

$$
\psi(x,t) = \sum_n a_n(t) \varphi_n(x) \tag{6-23}
$$

展开系数 $a_n(t)$ 是态矢 $\psi(x,t)$ 在 G 表象中的表示。把它以列矩阵表示出来，称为 $\psi(x,t)$ 在 G 表象中的矩阵表示，即

$$
\boldsymbol{\psi}(G) = \begin{bmatrix} a_1(t) \\ a_2(t) \\ \vdots \\ a_n(t) \\ \vdots \end{bmatrix} \tag{6-24}
$$

其共轭矩阵为

$$
\boldsymbol{\psi}(G) = \begin{bmatrix} a_1^*(t) & a_2^*(t) & \cdots & a_n^*(t) & \cdots \end{bmatrix} \tag{6-25}
$$

矩阵形式的波函数归一化条件为

$$
\boldsymbol{\psi}^+ \boldsymbol{\psi} = \begin{bmatrix} a_1^*(t) & a_2^*(t) & \cdots \end{bmatrix} \begin{bmatrix} a_1(t) \\ a_2(t) \\ \vdots \end{bmatrix} = \sum_n |a_n(t)|^2 = 1 \tag{6-26}
$$

【例 6-2】一粒子在一维无限深势阱中运动的状态为

$$\psi(x)=\frac{4}{\sqrt{a}}\sin\frac{\pi x}{a}\cos^2\frac{\pi x}{a}$$

求此函数在能量表象中的表示。

解：一维无限深势阱中粒子能量的本征解为

$$E_n=\frac{\pi^2\hbar^2n^2}{2\mu a^2}\qquad \psi_n=\sqrt{\frac{2}{a}}\sin\frac{n\pi}{a}x\qquad 0<x<a$$

其中，$n=1,2,3,\cdots$。把波函数$\psi(x)$变形为

$$\psi(x)=\frac{4}{\sqrt{a}}\sin\frac{\pi x}{a}\cos^2\frac{\pi x}{a}=\frac{2}{\sqrt{a}}\sin\frac{2\pi x}{a}\cos\frac{\pi x}{a}$$
$$=\frac{1}{\sqrt{a}}\left[\sin\frac{3\pi x}{a}+\sin\frac{\pi x}{a}\right]=\frac{1}{\sqrt{2}}\psi_1+\frac{1}{\sqrt{2}}\psi_3$$

所以，$\psi(x)$在能量表象中的表示为

$$\boldsymbol{\psi}=\begin{bmatrix}1/\sqrt{2}\\0\\1/\sqrt{2}\\0\\\vdots\end{bmatrix}$$

二、力学量算符的矩阵表示

力学量算符$\hat{F}$满足算符方程

$$\varPhi(x,t)=\hat{F}\psi(x,t)\tag{6-27}$$

式（6-27）称为算符方程。将$\psi(x,t)$、$\varPhi(x,t)$分别向算符$\hat{G}$的本征态展开，即

$$\psi(x,t)=\sum_n a_n(t)\varphi_n(x)\tag{6-28}$$

$$\varPhi(x,t)=\sum_n b_n(t)\varphi_n(x)\tag{6-29}$$

将上面两式代入算符方程（6-27）中，得

$$\sum_n b_n(t)\varphi_n(x)=\sum_n a_n(t)\hat{F}\varphi_n(x)\tag{6-30}$$

用$\varphi_m^*(x)$左乘上式的两端并对坐标变量积分，得

$$\sum_n b_n(t)\int\varphi_m^*(x)\varphi_n(x)\mathrm{d}x=\sum_n a_n(t)\int\varphi_m^*(x)\hat{F}\varphi_n(x)\mathrm{d}x$$

利用$\varphi_n(x)$的正交归一性，并令

$$F_{mn}=\int\varphi_m^*(x)\hat{F}\varphi_n(x)\mathrm{d}x\tag{6-31}$$

得

$$\sum_n b_n(t)\delta_{mn}=\sum_n a_n(t)F_{mn}$$

即

$$b_m(t)=\sum_n F_{mn}a_n(t) \tag{6-32}$$

该式的矩阵形式为

$$\begin{bmatrix} b_1 \\ b_2 \\ \vdots \end{bmatrix}=\begin{bmatrix} F_{11} & F_{12} & \cdots \\ F_{21} & F_{22} & \cdots \\ \vdots & \vdots & \ddots \end{bmatrix}\begin{bmatrix} a_1 \\ a_2 \\ \vdots \end{bmatrix} \tag{6-33}$$

此式即算符方程（6-27）在 G 表象中的矩阵表示。于是，在 G 表象中算符 $\hat{F}$ 为一个方阵，即

$$\boldsymbol{F}(G)=\begin{bmatrix} F_{11} & F_{12} & \cdots \\ F_{21} & F_{22} & \cdots \\ \vdots & \vdots & \ddots \end{bmatrix} \tag{6-34}$$

显然，式（6-31）就是力学量算符 $\hat{F}$ 在 G 表象中的矩阵元。

因为 $\hat{F}$ 是厄米算符，所以在 G 表象中算符 $\hat{F}$ 矩阵元的复共轭为

$$F_{mn}^*=\left(\int\varphi_m^*(x)\hat{F}\varphi_n(x)\mathrm{d}x\right)^*=\int\varphi_m(x)\left[\hat{F}\varphi_n(x)\right]^*\mathrm{d}x=\int\varphi_n^*(x)\hat{F}\varphi_m(x)\mathrm{d}x=F_{nm}$$

即

$$F_{mn}^*=F_{nm} \tag{6-35}$$

即矩阵 F 中关于对角线对称的元素互为复共轭。

下面定义共轭矩阵和厄米矩阵。

把一个矩阵转置后再对每个元素取其复共轭，得到的新的矩阵称为原矩阵的共轭矩阵，记为

$$\boldsymbol{M}^+=\tilde{\boldsymbol{M}}^* \tag{6-36}$$

如果一个矩阵的共轭等于其本身，即

$$\boldsymbol{M}^+=\boldsymbol{M} \tag{6-37}$$

则称为厄米矩阵。显然，力学量算符对应的矩阵是厄米矩阵。一般说来，实的对称矩阵都是厄米矩阵。

一个重要的特例是力学量算符在自身表象中的矩阵。算符 $\hat{G}$ 在自身表象中的矩阵元为

$$G_{mn}=\int\varphi_m^*(x)\hat{G}\varphi_n(x)\mathrm{d}x=g_n\int\varphi_m^*(x)\varphi_n(x)\mathrm{d}x=g_n\delta_{mn} \tag{6-38}$$

写成矩阵形式为

$$\boldsymbol{G}=\begin{bmatrix} g_1 & 0 & \cdots \\ 0 & g_2 & \cdots \\ \vdots & \vdots & \ddots \end{bmatrix} \tag{6-39}$$

显然，算符在自身表象下是一个对角矩阵，并且本征值就是对角元素。它的阵迹就是全部本征值之和。

几点说明：

（1）在任何具体表象中，厄米算符 $\hat{F}$ 的矩阵元 F_{mn} 一定是一个数值，故其可以在公式中随意移动位置。

（2）在不同的表象中，算符的矩阵元可能不同，但其本征值不会因表象不同而变化。

（3）如果 $\hat{G}$ 的本征值为连续谱，则

$$\hat{G}\varphi_g(x) = g\varphi_g(x) \tag{6-40}$$

$\{\varphi_g(x)\}$ 构成正交归一完备基矢组。容易推得，算符 $\hat{F}$ 的矩阵元为

$$F_{g'g} = \int \varphi_{g'}^*(x)\hat{F}\varphi_g(x)\mathrm{d}x \tag{6-41}$$

由于基矢是连续的，因此无法写出 $\hat{F}$ 的矩阵形式。

【例 6-3】写出坐标表象中力学量 $\hat{F}$ 的矩阵元。

解：$\hat{F}$ 的矩阵元为

$$\begin{aligned}F_{x'x''} &= \int \psi_{x'}^*(x)\hat{F}\left(x, -\mathrm{i}\hbar\frac{\partial}{\partial x}\right)\psi_{x''}(x)\mathrm{d}x \\ &= \int \delta(x-x')\hat{F}\left(x, -\mathrm{i}\hbar\frac{\partial}{\partial x}\right)\delta(x-x'')\mathrm{d}x \\ &= \hat{F}\left(x', -\mathrm{i}\hbar\frac{\partial}{\partial x'}\right)\delta(x'-x'')\end{aligned}$$

其中 x 为变数，x'、x'' 为本征值。

【例 6-4】写出动量表象中 $\hat{x}$ 的矩阵元。

解：$\hat{x}$ 的矩阵元为

$$\begin{aligned}x_{p'p''} &= \int \psi_{p'}^*(x)x\psi_{p''}(x)\mathrm{d}x = \frac{1}{\sqrt{2\pi\hbar}}\int \mathrm{e}^{-\mathrm{i}p'x/\hbar}x\psi_{p''}(x)\mathrm{d}x = \frac{1}{\sqrt{2\pi\hbar}}\int\left(\mathrm{i}\hbar\frac{\partial}{\partial p'}\right)\mathrm{e}^{-\mathrm{i}p'x/\hbar}\psi_{p''}(x)\mathrm{d}x \\ &= \left(\mathrm{i}\hbar\frac{\partial}{\partial p'}\right)\int\frac{1}{\sqrt{2\pi\hbar}}\mathrm{e}^{-\mathrm{i}p'x/\hbar}\psi_{p''}(x)\mathrm{d}x = \left(\mathrm{i}\hbar\frac{\partial}{\partial p'}\right)\int\psi_{p'}^*(x)\psi_{p''}(x)\mathrm{d}x = \mathrm{i}\hbar\frac{\partial}{\partial p'}\delta(p'-p'')\end{aligned}$$

或

$$x_{p'p''} = \int \psi_{p'}^*(p)\left(\mathrm{i}\hbar\frac{\partial}{\partial p}\right)\psi_{p''}(p)\mathrm{d}p = \int \delta(p-p')\left(\mathrm{i}\hbar\frac{\partial}{\partial p}\right)\delta(p-p'')\mathrm{d}p = \mathrm{i}\hbar\frac{\partial}{\partial p'}\delta(p'-p'')$$

【例 6-5】写出动量表象中力学量 $\hat{F}$ 的矩阵元。

解：$\hat{F}$ 的矩阵元为

$$\begin{aligned}F_{p'p''} &= \int \psi_{p'}^*(p)\hat{F}\left(p, \mathrm{i}\hbar\frac{\partial}{\partial p}\right)\psi_{p''}(p)\mathrm{d}p = \int \delta(p-p')\hat{F}\left(p, \mathrm{i}\hbar\frac{\partial}{\partial p}\right)\delta(p-p'')\mathrm{d}p \\ &= \hat{F}\left(p', \mathrm{i}\hbar\frac{\partial}{\partial p}\right)\delta(p'-p'')\end{aligned}$$

【例 6-6】求一维谐振子中，坐标算符、动量算符和能量算符在能量表象中的矩阵表示。

解：利用递推公式

$$x\psi_n(x) = \frac{1}{\alpha}\left[\sqrt{\frac{n}{2}}\psi_{n-1}(x) + \sqrt{\frac{n+1}{2}}\psi_{n+1}(x)\right]$$

$$\frac{\mathrm{d}}{\mathrm{d}x}\psi_n(x) = \alpha\left[\sqrt{\frac{n}{2}}\psi_{n-1}(x) - \sqrt{\frac{n+1}{2}}\psi_{n+1}(x)\right]$$

容易得到，x、$\hat{p}$、$\hat{H}$ 在能量表象中的矩阵元分别为

$$x_{mn}=\int\psi_m^* x\psi_n \mathrm{d}x=\frac{1}{\alpha}\left[\sqrt{\frac{n}{2}}\delta_{m,n-1}+\sqrt{\frac{n+1}{2}}\delta_{m,n+1}\right]$$

$$p_{mn}=\int\psi_m^*\left(-\mathrm{i}\hbar\frac{\mathrm{d}}{\mathrm{d}x}\right)\psi_n \mathrm{d}x=-\mathrm{i}\hbar\alpha\left[\sqrt{\frac{n}{2}}\delta_{m,n-1}-\sqrt{\frac{n+1}{2}}\delta_{m,n+1}\right]$$

$$H_{mn}=\int\psi_m^*\hat{H}\psi_n \mathrm{d}x=E_n\delta_{m,n}=\left(n+\frac{1}{2}\right)\hbar\omega\delta_{m,n}$$

所以，它们的矩阵表示分别是

$$\boldsymbol{x}=\frac{1}{\sqrt{2}\alpha}\begin{bmatrix}0 & \sqrt{1} & 0 & \cdots\\ \sqrt{1} & 0 & \sqrt{2} & \cdots\\ 0 & \sqrt{2} & 0 & \cdots\\ \vdots & \vdots & \vdots & \ddots\end{bmatrix} \qquad \boldsymbol{p}=-\mathrm{i}\hbar\frac{\alpha}{\sqrt{2}}\begin{bmatrix}0 & \sqrt{1} & 0 & \cdots\\ -\sqrt{1} & 0 & \sqrt{2} & \cdots\\ 0 & -\sqrt{2} & 0 & \cdots\\ \vdots & \vdots & \vdots & \ddots\end{bmatrix}$$

$$\boldsymbol{H}=\hbar\omega\begin{bmatrix}1/2 & 0 & 0 & \cdots\\ 0 & 3/2 & 0 & \cdots\\ 0 & 0 & 5/2 & \cdots\\ \vdots & \vdots & \vdots & \ddots\end{bmatrix}$$

三、量子力学公式的矩阵表示

以断续谱为例，讨论在G表象下量子力学公式的矩阵表示。

1．算符方程

前面已讨论过，算符方程$\varPhi(x,t)=\hat{F}\psi(x,t)$的矩阵形式为

$$\begin{bmatrix}b_1(t)\\ b_2(t)\\ \vdots\end{bmatrix}=\begin{bmatrix}F_{11} & F_{12} & \cdots\\ F_{21} & F_{22} & \cdots\\ \vdots & \vdots & \ddots\end{bmatrix}\begin{bmatrix}a_1(t)\\ a_2(t)\\ \vdots\end{bmatrix}$$

或简写为

$$b_m(t)=\sum_n F_{mn}a_n(t) \tag{6-42}$$

2．本征方程

算符$\hat{F}$的本征方程为$\hat{F}\psi=\lambda\psi$，其矩阵形式为

$$\begin{bmatrix}F_{11} & F_{12} & \cdots\\ F_{21} & F_{22} & \cdots\\ \vdots & \vdots & \ddots\end{bmatrix}\begin{bmatrix}a_1(t)\\ a_2(t)\\ \vdots\end{bmatrix}=\lambda\begin{bmatrix}a_1(t)\\ a_2(t)\\ \vdots\end{bmatrix} \tag{6-43}$$

或

$$\begin{bmatrix}F_{11}-\lambda & F_{12} & \cdots\\ F_{21} & F_{22}-\lambda & \cdots\\ \vdots & \vdots & \ddots\end{bmatrix}\begin{bmatrix}a_1(t)\\ a_2(t)\\ \vdots\end{bmatrix}=0 \tag{6-44}$$

上面两式可以简写成

$$\sum_n F_{mn}a_n = \lambda a_m \tag{6-45}$$

$$\sum_n (F_{mn} - \lambda\delta_{mn})a_n = 0 \tag{6-46}$$

方程有非零解的充分必要条件是系数行列式为零。这样，求解力学量算符的本征值问题转化为求矩阵的特征根和特征向量。因为任意力学量在自身表象中的矩阵都是对角的，所以，通常把求解本征方程的过程称为矩阵对角化的过程。

3．薛定谔方程

薛定谔方程 $\mathrm{i}\hbar\dfrac{\partial}{\partial t}\psi = \hat{H}\psi$ 可以写成如下的矩阵形式

$$\mathrm{i}\hbar\frac{\mathrm{d}}{\mathrm{d}t}\begin{bmatrix} a_1(t) \\ a_2(t) \\ \vdots \end{bmatrix} = \begin{bmatrix} H_{11} & H_{12} & \cdots \\ H_{21} & H_{22} & \cdots \\ \vdots & \vdots & \ddots \end{bmatrix}\begin{bmatrix} a_1(t) \\ a_2(t) \\ \vdots \end{bmatrix} \tag{6-47}$$

式中，$H_{mn} = \int \varphi_m^*(x)\hat{H}\varphi_n(x)\mathrm{d}x$ 表示哈密顿算符在 G 表象下的矩阵元。式（6-47）简写为

$$\mathrm{i}\hbar\frac{\mathrm{d}a_m}{\mathrm{d}t} = \sum_n H_{mn}a_n \tag{6-48}$$

4．平均值公式

任意厄米算符 $\hat{F}$ 在状态 $\psi(x,t)$ 上的平均值公式为

$$\overline{F(t)} = \int_{-\infty}^{\infty}\psi^*(x,t)\hat{F}\psi(x,t)\mathrm{d}x \tag{6-49}$$

在 G 表象中，有

$$\psi(x,t) = \sum_n a_n(t)\varphi_n(x)$$

所以

$$\overline{F(t)} = \sum_{mn} a_m^*(t)a_n(t)\int_{-\infty}^{\infty}\phi_m^*(x)\hat{F}\phi_n(x)\mathrm{d}x = \sum_{mn} a_m^*(t)F_{mn}a_n(t) \tag{6-50}$$

写成矩阵形式为

$$\overline{F(t)} = \begin{bmatrix} a_1^*(t) & a_2^*(t) & \cdots \end{bmatrix}\begin{bmatrix} F_{11} & F_{12} & \cdots \\ F_{21} & F_{22} & \cdots \\ \vdots & \vdots & \ddots \end{bmatrix}\begin{bmatrix} a_1(t) \\ a_2(t) \\ \vdots \end{bmatrix} \tag{6-51}$$

综上所述，量子力学问题可以在不同的表象下处理，尽管在不同的表象下，波函数及算符的矩阵元是不同的，但最后所得到的物理结果（力学量的可能取值、取值概率和平均值）都是一样的。如果选取了一个合适的表象，会使问题得到简化，这也是表象理论的价值所在。

【例 6-7】已知力学量 $\hat{S}_x$ 在某表象中的矩阵表示为 $\boldsymbol{S}_x = \begin{bmatrix} 0 & \hbar/2 \\ \hbar/2 & 0 \end{bmatrix}$，求 $\hat{S}_x$ 的本征值和归一化波函数，并将 $\boldsymbol{S}_x$ 对角化。

解：$\hat{S}_x$ 的本征值方程为

$$\begin{bmatrix} 0 & \hbar/2 \\ \hbar/2 & 0 \end{bmatrix}\begin{bmatrix} a_1 \\ a_2 \end{bmatrix} = \lambda\begin{bmatrix} a_1 \\ a_2 \end{bmatrix}$$

或

$$\begin{bmatrix} -\lambda & \hbar/2 \\ \hbar/2 & -\lambda \end{bmatrix}\begin{bmatrix} a_1 \\ a_2 \end{bmatrix} = 0$$

方程有解的条件为

$$\begin{vmatrix} -\lambda & \hbar/2 \\ \hbar/2 & -\lambda \end{vmatrix} = 0$$

所以，$\hat{S}_x$ 的本征值为

$$\lambda = \pm\hbar/2$$

下面求本征函数。把 $\lambda_1 = \hbar/2$ 代入本征值方程中，得

$$\begin{bmatrix} -\hbar/2 & \hbar/2 \\ \hbar/2 & -\hbar/2 \end{bmatrix}\begin{bmatrix} a_1 \\ a_2 \end{bmatrix} = \mathbf{0}$$

所以 $a_1 = a_2$，因此 $\lambda_1 = \hbar/2$ 对应的本征函数为

$$\boldsymbol{\psi}_{\hbar/2} = \begin{bmatrix} a_1 \\ a_1 \end{bmatrix}$$

把波函数归一化，即

$$\boldsymbol{\psi}_{\hbar/2}^{+}\boldsymbol{\psi}_{\hbar/2} = \begin{bmatrix} a_1^* & a_2^* \end{bmatrix}\begin{bmatrix} a_1 \\ a_1 \end{bmatrix} = 2|a_1|^2 = 1$$

得

$$a_1 = 1/\sqrt{2}$$

所以

$$\boldsymbol{\psi}_{\hbar/2} = \frac{1}{\sqrt{2}}\begin{bmatrix} 1 \\ 1 \end{bmatrix}$$

同理

$$\boldsymbol{\psi}_{-\hbar/2} = \frac{1}{\sqrt{2}}\begin{bmatrix} 1 \\ -1 \end{bmatrix}$$

因为算符在自身表象中是一对角矩阵，对角元素就是其本征值，所以 $\boldsymbol{S}_x$ 的对角化矩阵为

$$\boldsymbol{S}_x = \frac{\hbar}{2}\begin{bmatrix} 1 & 0 \\ 0 & -1 \end{bmatrix}$$

§6-3 表象变换

一、基矢变换

用大家熟悉的几何中的二维坐标变换作为类比，来引入量子力学中表象变换的概念。

建立如图 6-1 所示的两个平面直角坐标系，基矢分别为 $\vec{e}_1$、$\vec{e}_2$ 和 $\vec{e}_1'$、$\vec{e}_2'$。$\{\vec{e}_1, \vec{e}_2\}$ 和 $\{\vec{e}_1', \vec{e}_2'\}$ 构成平面上两组正交归一完备的基矢组。

正交归一性：基矢之间满足

$$\vec{e}_i \cdot \vec{e}_j = \delta_{ij} \qquad \vec{e}_i' \cdot \vec{e}_j' = \delta_{ij}$$

完备性：平面上任何一个矢量 $\vec{A}$ 均可用一组基矢展开，即

$$\vec{A} = A_1\vec{e}_1 + A_2\vec{e}_2 = A_1'\vec{e}_1' + A_2'\vec{e}_2'$$

容易得到基矢之间的变换关系为

$$\vec{e}_1' = \cos\theta\vec{e}_1 + \sin\theta\vec{e}_2 \qquad \vec{e}_2' = -\sin\theta\vec{e}_1 + \cos\theta\vec{e}_2$$

表示为矩阵形式，即

$$\begin{bmatrix}\vec{e}_1' \\ \vec{e}_2'\end{bmatrix} = \begin{bmatrix}\cos\theta & \sin\theta \\ -\sin\theta & \cos\theta\end{bmatrix}\begin{bmatrix}\vec{e}_1 \\ \vec{e}_2\end{bmatrix} = \boldsymbol{R}(\theta)\begin{bmatrix}\vec{e}_1 \\ \vec{e}_2\end{bmatrix}$$

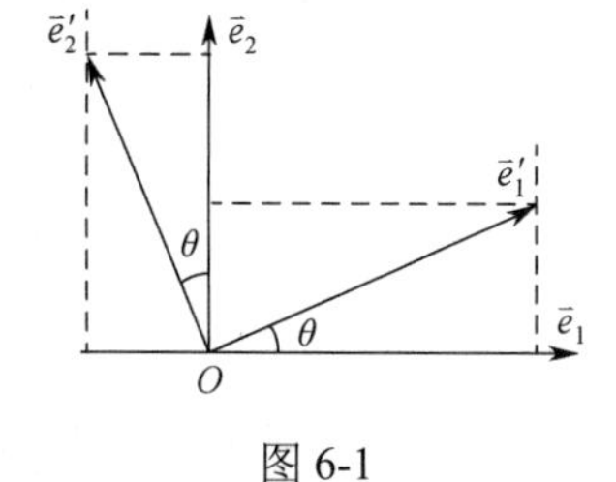

图 6-1

其中，$\boldsymbol{R}(\theta) = \begin{bmatrix}\cos\theta & \sin\theta \\ -\sin\theta & \cos\theta\end{bmatrix}$为两组基矢之间的变换矩阵。

容易验证，变换矩阵 $\boldsymbol{R}(\theta)$ 满足性质：

$$\boldsymbol{R}\tilde{\boldsymbol{R}} = \tilde{\boldsymbol{R}}\boldsymbol{R} = \boldsymbol{I}$$

其中 $\boldsymbol{I}$ 为单位矩阵。因为 $\boldsymbol{R}$ 是实矩阵，所以

$$\boldsymbol{R}^+ = \tilde{\boldsymbol{R}}^* = \tilde{\boldsymbol{R}}$$

因此

$$\boldsymbol{R}\boldsymbol{R}^+ = \boldsymbol{R}^+\boldsymbol{R} = \boldsymbol{I}$$

或者

$$\boldsymbol{R}^+ = \boldsymbol{R}^{-1}$$

满足这样性质的矩阵称为幺正矩阵，由它联系的变换称为幺正变换。

下面推导量子力学中两个不同表象基矢之间的变换。

设力学量算符 $\hat{A}$、$\hat{B}$ 的本征方程分别为

$$\hat{A}\psi_n(x) = \lambda_n\psi_n(x) \tag{6-52}$$

$$\hat{B}\varphi_\beta(x) = \mu_\beta\varphi_\beta(x) \tag{6-53}$$

式中，$n,\beta = 1,2,3,\cdots$。$\{\psi_n(x)\}$ 和 $\{\varphi_\beta(x)\}$ 均为正交归一完备系，可分别作为 A、B 表象下态矢空间的基矢。

将 $\varphi_\beta(x)$ 用 $\{\psi_n(x)\}$ 展开，有

$$\varphi_\beta(x) = \sum_n S_{n\beta}\psi_n(x) \tag{6-54}$$

$$\varphi_\alpha^*(x) = \sum_m \psi_m^*(x)S_{m\alpha}^* \tag{6-55}$$

展开系数为

$$S_{n\beta} = \int\psi_n^*(x)\varphi_\beta(x)\mathrm{d}x \tag{6-56}$$

$$S_{m\alpha}^* = \int\psi_m(x)\varphi_\alpha^*(x)\mathrm{d}x \tag{6-57}$$

把展开式（6-54）和式（6-55）写成矩阵形式，即

$$\begin{bmatrix}\varphi_1(x)\\ \varphi_2(x)\\ \vdots\end{bmatrix}=\begin{bmatrix}S_{11} & S_{21} & \cdots\\ S_{12} & S_{22} & \cdots\\ \vdots & \vdots & \ddots\end{bmatrix}\begin{bmatrix}\psi_1(x)\\ \psi_2(x)\\ \vdots\end{bmatrix} \tag{6-58}$$

$$\begin{bmatrix}\varphi_1^*(x) & \varphi_2^*(x) & \cdots\end{bmatrix}=\begin{bmatrix}\psi_1^*(x) & \psi_2^*(x) & \cdots\end{bmatrix}\begin{bmatrix}S_{11}^* & S_{12}^* & \cdots\\ S_{21}^* & S_{22}^* & \cdots\\ \vdots & \vdots & \ddots\end{bmatrix} \tag{6-59}$$

显然，它们表示两组基矢之间的变换。变换矩阵为

$$\boldsymbol{S}=\begin{bmatrix}S_{11} & S_{12} & \cdots\\ S_{21} & S_{22} & \cdots\\ \vdots & \vdots & \ddots\end{bmatrix} \tag{6-60}$$

其矩阵元就是展开系数 $S_{n\beta}$，即式（6-56）。通过此变换矩阵可以把 B 表象的基矢用 A 表象的基矢表示出来。基矢变换方程（6-58）和（6-59）可简记为

$$\boldsymbol{\varphi}=\tilde{\boldsymbol{S}}\boldsymbol{\psi} \tag{6-61}$$

$$\boldsymbol{\varphi}^+=\boldsymbol{\psi}^+\boldsymbol{S}^*=\boldsymbol{\psi}^+\tilde{\boldsymbol{S}}^+ \tag{6-62}$$

上面二式中的各项均为矩阵形式。

下面讨论变换矩阵的性质。利用基矢组 $\{\varphi_\beta(x)\}$ 的正交归一性，得

$$\begin{aligned}\delta_{\alpha\beta}&=\int\varphi_\alpha^*\varphi_\beta\mathrm{d}x=\int\sum_{n,m}S_{m\alpha}^*\psi_m^*\psi_n S_{n\beta}\mathrm{d}x=\sum_{n,m}S_{m\alpha}^*\left[\int\psi_m^*\psi_n\mathrm{d}x\right]S_{n\beta}\\&=\sum_{n,m}S_{m\alpha}^*\delta_{mn}S_{n\beta}=\sum_n S_{n\alpha}^*S_{n\beta}=\sum_n S_{\alpha n}^+S_{n\beta}=(S^+S)_{\alpha\beta}\end{aligned}$$

即

$$\boldsymbol{S}^+\boldsymbol{S}=\boldsymbol{I}$$

因此

$$\boldsymbol{S}^+\boldsymbol{S}=\boldsymbol{S}\boldsymbol{S}^+=\boldsymbol{I} \tag{6-63}$$

或

$$\boldsymbol{S}^+=\boldsymbol{S}^{-1} \tag{6-64}$$

因此变换矩阵为幺正矩阵，所以由 A 表象到 B 表象的变换是幺正变换。

二、力学量算符的表象变换

在 A 表象和 B 表象中，力学量 $\hat{F}$ 的矩阵元分别为

$$F_{mn}=\int\psi_m^*\hat{F}\psi_n\mathrm{d}x \tag{6-65}$$

$$F'_{\alpha\beta}=\int\varphi_\alpha^*\hat{F}\varphi_\beta\mathrm{d}x \tag{6-66}$$

则

$$\begin{aligned}F'_{\alpha\beta}&=\int\varphi_\alpha^*\hat{F}\varphi_\beta\mathrm{d}x=\int\sum_m\psi_m^*S_{m\alpha}^*\hat{F}\sum_n\psi_n(x)S_{n\beta}\mathrm{d}x=\sum_{m,n}S_{m\alpha}^*\left[\int\psi_m^*\hat{F}\psi_n\mathrm{d}x\right]S_{n\beta}\\&=\sum_{m,n}S_{m\alpha}^*F_{mn}S_{n\beta}=\sum_{m,n}S_{\alpha m}^+F_{mn}S_{n\beta}=(S^+FS)_{\alpha\beta}\end{aligned}$$

所以

$$\boldsymbol{F}' = \boldsymbol{S}^+ \boldsymbol{F} \boldsymbol{S} \tag{6-67}$$

或

$$\boldsymbol{F}_B = \boldsymbol{S}^+ \boldsymbol{F}_A \boldsymbol{S} \tag{6-68}$$

式中，$\boldsymbol{F}_A$、$\boldsymbol{F}_B$ 分别为 $\hat{F}$ 在 A、B 表象中的矩阵形式。式（6-67）或式（6-68）的矩阵形式为

$$\begin{bmatrix} F'_{11} & F'_{12} & \cdots \\ F'_{21} & F'_{22} & \cdots \\ \vdots & \vdots & \ddots \end{bmatrix} = \begin{bmatrix} S^*_{11} & S^*_{21} & \cdots \\ S^*_{12} & S^*_{22} & \cdots \\ \vdots & \vdots & \vdots \end{bmatrix} \begin{bmatrix} F_{11} & F_{12} & \cdots \\ F_{21} & F_{22} & \cdots \\ \vdots & \vdots & \ddots \end{bmatrix} \begin{bmatrix} S_{11} & S_{12} & \cdots \\ S_{21} & S_{22} & \cdots \\ \vdots & \vdots & \vdots \end{bmatrix} \tag{6-69}$$

这就是力学量 $\hat{F}$ 由 A 表象到 B 表象的变换公式。

三、波函数的表象变换

把任意波函数 $u(x,t)$ 用 $\hat{A}$、$\hat{B}$ 的本征函数系 $\{\psi_n(x)\}$、$\{\varphi_\alpha(x)\}$ 做展开，即

$$u(x,t) = \sum_n a_n(t)\psi_n(x) \tag{6-70}$$

$$u(x,t) = \sum_\alpha b_\alpha(t)\varphi_\alpha(x) \tag{6-71}$$

展开系数分别为

$$a_n(t) = \int \psi_n^*(x)u(x,t)\mathrm{d}x \tag{6-72}$$

$$b_\alpha(t) = \int \varphi_\alpha^*(x)u(x,t)\mathrm{d}x \tag{6-73}$$

则

$$\begin{aligned} b_\alpha(t) &= \int \varphi_\alpha^*(x)u(x,t)\mathrm{d}x = \int \sum_m \psi_m^*(x)S_{m\alpha}^* u(x,t)\mathrm{d}x = \sum_m S_{m\alpha}^* \int \psi_m^*(x)u(x,t)\mathrm{d}x \\ &= \sum_m S_{m\alpha}^* a_m(t) = \sum_m S_{\alpha m}^+ a_m(t) \end{aligned}$$

$$\begin{bmatrix} b_1 \\ b_2 \\ \vdots \end{bmatrix} = \begin{bmatrix} S_{11} & S_{12} & \cdots \\ S_{21} & S_{22} & \cdots \\ \vdots & \vdots & \vdots \end{bmatrix}^+ \begin{bmatrix} a_1 \\ a_2 \\ \vdots \end{bmatrix} \tag{6-74}$$

或简记为

$$\boldsymbol{b} = \boldsymbol{S}^+ \boldsymbol{a} \tag{6-75}$$

这就是波函数 $u(x,t)$ 从 A 表象到 B 表象的变换公式。

四、幺正变换的重要性质

下面介绍幺正变换的两条重要性质。

（1）幺正变换不改变算符 $\hat{F}$ 的本征值。

证明：设算符 $\hat{F}$ 在 A 表象和 B 表象中的本征方程分别为

$$\boldsymbol{F}_A \boldsymbol{a} = \lambda \boldsymbol{a} \qquad \boldsymbol{F}_B \boldsymbol{b} = \lambda' \boldsymbol{b}$$

利用式（6-68）和式（6-75），得

$$\boldsymbol{F}_B \boldsymbol{b} = (\boldsymbol{S}^+ \boldsymbol{F}_A \boldsymbol{S})(\boldsymbol{S}^+ \boldsymbol{a}) = \boldsymbol{S}^+ \boldsymbol{F}_A \boldsymbol{S} \boldsymbol{S}^+ \boldsymbol{a} = \boldsymbol{S}^+ \boldsymbol{F}_A \boldsymbol{a} = \boldsymbol{S}^+ \lambda \boldsymbol{a} = \lambda \boldsymbol{S}^+ \boldsymbol{a} = \lambda \boldsymbol{b}$$

所以

$$\lambda = \lambda'$$

即幺正变换不改变算符 $\hat{F}$ 的本征值。

（2）幺正变换不改变矩阵的迹。

证明：定义矩阵 $\boldsymbol{F}=(F_{mn})$ 的迹为对角线元素之和，即

$$\mathrm{Sp}\boldsymbol{F} = \mathrm{Tr}\boldsymbol{F} = \sum_{n} F_{nn}$$

利用 $\boldsymbol{F}' = \boldsymbol{S}^{+}\boldsymbol{F}\boldsymbol{S}$，得

$$\begin{aligned}\mathrm{Sp}\boldsymbol{F}' &= \mathrm{Sp}(\boldsymbol{S}^{+}\boldsymbol{F}\boldsymbol{S}) = \sum_{\alpha}(\boldsymbol{S}^{+}\boldsymbol{F}\boldsymbol{S})_{\alpha\alpha} = \sum_{\alpha}\sum_{m,n} S^{+}_{\alpha m}F_{mn}S_{n\alpha} = \sum_{m,n}\sum_{\alpha} S_{n\alpha}S^{+}_{\alpha m}F_{mn} \\ &= \sum_{m,n}(SS^{+})_{nm}F_{mn} = \sum_{m,n}\delta_{nm}F_{mn} = \sum_{n}F_{nn} = \mathrm{Sp}\boldsymbol{F}\end{aligned}$$

注：利用矩阵次序轮换迹不变的性质，有

$$\mathrm{Sp}(\boldsymbol{ABC}) = \mathrm{Sp}(\boldsymbol{CAB}) = \cdots$$

很容易证明此结论。

§6-4 狄拉克符号

数学中表示一个矢量可以不引入坐标系或不用它的分量表述，而直接用矢量表示；在量子力学中表示一个量子态也可以不引入具体的表象，直接用矢量符号表示，这就是狄拉克符号。狄拉克符号与具体的表象无关。

一、左矢和右矢

（1）量子力学体系的一切可能状态构成一个态矢空间（希尔伯特空间），态矢空间包括一个右矢空间和一个相应的左矢空间。右矢空间中的矢量 ψ 写成 $|\psi\rangle$，左矢空间中的矢量 φ 写成 $\langle\varphi|$。

一个力学量算符的本征态在右矢空间中的表示是把本征函数或本征值对应的量子数写在右矢符号 $|\ \rangle$ 里面。例如，能量算符（哈密顿算符）的对应本征值为 E_n 的本征态记为 $|\psi_n\rangle$ 或 $|n\rangle$，坐标算符的对应本征值为 x' 的本征态记为 $|\psi_{x'}\rangle$ 或 $|x'\rangle$，动量算符的对应本征值为 p' 的本征态记为 $|\varphi_{p'}\rangle$ 或 $|p'\rangle$，角动量算符 $\hat{L}^2$ 和 $\hat{L}_z$ 的共同本征态记为 $|Y_{lm}\rangle$ 或 $|lm\rangle$。

一般地，任意力学量算符 $\hat{A}$ 满足的本征方程为

$$\hat{A}|\psi_n\rangle = A_n|\psi_n\rangle \tag{6-76}$$

或

$$\hat{A}|n\rangle = A_n|n\rangle \tag{6-77}$$

其本征态表示为 $|\psi_n\rangle$ 或 $|n\rangle$。

（2）态矢的叠加。

右矢空间中的任意态矢可以表示成若干右矢的叠加，左矢空间中的任意态矢可以表示成

若干左矢的叠加，即

$$|\psi\rangle=\sum_n c_n|\psi_n\rangle \tag{6-78}$$

$$\langle\psi|=\sum_n c_n'\langle\psi_n|=\sum_n{}_n\langle\psi_n|c_n' \tag{6-79}$$

但右矢和左矢不能叠加。

（3）右矢和左矢互为共轭。

对于数，有 $c^+=c^*$，如 $c=a+\mathrm{i}b$，则 $c^+=c^*=a-\mathrm{i}b$。

对于右矢和左矢，有

$$|\psi\rangle^+=\langle\psi| \tag{6-80}$$

$$\langle\psi|^+=|\psi\rangle \tag{6-81}$$

$$\left(\sum_n c_n|\psi_n\rangle\right)^+=\sum_n c_n^*\langle\psi_n|=\sum_n\langle\psi_n|c_n^* \tag{6-82}$$

$$\left(\hat{A}|\psi\rangle\right)^+=\langle\psi|\hat{A}^+ \tag{6-83}$$

注意：$\hat{A}\langle\psi|$ 和 $|\psi\rangle\hat{A}$ 都没有意义。

因为

$$\left(\hat{B}\hat{A}|\psi\rangle\right)^+=\left(\hat{A}|\psi\rangle\right)^+\hat{B}^+=\langle\psi|\hat{A}^+\hat{B}^+$$

另一方面

$$\left(\hat{B}\hat{A}|\psi\rangle\right)^+=\langle\psi|(\hat{B}\hat{A})^+$$

所以

$$(\hat{B}\hat{A})^+=\hat{A}^+\hat{B}^+ \tag{6-84}$$

二、标量积

1．标量积的定义

$|\psi\rangle$ 和 $|\varphi\rangle$ 的标量积为

$$\langle\varphi||\psi\rangle\equiv\langle\varphi|\psi\rangle \tag{6-85}$$

2．标量积的特点

（1）标量积是一个数，可以在运算中随意移动位置。

（2）标量积的共轭

$$\langle\varphi|\psi\rangle^+=\langle\varphi|\psi\rangle^*=\langle\psi|\varphi\rangle \tag{6-86}$$

（3）在同一表象中，$|\psi\rangle$ 和 $|\varphi\rangle$ 的标量积是相应分量的乘积之和（后面证明）。

比如，在 x 表象中

$$\langle\varphi|\psi\rangle=\int\varphi^*(x)\psi(x)\mathrm{d}x \tag{6-87}$$

在 Q 表象中

$$\langle\varphi|\psi\rangle=\sum_n b_n^* a_n \tag{6-88}$$

三、基矢组

力学量算符$\hat{Q}$的本征方程为

$$\hat{Q}|\psi_n\rangle=\lambda_n|\psi_n\rangle \tag{6-89}$$

则$\{|n\rangle\}$构成一正交归一完备基矢组。该基矢组的正交归一方程为

$$\langle m|n\rangle=\delta_{mn} \tag{6-90}$$

比如在x表象中，x的本征函数的正交归一条件为

$$\langle x|x'\rangle=\delta(x-x') \tag{6-91}$$

在p表象中，p的本征函数的正交归一条件为

$$\langle p|p'\rangle=\delta(p-p') \tag{6-92}$$

该基矢组的完备性表现为任意态矢$|\psi\rangle$可以用该基矢组做展开，即

$$|\psi\rangle=\sum_n a_n|n\rangle \tag{6-93}$$

上式的两边左乘$\langle m|$，则

$$\langle m|\psi\rangle=\sum_n a_n\langle m|n\rangle=\sum_n a_n\delta_{mn}=a_m$$

所以，展开系数

$$a_n=\langle n|\psi\rangle \tag{6-94}$$

它表示态矢$|\psi\rangle$在基矢$|n\rangle$上的投影。

把式（6-94）代入式（6-93），得

$$|\psi\rangle=\sum_n\langle n|\psi\rangle|n\rangle=\sum_n|n\rangle\langle n|\psi\rangle$$

因此

$$\sum_n|n\rangle\langle n|=1 \tag{6-95}$$

这是一个恒等于1的算符。例如，对坐标表象，由于本征函数是连续谱本征函数，因此

$$\int_{-\infty}^{\infty}|x\rangle\langle x|\mathrm{d}x=1 \tag{6-96}$$

下面引入算符

$$\hat{P}_n=|n\rangle\langle n| \tag{6-97}$$

把它作用到态矢$|\psi\rangle$，得

$$\hat{P}_n|\psi\rangle=|n\rangle\langle n|\psi\rangle=a_n|n\rangle \tag{6-98}$$

显然，该算符对任何矢量的运算相当于把这个矢量投影到基矢$|n\rangle$上去，使它变成在基矢$|n\rangle$方向上的分量。所以此算符称为投影算符。

选定表象后，就可以计算标量积$\langle\varphi|\psi\rangle$。例如，在坐标表象下

$$\langle\varphi|\psi\rangle=\int\langle\varphi|x\rangle\langle x|\psi\rangle\mathrm{d}x=\int\langle x|\varphi\rangle^*\langle x|\psi\rangle\mathrm{d}x=\int\varphi^*(x)\psi(x)\mathrm{d}x$$

在Q表象下

$$\langle\varphi|\psi\rangle=\sum_n\langle\varphi|n\rangle\langle n|\psi\rangle=\sum_n\langle n|\varphi\rangle^*\langle n|\psi\rangle=\sum_n b_n^* a_n$$

这正是式（6-87）和式（6-88）。

四、算符的狄拉克符号表示

算符 $\hat{F}$ 作用在态矢量$|\psi\rangle$上，得出另一个态矢量$|\varphi\rangle$，即

$$|\varphi\rangle=\hat{F}|\psi\rangle \tag{6-99}$$

如同在矢量空间中通过一个运算将一个矢量变成另一个矢量一样。此式是在未选定具体表象时的算符方程。下面给出某一表象下算符 $\hat{F}$ 的狄拉克符号表示。

设 Q 表象中的态矢空间的基矢组为$\{|n\rangle\}$，则

$$|\psi\rangle=\sum_m a_m|m\rangle \qquad |\varphi\rangle=\sum_n b_n|n\rangle$$

展开系数为

$$a_m=\langle m|\psi\rangle \qquad b_n=\langle n|\varphi\rangle$$

用$\langle m|$左乘算符方程（6-99）的两端，得

$$\langle m|\varphi\rangle=\langle m|\hat{F}|\psi\rangle=\sum_n\langle m|\hat{F}|n\rangle\langle n|\psi\rangle$$

令

$$F_{mn}=\langle m|\hat{F}|n\rangle \tag{6-100}$$

得

$$b_m=\sum_n F_{mn}a_n \tag{6-101}$$

该式就是算符方程（6-99）在 Q 表象中的简写形式，式（6-100）就是算符 $\hat{F}$ 在 Q 表象中的矩阵元。

特别地，在自身表象中力学量的矩阵元为

$$Q_{mn}=\langle m|\hat{Q}|n\rangle=\lambda_n\langle m|n\rangle=\lambda_n\delta_{mn} \tag{6-102}$$

五、量子力学方程的狄拉克符号表示

在介绍算符的狄拉克符号表示时，已经介绍了算符方程的狄拉克符号表示。下面介绍其他方程的狄拉克符号表示。

1. 本征方程的狄拉克符号表示

$\hat{F}$ 的本征方程为

$$\hat{F}|\psi\rangle=\lambda|\psi\rangle \tag{6-103}$$

用$\langle m|$左乘本征方程（6-103）的两端，得到它在 Q 表象中的表示为

$$\langle m|\hat{F}|\psi\rangle=\lambda\langle m|\psi\rangle$$

所以

$$\sum_n\langle m|\hat{F}|n\rangle\langle n|\psi\rangle=\lambda\langle m|\psi\rangle$$

简写为

$$\sum_n F_{mn}a_n = \lambda a_m \tag{6-104}$$

或

$$\sum_n \left[\langle m|\hat{F}|n\rangle - \lambda\delta_{mn}\right]\langle n|\psi\rangle = 0 \tag{6-105}$$

这就是 $\hat{F}$ 的本征方程的狄拉克符号表示。

2. 薛定谔方程的狄拉克符号表示

薛定谔方程为

$$\mathrm{i}\hbar\frac{\partial}{\partial t}|\psi\rangle = \hat{H}|\psi\rangle \tag{6-106}$$

用 $\langle m|$ 左乘薛定谔方程（6-106）的两端，得到它在 Q 表象中的表示为

$$\mathrm{i}\hbar\frac{\mathrm{d}}{\mathrm{d}t}\langle m|\psi\rangle = \langle m|\hat{H}|\psi\rangle = \sum_n \langle m|\hat{H}|n\rangle\langle n|\psi\rangle$$

简写为

$$\mathrm{i}\hbar\frac{\mathrm{d}}{\mathrm{d}t}a_m = \sum_n H_{mn}a_n \tag{6-107}$$

这就是薛定谔方程的狄拉克符号表示。

定态薛定谔方程可以写成

$$\hat{H}|\psi\rangle = E|\psi\rangle \tag{6-108}$$

用 $\langle m|$ 左乘方程（6-108）的两端，得到它在 Q 表象中的表示为

$$\langle m|\hat{H}|\psi\rangle = E\langle m|\psi\rangle$$

所以

$$\sum_n \langle m|\hat{H}|n\rangle\langle n|\psi\rangle = E\langle m|\psi\rangle$$

简写为

$$\sum_n H_{mn}a_n = Ea_m \tag{6-109}$$

3. 平均值公式的狄拉克符号表示

由式（6-50）得，力学量 $\hat{F}$ 在 Q 表象中的平均值公式为

$$\overline{F} = \sum_{mn} a_m^* F_{mn} a_n \tag{6-110}$$

变形为

$$\overline{F} = \sum_{mn} \langle\psi|m\rangle\langle m|\hat{F}|n\rangle\langle n|\psi\rangle = \langle\psi|\hat{F}|\psi\rangle$$

即

$$\overline{F} = \langle\psi|\hat{F}|\psi\rangle \tag{6-111}$$

该式是无表象时的平均值公式。

六、表象变换的狄拉克符号表示

设 A 表象、B 表象的基矢分别为 $|m\rangle$、$|\alpha\rangle$，则

$$|\alpha\rangle = \sum_m |m\rangle\langle m|\alpha\rangle = \sum_m S_{m\alpha}|m\rangle \tag{6-112}$$

其中变换矩阵元

$$S_{m\alpha} = \langle m|\alpha\rangle \tag{6-113}$$

设 $|\psi\rangle$ 在 A 表象、B 表象的表示分别为

$$a_m = \langle m|\psi\rangle \qquad\qquad b_\alpha = \langle\alpha|\psi\rangle$$

显然有

$$\begin{aligned} b_\alpha = \langle\alpha|\psi\rangle &= \sum_m \langle\alpha|m\rangle\langle m|\psi\rangle = \sum_m \langle m|\alpha\rangle^* \langle m|\psi\rangle \\ &= \sum_m S_{m\alpha}^* a_m = \sum_m S_{\alpha m}^+ a_m \end{aligned}$$

所以

$$\boldsymbol{b} = \boldsymbol{S}^+\boldsymbol{a} \tag{6-114}$$

设力学量算符 $\hat{F}$ 在 A 表象、B 表象的表示分别为

$$F_{mn} = \langle m|\hat{F}|n\rangle \qquad\qquad F'_{\alpha\beta} = \langle\alpha|\hat{F}|\beta\rangle$$

显然有

$$\begin{aligned} F'_{\alpha\beta} = \langle\alpha|\hat{F}|\beta\rangle &= \sum_{m,n}\langle\alpha|m\rangle\langle m|\hat{F}|n\rangle\langle n|\beta\rangle = \sum_{m,n}\langle m|\alpha\rangle^*\langle m|\hat{F}|n\rangle\langle n|\beta\rangle \\ &= \sum_{m,n} S_{m\alpha}^* F_{mn} S_{n\beta} = \sum_{m,n} S_{\alpha m}^+ F_{mn} S_{n\beta} = (S^+FS)_{\alpha\beta} \end{aligned}$$

所以

$$\boldsymbol{F}' = \boldsymbol{S}^+\boldsymbol{F}\boldsymbol{S} \tag{6-115}$$

【例 6-8】若 $\hat{H}$ 的本征值为 E_k，本征矢 $\psi_k(x)$ 为实的归一化的束缚态，则

$$\sum_n (E_n - E_k)|x_{nk}|^2 = \frac{\hbar^2}{2\mu}$$

解：因为

$$\begin{aligned} \sum_n (E_n - E_k)|x_{nk}|^2 &= \sum_n (E_n - E_k)\langle k|x|n\rangle\langle n|x|k\rangle \\ &= \sum_n \langle k|[x\hat{H} - \hat{H}x]|n\rangle\langle n|x|k\rangle = \langle k|[x\hat{H} - \hat{H}x]x|k\rangle \\ &= \langle k|[x,H]x|k\rangle \end{aligned}$$

又

$$\begin{aligned} \sum_n (E_n - E_k)|x_{nk}|^2 &= \sum_n \langle k|x|n\rangle\langle n|[\hat{H}x - x\hat{H}]|k\rangle \\ &= \langle k|x[\hat{H},x]|k\rangle \end{aligned}$$

所以

$$\sum_n (E_n - E_k)|x_{nk}|^2 = \frac{1}{2}\langle k|([x,\hat{H}]x + x[\hat{H},x])|k\rangle$$
$$= \frac{1}{2}\langle k|([x,\hat{H}]x - x[x,\hat{H}])|k\rangle = \frac{1}{2}\langle k|[[x,\hat{H}],x]|k\rangle$$
$$= \frac{\mathrm{i}\hbar}{2\mu}\langle k|[\hat{p}_x,x]|k\rangle = \frac{\mathrm{i}\hbar}{2\mu}(-\mathrm{i}\hbar) = \frac{\hbar^2}{2\mu}$$

其中利用了$[x,\hat{H}] = \dfrac{\mathrm{i}\hbar}{\mu}\hat{p}_x$。

习　题

6-1　求动量表象中$\hat{L}_x$、$\hat{L}_x^2$的矩阵元。

6-2　求动量表象中，线性谐振子哈密顿算符的矩阵元。

6-3　求在动量表象中线性谐振子的能量本征函数。

6-4　设已知在$\hat{L}^2$和$\hat{L}_z$的共同表象中，算符$\hat{L}_x$和$\hat{L}_y$的矩阵分别为

$$\boldsymbol{L}_x = \frac{\hbar}{\sqrt{2}}\begin{bmatrix} 0 & 1 & 0 \\ 1 & 0 & 1 \\ 0 & 1 & 0 \end{bmatrix} \qquad \boldsymbol{L}_y = \frac{\hbar}{\sqrt{2}}\begin{bmatrix} 0 & -\mathrm{i} & 0 \\ \mathrm{i} & 0 & -\mathrm{i} \\ 0 & \mathrm{i} & 0 \end{bmatrix}$$

求它们的本征值和归一化的本征函数，并将矩阵$\boldsymbol{L}_x$和$\boldsymbol{L}_y$对角化。

6-5　已知力学量算符$\hat{A}$、$\hat{B}$满足：$\hat{A}^2 = 0$，$\hat{A}\hat{A}^+ + \hat{A}^+\hat{A} = 1$，$\hat{B} = \hat{A}^+\hat{A}$。证明$\hat{B}^2 = \hat{B}$，并在$B$表象中求出$\hat{A}$的矩阵表示。

6-6　设体系哈密顿量$\hat{H}$的本征方程为$\hat{H}|n\rangle = E_n|n\rangle$，$n$为一组完备的量子数。证明：$\hat{H} = \sum_n E_n|n\rangle\langle n|$。

6-7　设力学量$\hat{A}$不显含时间，$\hat{H}$为体系的哈密顿量，证明

$$-\hbar^2\frac{\mathrm{d}^2}{\mathrm{d}t^2}\overline{A} = \overline{[[\hat{A},\hat{H}],\hat{H}]}$$

6-8　设$\hat{F}(\vec{r},\hat{p})$为厄米算符，证明能量表象中的求和规则

$$\sum_n (E_n - E_k)|F_{nk}|^2 = \frac{1}{2}\langle k|[\hat{F},[\hat{H},\hat{F}]]|k\rangle$$

第七章　量子力学本征值的代数解法

§7-1　线性谐振子与占有数表象

一、产生算符和消灭算符

一维谐振子的哈密顿量为

$$\hat{H}=\frac{\hat{p}^2}{2\mu}+\frac{1}{2}\mu\omega^2x^2$$

构造无量纲算符

$$\hat{a}=\sqrt{\frac{\mu\omega}{2\hbar}}\left(x+\mathrm{i}\frac{\hat{p}}{\mu\omega}\right)=\frac{\alpha}{\sqrt{2}}\left(x+\frac{\hbar}{\mu\omega}\frac{\partial}{\partial x}\right) \tag{7-1}$$

$$\hat{a}^+=\sqrt{\frac{\mu\omega}{2\hbar}}\left(x-\mathrm{i}\frac{\hat{p}}{\mu\omega}\right)=\frac{\alpha}{\sqrt{2}}\left(x-\frac{\hbar}{\mu\omega}\frac{\partial}{\partial x}\right) \tag{7-2}$$

其中$\alpha=\sqrt{\mu\omega/\hbar}$。$\hat{a}^+$、$\hat{a}$为分别称为产生算符和消灭算符。

产生算符和消灭算符的性质如下。

（1）由于$\hat{a}\neq\hat{a}^+$，因此$\hat{a}$不是厄米算符。

（2）因为

$$[\hat{a},\hat{a}^+]=\left[\sqrt{\frac{\mu\omega}{2\hbar}}\left(x+\mathrm{i}\frac{\hat{p}}{\mu\omega}\right),\sqrt{\frac{\mu\omega}{2\hbar}}\left(x-\mathrm{i}\frac{\hat{p}}{\mu\omega}\right)\right]$$

$$=\frac{\mu\omega}{2\hbar}\frac{\mathrm{i}}{\mu\omega}\left\{[x,-\hat{p}]+[\hat{p},x]\right\}=\frac{\mathrm{i}}{2\hbar}(-\mathrm{i}\hbar-\mathrm{i}\hbar)=1$$

所以，$\hat{a}$、$\hat{a}^+$满足的对易关系为

$$[\hat{a},\hat{a}^+]=1 \tag{7-3}$$

（3）由式（7-1）、式（7-2）可得

$$\hat{x}=\sqrt{\frac{\hbar}{2\mu\omega}}(\hat{a}+\hat{a}^+) \tag{7-4}$$

$$\hat{p}=\frac{1}{\mathrm{i}}\sqrt{\frac{\mu\omega\hbar}{2}}(\hat{a}-\hat{a}^+) \tag{7-5}$$

所以

$$\hat{H}=\frac{\hat{p}^2}{2\mu}+\frac{1}{2}\mu\omega^2x^2=-\frac{\hbar\omega}{4}\left(\hat{a}^2+\hat{a}^{+2}-\hat{a}\hat{a}^+-\hat{a}^+\hat{a}\right)+\frac{\hbar\omega}{4}\left(\hat{a}^2+\hat{a}^{+2}+\hat{a}\hat{a}^++\hat{a}^+\hat{a}\right)$$

$$=\frac{1}{2}\hbar\omega\left(\hat{a}\hat{a}^++\hat{a}^+\hat{a}\right)=\frac{1}{2}\hbar\omega\left(1+\hat{a}^+\hat{a}+\hat{a}^+\hat{a}\right)=\left(\hat{a}^+\hat{a}+\frac{1}{2}\right)\hbar\omega$$

即哈密顿算符可以表示为

$$\hat{H} = \left(\hat{a}^+\hat{a} + \frac{1}{2}\right)\hbar\omega \tag{7-6}$$

（4）因为

$$[\hat{a},\hat{H}] = \left[\hat{a},\left(\hat{a}^+\hat{a} + \frac{1}{2}\right)\hbar\omega\right] = \hbar\omega[\hat{a},\hat{a}^+\hat{a}] = \hbar\omega[\hat{a},\hat{a}^+]\hat{a} = \hbar\omega\hat{a}$$

$$[\hat{a}^+,\hat{H}] = \left[\hat{a}^+,\left(\hat{a}^+\hat{a} + \frac{1}{2}\right)\hbar\omega\right] = \hbar\omega[\hat{a}^+,\hat{a}^+\hat{a}] = \hbar\omega\hat{a}^+[\hat{a}^+,\hat{a}] = -\hbar\omega\hat{a}^+$$

所以，$\hat{a}$、$\hat{a}^+$ 和 $\hat{H}$ 的对易关系

$$[\hat{a},\hat{H}] = \hbar\omega\hat{a} \tag{7-7}$$

$$[\hat{a}^+,\hat{H}] = -\hbar\omega\hat{a}^+ \tag{7-8}$$

二、粒子数算符

引入粒子数算符

$$\hat{N} = \hat{a}^+\hat{a} \tag{7-9}$$

它具有下列性质。

（1）$\hat{N}$ 是厄米算符。这是因为

$$\hat{N}^+ = (\hat{a}^+\hat{a})^+ = \hat{a}\hat{a}^+ = \hat{N}$$

（2）满足对易关系

$$\begin{cases} \left[\hat{N},\hat{a}\right] = \left[\hat{a}^+\hat{a},\hat{a}\right] = \left[\hat{a}^+,\hat{a}\right]\hat{a} = -\hat{a} \\ \left[\hat{N},\hat{a}^2\right] = \hat{a}\left[\hat{N},\hat{a}\right] + \left[\hat{N},\hat{a}\right]\hat{a} = -2\hat{a}^2 \\ \qquad\cdots \\ \left[\hat{N},\hat{a}^k\right] = -k\hat{a}^k \end{cases} \tag{7-10}$$

同理

$$\begin{cases} \left[\hat{N},\hat{a}^+\right] = \hat{a}^+ \\ \left[\hat{N},(\hat{a}^+)^2\right] = 2(\hat{a}^+)^2 \\ \qquad\cdots \\ \left[\hat{N},(\hat{a}^+)^k\right] = k(\hat{a}^+)^k \end{cases} \tag{7-11}$$

下面求 $\hat{N}$ 的本征值及相应的本征态。设 $\hat{N}$ 的本征态为 $|n\rangle$，相应的本征值为 n，则其本征值方程为

$$\hat{N}|n\rangle = \hat{a}^+\hat{a}|n\rangle = n|n\rangle \tag{7-12}$$

利用式（7-10），把 $\left[\hat{N},\hat{a}\right]$ 作用于 $|n\rangle$ 上，得

$$\left[\hat{N},\hat{a}\right]|n\rangle = -\hat{a}|n\rangle$$

另外

$$\left[\hat{N},\hat{a}\right]|n\rangle = \hat{N}\hat{a}|n\rangle - \hat{a}\hat{N}|n\rangle = \hat{N}\hat{a}|n\rangle - n\hat{a}|n\rangle$$

所以

$$\hat{N}\hat{a}|n\rangle = (n-1)\hat{a}|n\rangle$$

该式表明，$\hat{a}|n\rangle$ 也是 $\hat{N}$ 的本征态，对应的本征值为 $n-1$。

把 $\left[\hat{N},\hat{a}^2\right]$ 作用于 $|n\rangle$ 上，得

$$\left[\hat{N},\hat{a}^2\right]|n\rangle = -2\hat{a}^2|n\rangle$$

另外

$$\left[\hat{N},\hat{a}^2\right]|n\rangle = \hat{N}\hat{a}^2|n\rangle - \hat{a}^2\hat{N}|n\rangle = \hat{N}\hat{a}^2|n\rangle - n\hat{a}^2|n\rangle$$

所以

$$\hat{N}\hat{a}^2|n\rangle = (n-2)\hat{a}^2|n\rangle$$

因此，$\hat{a}^2|n\rangle$ 也是 $\hat{N}$ 的本征态，对应的本征值为 $n-2$。

以此类推，可以得出

$$\hat{N}\hat{a}^k|n\rangle = (n-k)\hat{a}^k|n\rangle \tag{7-13}$$

即 $\hat{a}^k|n\rangle$ 是 $\hat{N}$ 的本征态，对应的本征值为 $n-k$。

利用式（7-11），采用类似办法，可得

$$\hat{N}\hat{a}^+|n\rangle = (n+1)\hat{a}^+|n\rangle$$

$$\hat{N}(\hat{a}^+)^2|n\rangle = (n+2)(\hat{a}^+)^2|n\rangle$$

$$\cdots$$

$$\hat{N}(\hat{a}^+)^k|n\rangle = (n+k)(\hat{a}^+)^k|n\rangle \tag{7-14}$$

即 $(\hat{a}^+)^k|n\rangle$ 是 $\hat{N}$ 的本征态，对应的本征值为 $n+k$。

由此可得，$\hat{N}$ 的本征值及相应本征态如表 7-1 所示。

表 7-1

本征值	…	$n-2$	$n-1$	n	$n+1$	$n+2$	…
本征态	…	$\hat{a}^2|n\rangle$	$\hat{a}|n\rangle$	$|n\rangle$	$\hat{a}^+|n\rangle$	$(\hat{a}^+)^2|n\rangle$	…

三、产生算符和消灭算符对粒子数算符本征态的作用

因为

$$\hat{N}|n-1\rangle = (n-1)|n-1\rangle \qquad \hat{N}\hat{a}|n\rangle = (n-1)\hat{a}|n\rangle$$

所以，$|n-1\rangle$ 和 $\hat{a}|n\rangle$ 都是 $\hat{N}$ 的对应本征值 $n-1$ 的本征态。令

$$\hat{a}|n\rangle = \lambda|n-1\rangle$$

对上式的两边取共轭，得

$$\langle n|\hat{a}^+ = \lambda^*\langle n-1|$$

假设 $\hat{N}$ 的所有本征矢都已归一化，则

$$\langle n|\hat{a}^+\hat{a}|n\rangle = |\lambda|^2\langle n-1|n-1\rangle = |\lambda|^2$$

另外

$$\langle n|\hat{a}^{+}\hat{a}|n\rangle=\langle n|\hat{N}|n\rangle=n\langle n|n\rangle=n$$

因此

$$|\lambda|^2=n$$

取$\lambda=\sqrt{n}$（$n\geqslant 0$），于是

$$\hat{a}|n\rangle=\sqrt{n}|n-1\rangle \tag{7-15}$$

即$\hat{a}$的作用是把态$|n\rangle$变成态$|n-1\rangle$，所以，$\hat{a}$称为消灭算符或降算符。

同理

$$\hat{a}^{+}|n\rangle=\sqrt{n+1}|n+1\rangle \tag{7-16}$$

即$\hat{a}^{+}$的作用是把态$|n\rangle$变成态$|n+1\rangle$，所以，$\hat{a}^{+}$称为产生算符或升算符。

四、粒子数算符的本征解

设$\hat{N}$的最小本征值为n_0，相应的本征矢为$|n_0\rangle$，则

$$\hat{a}|n_0\rangle=0$$

于是

$$\hat{N}|n_0\rangle=\hat{a}^{+}\hat{a}|n_0\rangle=0 \tag{7-17}$$

即$\hat{N}$的最小本征值为0，相应的本征态记为

$$|n_0\rangle=|0\rangle$$

把$\hat{a}^{+},\hat{a}^{+2},\cdots$依次作用于$|0\rangle$，得到$\hat{N}$的一系列本征解，如表7-2所示。

表7-2

本征值	0	1	2	…	k	…
本征态	$|0\rangle$	$\hat{a}^{+}|0\rangle$	$(\hat{a}^{+})^2|0\rangle$	…	$(\hat{a}^{+})^k|n\rangle$	…

五、能量本征值及本征态

由式（7-6）和式（7-9），得

$$\hat{H}=\hbar\omega\left(\hat{N}+\frac{1}{2}\right) \tag{7-18}$$

所以

$$\hat{H}|n\rangle=\hbar\omega\left(\hat{N}+\frac{1}{2}\right)|n\rangle=\hbar\omega\left(n+\frac{1}{2}\right)|n\rangle \tag{7-19}$$

即$|n\rangle$也是$\hat{H}$的本征态，对应的本征值为

$$E_n=\left(n+\frac{1}{2}\right)\hbar\omega \tag{7-20}$$

其中，$n=0,1,2,3,\cdots$。

利用式（7-16），得

$$\hat{a}^{+}|0\rangle=|1\rangle$$

$$\hat{a}^{+2}|0\rangle=\hat{a}^{+}|1\rangle=\sqrt{2}|2\rangle$$
$$\hat{a}^{+3}|0\rangle=\hat{a}^{+}\sqrt{2}|2\rangle=\sqrt{3\times2}|3\rangle$$
$$\cdots$$
$$\hat{a}^{+n}|0\rangle=\sqrt{n!}|n\rangle$$

所以

$$|n\rangle=\frac{1}{\sqrt{n!}}\hat{a}^{+n}|0\rangle \tag{7-21}$$

由 $\hat{a}\psi_0=0$（即 $\hat{a}|0\rangle=0$），可得

$$\sqrt{\frac{\mu\omega}{2\hbar}}\left(x+\mathrm{i}\frac{\hat{p}}{\mu\omega}\right)\psi_0(x)=0$$

即

$$\sqrt{\frac{\mu\omega}{2\hbar}}\left(x+\frac{\hbar}{\mu\omega}\frac{\mathrm{d}}{\mathrm{d}x}\right)\psi_0(x)=0$$

令 $\alpha=\sqrt{\dfrac{\mu\omega}{\hbar}}$，$\xi=\alpha x$，上式简化为

$$\left(\xi+\frac{\mathrm{d}}{\mathrm{d}\xi}\right)\psi_0=0$$

即

$$\frac{\mathrm{d}\psi_0}{\psi_0}=-\xi\mathrm{d}\xi$$

解得

$$\psi_0=N_0\mathrm{e}^{-\frac{1}{2}\xi^2}$$

由归一化条件

$$\int\psi_0^*\psi_0\mathrm{d}x=\frac{|N_0|^2}{\alpha}\int_{-\infty}^{+\infty}\mathrm{e}^{-\xi^2}\mathrm{d}\xi=\frac{|N_0|^2}{\alpha}\sqrt{\pi}=1$$

可得

$$N_0=\sqrt{\frac{\alpha}{\sqrt{\pi}}}$$

于是，基态波函数

$$\psi_0=\sqrt{\frac{\alpha}{\sqrt{\pi}}}\mathrm{e}^{-\frac{1}{2}\xi^2} \tag{7-22}$$

由式（7-21），得

$$\psi_n=\frac{1}{\sqrt{n!}}\hat{a}^{+n}\psi_0$$

考虑到 $\hat{a}^{+}=\dfrac{1}{\sqrt{2}}\left(\xi-\dfrac{\partial}{\partial\xi}\right)$，所以

$$\begin{aligned}\psi_n &= \frac{1}{\sqrt{n!}}\left[\frac{1}{\sqrt{2}}\left(\xi-\frac{\partial}{\partial\xi}\right)\right]^n\sqrt{\frac{\alpha}{\sqrt{\pi}}}\mathrm{e}^{-\frac{1}{2}\xi^2} \\ &= \sqrt{\frac{\alpha}{\sqrt{\pi}2^n n!}}\left(\xi-\frac{\partial}{\partial\xi}\right)^n\mathrm{e}^{-\frac{1}{2}\xi^2}\end{aligned} \tag{7-23}$$

下面计算$\left(\xi-\frac{\partial}{\partial\xi}\right)^n\mathrm{e}^{-\frac{1}{2}\xi^2}$。由于

$$\left(\xi-\frac{\partial}{\partial\xi}\right)^0\mathrm{e}^{-\frac{1}{2}\xi^2}=\mathrm{e}^{-\frac{1}{2}\xi^2}=H_0(\xi)\mathrm{e}^{-\frac{1}{2}\xi^2}$$

$$\left(\xi-\frac{\partial}{\partial\xi}\right)\mathrm{e}^{-\frac{1}{2}\xi^2}=2\xi\mathrm{e}^{-\frac{1}{2}\xi^2}=H_1(\xi)\mathrm{e}^{-\frac{1}{2}\xi^2}$$

$$\left(\xi-\frac{\partial}{\partial\xi}\right)^2\mathrm{e}^{-\frac{1}{2}\xi^2}=(4\xi^2-2)\mathrm{e}^{-\frac{1}{2}\xi^2}=H_2(\xi)\mathrm{e}^{-\frac{1}{2}\xi^2}$$

$$\cdots$$

$$\left(\xi-\frac{\partial}{\partial\xi}\right)^n\mathrm{e}^{-\frac{1}{2}\xi^2}=H_n(\xi)\mathrm{e}^{-\frac{1}{2}\xi^2}$$

所以，线性谐振子的本征函数为

$$\psi_n(\xi)=\sqrt{\frac{\alpha}{\sqrt{\pi}2^n n!}}\mathrm{e}^{-\frac{1}{2}\xi^2}H_n(\xi) \tag{7-24}$$

或

$$\psi_n(x)=\sqrt{\frac{\alpha}{\sqrt{\pi}2^n n!}}\mathrm{e}^{-\frac{1}{2}\alpha^2x^2}H_n(\alpha x) \tag{7-25}$$

六、粒子数表象中算符的矩阵表示

以粒子数算符的本征矢为基矢的表象称为粒子数（占有数）表象。

1．算符$\hat{a}$、$\hat{a}^+$的矩阵表示

利用式（7-15）和式（7-16）得，$\hat{a}$、$\hat{a}^+$的矩阵元分别为

$$a_{mn}=\langle m|\hat{a}|n\rangle=\sqrt{n}\langle m|n-1\rangle=\sqrt{n}\delta_{m,n-1} \tag{7-26}$$

$$a_{mn}^+=\langle m|\hat{a}^+|n\rangle=\sqrt{n+1}\langle m|n+1\rangle=\sqrt{n+1}\delta_{m,n+1} \tag{7-27}$$

其中，$m,n=0,1,2,\cdots$。所以，它们的矩阵表示分别为

$$\boldsymbol{a}=\begin{bmatrix}0 & \sqrt{1} & 0 & \cdots \\ 0 & 0 & \sqrt{2} & \cdots \\ 0 & 0 & 0 & \cdots \\ \vdots & \vdots & \vdots & \ddots\end{bmatrix} \tag{7-28}$$

$$a^+=\begin{bmatrix}0&0&0&\cdots\\\sqrt{1}&0&0&\cdots\\0&\sqrt{2}&0&\cdots\\\vdots&\vdots&\vdots&\ddots\end{bmatrix}\tag{7-29}$$

实际上将矩阵 $\boldsymbol{a}$ 转置取共轭就可得到矩阵 $\boldsymbol{a}^+$。

2. 算符 $\hat{N}$、$\hat{H}$ 的矩阵表示

利用式（7-12）和式（7-19）得，$\hat{N}$、$\hat{H}$ 的矩阵元分别为

$$N_{mn}=\langle m|\hat{N}|n\rangle=n\delta_{mn}\tag{7-30}$$

$$H_{mn}=\langle m|\hat{H}|n\rangle=\left(n+\frac{1}{2}\right)\hbar\omega\delta_{mn}\tag{7-31}$$

所以，它们的矩阵表示分别为

$$\boldsymbol{N}=\begin{bmatrix}0&0&0&\cdots\\0&1&0&\cdots\\0&0&2&\cdots\\\vdots&\vdots&\vdots&\ddots\end{bmatrix}\tag{7-32}$$

$$\boldsymbol{H}=\hbar\omega\begin{bmatrix}1/2&0&0&\cdots\\0&3/2&0&\cdots\\0&0&5/2&\cdots\\\vdots&\vdots&\vdots&\ddots\end{bmatrix}\tag{7-33}$$

因为是在自身表象下的，所以它们都是对角矩阵。

3. 算符 x、$\hat{p}$ 的矩阵表示

利用式（7-4）和式（7-5）得，x、$\hat{p}$ 的矩阵元分别为

$$\begin{aligned}x_{mn}&=\langle m|\hat{x}|n\rangle=\sqrt{\frac{\hbar}{2\mu\omega}}\langle m|(\hat{a}+\hat{a}^+)|n\rangle\\&=\sqrt{\frac{\hbar}{2\mu\omega}}\left(\sqrt{n}\delta_{m,n-1}+\sqrt{n+1}\delta_{m,n+1}\right)\end{aligned}\tag{7-34}$$

$$\begin{aligned}p_{mn}&=\langle m|\hat{p}|n\rangle=-\mathrm{i}\sqrt{\frac{\mu\omega\hbar}{2}}\langle m|(\hat{a}-\hat{a}^+)|n\rangle\\&=-\mathrm{i}\sqrt{\frac{\mu\omega\hbar}{2}}\left(\sqrt{n}\delta_{m,n-1}-\sqrt{n+1}\delta_{m,n+1}\right)\end{aligned}\tag{7-35}$$

所以，它们的矩阵表示分别为

$$\boldsymbol{x}=\sqrt{\frac{\hbar}{2\mu\omega}}\begin{bmatrix}0&\sqrt{1}&0&\cdots\\\sqrt{1}&0&\sqrt{2}&\cdots\\0&\sqrt{2}&0&\cdots\\\vdots&\vdots&\vdots&\ddots\end{bmatrix}\tag{7-36}$$

$$\boldsymbol{p} = -\mathrm{i}\sqrt{\frac{\mu\omega\hbar}{2}}\begin{bmatrix} 0 & \sqrt{1} & 0 & \cdots \\ -\sqrt{1} & 0 & \sqrt{2} & \cdots \\ 0 & -\sqrt{2} & 0 & \cdots \\ \vdots & \vdots & \vdots & \ddots \end{bmatrix} \tag{7-37}$$

【例 7-1】设算符 $\hat{a}$ 、$\hat{a}^+$ 满足对易关系 $\left[\hat{a},\hat{a}^+\right]=1$，试求算符 $\hat{N}=\hat{a}^+\hat{a}$ 的本征值。

解：设算符 $\hat{N}$ 的本征值方程为

$$\hat{N}|n\rangle = n|n\rangle$$

式中，n 是本征值，$|n\rangle$ 是相应的本征函数。利用 $\left[\hat{a},\hat{a}^+\right]=1$，得

$$\left[\hat{N},\hat{a}^+\right]=\left[\hat{a}^+\hat{a},\hat{a}^+\right]=\hat{a}^+\left[\hat{a},\hat{a}^+\right]=\hat{a}^+$$

$$\left[\hat{N},(\hat{a}^+)^2\right]=\hat{a}^+\left[\hat{N},\hat{a}^+\right]+\left[\hat{N},\hat{a}^+\right]\hat{a}^+=2(\hat{a}^+)^2$$

以此类推，得

$$\left[\hat{N},(\hat{a}^+)^k\right]=k(\hat{a}^+)^k$$

同理

$$\left[\hat{N},\hat{a}\right]=-\hat{a} \qquad \left[\hat{N},\hat{a}^2\right]=-2\hat{a}^2 \qquad \cdots \qquad \left[\hat{N},\hat{a}^k\right]=-k\hat{a}^k$$

所以

$$\left[\hat{N},\hat{a}^+\right]|n\rangle=\hat{N}\hat{a}^+|n\rangle-\hat{a}^+\hat{N}|n\rangle=\hat{N}\hat{a}^+|n\rangle-n\hat{a}^+|n\rangle=\hat{a}^+|n\rangle$$

即

$$\hat{N}\hat{a}^+|n\rangle=(n+1)\hat{a}^+|n\rangle$$

同理

$$\hat{N}(\hat{a}^+)^2|n\rangle=(n+2)(\hat{a}^+)^2|n\rangle$$

$$\cdots$$

$$\hat{N}(\hat{a}^+)^k|n\rangle=(n+k)(\hat{a}^+)^k|n\rangle$$

即 $|n\rangle$、$\hat{a}^+|n\rangle$、$(\hat{a}^+)^2|n\rangle$、$\cdots$、$(\hat{a}^+)^k|n\rangle$、$\cdots$ 都是 N 的本征态，对应的本征值分别是 n、$n+1$、$n+2$、$\cdots$、$n+k$、$\cdots$。

同理，$\hat{a}|n\rangle$、$\hat{a}^2|n\rangle$、$\cdots$、$\hat{a}^k|n\rangle$、$\cdots$ 也都是 N 的本征态，对应的本征值分别是 $n-1$、$n-2$、$\cdots$、$n-k$、$\cdots$。

令 $\hat{N}$ 的最小本征值为 n_0，对应的本征矢为 $|n_0\rangle$，即

$$\hat{N}|n_0\rangle=a^+a|n_0\rangle=n_0|n_0\rangle$$

因为 $\hat{a}|n_0\rangle=0$，所以

$$\hat{N}|n_0\rangle=0$$

即 $\hat{N}$ 的最小本征值为 0，因此，$\hat{N}$ 的本征值为

$$n=0,1,2,3,\cdots$$

【例 7-2】处于均匀外电场 ε 中的质量为 μ、电量为 q 的粒子做简谐振动，其哈密顿量为

$$\hat{H}=\frac{\hat{p}^2}{2\mu}+\frac{1}{2}\mu\omega^2 x^2-q\varepsilon x$$

求体系的能量本征值。

解：因为

$$\hat{x}=\sqrt{\frac{\hbar}{2\mu\omega}}(\hat{a}+\hat{a}^+)\qquad \hat{p}=\frac{1}{\mathrm{i}}\sqrt{\frac{\mu\omega\hbar}{2}}(\hat{a}-\hat{a}^+)$$

所以，$\hat{H}$ 变形为

$$\hat{H}=\left[\left(\hat{a}^+\hat{a}+\frac{1}{2}\right)-\sqrt{\frac{q^2\varepsilon^2}{2\mu\hbar\omega^3}}(\hat{a}+\hat{a}^+)\right]\hbar\omega$$

令 $\alpha=\sqrt{\frac{q^2\varepsilon^2}{2\mu\hbar\omega^3}}$，则

$$\hat{H}=\left[\left(\hat{a}^+\hat{a}+\frac{1}{2}\right)-\alpha(\hat{a}+\hat{a}^+)\right]\hbar\omega=\left[(\hat{a}^+-\alpha)(\hat{a}-\alpha)-\alpha^2+\frac{1}{2}\right]\hbar\omega$$

令

$$\hat{b}^+=\hat{a}^+-\alpha\qquad \hat{b}=\hat{a}-\alpha$$

则

$$\hat{H}=\left(\hat{b}^+\hat{b}+\frac{1}{2}-\alpha^2\right)\hbar\omega$$

因为

$$\left[\hat{b},\hat{b}^+\right]=\left[\hat{a}-\alpha,\hat{a}^+-\alpha\right]=\left[\hat{a},\hat{a}^+\right]=1$$

所以，能量本征值为

$$E_n=\left(n+\frac{1}{2}-\alpha^2\right)\hbar\omega=\left(n+\frac{1}{2}\right)\hbar\omega-\frac{q^2\varepsilon^2}{2\mu\omega^2}$$

其中，$n=0,1,2,\cdots$。

§7-2　角动量升/降算符

一、角动量升/降算符介绍

前面讲过轨道角动量算符的本征问题。实际上，微观粒子除轨道运动外，还有自旋运动，存在所谓的自旋角动量（见第十章）。用 $\hat{J}$ 来表示角动量算符（既可以是轨道角动量，又可以是自旋角动量），它满足如下对易关系

$$\left[\hat{J}_\alpha,\hat{J}_\beta\right]=\mathrm{i}\hbar\varepsilon_{\alpha\beta\gamma}\hat{J}_\gamma \tag{7-38}$$

$$\left[\hat{J}^2,\hat{J}_\alpha\right]=0 \tag{7-39}$$

定义：角动量升/降算符分别为

$$\hat{J}_+=\hat{J}_x+\mathrm{i}\hat{J}_y \tag{7-40}$$

$$\hat{J}_- = \hat{J}_x - \mathrm{i}\hat{J}_y \tag{7-41}$$

它们具有以下性质。

（1）由定义可以看出，$\hat{J}_+$、$\hat{J}_-$互为共轭，即

$$\hat{J}_+^{\ +} = \hat{J}_- \qquad \hat{J}_-^{\ +} = \hat{J}_+ \tag{7-42}$$

（2）容易证明，$\hat{J}^2$与$\hat{J}_+$、$\hat{J}_-$相互对易，即

$$\left[\hat{J}^2, \hat{J}_\pm\right] = 0 \tag{7-43}$$

（3）$\hat{J}_z$与$\hat{J}_+$、$\hat{J}_-$的对易关系为

$$\left[\hat{J}_z, \hat{J}_\pm\right] = \left[\hat{J}_z, \hat{J}_x\right] \pm \mathrm{i}\left[\hat{J}_z, \hat{J}_y\right] = \mathrm{i}\hbar\hat{J}_y \pm \mathrm{i}(-\mathrm{i}\hbar\hat{J}_x) = \pm\hbar(\hat{J}_x \pm \mathrm{i}\hat{J}_y) = \pm\hbar\hat{J}_\pm$$

即

$$\left[\hat{J}_z, \hat{J}_\pm\right] = \pm\hbar\hat{J}_\pm \tag{7-44}$$

（4）$\hat{J}_+$、$\hat{J}_-$满足如下关系

$$\hat{J}_-\hat{J}_+ = \hat{J}_x^2 + \hat{J}_y^2 + \mathrm{i}\left[\hat{J}_x, \hat{J}_y\right] = \hat{J}_x^2 + \hat{J}_y^2 - \hbar\hat{J}_z = \hat{J}^2 - \hat{J}_z^2 - \hbar\hat{J}_z \tag{7-45}$$

$$\hat{J}_+\hat{J}_- = \hat{J}_x^2 + \hat{J}_y^2 - \mathrm{i}\left[\hat{J}_x, \hat{J}_y\right] = \hat{J}_x^2 + \hat{J}_y^2 + \hbar\hat{J}_z = \hat{J}^2 - \hat{J}_z^2 + \hbar\hat{J}_z \tag{7-46}$$

所以，$\hat{J}_+$、$\hat{J}_-$具有下面的对易和反对易关系

$$\left[\hat{J}_+, \hat{J}_-\right] = 2\hbar\hat{J}_z \tag{7-47}$$

$$\left[\hat{J}_+, \hat{J}_-\right]_+ = 2(\hat{J}_x^2 + \hat{J}_y^2) = 2(\hat{J}^2 - \hat{J}_z^2) \tag{7-48}$$

二、利用升/降算符讨论$\hat{J}^2$、$\hat{J}_z$的本征值

因为$\left[\hat{J}^2, \hat{J}_z\right] = 0$，所以它们有共同的本征矢。设$\hat{J}^2$、$\hat{J}_z$共同的归一化本征矢为$|\beta m\rangle$，对应的本征值分别为$\beta\hbar^2$、$m\hbar$，且$\langle\beta m'|\beta m\rangle = \delta_{m'm}$，则

$$\hat{J}^2|\beta m\rangle = \beta\hbar^2|\beta m\rangle \tag{7-49}$$

$$\hat{J}_z|\beta m\rangle = m\hbar|\beta m\rangle \tag{7-50}$$

利用式（7-44），得

$$\left[\hat{J}_z\hat{J}_+ - \hat{J}_+\hat{J}_z\right]|\beta m\rangle = \hat{J}_z\hat{J}_+|\beta m\rangle - m\hbar\hat{J}_+|\beta m\rangle = \hbar\hat{J}_+|\beta m\rangle$$

所以

$$\hat{J}_z\hat{J}_+|\beta m\rangle = (m+1)\hbar\hat{J}_+|\beta m\rangle \tag{7-51}$$

同理

$$\hat{J}_z\hat{J}_-|\beta m\rangle = (m-1)\hbar\hat{J}_-|\beta m\rangle \tag{7-52}$$

由此可知，如果$\hat{J}_+|\beta m\rangle \neq 0$，$\hat{J}_-|\beta m\rangle \neq 0$，则它们都是$\hat{J}_z$的本征态，对应的本征值分别为$(m+1)\hbar$和$(m-1)\hbar$。因此可以令

$$\hat{J}_+|\beta m\rangle = \hbar a_m|\beta, m+1\rangle \tag{7-53}$$

$$\hat{J}_-|\beta m\rangle = \hbar b_m|\beta, m-1\rangle \tag{7-54}$$

在上述讨论中，β固定，相当于取定J^2的本征值$\beta\hbar^2$。由于$\hat{J}^2=\hat{J}_x^2+\hat{J}_y^2+\hat{J}_z^2$，因此$\beta\geqslant m^2$，即在$\beta$取值一定的子空间内，$m$存在最大值和最小值。

设β固定时，m的取值分别为$m_{大},m_{大}-1,\cdots,m_{小}$，则

$$\hat{J}_+\left|\beta m_{大}\right\rangle=0 \qquad \hat{J}_-\left|\beta m_{小}\right\rangle=0 \tag{7-55}$$

所以

$$\hat{J}_-\hat{J}_+\left|\beta m_{大}\right\rangle=0 \tag{7-56}$$

$$\hat{J}_+\hat{J}_-\left|\beta m_{小}\right\rangle=0 \tag{7-57}$$

考虑到式（7-45），式（7-56）变为

$$(\hat{J}^2-\hat{J}_z^2-\hbar\hat{J}_z)\left|\beta m_{大}\right\rangle=(\beta-m_{大}^2-m_{大})\hbar^2\left|\beta m_{大}\right\rangle=0$$

所以

$$\beta-m_{大}^2-m_{大}=0$$

$$\beta=m_{大}(m_{大}+1) \tag{7-58}$$

同理，利用式（7-46）和式（7-57），得

$$\beta=m_{小}(m_{小}-1) \tag{7-59}$$

所以

$$m_{大}(m_{大}+1)=m_{小}(m_{小}-1)$$

解得

$$m_{大}=-m_{小} \qquad m_{大}=m_{小}-1\text{（舍去）}$$

令$m_{大}=j$，则$\beta=j(j+1)$，且$m_{大}=-m_{小}=j$，所以，当j取值一定时，m的取值为

$$j \quad j-1 \quad j-2 \quad \cdots \quad -j$$

即当j给定时，m共有$2j+1$个不同的值。

实验表明，j的取值有两种情况：

（1）j取整数，$j=0,1,2,\cdots$，如电子的轨道角动量量子数；

（2）j取半整数，$j=\frac{1}{2},\frac{3}{2},\frac{5}{2},\cdots$，如后面将要讲到的电子自旋角动量量子数$j=\frac{1}{2}$。

由以上讨论可知，$\hat{J}^2$、$\hat{J}_z$的共同本征矢可以记为$|jm\rangle$，有

$$\hat{J}^2|jm\rangle=j(j+1)\hbar^2|jm\rangle \tag{7-60}$$

$$J_z|jm\rangle=m\hbar|jm\rangle \tag{7-61}$$

j称为角动量量子数，m称为角动量磁量子数。

三、$\hat{J}_+$、$\hat{J}_-$对$|jm\rangle$的作用

利用式（7-42）和式（7-53），得

$$\langle jm|\hat{J}_-\hat{J}_+|jm\rangle=\langle jm|\hat{J}_+^+\hat{J}_+|jm\rangle=\hbar a_m^*\cdot\hbar a_m\langle j,m+1|j,m+1\rangle=\hbar^2|a_m|^2$$

利用式（7-45）、式（7-60）和式（7-61），得

$$\langle jm|\hat{J}_-\hat{J}_+|jm\rangle=\langle jm|\left[\hat{J}^2-\hat{J}_z^2-\hbar\hat{J}_z\right]|jm\rangle=\left[j(j+1)-m^2-m\right]\hbar^2\langle jm|jm\rangle$$
$$=\left[j(j+1)-m(m+1)\right]\hbar^2$$

所以

$$|a_m|^2=j(j+1)-m(m+1)$$

取 a_m 为正实数，则

$$a_m=\sqrt{j(j+1)-m(m+1)}=\sqrt{(j+m+1)(j-m)} \tag{7-62}$$

同理

$$b_m=\sqrt{j(j+1)-m(m-1)}=\sqrt{(j-m+1)(j+m)}=a_{-m} \tag{7-63}$$

所以

$$\hat{J}_+|jm\rangle=\sqrt{(j+m+1)(j-m)}\hbar|j,m+1\rangle \tag{7-64}$$

$$\hat{J}_-|jm\rangle=\sqrt{(j-m+1)(j+m)}\hbar|j,m-1\rangle \tag{7-65}$$

$\hat{J}_\pm$ 作用后使 $|jm\rangle$ 态变成了 $|j,m\pm 1\rangle$ 态，所以，$\hat{J}_+$、$\hat{J}_-$ 分别称为角动量升/降算符。

四、在 (J^2,J_z) 表象中角动量的矩阵表示

1．$\hat{J}^2$ 的矩阵表示

在 (J^2,J_z) 表象中，$\hat{J}^2$ 的矩阵元为

$$(J^2)_{j'jm'm}=\langle j'm'|\hat{J}^2|jm\rangle=j(j+1)\hbar^2\langle j'm'|jm\rangle=j(j+1)\hbar^2\delta_{j'j}\delta_{m'm} \tag{7-66}$$

这是一个对角化矩阵。只要给定 j 值，就可以求出 $\hat{J}^2$ 的矩阵表示。例如

当 $j=0$ 时，$\boldsymbol{J}^2$ 为零矩阵，即

$$\boldsymbol{J}^2=[0]$$

当 $j=\frac{1}{2}$ 时，$m=\pm\frac{1}{2}$，有

$$\boldsymbol{J}^2=\frac{3}{4}\hbar^2\begin{bmatrix}1 & 0\\ 0 & 1\end{bmatrix}$$

当 $j=1$ 时，$m=0,\pm 1$，有

$$\boldsymbol{J}^2=2\hbar^2\begin{bmatrix}1 & 0 & 0\\ 0 & 1 & 0\\ 0 & 0 & 1\end{bmatrix}$$

$$\cdots$$

同一 j 值对应 $2j+1$ 个 m，即对应 $2j+1$ 个状态 $|jm\rangle$，所以 m 的个数决定了矩阵的维数。

2．$\hat{J}_z$ 的矩阵表示

在 (J^2,J_z) 表象中，$\hat{J}_z$ 的矩阵元为

$$(J_z)_{j'jm'm}=\langle j'm'|\hat{J}_z|jm\rangle=m\hbar\langle j'm'|jm\rangle=m\hbar\delta_{j'j}\delta_{m'm} \tag{7-67}$$

也是一对角化矩阵。例如

当 $j=\frac{1}{2}$ 时，$m=\pm\frac{1}{2}$，有

$$\boldsymbol{J}_z=\frac{\hbar}{2}\begin{bmatrix}1 & 0\\ 0 & -1\end{bmatrix}$$

当 $j=1$ 时，$m=0,\pm1$，有

$$\boldsymbol{J}_z=\hbar\begin{bmatrix}1 & 0 & 0\\ 0 & 0 & 0\\ 0 & 0 & -1\end{bmatrix}$$

当 $j=\frac{3}{2}$ 时，$m=\pm\frac{1}{2},\pm\frac{3}{2}$，有

$$\boldsymbol{J}_z=\hbar\begin{bmatrix}3/2 & 0 & 0 & 0\\ 0 & 1/2 & 0 & 0\\ 0 & 0 & -1/2 & 0\\ 0 & 0 & 0 & -3/2\end{bmatrix}$$

$$\cdots$$

3．$\hat{J}_x$、$\hat{J}_y$ 的矩阵表示

在 (J^2,J_z) 表象中，$\hat{J}_+$、$\hat{J}_-$ 的矩阵元分别为

$$\begin{aligned}(\hat{J}_+)_{m'm}&=\langle jm'|\hat{J}_+|jm\rangle=\hbar\sqrt{(j+m+1)(j-m)}\langle jm'|j,m+1\rangle\\&=\hbar\sqrt{(j+m+1)(j-m)}\delta_{m',m+1}\\(\hat{J}_-)_{m'm}&=\langle jm'|\hat{J}_-|jm\rangle=\hbar\sqrt{(j-m+1)(j+m)}\langle jm'|j,m-1\rangle\\&=\hbar\sqrt{(j-m+1)(j+m)}\delta_{m',m-1}\end{aligned}$$

即

$$(\hat{J}_+)_{m'm}=\hbar\sqrt{(j+m+1)(j-m)}\delta_{m',m+1} \tag{7-68}$$

$$(\hat{J}_-)_{m'm}=\hbar\sqrt{(j-m+1)(j+m)}\delta_{m',m-1} \tag{7-69}$$

利用式（7-40）和式（7-41），得

$$\hat{J}_x=\frac{1}{2}(\hat{J}_++\hat{J}_-)\qquad\qquad \hat{J}_y=\frac{1}{2i}(\hat{J}_+-\hat{J}_-)$$

所以，$\hat{J}_x$、$\hat{J}_y$ 的矩阵元分别为

$$(J_x)_{m'm}=\frac{\hbar}{2}\left[\sqrt{(j+m+1)(j-m)}\delta_{m',m+1}+\sqrt{(j-m+1)(j+m)}\delta_{m',m-1}\right] \tag{7-70}$$

$$(J_y)_{m'm}=\frac{\hbar}{2i}\left[\sqrt{(j+m+1)(j-m)}\delta_{m',m+1}-\sqrt{(j+m+1)(j-m)}\delta_{m',m-1}\right] \tag{7-71}$$

例如，当 $j=\frac{1}{2}$ 时，有

$$\boldsymbol{J}_+=\hbar\begin{bmatrix}0 & 1\\ 0 & 0\end{bmatrix}\qquad\qquad \boldsymbol{J}_-=\hbar\begin{bmatrix}0 & 0\\ 1 & 0\end{bmatrix}$$

所以

$$\boldsymbol{J}_x=\frac{1}{2}(\boldsymbol{J}_+ +\boldsymbol{J}_-)=\frac{\hbar}{2}\begin{bmatrix}0 & 1\\ 1 & 0\end{bmatrix}$$

$$\boldsymbol{J}_y=\frac{1}{2i}(\boldsymbol{J}_+ -\boldsymbol{J}_-)=\frac{\hbar}{2}\begin{bmatrix}0 & -\mathrm{i}\\ \mathrm{i} & 0\end{bmatrix}$$

当 $j=1$ 时，有

$$\boldsymbol{J}_+=\sqrt{2}\hbar\begin{bmatrix}0 & 1 & 0\\ 0 & 0 & 1\\ 0 & 0 & 0\end{bmatrix} \qquad \boldsymbol{J}_-=\sqrt{2}\hbar\begin{bmatrix}0 & 0 & 0\\ 1 & 0 & 0\\ 0 & 1 & 0\end{bmatrix}$$

所以

$$\boldsymbol{J}_x=\frac{1}{2}(\boldsymbol{J}_+ +\boldsymbol{J}_-)=\frac{\hbar}{\sqrt{2}}\begin{bmatrix}0 & 1 & 0\\ 1 & 0 & 1\\ 0 & 1 & 0\end{bmatrix}$$

$$\boldsymbol{J}_y=\frac{1}{2\mathrm{i}}(\boldsymbol{J}_+ -\boldsymbol{J}_-)=\frac{\hbar}{\sqrt{2}}\begin{bmatrix}0 & -\mathrm{i} & 0\\ \mathrm{i} & 0 & -\mathrm{i}\\ 0 & \mathrm{i} & 0\end{bmatrix}$$

$$\cdots$$

【例 7-3】若粒子的角动量量子数为 j，试求在 (J^2,J_z) 表象中角动量算符 $\hat{J}_z$、$\hat{J}_x$、$\hat{J}_y$ 的矩阵表示。

解：对角动量量子数为 j 的粒子，其磁量子数为 $m=j,\cdots,-j$，所以

$$\boldsymbol{J}_z=\hbar\begin{bmatrix}j & 0 & \cdots & 0\\ 0 & j-1 & \cdots & 0\\ \vdots & \vdots & \ddots & \vdots\\ 0 & 0 & \cdots & -j\end{bmatrix} \tag{7-72}$$

利用式（7-70）、式（7-71），并注意到 $m',m=j,\cdots,-j$，容易得到

$$\boldsymbol{J}_x=\frac{\hbar}{2}\begin{bmatrix}0 & \sqrt{2j} & 0 & \cdots\\ \sqrt{2j} & 0 & \sqrt{2(2j-1)} & \cdots\\ 0 & \sqrt{2(2j-1)} & 0 & \cdots\\ \vdots & \vdots & \vdots & \ddots\end{bmatrix} \tag{7-73}$$

$$\boldsymbol{J}_y=\frac{\hbar}{2i}\begin{bmatrix}0 & \sqrt{2j} & 0 & \cdots\\ -\sqrt{2j} & 0 & \sqrt{2(2j-1)} & \cdots\\ 0 & -\sqrt{2(2j-1)} & 0 & \cdots\\ \vdots & \vdots & \vdots & \ddots\end{bmatrix} \tag{7-74}$$

§7-3　两个角动量的耦合

如果一个体系既有轨道角动量又有自旋角动量，那么二者之间会发生作用或者说会发生

耦合。原子核的壳层结构、原子光谱的精细结构、复杂塞曼效应等现象，都必须用角动量耦合才能得到正确解释。为使问题更具有普遍性，我们讨论任意两个角动量的耦合问题。

一、两个角动量的相加（耦合）

考虑由两个不同子体系构成的量子体系，设两个子体系的角动量分别为$\hat{\boldsymbol{J}}_1$和$\hat{\boldsymbol{J}}_2$，它们满足

$$\left[\hat{J}_{1\alpha},\hat{J}_{1\beta}\right]=\mathrm{i}\hbar\varepsilon_{\alpha\beta\gamma}\hat{J}_{1\gamma} \tag{7-75}$$

$$\left[\hat{J}_{2\alpha},\hat{J}_{2\beta}\right]=\mathrm{i}\hbar\varepsilon_{\alpha\beta\gamma}\hat{J}_{2\gamma} \tag{7-76}$$

或

$$\hat{\boldsymbol{J}}_1\times\hat{\boldsymbol{J}}_1=\mathrm{i}\hbar\hat{\boldsymbol{J}}_1 \tag{7-77}$$

$$\hat{\boldsymbol{J}}_2\times\hat{\boldsymbol{J}}_2=\mathrm{i}\hbar\hat{\boldsymbol{J}}_2 \tag{7-78}$$

且

$$\left[\hat{J}_1^2,\hat{J}_{1\alpha}\right]=0 \tag{7-79}$$

$$\left[\hat{J}_2^2,\hat{J}_{2\alpha}\right]=0 \tag{7-80}$$

由于$\hat{\boldsymbol{J}}_1$和$\hat{\boldsymbol{J}}_2$属于不同子体系，因此相互对易，即

$$\left[\hat{\boldsymbol{J}}_1,\hat{\boldsymbol{J}}_2\right]=0 \tag{7-81}$$

或

$$\left[\hat{J}_{1\alpha},\hat{J}_{2\beta}\right]=0 \tag{7-82}$$

以上诸式中，$\alpha,\beta=x,y,z$。

定义：体系的总角动量

$$\hat{\boldsymbol{J}}=\hat{\boldsymbol{J}}_1+\hat{\boldsymbol{J}}_2 \tag{7-83}$$

$$\hat{J}_z=\hat{J}_{1z}+\hat{J}_{2z} \tag{7-84}$$

$\hat{\boldsymbol{J}}$满足角动量的一般定义。这是因为

$$\begin{aligned}\hat{\boldsymbol{J}}\times\hat{\boldsymbol{J}}&=(\hat{\boldsymbol{J}}_1+\hat{\boldsymbol{J}}_2)\times(\hat{\boldsymbol{J}}_1+\hat{\boldsymbol{J}}_2)=\hat{\boldsymbol{J}}_1\times\hat{\boldsymbol{J}}_1+\hat{\boldsymbol{J}}_1\times\hat{\boldsymbol{J}}_2+\hat{\boldsymbol{J}}_2\times\hat{\boldsymbol{J}}_1+\hat{\boldsymbol{J}}_2\times\hat{\boldsymbol{J}}_2\\&=\hat{\boldsymbol{J}}_1\times\hat{\boldsymbol{J}}_1+\hat{\boldsymbol{J}}_2\times\hat{\boldsymbol{J}}_2=\mathrm{i}\hbar\hat{\boldsymbol{J}}_1+\mathrm{i}\hbar\hat{\boldsymbol{J}}_2=\mathrm{i}\hbar(\hat{\boldsymbol{J}}_1+\hat{\boldsymbol{J}}_2)=\mathrm{i}\hbar\hat{\boldsymbol{J}}\end{aligned}$$

即$\hat{\boldsymbol{J}}$满足

$$\hat{\boldsymbol{J}}\times\hat{\boldsymbol{J}}=\mathrm{i}\hbar\hat{\boldsymbol{J}} \tag{7-85}$$

或者

$$\left[\hat{J}_x,\hat{J}_y\right]=\left[\hat{J}_{1x}+\hat{J}_{2x},\hat{J}_{1y}+\hat{J}_{2y}\right]=\left[\hat{J}_{1x},\hat{J}_{1y}\right]+\left[\hat{J}_{2x},\hat{J}_{2y}\right]=\mathrm{i}\hbar\hat{J}_{1z}+\mathrm{i}\hbar\hat{J}_{2z}=\mathrm{i}\hbar\hat{J}_z$$

同理

$$\left[\hat{J}_y,\hat{J}_z\right]=\mathrm{i}\hbar\hat{J}_x \qquad \left[\hat{J}_z,\hat{J}_x\right]=\mathrm{i}\hbar\hat{J}_y$$

所以

$$\left[\hat{J}_{\alpha},\hat{J}_{\beta}\right]=\mathrm{i}\hbar\varepsilon_{\alpha\beta\gamma}\hat{J}_{\gamma} \tag{7-86}$$

注意：$\hat{\vec{J}}_1-\hat{\vec{J}}_2$不是角动量。

二、角动量算符之间的对易关系

体系涉及的常用的角动量算符有：$\hat{J}^2$、$\hat{J}_z$、$\hat{J}_1^2$、$\hat{J}_{1z}$、$\hat{J}_2^2$、$\hat{J}_{2z}$，下面讨论它们之间的对易关系。

首先，讨论$\hat{J}^2$与其他算符之间的对易关系。

$$\begin{aligned}\left[\hat{J}^2,\hat{J}_z\right]&=\left[\hat{J}_x^2+\hat{J}_y^2+\hat{J}_z^2,\hat{J}_z\right]=\left[\hat{J}_x^2,\hat{J}_z\right]+\left[\hat{J}_y^2,\hat{J}_z\right]+\left[\hat{J}_z^2,\hat{J}_z\right]\\&=\hat{J}_x\left[\hat{J}_x,\hat{J}_z\right]+\left[\hat{J}_x,\hat{J}_z\right]\hat{J}_x+\hat{J}_y\left[\hat{J}_y,\hat{J}_z\right]+\left[\hat{J}_y,\hat{J}_z\right]\hat{J}_y\\&=-\mathrm{i}\hbar\hat{J}_x\hat{J}_y-\mathrm{i}\hbar\hat{J}_y\hat{J}_x+\mathrm{i}\hbar\hat{J}_y\hat{J}_x+\mathrm{i}\hbar\hat{J}_x\hat{J}_y=0\end{aligned}$$

即

$$\left[\hat{J}^2,\hat{J}_z\right]=0$$

又

$$\left[\hat{J}^2,\hat{J}_1^2\right]=\left[\hat{J}_1^2+\hat{J}_2^2+2\hat{\vec{J}}_1\cdot\hat{\vec{J}}_2,\hat{J}_1^2\right]=\left[\hat{J}_1^2,\hat{J}_1^2\right]+\left[\hat{J}_2^2,\hat{J}_1^2\right]+2\left[\hat{\vec{J}}_1\cdot\hat{\vec{J}}_2,\hat{J}_1^2\right]$$

上式右边的前两项显然对易，第三项为

$$\left[\hat{\vec{J}}_1\cdot\hat{\vec{J}}_2,\hat{J}_1^2\right]=\left[\hat{J}_{1x}\hat{J}_{2x},\hat{J}_1^2\right]+\left[\hat{J}_{1y}\hat{J}_{2y},\hat{J}_1^2\right]+\left[\hat{J}_{1z}\hat{J}_{2z},\hat{J}_1^2\right]=0$$

所以

$$\left[\hat{J}^2,\hat{J}_1^2\right]=0$$

同理

$$\left[\hat{J}^2,\hat{J}_2^2\right]=0$$

因为

$$\left[\hat{J}^2,\hat{J}_{1z}\right]=\left[\hat{J}_1^2,\hat{J}_{1z}\right]+\left[\hat{J}_2^2,\hat{J}_{1z}\right]+2\left[\hat{\vec{J}}_1\cdot\hat{\vec{J}}_2,\hat{J}_{1z}\right]$$

上式右边的前两项显然对易，第三项为

$$\begin{aligned}\left[\hat{\vec{J}}_1\cdot\hat{\vec{J}}_2,\hat{J}_{1z}\right]&=\left[\hat{J}_{1x}\hat{J}_{2x},\hat{J}_{1z}\right]+\left[\hat{J}_{1y}\hat{J}_{2y},\hat{J}_{1z}\right]+\left[\hat{J}_{1z}\hat{J}_{2z},\hat{J}_{1z}\right]\\&=\hat{J}_{1x}\left[\hat{J}_{2x},\hat{J}_{1z}\right]+\left[\hat{J}_{1x},\hat{J}_{1z}\right]\hat{J}_{2x}+\hat{J}_{1y}\left[\hat{J}_{2y},\hat{J}_{1z}\right]+\left[\hat{J}_{1y},\hat{J}_{1z}\right]\hat{J}_{2y}\\&=-\mathrm{i}\hbar\hat{J}_{1y}\hat{J}_{2x}+\mathrm{i}\hbar\hat{J}_{1x}\hat{J}_{2y}\neq0\end{aligned}$$

所以

$$\left[\hat{J}^2,\hat{J}_{1z}\right]\neq0$$

同理

$$\left[\hat{J}^2,\hat{J}_{2z}\right]\neq0$$

再者，讨论$\hat{J}_z$与其他算符之间的对易关系。

$$\left[\hat{J}_z,\hat{J}_1^2\right]=\left[\hat{J}_{1z}+\hat{J}_{2z},\hat{J}_1^2\right]=\left[\hat{J}_{1z},\hat{J}_1^2\right]+\left[\hat{J}_{2z},\hat{J}_1^2\right]=0$$

同理

$$\left[\hat{J}_z,\hat{J}_2^2\right]=0$$

$$\left[\hat{J}_z,\hat{J}_{1z}\right]=\left[\hat{J}_{1z}+\hat{J}_{2z},\hat{J}_{1z}\right]=\left[\hat{J}_{1z},\hat{J}_{1z}\right]+\left[\hat{J}_{2z},\hat{J}_{1z}\right]=0$$

同理

$$\left[\hat{J}_z,\hat{J}_{2z}\right]=0$$

最后，$\hat{J}_1^2$、$\hat{J}_{1z}$、$\hat{J}_2^2$、$\hat{J}_{2z}$之间两两相互对易。

综上所述，$(\hat{J}^2,\hat{J}_z,\hat{J}_1^2,\hat{J}_2^2)$彼此对易，$(\hat{J}_1^2,\hat{J}_{1z},\hat{J}_2^2,\hat{J}_{2z})$彼此对易。

三、耦合表象和无耦合表象

由于体系的自由度数为4，因此可以得到描述体系角动量的两套力学量完全集。

1．耦合表象

$(\hat{J}^2,\hat{J}_z,\hat{J}_1^2,\hat{J}_2^2)$组成第一套力学量完全集，其共同本征矢$\left\{\left|j_1j_2jm\right\rangle\right\}$组成了正交归一完备基矢组，以它们为基矢的表象称为耦合表象。力学量完全集的本征方程为

$$\left.\begin{matrix}\hat{J}_1^2\\ \hat{J}_2^2\\ \hat{J}^2\\ \hat{J}_z\end{matrix}\right\}\left|j_1j_2jm\right\rangle=\left.\begin{matrix}j_1(j_1+1)\hbar^2\\ j_2(j_2+1)\hbar^2\\ j(j+1)\hbar^2\\ m\hbar\end{matrix}\right\}\left|j_1j_2jm\right\rangle \tag{7-87}$$

2．无耦合表象

$(\hat{J}_1^2,\hat{J}_{1z},\hat{J}_2^2,\hat{J}_{2z})$组成第二套力学量完全集，其共同本征矢$\left\{\left|j_1m_1j_2m_2\right\rangle\right\}$组成了正交归一完备基矢组，以它们为基矢的表象称为无耦合表象。力学量完全集的本征方程为

$$\left.\begin{matrix}\hat{J}_1^2\\ \hat{J}_{1z}\\ \hat{J}_2^2\\ \hat{J}_{2z}\end{matrix}\right\}\left|j_1m_1j_2m_2\right\rangle=\left.\begin{matrix}j_1(j_1+1)\hbar^2\\ m_1\hbar\\ j_2(j_2+1)\hbar^2\\ m_2\hbar\end{matrix}\right\}\left|j_1m_1j_2m_2\right\rangle \tag{7-88}$$

3．表象变换

耦合表象的基矢可以用无耦合表象的基矢表示出来，即

$$\begin{aligned}\left|j_1j_2jm\right\rangle&=\sum_{m_1=-j_1}^{j_1}\sum_{m_2=-j_2}^{j_2}\left|j_1m_1j_2m_2\right\rangle\left\langle j_1m_1j_2m_2\middle|j_1j_2jm\right\rangle\\&=\sum_{m_1=-j_1}^{j_1}\sum_{m_2=-j_2}^{j_2}\left\langle j_1m_1j_2m_2\middle|j_1j_2jm\right\rangle\left|j_1m_1j_2m_2\right\rangle\end{aligned} \tag{7-89}$$

展开系数$\langle j_1 m_1 j_2 m_2 | j_1 j_2 jm \rangle$称为矢量耦合系数或克来布希（Clebsch）-高登系数（Gorden）系数，简称 C-G 系数。

因为

$$\hat{J}_z | j_1 m_1 j_2 m_2 \rangle = (\hat{J}_{1z} + \hat{J}_{2z}) | j_1 m_1 j_2 m_2 \rangle = (m_1 + m_2)\hbar | j_1 m_1 j_2 m_2 \rangle$$

即$| j_1 m_1 j_2 m_2 \rangle$也是$\hat{J}_z$的本征矢，对应的本征值为$(m_1 + m_2)\hbar$，所以

$$m = m_1 + m_2 \tag{7-90}$$

因此，式（7-89）简化为

$$| j_1 j_2 jm \rangle = \sum_{m_2} | j_1, m - m_2, j_2, m_2 \rangle \langle j_1, m - m_2, j_2, m_2 | j_1 j_2 jm \rangle \tag{7-91}$$

4．量子数 j 和 j_1、j_2 的关系

1）j 的最大值

给定j_1和j_2，则m_1和m_2的取值分别为

$$m_1 = -j_1, -j_1 + 1, \cdots, j_1 \qquad \text{最大值为 } j_1$$

$$m_2 = -j_2, -j_2 + 1, \cdots, j_2 \qquad \text{最大值为 } j_2$$

给定一个j值，m取值为

$$m = -j, -j + 1, \cdots, j$$

所以，m的最大值为所有j中最大的那一个，即

$$m_{\max} = j_{\max}$$

由式（7-90）知$m_{\max} = m_{1\max} + m_{2\max}$，因此，$j$的最大值为

$$j_{\max} = j_1 + j_2 \tag{7-92}$$

2）j 的最小值

对于给定的j_1，m_1有$2j_1 + 1$个取值，即$| j_1 m_1 \rangle$有$2j_1 + 1$个；同理给定j_2，m_2有$2j_2 + 1$个取值，即$| j_2 m_2 \rangle$有$2j_2 + 1$个。所以，给定j_1和j_2，无耦合表象基矢$| j_1 m_1 j_2 m_2 \rangle$的个数为$(2j_1 + 1)(2j_2 + 1)$，它就是无耦合表象空间的维数。

另外，对应于一个j值，m有$2j + 1$个取值，所以，当给定j_1和j_2时，耦合表象基矢$| j_1 j_2 jm \rangle$的个数为$\sum_{j=j_{\min}}^{j_{\max}} (2j + 1)$，它就是耦合表象空间的维数。显然，它是公差为 2 的等差数列之和，其项数为

$$\frac{1}{2}\left[(2j_{\max} + 1) - (2j_{\min} + 1)\right] + 1 = j_{\max} - j_{\min} + 1$$

利用等差数列的求和公式，有

$$\begin{aligned}
\sum_{j=j_{\min}}^{j_{\max}} (2j + 1) &= \frac{1}{2} \times (\text{首项} + \text{末项}) \times \text{项数} \\
&= \frac{(2j_{\min} + 1) + (2j_{\max} + 1)}{2}(j_{\max} - j_{\min} + 1) = (j_{\max} + j_{\min} + 1)(j_{\max} - j_{\min} + 1) \\
&= (j_{\max} + 1)^2 - j_{\min}^2 = (j_1 + j_2 + 1)^2 - j_{\min}^2
\end{aligned}$$

由于幺正变换不改变空间的维数，因此

$$(j_1 + j_2 + 1)^2 - j_{\min}^2 = (2j_1 + 1)(2j_2 + 1) \tag{7-93}$$

求得 j 的最小值为

$$j_{\min} = |j_1 - j_2| \tag{7-94}$$

3）j 的取值

当给定 j_1 和 j_2 时，j 的取值为

$$j = j_1 + j_2, j_1 + j_2 - 1, \cdots, |j_1 - j_2| \tag{7-95}$$

即

$$|j_1 - j_2| \leqslant j \leqslant j_1 + j_2 \tag{7-96}$$

每一步的改变为 1。

【例 7-4】电子的自旋角动量量子数 $j = 1/2$。对二电子体系，把耦合表象的基矢用无耦合表象表示出来。

解：对二电子体系的自旋角动量，有 $j_1 = j_2 = \dfrac{1}{2}$，$m_1, m_2 = \pm\dfrac{1}{2}$。所以，无耦合表象的基矢 $|m_1 m_2\rangle$ 分别为

$$\left|\frac{1}{2},\frac{1}{2}\right\rangle \quad \left|\frac{1}{2},-\frac{1}{2}\right\rangle \quad \left|-\frac{1}{2},\frac{1}{2}\right\rangle \quad \left|-\frac{1}{2},-\frac{1}{2}\right\rangle$$

j 的最大值和最小值分别为

$$j_{\max} = \frac{1}{2} + \frac{1}{2} = 1 \qquad j_{\min} = \left|\frac{1}{2} - \frac{1}{2}\right| = 0$$

当 $j = 1$ 时，$m = 1, 0, -1$；当 $j = 0$ 时，$m = 0$。所以，耦合表象基矢 $|jm\rangle$ 分别为

$$|1,1\rangle \quad |1,0\rangle \quad |1,-1\rangle \quad |0,0\rangle$$

考虑到 $m = m_1 + m_2$，两组基矢之间的关系为

$$\begin{cases} |1,1\rangle = \left|\frac{1}{2},\frac{1}{2}\right\rangle \\ |1,0\rangle = a\left|\frac{1}{2},-\frac{1}{2}\right\rangle + b\left|-\frac{1}{2},\frac{1}{2}\right\rangle \\ |1,-1\rangle = \left|-\frac{1}{2},-\frac{1}{2}\right\rangle \\ |0,0\rangle = c\left|\frac{1}{2},-\frac{1}{2}\right\rangle + d\left|-\frac{1}{2},\frac{1}{2}\right\rangle \end{cases}$$

下面利用升/降算符讨论系数 a、b、c、d 的取值。因为

$$\hat{J}_- = \hat{J}_{1-} + \hat{J}_{2-}$$

所以

$$\hat{J}_-|1,1\rangle = \hat{J}_{1-}\left|\frac{1}{2},\frac{1}{2}\right\rangle + \hat{J}_{2-}\left|\frac{1}{2},\frac{1}{2}\right\rangle$$

为讨论方便，取 $\hbar = 1$（自然单位），则

$$\hat{J}_-|1,1\rangle \overset{j=1}{\underset{m=1}{=}} \sqrt{(1-1+1)(1+1)}|1,0\rangle = \sqrt{2}|1,0\rangle$$

$$\hat{J}_{1-}\left|\frac{1}{2},\frac{1}{2}\right\rangle \overset{j_1=1/2}{\underset{m_1=1/2}{=}} \sqrt{\left(\frac{1}{2}-\frac{1}{2}+1\right)\left(\frac{1}{2}+\frac{1}{2}\right)}\left|-\frac{1}{2},\frac{1}{2}\right\rangle = \left|-\frac{1}{2},\frac{1}{2}\right\rangle$$

$$\hat{J}_{2-}\left|\frac{1}{2},\frac{1}{2}\right\rangle \overset{j_2=1/2}{\underset{m_2=1/2}{=}} \sqrt{\left(\frac{1}{2}-\frac{1}{2}+1\right)\left(\frac{1}{2}+\frac{1}{2}\right)}\left|\frac{1}{2},-\frac{1}{2}\right\rangle = \left|\frac{1}{2},-\frac{1}{2}\right\rangle$$

所以

$$|1,0\rangle = \frac{1}{\sqrt{2}}\left|-\frac{1}{2},\frac{1}{2}\right\rangle + \frac{1}{\sqrt{2}}\left|\frac{1}{2},-\frac{1}{2}\right\rangle$$

即 $a=b=1/\sqrt{2}$。利用 $\hat{J}_+|1,-1\rangle = \hat{J}_{1+}\left|-\frac{1}{2},-\frac{1}{2}\right\rangle + \hat{J}_{2+}\left|-\frac{1}{2},-\frac{1}{2}\right\rangle$ 也能得到同样的结果。

再利用 $|0,0\rangle$ 与 $|1,0\rangle$ 的正交归一性，得

$$\langle 1,0|0,0\rangle = \left[\frac{1}{\sqrt{2}}\left\langle -\frac{1}{2},\frac{1}{2}\right| + \frac{1}{\sqrt{2}}\left\langle \frac{1}{2},-\frac{1}{2}\right|\right]\left[c\left|\frac{1}{2},-\frac{1}{2}\right\rangle + d\left|-\frac{1}{2},\frac{1}{2}\right\rangle\right] = \frac{1}{\sqrt{2}}(c+d) = 0$$

$$\langle 0,0|0,0\rangle = \left[c^*\left\langle \frac{1}{2},-\frac{1}{2}\right| + d^*\left\langle -\frac{1}{2},\frac{1}{2}\right|\right]\left[c\left|\frac{1}{2},-\frac{1}{2}\right\rangle + d\left|-\frac{1}{2},\frac{1}{2}\right\rangle\right] = |c|^2+|d|^2 = 1$$

若取 c、d 为实数，则 $c=-d=\frac{1}{\sqrt{2}}$，所以

$$\begin{cases} |1,1\rangle = \left|\frac{1}{2},\frac{1}{2}\right\rangle \\ |1,0\rangle = \frac{1}{\sqrt{2}}\left[\left|\frac{1}{2},-\frac{1}{2}\right\rangle + \left|-\frac{1}{2},\frac{1}{2}\right\rangle\right] \\ |1,-1\rangle = \left|-\frac{1}{2},-\frac{1}{2}\right\rangle \\ |0,0\rangle = \frac{1}{\sqrt{2}}\left[\left|\frac{1}{2},-\frac{1}{2}\right\rangle - \left|-\frac{1}{2},\frac{1}{2}\right\rangle\right] \end{cases} \quad (7\text{-}97)$$

展开系数 a、b、c、d 的取值也可以通过查阅 C-G 系数表得到。

习 题

7-1 算符 $\hat{a}$、$\hat{a}^+$ 满足对易关系 $[\hat{a},\hat{a}^+]=1$。如果 ψ 是 $\hat{N}=\hat{a}^+\hat{a}$ 的本征态，对应的本征值为 λ，试证明：波函数 $\psi_1=\hat{a}\psi$ 和 $\psi_2=\hat{a}^+\psi$ 也都是 $\hat{N}$ 的本征函数，对应的本征值分别为 $\lambda-1$ 和 $\lambda+1$。

7-2 设两个粒子做一维谐振动，考虑它们之间的相互作用，体系的哈密顿量为

$$\hat{H} = \hat{a}_1^+\hat{a}_1\hbar\omega + \hat{a}_2^+\hat{a}_2\hbar\omega + g\hat{a}_1^+\hat{a}_2 + g\hat{a}_2^+\hat{a}_1 \quad (\text{忽略 } \hbar\omega/2,\ g \text{ 为正常数})$$

求体系的能量本征值。

提示：令

$$b_1 = \frac{1}{\sqrt{2}}(a_1+a_2) \qquad b_1^+ = \frac{1}{\sqrt{2}}(a_1^+ + a_2^+)$$

$$b_2 = \frac{1}{\sqrt{2}}(a_1-a_2) \qquad b_2^+ = \frac{1}{\sqrt{2}}(a_1^+ - a_2^+)$$

7-3 某体系的能量算符为

$$\hat{H}=\left[\frac{5}{3}\hat{a}^{+}\hat{a}+\frac{2}{3}\left(\hat{a}^{2}+\hat{a}^{+2}\right)\right]\hbar\omega$$

其中 $\hat{a}=\sqrt{\frac{\mu\omega}{2\hbar}}\left(x+\mathrm{i}\frac{\hat{p}}{\mu\omega}\right)$，$\hat{a}^{+}=\sqrt{\frac{\mu\omega}{2\hbar}}\left(x-\mathrm{i}\frac{\hat{p}}{\mu\omega}\right)$。试求体系的能量本征值。

7-4 一个量子系统，其哈密顿算符可写为

$$\hat{H}=\hbar\omega(\hat{a}^{+}\hat{a}+\alpha\hat{a}+\beta\hat{a}^{+})$$

其中 $\hbar\omega$ 为实数，α、β 为数，算符 $\hat{a}$ 及 $\hat{a}^{+}$ 满足 $\left[\hat{a},\hat{a}^{+}\right]=1$。试求系统的能量本征值。

提示：因为 H 为厄米算符，所以 $\alpha^{*}=\beta$。

7-5 粒子在二维势场 $V(x)=\frac{1}{2}\mu\omega^{2}(x^{2}+y^{2}+2\lambda xy)$ 中运动，其中 $|\lambda|<1$，μ 为粒子质量。求能量的本征值和本征函数。

7-6 在粒子数表象中体系哈密顿算符 $\hat{H}=A\hat{a}^{+}\hat{a}+\lambda A(\hat{a}^{+}+\hat{a})$，其中 A 和 λ 是实参数，求体系的能量本征值。

7-7 在 (L^{2},L_{z}) 表象中，$l=1$ 的子空间的维数为 3。求在此三维子空间中 $\hat{L}_{x}$、$\hat{L}_{y}$ 的矩阵表示，并求出它们的本征值和本征态。

7-8 设体系处于 Y_{11} 态，求 $\hat{L}_{x}$ 的观察值。

第八章　粒子在电磁场中的运动

§8-1　粒子在电磁场中的运动介绍

考虑质量为μ、电量为q的粒子在电磁场中的运动。经典力学中的哈密顿量为

$$H=\frac{1}{2\mu}\left(\vec{P}-\frac{q}{c}\vec{A}\right)^2+q\phi \tag{8-1}$$

式中，$\vec{A}$、ϕ分别为电磁场的矢势与标势，$\vec{P}$为正则动量。坐标$\vec{r}$、正则动量$\vec{P}$和哈密顿量H满足正则方程

$$\dot{\vec{r}}=\frac{\partial H}{\partial \vec{P}}\qquad \dot{\vec{P}}=-\frac{\partial H}{\partial \vec{r}} \tag{8-2}$$

把式（8-1）代入正则方程，可得

$$\mu\ddot{\vec{r}}=q\left(\vec{E}+\frac{1}{c}\vec{v}\times\vec{B}\right) \tag{8-3}$$

式中

$$\vec{E}=-\frac{1}{c}\frac{\partial \vec{A}}{\partial t}-\nabla\phi\qquad \vec{B}=\nabla\times\vec{A} \tag{8-4}$$

分别为电场强度和磁感应强度。下面以x分量为例证明式（8-3）。由式（8-1）和式（8-2），得

$$\dot{x}=\frac{\partial H}{\partial P_x}=\frac{1}{\mu}\left(P_x-\frac{q}{c}A_x\right) \tag{8-5}$$

所以

$$P_x=\mu\dot{x}+\frac{q}{c}A_x=\mu v_x+\frac{q}{c}A_x$$

因此

$$\vec{P}=\mu\vec{v}+\frac{q}{c}\vec{A} \tag{8-6}$$

可见，在有磁场的情况下，带电粒子的正则动量并不等于其机械动量。由式（8-5），得

$$\mu\ddot{x}=\dot{P}_x-\frac{q}{c}\dot{A}_x=-\frac{\partial H}{\partial x}-\frac{q}{c}\dot{A}_x$$

式中

$$\begin{aligned}\frac{\partial H}{\partial x}&=\frac{1}{2\mu}\frac{\partial}{\partial x}\left[\left(P_x-\frac{q}{c}A_x\right)^2+\left(P_y-\frac{q}{c}A_y\right)^2+\left(P_z-\frac{q}{c}A_z\right)^2\right]+q\frac{\partial\phi}{\partial x}\\&=-\frac{q}{c}\left[\frac{1}{\mu}\left(P_x-\frac{q}{c}A_x\right)\frac{\partial A_x}{\partial x}+\frac{1}{\mu}\left(P_y-\frac{q}{c}A_y\right)\frac{\partial A_y}{\partial x}+\frac{1}{\mu}\left(P_z-\frac{q}{c}A_z\right)\frac{\partial A_z}{\partial x}\right]+q\frac{\partial\phi}{\partial x}\\&=-\frac{q}{c}\left(\dot{x}\frac{\partial A_x}{\partial x}+\dot{y}\frac{\partial A_y}{\partial x}+\dot{z}\frac{\partial A_z}{\partial x}\right)+q\frac{\partial\phi}{\partial x}\end{aligned}$$

$$\dot{A}_x = \frac{\mathrm{d}A_x(x,y,z,t)}{\mathrm{d}t} = \frac{\partial A_x}{\partial t} + \frac{\partial x}{\partial t}\frac{\partial A_x}{\partial x} + \frac{\partial y}{\partial t}\frac{\partial A_x}{\partial y} + \frac{\partial z}{\partial t}\frac{\partial A_x}{\partial z} = \frac{\partial A_x}{\partial t} + \dot{x}\frac{\partial A_x}{\partial x} + \dot{y}\frac{\partial A_x}{\partial y} + \dot{z}\frac{\partial A_x}{\partial z}$$

所以

$$\begin{aligned}
\mu\ddot{x} &= \frac{q}{c}\left(\dot{x}\frac{\partial A_x}{\partial x} + \dot{y}\frac{\partial A_y}{\partial x} + \dot{z}\frac{\partial A_z}{\partial x}\right) - q\frac{\partial \phi}{\partial x} - \frac{q}{c}\left(\frac{\partial A_x}{\partial t} + \dot{x}\frac{\partial A_x}{\partial x} + \dot{y}\frac{\partial A_x}{\partial y} + \dot{z}\frac{\partial A_x}{\partial z}\right) \\
&= -q\left(\frac{\partial \phi}{\partial x} + \frac{1}{c}\frac{\partial A_x}{\partial t}\right) + \frac{q}{c}\left(\dot{x}\frac{\partial A_x}{\partial x} + \dot{y}\frac{\partial A_y}{\partial x} + \dot{z}\frac{\partial A_z}{\partial x} - \dot{x}\frac{\partial A_x}{\partial x} - \dot{y}\frac{\partial A_x}{\partial y} - \dot{z}\frac{\partial A_x}{\partial z}\right) \\
&= -q\left(\frac{\partial \phi}{\partial x} + \frac{1}{c}\frac{\partial A_x}{\partial t}\right) + \frac{q}{c}\left(\dot{y}\frac{\partial A_y}{\partial x} + \dot{z}\frac{\partial A_z}{\partial x} - \dot{y}\frac{\partial A_x}{\partial y} - \dot{z}\frac{\partial A_x}{\partial z}\right) \\
&= q\left(-\nabla\phi - \frac{1}{c}\frac{\partial \vec{A}}{\partial t}\right)_x + \frac{q}{c}\left[\vec{v}\times(\nabla\times\vec{A})\right]_x = q\left[\vec{E}_x + \frac{1}{c}(\vec{v}\times\vec{B})_x\right]
\end{aligned}$$

因此

$$\mu\ddot{\vec{r}} = q\left(\vec{E} + \frac{1}{c}\vec{v}\times\vec{B}\right)$$

推广到量子力学，将 $\vec{P}$ 改为算符，即

$$\hat{\vec{P}} = -\mathrm{i}\hbar\nabla \tag{8-7}$$

得到哈密顿算符

$$\hat{H} = \frac{1}{2\mu}\left(\hat{\vec{P}} - \frac{q}{c}\vec{A}\right)^2 + q\phi \tag{8-8}$$

所以，薛定谔方程为

$$\mathrm{i}\hbar\frac{\partial}{\partial t}\psi = \left[\frac{1}{2\mu}\left(\hat{\vec{P}} - \frac{q}{c}\vec{A}\right)^2 + q\phi\right]\psi \tag{8-9}$$

一般情况下，$\hat{\vec{P}}$、$\vec{A}$ 不对易，即

$$\hat{\vec{P}}\cdot\vec{A} - \vec{A}\cdot\hat{\vec{P}} = -\mathrm{i}\hbar\nabla\cdot\vec{A} \tag{8-10}$$

若利用电磁场的横波条件 $\nabla\cdot\vec{A}=0$，则薛定谔方程（8-9）变为

$$\mathrm{i}\hbar\frac{\partial}{\partial t}\psi = \left(-\frac{\hbar^2}{2\mu}\nabla^2 + \mathrm{i}\frac{\hbar q}{\mu c}\vec{A}\cdot\nabla + \frac{q^2}{2\mu c^2}A^2 + q\phi\right)\psi \tag{8-11}$$

讨论：

（1）定域的概率守恒与流密度。

式（8-11）的共轭方程为

$$-\mathrm{i}\hbar\frac{\partial}{\partial t}\psi^* = \left(-\frac{\hbar^2}{2\mu}\nabla^2 - \mathrm{i}\frac{\hbar q}{\mu c}\vec{A}\cdot\nabla + \frac{q^2}{2\mu c^2}A^2 + q\phi\right)\psi^* \tag{8-12}$$

$\psi^*\times$式（8-11）$-\psi^*\times$式（8-12），得

$$\begin{aligned}
\mathrm{i}\hbar\frac{\partial}{\partial t}(\psi^*\psi) &= -\frac{\hbar^2}{2\mu}(\psi^*\nabla^2\psi - \psi\nabla^2\psi^*) + \mathrm{i}\frac{\hbar q}{\mu c}\vec{A}\cdot(\psi^*\nabla\psi + \psi\nabla\psi^*) \\
&= -\frac{\hbar^2}{2\mu}\nabla\cdot(\psi^*\nabla\psi - \psi\nabla\psi^*) + \mathrm{i}\frac{\hbar q}{\mu c}\nabla\cdot(\vec{A}\psi^*\psi)
\end{aligned}$$

即

$$\frac{\partial \rho}{\partial t}+\nabla \cdot \vec{J}=0 \tag{8-13}$$

其中，概率密度 $\rho=\psi^{*} \psi$ ，流密度矢量

$$\begin{aligned}\vec{J}&=-\frac{\mathrm{i} \hbar}{2 \mu}\left(\psi^{*} \nabla \psi-\psi \nabla \psi^{*}\right)-\frac{q}{\mu c} \vec{A} \psi^{*} \psi=\frac{1}{2 \mu}\left[\psi^{*}\left(\hat{\vec{P}}-\frac{q}{c} \vec{A}\right) \psi-\psi\left(\hat{\vec{P}}+\frac{q}{c} \vec{A}\right) \psi^{*}\right] \\&=\frac{1}{2 \mu}\left[\psi^{*}\left(\hat{\vec{P}}-\frac{q}{c} \vec{A}\right) \psi+\psi\left(\hat{\vec{P}}-\frac{q}{c} \vec{A}\right)^{*} \psi^{*}\right]\end{aligned} \tag{8-14}$$

上面的推导过程用到了 $\hat{\vec{P}}^{*}=-\hat{\vec{P}}$ 。式（8-14）还可以变形为

$$\vec{J}=\frac{1}{2}\left(\psi^{*} \hat{\vec{v}} \psi+\psi \hat{\vec{v}}^{*} \psi^{*}\right)=\operatorname{Re}\left(\psi^{*} \hat{\vec{v}} \psi\right) \tag{8-15}$$

其中

$$\hat{\vec{v}}=\frac{1}{\mu}\left(\hat{\vec{P}}-\frac{q}{c} \vec{A}\right)=\frac{1}{\mu}\left(-\mathrm{i} \hbar \nabla-\frac{q}{c} \vec{A}\right) \tag{8-16}$$

称为粒子的速度算符。

（2）规范不变性。

用矢势 $\vec{A}$ 和标势 ϕ 描述电磁场不是唯一的，即给定的 $\vec{E}$ 和 $\vec{B}$ 并不对应于唯一的 $\vec{A}$ 和 ϕ 。做如下规范变换

$$\left\{\begin{array}{l}\vec{A} \rightarrow \vec{A}^{\prime}=\vec{A}+\nabla \chi(\vec{r}, t) \\ \phi \rightarrow \phi^{\prime}=\phi-\dfrac{1}{c} \dfrac{\partial \chi(\vec{r}, t)}{\partial t}\end{array}\right. \tag{8-17}$$

有

$$\nabla \times \vec{A}^{\prime}=\nabla \times \vec{A}+\nabla \times \nabla \chi(\vec{r}, t)=\nabla \times \vec{A}=\vec{B}$$

$$-\nabla \phi^{\prime}-\frac{1}{c} \frac{\partial \vec{A}^{\prime}}{\partial t}=-\nabla\left[\phi-\frac{1}{c} \frac{\partial \chi(\vec{r}, t)}{\partial t}\right]-\frac{1}{c} \frac{\partial}{\partial t}[\vec{A}+\nabla \chi(\vec{r}, t)]=-\nabla \phi-\frac{1}{c} \frac{\partial \vec{A}}{\partial t}=\vec{E}$$

即 $(\vec{A}^{\prime}, \phi^{\prime})$ 与 $(\vec{A}, \phi)$ 描述同一电磁场，电磁场具有规范不变性。那么，薛定谔方程（8-9）是否满足规范不变性呢？对波函数做如下的变换

$$\psi \rightarrow \psi^{\prime}=\psi \mathrm{e}^{\mathrm{i} q \chi / \hbar c} \tag{8-18}$$

则

$$\mathrm{i} \hbar \frac{\partial}{\partial t} \psi^{\prime}=\left[\frac{1}{2 \mu}\left(\hat{\vec{P}}-\frac{q}{c} \vec{A}^{\prime}\right)^{2}+q \phi^{\prime}\right] \psi^{\prime} \tag{8-19}$$

即若按照式（8-18）对波函数做变换，则薛定谔方程满足规范不变性。下面对此做出证明。因为

$$\begin{aligned}\left(\hat{\vec{P}}-\frac{q}{c} \vec{A}^{\prime}\right) \psi^{\prime}&=\left(\hat{\vec{P}}-\frac{q}{c} \vec{A}^{\prime}\right)\left(\psi \mathrm{e}^{\mathrm{i} q \chi / \hbar c}\right)=\left(\hat{\vec{P}}-\frac{q}{c} \vec{A}-\frac{q}{c} \nabla \chi\right)\left(\psi \mathrm{e}^{\mathrm{i} q \chi / \hbar c}\right) \\&=-\mathrm{i} \hbar \nabla\left(\psi \mathrm{e}^{\mathrm{i} q \chi / \hbar c}\right)-\left(\frac{q}{c} \vec{A}+\frac{q}{c} \nabla \chi\right)\left(\psi \mathrm{e}^{\mathrm{i} q \chi / \hbar c}\right)\end{aligned}$$

$$=-\mathrm{i}\hbar\psi\mathrm{e}^{\mathrm{i}q\chi/\hbar c}\frac{\mathrm{i}q}{\hbar c}\nabla\chi-\mathrm{i}\hbar\mathrm{e}^{\mathrm{i}q\chi/\hbar c}\nabla\psi-\left(\frac{q}{c}\vec{A}+\frac{q}{c}\nabla\chi\right)\left(\psi\mathrm{e}^{\mathrm{i}q\chi/\hbar c}\right)$$

$$=-\mathrm{i}\hbar\mathrm{e}^{\mathrm{i}q\chi/\hbar c}\nabla\psi-\frac{q}{c}\vec{A}\psi\mathrm{e}^{\mathrm{i}q\chi/\hbar c}=\mathrm{e}^{\mathrm{i}q\chi/\hbar c}\left(\hat{\vec{P}}-\frac{q}{c}\vec{A}\right)\psi$$

所以

$$\left(\hat{\vec{P}}-\frac{q}{c}\vec{A}'\right)^2\psi'=\left(\hat{\vec{P}}-\frac{q}{c}\vec{A}'\right)\left[\mathrm{e}^{\mathrm{i}q\chi/\hbar c}\left(\hat{\vec{P}}-\frac{q}{c}\vec{A}\right)\psi\right]$$

$$=\left(\hat{\vec{P}}-\frac{q}{c}\vec{A}'\right)\left(\mathrm{e}^{\mathrm{i}q\chi/\hbar c}\varphi\right)=\mathrm{e}^{\mathrm{i}q\chi/\hbar c}\left(\hat{\vec{P}}-\frac{q}{c}\vec{A}\right)\varphi=\mathrm{e}^{\mathrm{i}q\chi/\hbar c}\left(\hat{\vec{P}}-\frac{q}{c}\vec{A}\right)^2\psi$$

其中，令$\varphi=\left(\hat{\vec{P}}-\frac{q}{c}\vec{A}\right)\psi$，于是

$$\left[\frac{1}{2\mu}\left(\hat{\vec{P}}-\frac{q}{c}\vec{A}'\right)^2+q\phi'\right]\psi'=\frac{1}{2\mu}\left(\hat{\vec{P}}-\frac{q}{c}\vec{A}'\right)^2\psi'+q\phi'\psi'$$

$$=\frac{1}{2\mu}\mathrm{e}^{\mathrm{i}q\chi/\hbar c}\left(\hat{\vec{P}}-\frac{q}{c}\vec{A}\right)^2\psi+q\left[\phi-\frac{1}{c}\frac{\partial\chi}{\partial t}\right]\psi\mathrm{e}^{\mathrm{i}q\chi/\hbar c}$$

$$=\mathrm{e}^{\mathrm{i}q\chi/\hbar c}\left[\frac{1}{2\mu}\left(\hat{\vec{P}}-\frac{q}{c}\vec{A}\right)^2+q\phi\right]\psi-\frac{q}{c}\frac{\partial\chi}{\partial t}\psi\mathrm{e}^{\mathrm{i}q\chi/\hbar c}$$

$$=\mathrm{e}^{\mathrm{i}q\chi/\hbar c}\left(-\mathrm{i}\hbar\frac{\partial\psi}{\partial t}\right)-\frac{q}{c}\frac{\partial\chi}{\partial t}\psi\mathrm{e}^{\mathrm{i}q\chi/\hbar c}$$

$$=-\mathrm{i}\hbar\frac{\partial}{\partial t}\left(\psi\mathrm{e}^{\mathrm{i}q\chi/\hbar c}\right)=-\mathrm{i}\hbar\frac{\partial\psi'}{\partial t}$$

【例 8-1】证明粒子速度算符$\hat{\vec{v}}=\frac{1}{\mu}\left(\vec{P}-\frac{q}{c}\hat{\vec{A}}\right)$的各分量满足下列对易关系

$$\left[\hat{v}_x,\hat{v}_y\right]=\frac{\mathrm{i}\hbar q}{\mu^2 c}B_z\qquad\left[\hat{v}_y,\hat{v}_z\right]=\frac{\mathrm{i}\hbar q}{\mu^2 c}B_x\qquad\left[\hat{v}_z,\hat{v}_x\right]=\frac{\mathrm{i}\hbar q}{\mu^2 c}B_y\tag{8-20}$$

即

$$\hat{\vec{v}}\times\hat{\vec{v}}=\frac{\mathrm{i}\hbar q}{\mu^2 c}\vec{B}$$

解：$\hat{\vec{v}}$的分量形式为

$$\hat{v}_x=\frac{1}{\mu}\left(\hat{P}_x-\frac{q}{c}A_x\right)\qquad\hat{v}_y=\frac{1}{\mu}\left(\hat{P}_y-\frac{q}{c}A_y\right)\qquad\hat{v}_z=\frac{1}{\mu}\left(\hat{P}_z-\frac{q}{c}A_z\right)$$

所以

$$\left[\hat{v}_x,\hat{v}_y\right]=-\frac{q}{\mu^2 c}\left\{\left[\hat{P}_x,A_y\right]+\left[\hat{A}_x,P_y\right]\right\}$$

因为$\left[\hat{\vec{P}},F(\vec{r})\right]=-\mathrm{i}\hbar\nabla F(\vec{r})$，所以

$$\left[\hat{v}_x,\hat{v}_y\right]=-\frac{q}{\mu^2 c}\left(-\mathrm{i}\hbar\frac{\partial A_y}{\partial x}+\mathrm{i}\hbar\frac{\partial A_x}{\partial y}\right)=\frac{\mathrm{i}\hbar q}{\mu^2 c}\left(\nabla\times\vec{A}\right)_z=\frac{\mathrm{i}\hbar q}{\mu^2 c}B_z$$

同理

$$\left[\hat{v}_y, \hat{v}_z\right] = \frac{\mathrm{i}\hbar q}{\mu^2 c} B_x \qquad \left[\hat{v}_z, \hat{v}_x\right] = \frac{\mathrm{i}\hbar q}{\mu^2 c} B_y$$

所以

$$\hat{\vec{v}} \times \hat{\vec{v}} = \frac{\mathrm{i}\hbar q}{\mu^2 c} \vec{B}$$

§8-2 正常塞曼效应

1896 年，塞曼发现将光源（原子）放入磁场中，一条光谱线会分裂成一组相邻的光谱线，这种现象称为塞曼效应。当把光源（原子）放入强磁场中时，每条光谱线都会分裂成三条，称为正常塞曼效应。

对于原子大小的范围，实验室里常用的磁场 $\vec{B}$ 都可被视为均匀磁场。相应的矢势可取为

$$\vec{A} = \frac{1}{2}\vec{B} \times \vec{r} \tag{8-21}$$

设磁场 $\vec{B}$ 沿着 z 轴方向，即 $B_x = B_y = 0$， $B_z = B$，则

$$A_x = -\frac{1}{2}By \qquad A_y = \frac{1}{2}Bx \qquad A_z = 0$$

为简单起见，考虑碱金属原子，每个原子都只有一个价电子。价电子的哈密顿算符可以写为

$$\begin{aligned} \hat{H} &= \frac{1}{2\mu}\left[\left(\hat{P}_x - \frac{eB}{2c}y\right)^2 + \left(\hat{P}_y + \frac{eB}{2c}x\right)^2 + \hat{P}_z^2\right] + U(r) \\ &= \frac{1}{2\mu}\left[\hat{P}^2 + \frac{eB}{c}\hat{L}_z + \frac{e^2B^2}{4c^2}(x^2 + y^2)\right] + U(r) \end{aligned} \tag{8-22}$$

考虑到 $x^2 + y^2 \approx (10^{-10}\,\mathrm{m})^2$， $B < 10^5\,\mathrm{Gs} = 10\mathrm{T}$，式中 $B^2 \ll B$，所以，哈密顿算符简化为

$$\hat{H} = \frac{\hat{P}^2}{2\mu} + U(r) + \frac{eB}{2\mu c}\hat{L}_z \tag{8-23}$$

式中的最后一项可以理解为电子的轨道磁矩 $(\hat{M}_{lz} = -\frac{e}{2\mu c}\hat{L}_z)$ 与外磁场之间的相互作用。

在外磁场中，原子的球对称性被破坏，$\hat{\vec{L}}$ 不再是守恒量，但 $\hat{L}^2$ 和 $\hat{L}_z$ 仍为守恒量。因此，能量本征函数仍可以选为力学量完全集 (H, L^2, L_z) 的共同本征函数，即

$$\psi_{nlm}(r,\theta,\varphi) = R_{nl}(r)Y_{lm}(\theta,\varphi)$$

相应的能量本征值为

$$E_{nlm} = E_{nl} + \frac{eB}{2\mu c}m\hbar = E_{nl} + m\hbar\omega_L \tag{8-24}$$

式中， $\omega_L = \frac{eB}{2\mu c}$ 称为拉莫尔频率。显然，碱金属原子在强磁场中的能级发生了分裂。能级 E_{nl} 分裂成了 $(2l+1)$ 条，分裂后的相邻能级间隔为 $\hbar\omega_L$。

例如，钠原子的 3s 能级没有分裂，3p 能级分裂成 3 条，所以从 3p 能级到 3s 能级的光谱从 1 条分裂为 3 条，如图 8-1 所示（注意跃迁定则：Δn 任意，$\Delta l=\pm 1$，$\Delta m=0,\pm 1$）。

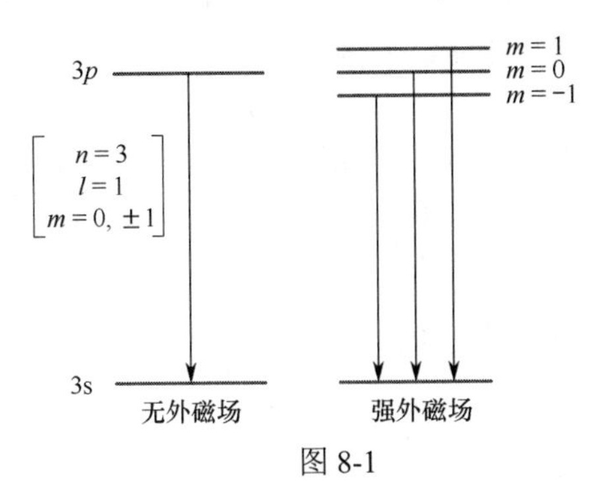

图 8-1

§8-3　朗道能级

考虑电子在均匀磁场 $\vec{B}$ 中运动，矢势仍取为 $\vec{A}=\frac{1}{2}\vec{B}\times\vec{r}$。设磁场沿着 z 轴方向，则

$$A_x=-\frac{1}{2}By \qquad A_y=\frac{1}{2}Bx \qquad A_z=0$$

电子的哈密顿算符可以写为

$$\begin{aligned}\hat{H}&=\frac{1}{2\mu}\left[\left(\hat{P}_x-\frac{eB}{2c}y\right)^2+\left(\hat{P}_y+\frac{eB}{2c}x\right)^2+\hat{P}_z^2\right]\\&=\frac{1}{2\mu}(\hat{P}_x^2+\hat{P}_y^2)+\frac{e^2B^2}{8\mu c^2}(x^2+y^2)+\frac{eB}{2\mu c}\hat{L}_z+\frac{1}{2\mu}\hat{P}_z^2\end{aligned} \tag{8-25}$$

由于电子沿 z 轴方向做自由运动，该方向的运动可以不予考虑，因此

$$\hat{H}=\frac{1}{2\mu}(\hat{P}_x^2+\hat{P}_y^2)+\frac{1}{2}\mu\omega_L^2(x^2+y^2)+\frac{eB}{2\mu c}\hat{L}_z=\hat{H}_0+\omega_L\hat{L}_z \tag{8-26}$$

式中

$$\hat{H}_0=\frac{1}{2\mu}(\hat{P}_x^2+\hat{P}_y^2)+\frac{1}{2}\mu\omega_L^2(x^2+y^2) \qquad \omega_L=\frac{eB}{2\mu c}$$

$\hat{H}_0$ 的形式与二维各向同性谐振子相同。

在平面极坐标系下，哈密顿算符［即式（8-26）］表示为

$$\hat{H}=-\frac{\hbar^2}{2\mu}\left(\frac{\partial^2}{\partial\rho^2}+\frac{1}{\rho}\frac{\partial}{\partial\rho}\right)-\frac{\hbar^2}{2\mu\rho^2}\frac{\partial^2}{\partial\varphi^2}+\frac{1}{2}\mu\omega_L^2\rho^2-\mathrm{i}\hbar\omega_L\frac{\partial}{\partial\varphi} \tag{8-27}$$

其中，第一项 $-\frac{\hbar^2}{2\mu}\frac{1}{\rho}\frac{\partial}{\partial\rho}\left(\rho\frac{\partial}{\partial\rho}\right)$ 为径向动能，第二项 $-\frac{\hbar^2}{2\mu\rho^2}\frac{\partial^2}{\partial\varphi^2}=\frac{L_z^2}{2\mu\rho^2}$ 为转动动能。

由于 $\left[\hat{H},\hat{L}_z\right]=0$，因此能量本征函数可以选为力学量完全集 $(\hat{H},\hat{L}_z)$ 的共同本征函数，即

$$\psi(\rho,\varphi)=R(\rho)\mathrm{e}^{\mathrm{i}m\varphi} \tag{8-28}$$

其中，$m=0,\pm 1,\pm 2,\cdots$。把式（8-28）代入能量本征值方程，得径向方程为

$$\left[-\frac{\hbar^2}{2\mu}\left(\frac{\partial^2}{\partial\rho^2}+\frac{1}{\rho}\frac{\partial}{\partial\rho}-\frac{m^2}{\rho^2}\right)+\frac{1}{2}\mu\omega_L^2\rho^2\right]R(\rho)=(E-m\hbar\omega_L)R(\rho) \tag{8-29}$$

由此式可解得能量本征值 E_N（朗道能级）为

$$E_N=(N+1)\hbar\omega_L \tag{8-30}$$

其中，$N=2n_\rho+|m|+m=0,2,4,\cdots$，$n_\rho=0,1,2,\cdots$。相应的能量本征函数（径向部分）为

$$R_{n_\rho m}(\rho)=N_{n_\rho m}\rho^{|m|}F(-n_\rho,|m|+1,\alpha^2\rho^2)\mathrm{e}^{-\alpha^2\rho^2/2}\mathrm{e}^{\mathrm{i}m\varphi} \tag{8-31}$$

其中，$\alpha=\sqrt{\dfrac{\mu\omega_L}{\hbar}}=\sqrt{\dfrac{eB}{2\hbar c}}$，归一化常数 $N_{n_\rho m}=\dfrac{\alpha^{|m|+1}}{|m|!}\sqrt{\dfrac{2(n_\rho+|m|)}{n_\rho!}}$，$F$ 为合流超几何函数，n_ρ 表示径向波函数的节点数（$\rho=0$ 和 ∞ 点除外）。

由能级公式［式（8-30）］容易看出，由于 $N=2n_\rho+|m|+m=0,2,4,\cdots$，因此对于所有 $m\leqslant 0$ 的态，对应的能量都相同，所以能级简并度为 ∞。对于几条较低能级的简并度，分析如表 8-1 所示。

表 8-1

N	E_N	n_ρ	m
0	$\hbar\omega_L$	0	$0,-1,-2,\cdots$
2	$3\hbar\omega_L$	0	1
		1	$0,-1,-2,\cdots$
4	$5\hbar\omega_L$	0	2
		1	1
		2	$0,-1,-2,\cdots$
…			

注意：朗道能级与规范选择无关。例如，对于朗道用过的规范

$$A_x=-By \qquad A_y=0 \qquad A_z-0$$

则电子在 xOy 平面内运动的哈密顿算符可以写为

$$\hat{H}=\frac{1}{2\mu}\left[\left(\hat{P}_x-\frac{eB}{c}y\right)^2+\hat{P}_y^2\right] \tag{8-32}$$

由于 $\left[\hat{H},\hat{P}_x\right]=0$，因此能量本征函数可以选为力学量完全集 (H,P_x) 的共同本征函数，即

$$\psi(x,y)=\psi(y)\mathrm{e}^{\mathrm{i}P_x x/\hbar} \tag{8-33}$$

其中 P_x 取任意实数。把式（8-33）代入能量本征值方程，得

$$\frac{1}{2\mu}\left[\left(P_x-\frac{eB}{c}y\right)^2-\hbar^2\frac{\mathrm{d}^2}{\mathrm{d}y^2}\right]\psi(y)=E\psi(y) \tag{8-34}$$

式（8-34）变形为

$$-\frac{\hbar^2}{2\mu}\frac{\mathrm{d}^2\psi(y)}{\mathrm{d}y^2}+\frac{1}{2}\mu\left(\frac{eB}{\mu c}\right)^2\left(y-\frac{cP_x}{eB}\right)^2\psi(y)=E\psi(y)$$

令 $y_0=\dfrac{cP_x}{eB}$，$\omega_c=\dfrac{eB}{\mu c}=2\omega_L$，则方程化简为

$$-\frac{\hbar^2}{2\mu}\frac{\mathrm{d}^2\psi(y)}{\mathrm{d}y^2}+\frac{1}{2}\mu\omega_c^2(y-y_0)^2\psi(y)=E\psi(y) \tag{8-35}$$

该式表述的是频率为 ω_c（称为回旋角频率）、平衡位置在 y_0 处的一维谐振子，其能量本征值为

$$E_n=\left(n+\frac{1}{2}\right)\hbar\omega_c=(N+1)\hbar\omega_L \tag{8-36}$$

其中，$n=0,1,2,\cdots$，$N=2n=0,2,4,\cdots$。该式与式（8-30）一致。相应的能量本征函数为

$$\psi_{y_0,n}(x,y)=N_n\mathrm{e}^{-\alpha^2(y-y_0)^2/2}H_n(\alpha(y-y_0))\mathrm{e}^{\mathrm{i}P_x x/\hbar} \tag{8-37}$$

式中，$\alpha=\sqrt{\frac{\mu\omega_c}{\hbar}}=\sqrt{\frac{2\mu\omega_L}{\hbar}}$。显然，波函数与 y_0 有关，即与 P_x 有关，但 E_n 与 y_0 无关，所以能量本征值无穷度简并。由于 $y_0\to\pm\infty$，因此电子可以出现在无穷远处，处于非束缚态，但电子的能级却是离散的。

习　题

8-1　求互相垂直的均匀电场和磁场中的带电粒子的能量本征值。

8-2　设电子囚禁在二维各向同性谐振子场中，$V=\frac{1}{2}M\omega_0^2(x^2+y^2)$。如再受到沿 z 轴方向的均匀磁场 $\vec{B}$ 的作用，取矢势 $\vec{A}=\frac{1}{2}\vec{B}\times\vec{r}$，（1）求电子的能级和本征函数；（2）分别讨论 $B\to 0$ 和 $B\to\infty$ 两种极限情况及能级简并度的变化。

8-3　电子被限制在 xOy 平面内运动，在 z 方向有一均匀磁场 B，此外没有其他势。回答下列问题：

（1）定义规范不变的动量 $\vec{\pi}=\vec{p}+\frac{e}{c}\vec{A}$，求对易式 $[\pi_x,\pi_y]$；

（2）利用上述对易关系式和一维谐振子问题的类比求电子的能量本征值。

第九章　近似方法

前面，利用薛定谔方程求解了一些简单的能量本征值问题，如线性谐振子、方形势阱、氢原子问题等。实际中，能用薛定谔方程严格求解的问题极为有限，绝大多数问题无法严格求解，只能求近似解。求近似解的方法有很多，如微扰理论、变分法、绝热近似、准经典近似等，且每种方法都有它的优缺点和适用范围。

§9-1　非简并定态微扰理论

微扰理论的实质是把体系的哈密顿算符 $\hat{H}$ 写成两项和的形式，即

$$\hat{H} = \hat{H}^{(0)} + \hat{H}' \tag{9-1}$$

其中 $\hat{H}^{(0)}$（不显含 t）的解已知或可精确求解，它包括体系的主要性质；$\hat{H}'$ 对体系的影响很小，可作为扰动处理。这样，在 $\hat{H}^{(0)}$ 解的基础上用 $\hat{H}'$ 修正 $\hat{H}^{(0)}$ 的解，就得到了复杂体系能量的近似解。此类问题分为两种情况：

（1）$\hat{H}'$ 不显含 t，即定态问题，定态问题又分为非简并和简并两种情况；

（2）$\hat{H}'$ 显含 t，可用它的近似解讨论体系状态之间的跃迁问题及光的发射和吸收等问题。

本节首先讨论非简并定态情形。令 $\hat{H}'$ 不显含 t，且

$$\hat{H}' = \lambda \hat{H}^{(1)} \tag{9-2}$$

其中，λ 是很小的实参量。

$\hat{H}^{(0)}$ 的本征方程为

$$\hat{H}^{(0)}\psi_n^{(0)} = E_n\psi_n^{(0)} \tag{9-3}$$

$E_n^{(0)}$、$\psi_n^{(0)}$ 已经解出，且 $E_n^{(0)}$ 不简并。

设体系满足的定态薛定谔方程为

$$\hat{H}\psi_n = E_n\psi_n \tag{9-4}$$

由于 E_n 和 ψ_n 都与微扰有关，因此可以把它们视为表征微扰程度的参数 λ 的函数，将它们展开为 λ 的幂级数，即

$$E_n(\lambda) = E_n^{(0)} + \lambda E_n^{(1)} + \lambda^2 E_n^{(2)} + \cdots \tag{9-5}$$

$$\psi_n(\lambda) = \psi_n^{(0)} + \lambda \psi_n^{(1)} + \lambda^2 \psi_n^{(2)} + \cdots \tag{9-6}$$

其中 $E_n^{(0)}$、$\psi_n^{(0)}$ 是体系的零级近似解；$\lambda E_n^{(1)}$、$\lambda\psi_n^{(1)}$ 为体系的一级修正项，而 $E_n^{(0)} + \lambda E_n^{(1)}$、$\psi_n^{(0)} + \lambda\psi_n^{(1)}$ 是体系的一级近似解，等等。将展开式代入定态薛定谔方程（9-4）中，得

$$(\hat{H}^{(0)} + \lambda\hat{H}^{(1)})(\psi_n^{(0)} + \lambda\psi_n^{(1)} + \lambda^2\psi_n^{(2)} + \cdots)$$
$$= (E_n^{(0)} + \lambda E_n^{(1)} + \lambda^2 E_n^{(2)} + \cdots)(\psi_n^{(0)} + \lambda\psi_n^{(1)} + \lambda^2\psi_n^{(2)} + \cdots)$$

所以

$$\hat{H}^{(0)}\psi_n^{(0)}+\lambda(\hat{H}^{(0)}\psi_n^{(1)}+\hat{H}^{(1)}\psi_n^{(0)})+\lambda^2(\hat{H}^{(0)}\psi_n^{(2)}+\hat{H}^{(1)}\psi_n^{(1)})+\cdots$$
$$=E_n^{(0)}\psi_n^{(0)}+\lambda(E_n^{(0)}\psi_n^{(1)}+E_n^{(1)}\psi_n^{(0)})+\lambda^2(E_n^{(0)}\psi_n^{(2)}+E_n^{(1)}\psi_n^{(1)}+E_n^{(2)}\psi_n^{(0)})+\cdots$$

等式两边λ的同幂次项的系数应相等，于是可得下面的逐级近似方程

$$\lambda^0:\quad \hat{H}^{(0)}\psi_n^{(0)}=E_n^{(0)}\psi_n^{(0)}$$

$$\lambda^1:\quad \hat{H}^{(0)}\psi_n^{(1)}+\hat{H}^{(1)}\psi_n^{(0)}=E_n^{(0)}\psi_n^{(1)}+E_n^{(1)}\psi_n^{(0)} \tag{9-7}$$

$$\lambda^2:\quad \hat{H}^{(0)}\psi_n^{(2)}+\hat{H}^{(1)}\psi_n^{(1)}=E_n^{(0)}\psi_n^{(2)}+E_n^{(1)}\psi_n^{(1)}+E_n^{(2)}\psi_n^{(0)} \tag{9-8}$$

$$\cdots$$

假定$\psi_n(\lambda)$已经归一化，则

$$\int\psi_n^*(\lambda)\psi_n(\lambda)\mathrm{d}\tau=1 \tag{9-9}$$

于是

$$\int(\psi_n^{(0)}+\lambda\psi_n^{(1)}+\lambda^2\psi_n^{(2)}+\cdots)^*(\psi_n^{(0)}+\lambda\psi_n^{(1)}+\lambda^2\psi_n^{(2)}+\cdots)\mathrm{d}\tau=1$$

一、一级近似解

我们考虑$\hat{H}^{(0)}$的第n个能量本征值$E_n^{(0)}$和相应本征函数$\psi_n^{(0)}$的修正。因为$\{\psi_n^{(0)}\}$是$\hat{H}^{(0)}$的本征函数系，故$\psi_n^{(1)}$可按其展开，即有

$$\psi_n^{(1)}=\sum_k c_k^{(1)}\psi_k^{(0)} \tag{9-10}$$

将展开式［式（9-10)］代入一级等式［式（9-7)］中，得

$$\hat{H}^{(0)}\sum_k c_k^{(1)}\psi_k^{(0)}+\hat{H}^{(1)}\psi_n^{(0)}=E_n^{(0)}\sum_k c_k^{(1)}\psi_k^{(0)}+E_n^{(1)}\psi_n^{(0)}$$

所以

$$\sum_k c_k^{(1)}E_k^{(0)}\psi_k^{(0)}+\hat{H}^{(1)}\psi_n^{(0)}=E_n^{(0)}\sum_k c_k^{(1)}\psi_k^{(0)}+E_n^{(1)}\psi_n^{(0)}$$

对上式做$\int\psi_m^{(0)*}\cdots\mathrm{d}\tau$运算，得

$$\sum_k c_k^{(1)}E_k^{(0)}\int\psi_m^{(0)*}\psi_k^{(0)}\mathrm{d}\tau+\int\psi_m^{(0)*}\hat{H}^{(1)}\psi_n^{(0)}\mathrm{d}\tau$$
$$=E_n^{(0)}\sum_k c_k^{(1)}\int\psi_m^{(0)*}\psi_k^{(0)}\mathrm{d}\tau+E_n^{(1)}\int\psi_m^{(0)*}\psi_n^{(0)}\mathrm{d}\tau$$

所以

$$\sum_k c_k^{(1)}E_k^{(0)}\delta_{mk}+\hat{H}_{mn}^{(1)}=E_n^{(0)}\sum_k c_k^{(1)}\delta_{mk}+E_n^{(1)}\delta_{mn}$$

式中，$\hat{H}_{mn}^{(1)}=\int\psi_m^{(0)*}\hat{H}^{(1)}\psi_n^{(0)}\mathrm{d}\tau$。因此

$$c_m^{(1)}E_m^{(0)}+\hat{H}_{mn}^{(1)}=E_n^{(0)}c_m^{(1)}+E_n^{(1)}\delta_{mn} \tag{9-11}$$

当$m=n$时，式（9-11）变成

$$E_n^{(1)}=\hat{H}_{nn}^{(1)}$$

所以，能量一级修正值为

$$\lambda E_n^{(1)}=\hat{H}'_{nn} \tag{9-12}$$

当$m\neq n$时，式（9-11）变成

$$c_m^{(1)}E_m^{(0)}+\hat{H}_{mn}^{(1)}=E_n^{(0)}c_m^{(1)}$$

所以

$$c_m^{(1)}=\frac{\hat{H}_{mn}^{(1)}}{E_n^{(0)}-E_m^{(0)}} \tag{9-13}$$

把式（9-13）代入式（9-10），得

$$\psi_n^{(1)}=\sum_m{}' c_m^{(1)}\psi_m^{(0)}=\sum_m{}'\frac{\hat{H}_{mn}^{(1)}}{E_n^{(0)}-E_m^{(0)}}\psi_m^{(0)}$$

求和号上加一撇，表示不包含 $m=n$ 项。

波函数的一级修正值为

$$\lambda\psi_n^{(1)}=\sum_m{}'\frac{\hat{H}'_{mn}}{E_n^{(0)}-E_m^{(0)}}\psi_m^{(0)} \tag{9-14}$$

总结：$\hat{H}$ 的一级近似解为

$$E_n=E_n^{(0)}+\hat{H}'_{nn} \tag{9-15}$$

$$\psi_n=\psi_n^{(0)}+\sum_m{}'\frac{\hat{H}'_{mn}}{E_n^{(0)}-E_m^{(0)}}\psi_m^{(0)} \tag{9-16}$$

二、二级近似解

令

$$\psi_n^{(2)}=\sum_k c_k^{(2)}\psi_k^{(0)} \tag{9-17}$$

代入到二级等式［式（9-8）］中，得

$$\begin{aligned}&\hat{H}^{(0)}\sum_k c_k^{(2)}\psi_k^{(0)}+\hat{H}^{(1)}\sum_k{}' c_k^{(1)}\psi_k^{(0)}\\&=E_n^{(0)}\sum_k c_k^{(2)}\psi_k^{(0)}+E_n^{(1)}\sum_k{}' c_k^{(1)}\psi_k^{(0)}+E_n^{(2)}\psi_n^{(0)}\end{aligned}$$

对上式做 $\int\psi_m^{(0)*}\cdots\mathrm{d}\tau$ 运算，得

$$\begin{aligned}&\sum_k c_k^{(2)}E_k^{(0)}\int\psi_m^{(0)*}\psi_k^{(0)}\mathrm{d}\tau+\sum_k{}' c_k^{(1)}\int\psi_m^{(0)*}\hat{H}^{(1)}\psi_k^{(0)}\mathrm{d}\tau\\&=E_n^{(0)}\sum_k c_k^{(2)}\int\psi_m^{(0)*}\psi_k^{(0)}\mathrm{d}\tau+E_n^{(1)}\sum_k{}' c_k^{(1)}\int\psi_m^{(0)*}\psi_k^{(0)}\mathrm{d}\tau+E_n^{(2)}\int\psi_m^{(0)*}\psi_n^{(0)}\mathrm{d}\tau\end{aligned}$$

所以

$$\sum_k c_k^{(2)}E_k^{(0)}\delta_{mk}+\sum_k{}' c_k^{(1)}H_{mk}^{(1)}=E_n^{(0)}\sum_k c_k^{(2)}\delta_{mk}+E_n^{(1)}\sum_k{}' c_k^{(1)}\delta_{mk}+E_n^{(2)}\delta_{mn}$$

因此

$$c_m^{(2)}E_m^{(0)}+\sum_k{}' c_k^{(1)}H_{mk}^{(1)}=E_n^{(0)}c_m^{(2)}+H_{nn}^{(1)}c_m^{(1)}+E_n^{(2)}\delta_{mn} \tag{9-18}$$

当 $m=n$ 时，$c_m^{(1)}=0$，式（9-18）变成

$$c_n^{(2)}E_n^{(0)}+\sum_k{}' c_k^{(1)}H_{nk}^{(1)}=E_n^{(0)}c_n^{(2)}+E_n^{(2)}$$

所以

$$E_n^{(2)} = \sum_k{}' c_k^{(1)} H_{nk}^{(1)} = \sum_m{}' c_m^{(1)} H_{nm}^{(1)} = \sum_m{}' \frac{H_{mn}^{(1)}}{E_n^{(0)} - E_m^{(0)}} H_{nm}^{(1)} = \sum_m{}' \frac{\left|H_{mn}^{(1)}\right|^2}{E_n^{(0)} - E_m^{(0)}}$$

能量的二级修正值为

$$\lambda^2 E_n^{(2)} = \sum_m{}' \frac{\left|H'_{mn}\right|^2}{E_n^{(0)} - E_m^{(0)}} \tag{9-19}$$

能量的二级近似值为

$$E_n = E_n^{(0)} + \hat{H}'_{nn} + \sum_m{}' \frac{\left|H'_{mn}\right|^2}{E_n^{(0)} - E_m^{(0)}} \tag{9-20}$$

这里，对波函数的二级近似不做要求。

三、结果讨论

（1）微扰理论的适用条件为

$$\left|\frac{H'_{mn}}{E_n^{(0)} - E_m^{(0)}}\right| \ll 1 \quad (E_n^{(0)} \neq E_m^{(0)}) \tag{9-21}$$

这就是本章开始提到的$\hat{H}'$很小的明确表示式。具体地说可分两个方面：

① $\hat{H}'$要足够小（即$\left|H'_{mn}\right| \ll \left|E_n^{(0)} - E_m^{(0)}\right|$），可把它视为扰动项；

② 能级间距要足够大，即$\left|E_n^{(0)} - E_m^{(0)}\right|$要足够大，所有$E_m^{(0)}$要足够远离被修正的能级$E_n^{(0)}$。

例如，在库仑场中，$E_n^{(0)} \propto \frac{1}{n^2}$，当$n$很大时，能级间的距离$\left|E_n^{(0)} - E_m^{(0)}\right|$很小，故微扰理论只适用于计算较低能级（$n$小）的修正，而不能用来计算高能级（$n$大）的修正。

注：以上公式只适用于能量本征值非简并且分立的情况。

（2）$\hat{H}$在$H^{(0)}$表象中的矩阵形式。

在$H^{(0)}$表象中，有

$$\begin{aligned} \boldsymbol{H} = \boldsymbol{H}^{(0)} + \boldsymbol{H}' &= \begin{bmatrix} E_1^{(0)} + H'_{11} & H'_{12} & \cdots \\ H'_{21} & E_2^{(0)} + H'_{22} & \cdots \\ \vdots & \vdots & \ddots \end{bmatrix} \\ &= \begin{bmatrix} E_1^{(0)} & 0 & \cdots \\ 0 & E_2^{(0)} & \cdots \\ \vdots & \vdots & \ddots \end{bmatrix} + \begin{bmatrix} H'_{11} & H'_{12} & \cdots \\ H'_{21} & H'_{22} & \cdots \\ \vdots & \vdots & \ddots \end{bmatrix} \end{aligned} \tag{9-22}$$

可见，在$H^{(0)}$表象中，$\boldsymbol{H}'$的对角元素就是各能级的一级修正，$\boldsymbol{H}$矩阵的对角元素为一级近似值，二级修正与非对角元素有关。

【例 9-1】一电荷为e的线性谐振子受恒定弱电场ε的作用，电场沿正x方向。用微扰法求体系的定态能量和波函数。

解：体系的哈密顿算符是

$$\hat{H} = \hat{H}^{(0)} + \hat{H}'$$

式中

$$\hat{H}^{(0)}=-\frac{\hbar^2}{2\mu}\frac{\mathrm{d}^2}{\mathrm{d}x^2}+\frac{1}{2}\mu\omega^2x^2$$

$$\hat{H}'=-\vec{D}\cdot\vec{\varepsilon}=-e\vec{x}\cdot\varepsilon\vec{x}_0=-e\varepsilon x$$

且$\hat{H}^{(0)}$的本征解为

$$E_n^{(0)}=\left(n+\frac{1}{2}\right)\hbar\omega \qquad \psi_n^{(0)}=\sqrt{\frac{\alpha}{\sqrt{\pi}2^n n!}}\mathrm{e}^{-\frac{1}{2}\alpha^2x^2}H_n(\alpha x)$$

式中，$n=0,1,2,\cdots$。

（1）求能量本征值的近似解。

能量的一级修正为

$$\lambda E_n^{(1)}=\hat{H}'_{nn}=\int_{-\infty}^{\infty}\psi_n^{(0)*}(x)\hat{H}'\psi_n^{(0)}(x)\mathrm{d}x=-e\varepsilon\int_{-\infty}^{\infty}\psi_n^{(0)*}(x)x\psi_n^{(0)}(x)\mathrm{d}x=0$$

因为

$$\begin{aligned}\hat{H}'_{mn}&=\int_{-\infty}^{\infty}\psi_m^{(0)*}(x)\hat{H}'\psi_n^{(0)}(x)\mathrm{d}x=-e\varepsilon\int_{-\infty}^{\infty}\psi_m^{(0)*}(x)x\psi_n^{(0)}(x)\mathrm{d}x\\&=-\frac{e\varepsilon}{\alpha}\int_{-\infty}^{\infty}\psi_m^{(0)*}\left[\sqrt{\frac{n}{2}}\psi_{n-1}^{(0)}+\sqrt{\frac{n+1}{2}}\psi_{n+1}^{(0)}\right]\mathrm{d}x=-\frac{e\varepsilon}{\alpha}\left[\sqrt{\frac{n}{2}}\delta_{m,n-1}+\sqrt{\frac{n+1}{2}}\delta_{m,n+1}\right]\end{aligned}$$

所以，能量的二级修正为

$$\lambda^2E_n^{(2)}=\sum_m{}'\frac{\left|H'_{mn}\right|^2}{E_n^{(0)}-E_m^{(0)}}=\frac{\left|H'_{n-1,n}\right|^2}{E_n^{(0)}-E_{n-1}^{(0)}}+\frac{\left|H'_{n+1,n}\right|^2}{E_n^{(0)}-E_{n+1}^{(0)}}=\frac{\hbar e^2\varepsilon^2}{2\mu\omega}\left[\frac{n}{\hbar\omega}-\frac{n+1}{\hbar\omega}\right]=-\frac{e^2\varepsilon^2}{2\mu\omega^2}$$

可见，$E_n^{(2)}$与n关（即与谐振子的状态无关），所有能级移动相同的距离。

能量的二级近似为

$$E_n=E_n^{(0)}+\lambda E_n^{(1)}+\lambda^2E_n^{(2)}=\left(n+\frac{1}{2}\right)\hbar\omega-\frac{e^2\varepsilon^2}{2\mu\omega^2}$$

（2）求波函数的近似解。

波函数的一级修正为

$$\begin{aligned}\lambda\psi_n^{(1)}&=\sum_m{}'\frac{H'_{mn}}{E_n^{(0)}-E_m^{(0)}}\psi_m^{(0)}=\frac{H'_{n-1,n}}{E_n^{(0)}-E_{n-1}^{(0)}}\psi_{n-1}^{(0)}+\frac{H'_{n+1,n}}{E_n^{(0)}-E_{n-1}^{(0)}}\psi_{n+1}^{(0)}\\&=-e\varepsilon\left(\frac{\hbar}{2\mu\omega}\right)^{1/2}\left[\frac{\sqrt{n}}{\hbar\omega}\psi_{n-1}^{(0)}-\frac{\sqrt{n+1}}{\hbar\omega}\psi_{n+1}^{(0)}\right]=e\varepsilon\left(\frac{1}{2\hbar\mu\omega^3}\right)^{1/2}\left[\sqrt{n+1}\psi_{n+1}^{(0)}-\sqrt{n}\psi_{n-1}^{(0)}\right]\end{aligned}$$

波函数的一级近似为

$$\psi_n=\psi_n^{(0)}+\lambda\psi_n^{(1)}=\psi_n^{(0)}+\frac{e\varepsilon}{\sqrt{2\hbar\mu\omega^3}}\left[\sqrt{n+1}\psi_{n+1}^{(0)}-\sqrt{n}\psi_{n-1}^{(0)}\right]$$

可见，微扰使$\psi_n^{(0)}$中混入了与它紧邻的状态$\psi_{n-1}^{(0)}$和$\psi_{n+1}^{(0)}$。

说明：实际上此题可准确求解能量本征值，过程如下。

体系的哈密顿算符变形为

$$\hat{H}=-\frac{\hbar^2}{2\mu}\frac{\mathrm{d}^2}{\mathrm{d}x^2}+\frac{1}{2}\mu\omega^2x^2-e\varepsilon x=-\frac{\hbar^2}{2\mu}\frac{\mathrm{d}^2}{\mathrm{d}x^2}+\frac{1}{2}\mu\omega^2\left(x-\frac{e\varepsilon}{\mu\omega^2}\right)^2-\frac{e^2\varepsilon^2}{2\mu\omega^2}$$
$$=-\frac{\hbar^2}{2\mu}\frac{\mathrm{d}^2}{\mathrm{d}x'^2}+\frac{1}{2}\mu\omega^2x'^2-\frac{e^2\varepsilon^2}{2\mu\omega^2}$$

其中 $x'=x-\frac{e\varepsilon}{\mu\omega^2}$。于是哈密顿算符 $\hat{H}$ 的本征方程为

$$\left(-\frac{\hbar^2}{2\mu}\frac{\mathrm{d}^2}{\mathrm{d}x'^2}+\frac{1}{2}\mu\omega^2x'^2-\frac{e^2\varepsilon^2}{2\mu\omega^2}\right)\psi_n=E_n\psi_n$$

即

$$\left(-\frac{\hbar^2}{2\mu}\frac{\mathrm{d}^2}{\mathrm{d}x'^2}+\frac{1}{2}\mu\omega^2x'^2\right)\psi_n=\left(E_n+\frac{e^2\varepsilon^2}{2\mu\omega^2}\right)\psi_n$$

该方程仍是一维线性谐振子的能量本征方程。于是体系的本征解 E_n 满足

$$E_n+\frac{e^2\varepsilon^2}{2\mu\omega^2}=\left(n+\frac{1}{2}\right)\hbar\omega$$

即

$$E_n=\left(n+\frac{1}{2}\right)\hbar\omega-\frac{e^2\varepsilon^2}{2\mu\omega^2}$$

能量本征函数为

$$\psi_n(x')=N_nH_n(\alpha x')\mathrm{e}^{-\alpha^2x'^2/2}$$

把 $\psi_n(x')$ 在 x 点展开，即

$$\psi_n(x')=\psi_n^{(0)}(x)+\frac{\mathrm{d}}{\mathrm{d}x}\psi_n^{(0)}(x)(x'-x)+\cdots$$
$$=\psi_n^{(0)}(x)+\alpha\left[\sqrt{\frac{n}{2}}\psi_{n-1}^{(0)}(x)-\sqrt{\frac{n+1}{2}}\psi_{n+1}^{(0)}(x)\right]\left(-\frac{e\varepsilon}{\mu\omega^2}\right)+\cdots$$
$$=\psi_n^{(0)}(x)+\frac{e\varepsilon}{\sqrt{2\hbar\mu\omega^3}}\left[\sqrt{n+1}\psi_{n+1}^{(0)}(x)-\sqrt{n}\psi_{n-1}^{(0)}(x)\right]+\cdots$$

与微扰理论解的结果是一致的。

【例 9-2】设在 $H^{(0)}$ 表象中，$\hat{H}$ 的矩阵表示为

$$\boldsymbol{H}=\begin{bmatrix}E_1^{(0)}+c & 0 & a\\ 0 & E_2^{(0)}+d & b\\ a^* & b^* & E_3^{(0)}\end{bmatrix}$$

其中 $E_1^0<E_2^0<E_3^0$，$|a|$、$|b|$、c、d 是小量。试用微扰理论求能级二级修正。

解：$\hat{H}$ 的矩阵改写为

$$\boldsymbol{H}=\begin{bmatrix}E_1^{(0)}+c & 0 & a\\ 0 & E_2^{(0)}+d & b\\ a^* & b^* & E_3^{(0)}\end{bmatrix}=\begin{bmatrix}E_1^{(0)} & 0 & 0\\ 0 & E_2^{(0)} & 0\\ 0 & 0 & E_3^{(0)}\end{bmatrix}+\begin{bmatrix}c & 0 & a\\ 0 & d & b\\ a^* & b^* & 0\end{bmatrix}$$

利用式（9-20），得

$$E_1 = E_1^{(0)} + c + \frac{|H'_{21}|^2}{E_1^{(0)} - E_2^{(0)}} + \frac{|H'_{31}|^2}{E_1^{(0)} - E_3^{(0)}} = E_1^{(0)} + c + \frac{|a|^2}{E_1^{(0)} - E_3^{(0)}}$$

$$E_2 = E_2^{(0)} + d + \frac{|H'_{12}|^2}{E_2^{(0)} - E_1^{(0)}} + \frac{|H'_{32}|^2}{E_2^{(0)} - E_3^{(0)}} = E_2^{(0)} + d + \frac{|b|^2}{E_1^{(0)} - E_3^{(0)}}$$

$$E_3 = E_3^{(0)} + 0 + \frac{|H'_{13}|^2}{E_3^{(0)} - E_1^{(0)}} + \frac{|H'_{23}|^2}{E_3^{(0)} - E_2^{(0)}} = E_3^{(0)} + \frac{|a|^2}{E_3^{(0)} - E_1^{(0)}} + \frac{|b|^2}{E_3^{(0)} - E_2^{(0)}}$$

§9-2 简并情况下的微扰理论

非简并微扰理论的特点：受微扰作用后，体系的能级和本征函数有微小的变化，即

$$E_n^{(0)} \to E_n \qquad \psi_n^{(0)} \to \psi_n$$

实际问题中，非简并的例子很少，多数情况下能级简并。

简并微扰理论的特点：能级的简并与体系的对称性密切相关。在引入微扰以后，体系的对称性受到破坏，有可能使能级发生分裂，简并会被全部或部分消除。

一、简并情况下能量的一级近似

设体系的哈密顿算符为

$$\hat{H} = \hat{H}^{(0)} + \hat{H}' = \hat{H}^{(0)} + \lambda \hat{H}^{(1)}$$

$\hat{H}'$ 为微扰项。体系满足的能量本征方程为

$$\hat{H}\psi_n = E_n \psi_n$$

设 $\hat{H}^{(0)}$ 的本征方程为

$$\hat{H}^{(0)}\psi_{n\nu}^{(0)} = E_n^{(0)}\psi_{n\nu}^{(0)} \tag{9-23}$$

式中，$\nu = 1,2,\cdots,f$，即 $E_n^{(0)}$ 为 f 度简并。在简并子空间内，$\{\psi_{n\nu}^{(0)}\}$ 满足正交归一条件

$$\int \psi_{n\mu}^{*(0)}\psi_{n\nu}^{(0)}\mathrm{d}x = \delta_{\mu\nu} \tag{9-24}$$

引入微扰后，简并的能级会发生分裂。一般情况下，$\hat{H}'$ 的存在会引起各本征态 $\psi_{m\mu}^{(0)}$ 之间发生耦合，导致能量本征方程的解 ψ_n 是各 $\psi_{m\mu}^{(0)}$ 的线性叠加，即

$$\psi_n = \sum_m \sum_\mu c_{m\mu}\psi_{m\mu}^{(0)}$$

为简单起见，此处只讨论零级近似，即认为 ψ_n 只是 $\psi_{n\nu}^{(0)}$ 的线性叠加，即

$$\psi_n^{(0)} = \sum_\nu c_{n\nu}^{(0)}\psi_{n\nu}^{(0)} \tag{9-25}$$

由于 ψ_n 和 E_n 与微扰有关，因此仍将它们展开为 λ 的幂级数，即

$$\psi_n = \psi_n^{(0)} + \lambda\psi_n^{(1)} + \lambda^2\psi_n^{(2)} + \cdots \qquad E_n = E_n^{(0)} + \lambda E_n^{(1)} + \lambda^2 E_n^{(2)} + \cdots$$

代入 $\hat{H}$ 的本征方程中，即

$$(\hat{H}^{(0)}+\lambda\hat{H}^{(1)})(\psi_n^{(0)}+\lambda\psi_n^{(1)}+\lambda^2\psi_n^{(2)}+\cdots)$$
$$=(E_n^{(0)}+\lambda E_n^{(1)}+\lambda^2E_n^{(2)}+\cdots)(\psi_n^{(0)}+\lambda\psi_n^{(1)}+\lambda^2\psi_n^{(2)}+\cdots)$$

等式两边λ的同幂次项的系数应相等，于是可得逐级近似方程

$$\lambda^0: \quad \hat{H}^{(0)}\psi_n^{(0)}=E_n^{(0)}\psi_n^{(0)}$$
$$\lambda^1: \quad \hat{H}^{(0)}\psi_n^{(1)}+\hat{H}^{(1)}\psi_n^{(0)}=E_n^{(0)}\psi_n^{(1)}+E_n^{(1)}\psi_n^{(0)}$$
$$\lambda^2: \quad \hat{H}^{(0)}\psi_n^{(2)}+\hat{H}^{(1)}\psi_n^{(1)}=E_n^{(0)}\psi_n^{(2)}+E_n^{(1)}\psi_n^{(1)}+E_n^{(2)}\psi_n^{(0)}$$
$$\cdots$$

把式（9-25）代入一级等式中，得

$$\hat{H}^{(0)}\psi_n^{(1)}+\hat{H}^{(1)}\sum_\nu c_{n\nu}^{(0)}\psi_{n\nu}^{(0)}=E_n^{(0)}\psi_n^{(1)}+E_n^{(1)}\sum_\nu c_{n\nu}^{(0)}\psi_{n\nu}^{(0)}$$

对上式做$\int\psi_{n\mu}^{(0)*}\cdots\mathrm{d}\tau$运算，得

$$\int\psi_{n\mu}^{(0)*}\hat{H}^{(0)}\psi_n^{(1)}\mathrm{d}\tau+\sum_\nu c_{n\nu}^{(0)}\int\psi_{n\mu}^{(0)*}\hat{H}^{(1)}\psi_{n\nu}^{(0)}\mathrm{d}\tau$$
$$=E_n^{(0)}\int\psi_{n\mu}^{(0)*}\psi_n^{(1)}\mathrm{d}\tau+E_n^{(1)}\sum_\nu c_{n\nu}^{(0)}\int\psi_{n\mu}^{(0)*}\psi_{n\nu}^{(0)}\mathrm{d}\tau$$

左边第一项

$$\int\psi_{n\mu}^{(0)*}\hat{H}^{(0)}\psi_n^{(1)}\mathrm{d}\tau=\int\psi_n^{(1)}\left(\hat{H}^{(0)}\psi_{n\mu}^{(0)}\right)^*\mathrm{d}\tau=E_n^{(0)}\int\psi_n^{(1)}\psi_{n\mu}^{(0)*}\mathrm{d}\tau$$

与右边第一项相同，相互抵消。令

$$\hat{H}_{\mu\nu}^{(1)}=\int\psi_{n\mu}^{(0)*}\hat{H}^{(1)}\psi_{n\nu}^{(0)}\mathrm{d}\tau \tag{9-26}$$

它是$\hat{H}^{(1)}$在简并空间中的矩阵元。考虑到$\int\psi_{n\mu}^{(0)*}\psi_{n\nu}^{(0)}\mathrm{d}x=\delta_{\mu\nu}$，则

$$\sum_\nu H_{\mu\nu}^{(1)}c_{n\nu}^{(0)}=E_n^{(1)}c_{n\mu}^{(0)} \tag{9-27}$$

写成矩阵形式为

$$\begin{bmatrix} H_{11}^{(1)} & H_{12}^{(1)} & \cdots & H_{1f}^{(1)} \\ H_{21}^{(1)} & H_{22}^{(2)} & \cdots & H_{2f}^{(1)} \\ \vdots & \vdots & \ddots & \vdots \\ H_{f1}^{(1)} & H_{f2}^{(1)} & \cdots & H_{ff}^{(1)} \end{bmatrix}\begin{bmatrix} c_{n1}^{(0)} \\ c_{n2}^{(0)} \\ \vdots \\ c_{nf}^{(0)} \end{bmatrix}=E_n^{(1)}\begin{bmatrix} c_{n1}^{(0)} \\ c_{n2}^{(0)} \\ \vdots \\ c_{nf}^{(0)} \end{bmatrix} \tag{9-28}$$

这是关于$c_{n\nu}^{(0)}$的线性齐次方程组，它有非零解的条件为

$$\begin{vmatrix} H_{11}^{(1)}-E_n^{(1)} & H_{12}^{(1)} & \cdots & H_{1f}^{(1)} \\ H_{21}^{(1)} & H_{22}^{(2)}-E_n^{(1)} & \cdots & H_{2f}^{(1)} \\ \vdots & \vdots & \ddots & \vdots \\ H_{f1}^{(1)} & H_{f2}^{(1)} & \cdots & H_{ff}^{(1)}-E_n^{(1)} \end{vmatrix}=0 \tag{9-29}$$

由此可解得f个实根$E_{n\nu}^{(1)}$（$\nu=1,2,\cdots,f$）。能量的一级修正值为$\lambda E_{n\nu}^{(1)}$，一级近似值为

$$E_{n\nu}=E_n^{(0)}+\lambda E_{n\nu}^{(1)} \tag{9-30}$$

将每个$E_{n\nu}^{(1)}$代入矩阵方程中，可解得一组$c_{n\mu}^{(0)}$，则$E_{n\nu}$对应的零级近似波函数为

$$\psi_{n\nu}=\sum_{\mu=1}^{f}c_{n\mu}^{(0)}\psi_{n\mu}^{(0)} \tag{9-31}$$

若 $E_{n\nu}^{(1)}$ 各不相同，即无重根，则简并完全消除，一个能级对应一个零级波函数。若 $E_{n\nu}^{(1)}$ 有部分重根，则简并部分消除，进一步考虑能量的二级修正，才可能消除简并情况。

二、氢原子的一级斯塔克效应

1913 年，斯塔克（Stark）发现，置于外电场中的原子发射的光谱线会发生分裂，这种现象称为斯塔克效应。对氢原子，能级裂距正比于电场强度的一次方，称为一级（或线性）斯塔克效应；对于碱金属原子，能级裂距正比于电场强度的平方，称为二级（或平方）斯塔克效应。

把氢原子置于沿 z 轴正方向的外电场中，则

$$\hat{H} = \hat{H}^{(0)} + \hat{H}'$$

其中

$$\hat{H}^{(0)} = -\frac{\hbar^2}{2\mu r^2}\frac{\partial}{\partial r}\left(r^2\frac{\partial}{\partial r}\right) + \frac{\hat{L}^2}{2\mu r^2} - \frac{e_s^2}{r} \qquad \hat{H}' = -\vec{D}\cdot\vec{\varepsilon} = -(-e\vec{r})\cdot\vec{\varepsilon} = e\varepsilon r\cos\theta$$

容易得到 $[\hat{H},\hat{L}^2]\neq 0$，$[\hat{H},\hat{L}_z]=0$，所以，$\hat{L}^2$ 不再是守恒量，但 $\hat{L}_z$ 仍是守恒量，即外电场破坏了库仑场的球对称性，但未破坏绕 z 轴旋转的对称性，能级简并部分解除。

由于原子内部的电场强度 $\varepsilon_{内} = e_s / a^2 \approx 5.13\times10^{11}\,\mathrm{V/m}$，而外电场强度 ε 一般不会超过 $10^7\,\mathrm{V/m}$，因此可以把 $\hat{H}'$ 视为微扰。

下面计算 $n=2$ 时体系的近似解。$E_2^{(0)}$ 的简并度是 4，且

$$E_2^{(0)} = -\frac{\mu e_s^4}{8\hbar^2} = -\frac{e_s^2}{8a_0}$$

属于这个能级的正交归一的 4 个简并态波函数是

$$\begin{cases} \varphi_1 = \psi_{200} = R_{20}Y_{00} = \dfrac{1}{\sqrt{2}a^{3/2}}\left(1-\dfrac{r}{2a}\right)\mathrm{e}^{-\frac{r}{2a}}\left(\dfrac{1}{\sqrt{4\pi}}\right) \\ \varphi_2 = \psi_{210} = R_{21}Y_{10} = \dfrac{1}{2\sqrt{6}a^{3/2}}\dfrac{r}{a}\mathrm{e}^{-\frac{r}{2a}}\left(\sqrt{\dfrac{3}{4\pi}}\cos\theta\right) \\ \varphi_3 = \psi_{211} = R_{21}Y_{11} = \dfrac{1}{2\sqrt{6}a^{3/2}}\dfrac{r}{a}\mathrm{e}^{-\frac{r}{2a}}\left(-\sqrt{\dfrac{3}{8\pi}}\sin\theta\mathrm{e}^{\mathrm{i}\varphi}\right) \\ \varphi_4 = \psi_{21-1} = R_{21}Y_{1-1} = \dfrac{1}{2\sqrt{6}a^{3/2}}\dfrac{r}{a}\mathrm{e}^{-\frac{r}{2a}}\left(\sqrt{\dfrac{3}{8\pi}}\sin\theta\mathrm{e}^{-\mathrm{i}\varphi}\right) \end{cases}$$

球谐函数满足递推公式

$$\cos\theta Y_{lm} = \sqrt{\frac{(l+1)^2-m^2}{(2l+1)(2l+3)}}Y_{l+1,m} + \sqrt{\frac{l^2-m^2}{(2l-1)(2l+1)}}Y_{l-1,m} = a_{lm}Y_{l+1,m} + b_{lm}Y_{l-1,m}$$

所以，$\hat{H}'$ 在子空间中的矩阵元

$$\begin{aligned} H'_{ij} &= \int\varphi_i^*\hat{H}'\varphi_j\mathrm{d}\tau = \int\psi_{n'l'm'}^*e\varepsilon r\cos\theta\psi_{nlm}\mathrm{d}\tau = \iint R_{n'l'}^*Y_{l'm'}^*e\varepsilon r\cos\theta R_{nl}Y_{lm}r^2\mathrm{d}r\mathrm{d}\Omega \\ &= e\varepsilon\int_0^\infty R_{n'l'}R_{nl}r^3\mathrm{d}r\int Y_{l'm'}^*\cos\theta Y_{lm}\mathrm{d}\Omega = e\varepsilon\int_0^\infty R_{n'l'}R_{nl}r^3\mathrm{d}r\int Y_{l'm'}^*(a_{lm}Y_{l+1,m}+b_{lm}Y_{l-1,m})\mathrm{d}\Omega \\ &= e\varepsilon\int_0^\infty R_{n'l'}R_{nl}r^3\mathrm{d}r(a_{lm}\delta_{l',l+1}\delta_{m',m} + b_{lm}\delta_{l',l-1}\delta_{m',m}) \end{aligned}$$

因此，矩阵元不为零的原则为

$$\Delta l = \pm 1 \qquad \Delta m = 0$$

不为零的矩阵元只有

$$H'_{12} = \int \varphi_1^* \hat{H}' \varphi_2 \mathrm{d}\tau = \int \psi_{200}^* \hat{H}' \psi_{210} \mathrm{d}\tau = \sqrt{\frac{1}{3}} e\varepsilon \int_0^\infty R_{20} R_{21} r^3 \mathrm{d}r = -3e\varepsilon a$$

$$H'_{21} = \int \varphi_2^* \hat{H}' \varphi_1 \mathrm{d}\tau = \int \psi_{210}^* \hat{H}' \psi_{200} \mathrm{d}\tau = \sqrt{\frac{1}{3}} e\varepsilon \int_0^\infty R_{21} R_{20} r^3 \mathrm{d}r = -3e\varepsilon a$$

因此

$$\boldsymbol{H}' = \begin{bmatrix} 0 & -3e\varepsilon a & 0 & 0 \\ -3e\varepsilon a & 0 & 0 & 0 \\ 0 & 0 & 0 & 0 \\ 0 & 0 & 0 & 0 \end{bmatrix}$$

能量的一级修正值满足方程组

$$\begin{bmatrix} 0 & -3e\varepsilon a & 0 & 0 \\ -3e\varepsilon a & 0 & 0 & 0 \\ 0 & 0 & 0 & 0 \\ 0 & 0 & 0 & 0 \end{bmatrix} \begin{bmatrix} c_1^{(0)} \\ c_2^{(0)} \\ c_3^{(0)} \\ c_4^{(0)} \end{bmatrix} = E_2^{(1)} \begin{bmatrix} c_1^{(0)} \\ c_2^{(0)} \\ c_3^{(0)} \\ c_4^{(0)} \end{bmatrix}$$

所以

$$\begin{vmatrix} -E_2^{(1)} & -3e\varepsilon a & 0 & 0 \\ -3e\varepsilon a & -E_2^{(1)} & 0 & 0 \\ 0 & 0 & -E_2^{(1)} & 0 \\ 0 & 0 & 0 & -E_2^{(1)} \end{vmatrix} = 0$$

解得

$$E_{21}^{(1)} = 3e\varepsilon a \qquad E_{22}^{(1)} = -3e\varepsilon a \qquad E_{23}^{(1)} = 0 \qquad E_{24}^{(1)} = 0$$

下面计算零级波函数。

（1）当 $E_2^{(1)} = E_{21}^{(1)} = 3e\varepsilon a$，即 $E_{21} = E_2^{(0)} + 3e\varepsilon a$ 时，有

$$\begin{bmatrix} 0 & -3e\varepsilon a & 0 & 0 \\ -3e\varepsilon a & 0 & 0 & 0 \\ 0 & 0 & 0 & 0 \\ 0 & 0 & 0 & 0 \end{bmatrix} \begin{bmatrix} c_1^{(0)} \\ c_2^{(0)} \\ c_3^{(0)} \\ c_4^{(0)} \end{bmatrix} = 3e\varepsilon a \begin{bmatrix} c_1^{(0)} \\ c_2^{(0)} \\ c_3^{(0)} \\ c_4^{(0)} \end{bmatrix}$$

可得

$$c_1^{(0)} = -c_2^{(0)} \qquad c_3^{(0)} = c_4^{(0)} = 0$$

由归一化条件 $\sum_{i=1}^{4} \left| c_i^{(0)} \right|^2 = 1$，得

$$c_1^{(0)} = -c_2^{(0)} = \frac{1}{\sqrt{2}}$$

于是，对应于能级 $E_{21} = E_2^{(0)} + 3e\varepsilon a$ 的零级近似波函数为

$$\psi_{21}^{(0)}=\frac{1}{\sqrt{2}}(\varphi_1-\varphi_2)=\frac{1}{\sqrt{2}}(\psi_{200}-\psi_{210})$$

（2）当 $E_2^{(1)}=E_{22}^{(1)}=-3e\varepsilon a$，即 $E_{22}=E_2^{(0)}-3e\varepsilon a$ 时，采用同样的方法可得对应于能级 $E_{22}=E_2^{(0)}-3e\varepsilon a$ 的零级近似波函数为

$$\psi_{22}^{(0)}=\frac{1}{\sqrt{2}}(\varphi_1+\varphi_2)=\frac{1}{\sqrt{2}}(\psi_{200}+\psi_{210})$$

（3）当 $E_2^{(1)}=E_{23}^{(1)}=E_{24}^{(1)}=0$，即 $E_{23}=E_2^{(0)}$ 时，有

$$\begin{bmatrix}0 & -3e\varepsilon a & 0 & 0\\ -3e\varepsilon a & 0 & 0 & 0\\ 0 & 0 & 0 & 0\\ 0 & 0 & 0 & 0\end{bmatrix}\begin{bmatrix}c_1^{(0)}\\ c_2^{(0)}\\ c_3^{(0)}\\ c_4^{(0)}\end{bmatrix}=0$$

可得

$$c_1^{(0)}=c_2^{(0)}=0 \qquad c_3^{(0)},c_4^{(0)}\text{不能同时为零}$$

由归一化条件，得

$$\left|c_3^{(0)}\right|^2+\left|c_4^{(0)}\right|^2=1$$

于是对应于能级 $E_{23}=E_2=E_2^{(0)}$ 的零级近似波函数为

$$\psi_{23}^{(0)},\psi_{24}^{(0)}=c_3^{(0)}\varphi_3+c_4^{(0)}\varphi_4=c_3^{(0)}\psi_{211}+c_4^{(0)}\psi_{21-1}$$

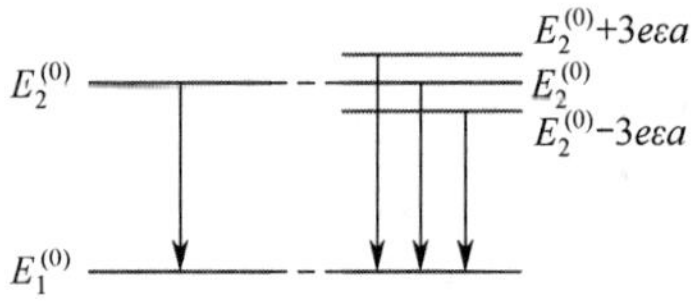

这是二重简并的能级，波函数不能唯一确定。若仍取原来的波函数，则

$$\psi_{23}^{(0)}=\varphi_3=\psi_{211} \qquad \psi_{24}^{(0)}=\varphi_4=\psi_{21-1}$$

结论：在外电场的作用下，一级微扰消除了部分简并，原来四度简并的能级分裂成三条能级，从 $E_2^{(0)}$ 跃迁到 $E_1^{(0)}$ 的一条谱线变成了三条谱线，如图 9-1 所示。

图 9-1

§9-3 变分法

设体系的哈密顿算符 $\hat{H}$ 满足的本征方程为

$$\hat{H}|n\rangle=E_n|n\rangle$$

且 $\langle m|n\rangle=\delta_{mn}$。约定

$$E_0<E_1<E_2<E_3<\cdots$$

对任意的归一化波函数 ψ，有

$$|\psi\rangle=\sum_n a_n|n\rangle$$

且

$$\sum_n |a_n|^2=1$$

在 ψ 态下，$\hat{H}$ 的平均值为

$$\bar{E}=\langle\psi|\hat{H}|\psi\rangle=\sum_{mn}a_m^*a_n\langle m|\hat{H}|n\rangle=\sum_{mn}a_m^*a_nE_n\langle m|n\rangle=\sum_{mn}a_m^*a_nE_n\delta_{mn}=\sum_n|a_n|^2E_n$$

则

$$\bar{E}\geqslant\sum_n|a_n|^2E_0=E_0 \tag{9-32}$$

由式（9-32）知，在任意的归一化状态下，能量的平均值不小于基态能量值。由此可以得出如下结论：

任意假定一个归一化态函数 ψ，计算能量平均值 $\bar{E}$，得到基态能量 E_0 的一个上限。进一步地，如果假定许多态函数 ψ，计算出许多平均值 $\bar{E}$，选出最小的一个平均值作为 E_0 的一个更接近真实值的上限，并把它当作基态能量的近似值。这就是变分法的基本精神。

在实际应用中，可以根据所学的知识和从物理学上考虑，设计出一个含有参数 λ 的试探态函数 $\psi(\lambda)$，则 $\hat{H}$ 的平均值为 λ 的函数，即

$$\bar{H}=\langle\psi|\hat{H}|\psi\rangle\equiv E(\lambda) \tag{9-33}$$

$E(\lambda)$ 的极小值可以当作基态能量的近似值。即令

$$\frac{\mathrm{d}E(\lambda)}{\mathrm{d}\lambda}=0\quad\left(\frac{\mathrm{d}^2E}{\mathrm{d}\lambda^2}>0\right)$$

求出极小值点 λ_0，则

$$E(\lambda_0)\approx E_0 \tag{9-34}$$

如果 $E(\lambda_0)$ 与实际 E_0 相差较大，则有可能是 $\psi(\lambda)$ 所选类型或结构不对。如果所选 $\psi(\lambda)$ 没有归一化，则

$$\bar{H}=E(\lambda)=\frac{\langle\psi|\hat{H}|\psi\rangle}{\langle\psi|\psi\rangle}\geqslant E_0 \tag{9-35}$$

可以将它的极小值当作基态能量的近似值。

【例 9-3】用变分法求一维谐振子基态能量和基态波函数，设试探波函数为 $\psi(x)=N\mathrm{e}^{-\lambda x^2}$。

解：把波函数 $\psi(x)$ 归一化，令

$$\int\psi^*(x)\psi(x)\mathrm{d}x=|N|^2\int_{-\infty}^{\infty}\mathrm{e}^{-2\lambda x^2}\mathrm{d}x=|N|^2\sqrt{\frac{\pi}{2\lambda}}=1$$

得

$$N=\left(\frac{2\lambda}{\pi}\right)^{1/4}$$

在 $\psi(x)$ 态下，动能平均值为

$$\bar{T}=\int_{-\infty}^{\infty}\psi^*\left(-\frac{\hbar^2}{2\mu}\frac{\mathrm{d}^2}{\mathrm{d}x^2}\right)\psi\mathrm{d}x=-\frac{\hbar^2|N|^2}{2\mu}\int_{-\infty}^{\infty}\mathrm{e}^{-\lambda x^2}\frac{\mathrm{d}^2}{\mathrm{d}x^2}\mathrm{e}^{-\lambda x^2}\mathrm{d}x=\frac{\hbar^2\lambda}{2\mu}$$

也可以采用下面的方法计算动能平均值，即

$$\overline{T}=-\frac{\hbar^2}{2\mu}\int_{-\infty}^{\infty}\psi^*\frac{\mathrm{d}^2}{\mathrm{d}x^2}\psi\mathrm{d}x=-\frac{\hbar^2}{2\mu}\int_{-\infty}^{\infty}\psi^*\frac{\mathrm{d}}{\mathrm{d}x}\left(\frac{\mathrm{d}\psi}{\mathrm{d}x}\right)\mathrm{d}x$$

$$=-\frac{\hbar^2}{2\mu}\left[\psi^*\frac{\mathrm{d}\psi}{\mathrm{d}x}\bigg|_{-\infty}^{\infty}-\int_{-\infty}^{\infty}\frac{\mathrm{d}\psi}{\mathrm{d}x}\frac{\mathrm{d}\psi^*}{\mathrm{d}x}\mathrm{d}x\right]=\frac{\hbar^2}{2\mu}\int_{-\infty}^{\infty}\left|\frac{\mathrm{d}\psi}{\mathrm{d}x}\right|^2\mathrm{d}x$$

$$=\frac{\hbar^2|N|^2}{2\mu}\int_{-\infty}^{\infty}\left|\frac{\mathrm{d}^2}{\mathrm{d}x^2}\mathrm{e}^{-\lambda x^2}\right|^2\mathrm{d}x=\frac{\hbar^2\lambda}{2\mu}$$

势能平均值为

$$\overline{U}=\int_{-\infty}^{\infty}\psi^*\left(\frac{1}{2}\mu\omega^2x^2\right)\psi\mathrm{d}x=\frac{1}{2}\mu\omega^2|N|^2\int_{-\infty}^{\infty}x^2\mathrm{e}^{-2\lambda x^2}\mathrm{d}x=\frac{\mu\omega^2}{8\lambda}$$

总能量平均值

$$E(\lambda)=\overline{T}+\overline{U}=\frac{\hbar^2\lambda}{2\mu}+\frac{\mu\omega^2}{8\lambda}$$

令

$$\frac{\mathrm{d}E(\lambda)}{\mathrm{d}\lambda}=\frac{\hbar^2}{2\mu}-\frac{\mu\omega^2}{8\lambda^2}=0$$

得 $\lambda_0=\dfrac{m\omega}{2\hbar}$。所以，基态能量近似值为

$$E_0\approx E(\lambda_0)=\frac{\hbar^2}{2\mu}\frac{\mu\omega}{2\hbar}+\frac{\mu\omega^2}{8}\frac{2\hbar}{\mu\omega}=\frac{1}{2}\hbar\omega$$

基态波函数为

$$\psi_0(x)\approx\left(\frac{2\lambda_0}{\pi}\right)^{1/4}\mathrm{e}^{-\lambda_0x^2}=\left(\frac{2}{\pi}\frac{\mu\omega}{2\hbar}\right)^{1/4}\mathrm{e}^{-\frac{\mu\omega}{2\hbar}x^2}=\sqrt{\frac{\alpha}{\sqrt{\pi}}}\mathrm{e}^{-\alpha^2x^2/2}$$

该题求得的近似值就是基态能量的精确值，这是因为所选的试探波函数就是基态波函数。

§9-4 氦原子基态

一、氦原子体系的哈密顿及本征方程

氦原子核带正电 $Ze=2e$，核外有两个电子。由于核的质量远远大于电子的质量，因此可近似认为氦原子核是固定不动的，于是氦原子体系的哈密顿算符可以表述为

$$\hat{H}=-\frac{\hbar^2}{2\mu}\nabla_1^2-\frac{Ze_s^2}{r_1}-\frac{\hbar^2}{2\mu}\nabla_2^2-\frac{Ze_s^2}{r_2}+\frac{e_s^2}{r_{12}} \tag{9-36}$$

式中，μ 是电子质量，r_1、r_2 分别是两个电子到核的距离；$r_{12}=|\vec{r}_1-\vec{r}_2|$ 为两个电子之间的距离；最后一项是两个电子的静电相互作用能。令

$$\hat{H}_{01} = -\frac{\hbar^2}{2\mu}\nabla_1^2 - \frac{Ze_s^2}{r_1} \qquad \hat{H}_{02} = -\frac{\hbar^2}{2\mu}\nabla_2^2 - \frac{Ze_s^2}{r_2}$$

则哈密顿算符可简写成

$$\hat{H} = \hat{H}_{01} + \hat{H}_{02} + \frac{e_s^2}{r_{12}} \tag{9-37}$$

其本征方程为

$$\hat{H}\psi(\vec{r}_1,\vec{r}_2) = E\psi(\vec{r}_1,\vec{r}_2) \tag{9-38}$$

说明：

（1）如果不考虑两个电子之间的相互作用，则该体系可简化为两个独立的电子体系，有

$$\hat{H}_0 = -\frac{\hbar^2}{2\mu}\nabla_1^2 - \frac{Ze_s^2}{r_1} - \frac{\hbar^2}{2\mu}\nabla_2^2 - \frac{Ze_s^2}{r_2} = \hat{H}_{01} + \hat{H}_{02} \tag{9-39}$$

$\hat{H}_{01}$、$\hat{H}_{02}$ 满足的本征方程分别为

$$\hat{H}_{01}\psi_1(\vec{r}_1) = E_1\psi_1(\vec{r}_1) \qquad \hat{H}_{02}\psi_2(\vec{r}_2) = E_2\psi_2(\vec{r}_2)$$

相应的基态能量和基态波函数分别为

$$E_{01} = E_{02} = -\frac{Z^2e_s^2}{2a}$$

$$\psi_{100}(\vec{r}_1) = \sqrt{\frac{Z^3}{\pi a^3}}\mathrm{e}^{-\frac{Z}{a}r_1} \qquad \psi_{100}(\vec{r}_2) = \sqrt{\frac{Z^3}{\pi a^3}}\mathrm{e}^{-\frac{Z}{a}r_2}$$

体系处于基态时的能量本征值和本征函数分别为

$$E_0 = E_{01} + E_{02} = -\frac{Z^2e_s^2}{a} \tag{9-40}$$

$$\psi(\vec{r}_1,\vec{r}_2) = \psi_{100}(\vec{r}_1)\psi_{100}(\vec{r}_2) = \frac{Z^3}{\pi a^3}\mathrm{e}^{-\frac{Z}{a}(r_1+r_2)} \tag{9-41}$$

（2）哈密顿算符［式（9-36）］中的 $\frac{e_s^2}{r_{12}}$ 与 $\frac{2e_s^2}{r_1}$ 和 $\frac{2e_s^2}{r_2}$ 相比，在数量级上大致相当，不能把两个电子的相互作用能当作微扰处理。下面用变分法求解。

二、用变分法求解氦原子基态能量

氦原子体系中，两个电子的相互作用导致 $\hat{H}$ 比 $\hat{H}_{01} + \hat{H}_{02}$ 多一个正势能项 $\frac{e_s^2}{r_{12}}$，两个电子相互屏蔽，使得核的有效电荷比 $2e$ 小。如果选式（9-41）作为试探波函数，则式中的 $Z < 2$。把 Z 作为变分参数，令试探波函数为

$$\psi(\vec{r}_1,\vec{r}_2,Z) = \frac{Z^3}{\pi a^3}\mathrm{e}^{-\frac{Z}{a}(r_1+r_2)} \tag{9-42}$$

则 $\hat{H}(Z)$ 在 $\psi(Z)$ 态中的平均值为

$$\bar{H}(Z) = \iint \psi^*(\vec{r}_1,\vec{r}_2,Z)\hat{H}\psi(\vec{r}_1,\vec{r}_2,Z)\mathrm{d}\tau_1\mathrm{d}\tau_2 \tag{9-43}$$

把哈密顿算符 $\hat{H}$ 变形为

$$\hat{H} = -\frac{\hbar^2}{2\mu}\nabla_1^2 - \frac{2e_s^2}{r_1} - \frac{\hbar^2}{2\mu}\nabla_2^2 - \frac{2e_s^2}{r_2} + \frac{e_s^2}{r_{12}}$$

$$= -\frac{\hbar^2}{2\mu}\nabla_1^2 - \frac{Ze_s^2}{r_1} - \frac{\hbar^2}{2\mu}\nabla_2^2 - \frac{Ze_s^2}{r_2} - \left(\frac{Z-2}{Z}\right)\left(-\frac{Ze_s^2}{r_1} - \frac{Ze_s^2}{r_2}\right) + \frac{e_s^2}{r_{12}} \tag{9-44}$$

$$= \hat{H}_{01}(Z) + \hat{H}_{02}(Z) - \left(\frac{Z-2}{Z}\right)\left(U_{01} + U_{02}\right) + \frac{e_s^2}{r_{12}}$$

所以

$$\bar{H}(Z) = \iint \psi_{100}^*(\vec{r}_1)\psi_{100}^*(\vec{r}_2)\left[\hat{H}_{01}(Z) + \hat{H}_{02}(Z)\right]\psi_{100}(\vec{r}_1)\psi_{100}(\vec{r}_2)\mathrm{d}\tau_1\mathrm{d}\tau_2 -$$

$$\left(\frac{Z-2}{Z}\right)\iint \psi_{100}^*(\vec{r}_1)\psi_{100}^*(\vec{r}_2)\left(U_{01} + U_{02}\right)\psi_{100}(\vec{r}_1)\psi_{100}(\vec{r}_2)\mathrm{d}\tau_1\mathrm{d}\tau_2 +$$

$$\iint \psi_{100}^*(\vec{r}_1)\psi_{100}^*(\vec{r}_2)\left(\frac{e_s^2}{r_{12}}\right)\psi_{100}(\vec{r}_1)\psi_{100}(\vec{r}_2)\mathrm{d}\tau_1\mathrm{d}\tau_2$$

即

$$\bar{H}(Z) = E_{01} + E_{02} - \left(\frac{Z-2}{Z}\right)\left(\bar{U}_{01} + \bar{U}_{02}\right) + \overline{\frac{e_s^2}{r_{12}}} \tag{9-45}$$

因为

$$\bar{T}_{01} + \bar{U}_{01} = E_{01} \qquad \bar{T}_{01} = -\frac{1}{2}\bar{U}_{01}$$

所以

$$\bar{U}_{01} = 2E_{01} = -\frac{Z^2 e_s^2}{a}$$

同理

$$\bar{U}_{02} = -\frac{Z^2 e_s^2}{a}$$

则

$$\bar{H}(Z) = -\frac{Z^2 e_s^2}{a} + 2\left(\frac{Z-2}{Z}\right)\frac{Z^2 e_s^2}{a} + \overline{\frac{e_s^2}{r_{12}}} \tag{9-46}$$

下面计算式（9-46）的最后一项，即

$$I = \overline{\frac{e_s^2}{r_{12}}} = \left(\frac{Z^3}{\pi a^3}\right)^2 \iint \frac{e_s^2}{r_{12}} \mathrm{e}^{-\frac{2Z}{a}(r_1+r_2)}\mathrm{d}\tau_1\mathrm{d}\tau_2 = \int\left[\int\left(-\frac{eZ^3}{\pi a^3}\right)\frac{\mathrm{e}^{-\frac{2Z}{a}r_1}}{4\pi\varepsilon_0 r_{12}}\mathrm{d}\tau_1\right]\left(-\frac{eZ^3}{\pi a^3}\right)\mathrm{e}^{-\frac{2Z}{a}r_2}\mathrm{d}\tau_2$$

$$= \int\left[\int \frac{-e\left|\psi_{100}(\vec{r}_1)\right|^2}{4\pi\varepsilon_0 r_{12}}\mathrm{d}\tau_1\right]\left[-e\left|\psi_{100}(\vec{r}_2)\right|^2\right]\mathrm{d}\tau_2 \tag{9-47}$$

式中，$-e\left|\psi_{100}(\vec{r}_1)\right|^2$ 是第一个电子在 $\vec{r}_1$ 处的电荷密度，$-e\left|\psi_{100}(\vec{r}_2)\right|^2$ 是第二个电子在 $\vec{r}_2$ 处的电荷密度，它们都是径向对称的；内层积分 $\int \frac{-e\left|\psi_{100}(\vec{r}_1)\right|^2}{4\pi\varepsilon_0 r_{12}}\mathrm{d}\tau_1$ 代表第一个电子在 $\vec{r}_2$ 处产生的势，它可以变形为

$$\begin{aligned}\int\frac{-e\left|\psi_{100}(\vec{r}_1)\right|^2}{4\pi\varepsilon_0 r_{12}}\mathrm{d}\tau_1&=\int\frac{-e\left|\psi_{100}(\vec{r}_1)\right|^2}{4\pi\varepsilon_0 r_{12}}4\pi r_1^2\mathrm{d}r_1=\frac{-eZ^3}{\pi a^3\varepsilon_0}\int\frac{\mathrm{e}^{-\frac{2Z}{a}r_1}}{r_{12}}r_1^2\mathrm{d}r_1\\&=\frac{-eZ^3}{\pi a^3\varepsilon_0}\left(\int_0^{r_2}\frac{\mathrm{e}^{-\frac{2Z}{a}r_1}}{r_{12}}r_1^2\mathrm{d}r_1+\int_{r_2}^{\infty}\frac{\mathrm{e}^{-\frac{2Z}{a}r_1}}{r_{12}}r_1^2\mathrm{d}r_1\right)=U_1+U_2\end{aligned}\tag{9-48}$$

式中，U_1是以r_2为半径的球内第一个电子的电荷在$\vec{r}_2$处所产生的电势，等于球内所有电荷集中在球心时在$\vec{r}_2$处产生的电势；U_2是分布在这个球以外的第一个电子的电荷在$\vec{r}_2$处所产生的电势，其值可由在球心处的电势得出，如图 9-2 所示。于是

$$\begin{aligned}U_1&=\frac{-eZ^3}{\pi a^3\varepsilon_0}\int_0^{r_2}\frac{\mathrm{e}^{-\frac{2Z}{a}r_1}}{r_{12}}r_1^2\mathrm{d}r_1=\frac{-eZ^3}{\pi a^3\varepsilon_0}\int_0^{r_2}\frac{\mathrm{e}^{-\frac{2Z}{a}r_1}}{r_2}r_1^2\mathrm{d}r_1\\&=\left(\frac{eZ^2}{2\pi a^2\varepsilon_0}r_2+\frac{eZ}{2\pi a\varepsilon_0}+\frac{e}{4\pi\varepsilon_0 r_2}\right)\mathrm{e}^{-\frac{2Z}{a}r_2}-\frac{e}{4\pi\varepsilon_0 r_2}\end{aligned}$$

$$\begin{aligned}U_2&=\frac{-eZ^3}{\pi a^3\varepsilon_0}\int_{r_2}^{\infty}\frac{\mathrm{e}^{-\frac{2Z}{a}r_1}}{r_{12}}r_1^2\mathrm{d}r_1=\frac{-eZ^3}{\pi a^3\varepsilon_0}\int_{r_2}^{\infty}\frac{\mathrm{e}^{-\frac{2Z}{a}r_1}}{r_1}r_1^2\mathrm{d}r_1\\&=\frac{-eZ^3}{\pi a^3\varepsilon_0}\int_{r_2}^{\infty}\mathrm{e}^{-\frac{2Z}{a}r_1}r_1\mathrm{d}r_1=-\left(\frac{eZ^2}{2\pi a^2\varepsilon_0}r_2+\frac{eZ}{4\pi a\varepsilon_0}\right)\mathrm{e}^{-\frac{2Z}{a}r_2}\end{aligned}$$

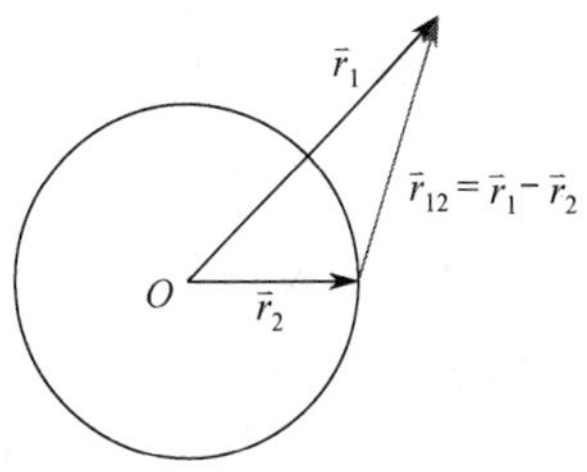

图 9-2

将U_1、U_2的计算结果代入式（9-48），得

$$\int\frac{-e\left|\psi_{100}(\vec{r}_1)\right|^2}{4\pi\varepsilon_0 r_{12}}\mathrm{d}\tau_1=\left(\frac{eZ}{a}+\frac{e}{r_2}\right)\frac{\mathrm{e}^{-\frac{2Z}{a}r_2}}{4\pi\varepsilon_0}-\frac{e}{4\pi\varepsilon_0 r_2}\tag{9-49}$$

将式（9-49）代入式（9-47），得

$$I=\int\left[\left(\frac{eZ}{a}+\frac{e}{r_2}\right)\frac{\mathrm{e}^{-\frac{2Z}{a}r_2}}{4\pi\varepsilon_0}-\frac{e}{4\pi\varepsilon_0 r_2}\right]\left(-\frac{eZ^3}{\pi a^3}\right)\mathrm{e}^{-\frac{2Z}{a}r_2}\mathrm{d}\tau_2=\frac{5Ze_s^2}{8a}\tag{9-50}$$

将式（9-50）代入式（9-46），得

$$\bar{H}(Z)=-\frac{Z^2e_s^2}{a}+2\left(\frac{Z-2}{Z}\right)\frac{Z^2e_s^2}{a}+\frac{5Ze_s^2}{8a}=\frac{e_s^2}{a}Z^2-\frac{27e_s^2}{8a}Z\tag{9-51}$$

令

$$\frac{\mathrm{d}\bar{H}}{\mathrm{d}Z}=\frac{2e_s^2}{a}Z-\frac{27e_s^2}{8a}=0$$

得$Z=\dfrac{27}{16}$。将此结果代入式（9-51），得氦原子基态能量的上限为

$$E_0\approx\frac{e_s^2}{a}\left[\left(\frac{27}{16}\right)^2-\frac{27}{8}\times\frac{27}{16}\right]=-\left(\frac{27}{16}\right)^2\frac{e_s^2}{a}\approx-2.85\times\frac{e_s^2}{a}\tag{9-52}$$

与实验结果$E_0=-2.904\dfrac{e_s^2}{a}$基本一致。将$Z=\dfrac{27}{16}$代入式（9-42），得基态波函数近似为

$$\psi_0(\vec{r}_1,\vec{r}_2)\approx\left(\frac{27}{16}\right)^3\frac{1}{\pi a^3}\mathrm{e}^{-\frac{27}{16a}(r_1+r_2)} \tag{9-53}$$

§9-5 与时间有关的微扰理论

在§9-1、§9-2 中讨论了分立能级的能量和波函数的修正，所讨论体系的哈密顿算符不显含时间，因而求解的是定态薛定谔方程。本节讨论体系的哈密顿算符含有与时间相关的微扰的情况，体系的哈密顿算符 $\hat{H}(t)$ 由 $\hat{H}_0$ 和 $\hat{H}'(t)$ 组成，即

$$\hat{H}(t)=\hat{H}_0+\hat{H}'(t) \tag{9-54}$$

其中，$\hat{H}_0$ 与时间无关，仅微扰部分 $\hat{H}'(t)$ 与时间有关。体系的波函数要由含时薛定谔方程确定。一般情况下，求准确解是困难的。但在 $\hat{H}'(t)$ 与 $\hat{H}_0$ 相比很小时，仍可按微扰理论从 $\hat{H}_0$ 的定态解出发求得 $\hat{H}$ 的非定态近似解 $\psi(x,t)$，此即含时微扰理论。利用该理论可讨论体系不同状态之间的跃迁问题和光的发射与吸收问题。

体系波函数 $\psi(x,t)$ 满足薛定谔方程

$$\mathrm{i}\hbar\frac{\partial\psi(\vec{r},t)}{\partial t}=\hat{H}(t)\psi(\vec{r},t) \tag{9-55}$$

$\hat{H}_0$ 满足的本征方程为

$$\hat{H}_0\varphi_n=\varepsilon_n\varphi_n \tag{9-56}$$

把 ψ 用 $\hat{H}_0$ 的定态波函数 $\varPhi_n=\varphi_n\mathrm{e}^{-\frac{\mathrm{i}}{\hbar}\varepsilon_n t}$ 做展开

$$\psi=\sum_n a_n(t)\varPhi_n \tag{9-57}$$

代入式（9-55），得

$$\mathrm{i}\hbar\sum_n\frac{\mathrm{d}a_n(t)}{\mathrm{d}t}\varPhi_n+\mathrm{i}\hbar\sum_n a_n(t)\frac{\partial\varPhi_n}{\partial t}=\sum_n a_n(t)\hat{H}_0\varPhi_n+\sum_n a_n(t)\hat{H}'\varPhi_n \tag{9-58}$$

由于

$$\mathrm{i}\hbar\frac{\partial\varPhi_n}{\partial t}=\varepsilon_n\varPhi_n=\hat{H}_0\varPhi_n$$

因此式（9-58）简化为

$$\mathrm{i}\hbar\sum_n\frac{\mathrm{d}a_n(t)}{\mathrm{d}t}\varPhi_n=\sum_n a_n(t)\hat{H}'\varPhi_n$$

用 $\varPhi_m^*$ 左乘上式的两边且对整个空间积分，得

$$\mathrm{i}\hbar\sum_n\frac{\mathrm{d}a_n(t)}{\mathrm{d}t}\int\varPhi_m^*\varPhi_n\mathrm{d}\tau=\sum_n a_n(t)\int\varPhi_m^*\hat{H}'\varPhi_n\mathrm{d}\tau$$

因为

$$\int\varPhi_m^*\varPhi_n\mathrm{d}\tau=\int\varphi_m^*\varphi_n\mathrm{d}\tau\mathrm{e}^{\mathrm{i}(\varepsilon_m-\varepsilon_n)t/\hbar}=\delta_{mn}\mathrm{e}^{\mathrm{i}(\varepsilon_m-\varepsilon_n)t/\hbar}=\delta_{mn}$$

所以

$$\mathrm{i}\hbar\sum_n \frac{\mathrm{d}a_n(t)}{\mathrm{d}t}\delta_{mn} = \sum_n a_n(t)\int \varphi_m^* \hat{H}'\varphi_n \mathrm{d}\tau \mathrm{e}^{\mathrm{i}\frac{\varepsilon_m-\varepsilon_n}{\hbar}t}$$

简写成

$$\mathrm{i}\hbar\frac{\mathrm{d}a_m(t)}{\mathrm{d}t} = \sum_n a_n(t)H'_{mn}\mathrm{e}^{\mathrm{i}\omega_{mn}t} \tag{9-59}$$

式中

$$H'_{mn} = \int \varphi_m^* \hat{H}'\varphi_n \mathrm{d}\tau \tag{9-60}$$

是微扰矩阵元；

$$\omega_{mn} = (\varepsilon_m - \varepsilon_n)/\hbar \tag{9-61}$$

称为体系从ε_n态跃迁到ε_m态的玻尔频率。方程（9-59）实际上是薛定谔方程（9-55）在$\hat{H}_0$表象中的矩阵表示。

下面用微扰法求解方程（9-59）。

令$\hat{H}'(t)=\lambda H^{(1)}$，把$a_m(t)$展开成$\lambda$的幂级数，即

$$a_m(t,\lambda) = a_m^{(0)}(t) + \lambda a_m^{(1)}(t) + \lambda^2 a_m^{(2)}(t) + \cdots \tag{9-62}$$

代入式（9-59），则

$$\mathrm{i}\hbar\left[\frac{\mathrm{d}a_m^{(0)}(t)}{\mathrm{d}t} + \lambda\frac{\mathrm{d}a_m^{(1)}(t)}{\mathrm{d}t} + \cdots\right] = \sum_n\left[a_n^{(0)}(t) + \lambda a_n^{(1)}(t) + \cdots\right]\lambda H_{mn}^{(1)}\mathrm{e}^{\mathrm{i}\omega_{mn}t}$$

比较等式的两边，λ的同幂次项的系数应相等，得

$$\lambda^0: \quad \mathrm{i}\hbar\frac{\mathrm{d}}{\mathrm{d}t}a_m^{(0)}(t) = 0 \tag{9-63}$$

$$\lambda^1: \quad \mathrm{i}\hbar\frac{\mathrm{d}}{\mathrm{d}t}a_m^{(1)}(t) = \sum_n a_n^{(0)}(t)H_{mn}^{(1)}\mathrm{e}^{\mathrm{i}\omega_{mn}t} \tag{9-64}$$

$$\cdots$$

由式（9-63）可以看出，展开系数的零级近似不随t而变化，它对应于不存在微扰时体系的状态。

若微扰从$t=0$时开始引入，并假设此时体系处于$\hat{H}_0$的第k个本征态$\varPhi_k$（即$\psi(\vec{r},0)=\varPhi_k$），则由式（9-57）得零级近似解为

$$a_n^{(0)}(t) = a_n^{(0)}(0) = \int \varPhi_n^* \varPhi_k \mathrm{d}\tau = \delta_{nk} \tag{9-65}$$

由式（9-64）得一级修正为

$$\begin{aligned} a_m^{(1)}(t) &= \frac{1}{\mathrm{i}\hbar}\int_0^t \sum_n a_n^{(0)}(t')H_{mn}^{(1)}(t')\mathrm{e}^{\mathrm{i}\omega_{mn}t'}\mathrm{d}t' = \frac{1}{\mathrm{i}\hbar}\int_0^t \sum_n \delta_{nk}H_{mn}^{(1)}(t')\mathrm{e}^{\mathrm{i}\omega_{mn}t'}\mathrm{d}t' \\ &= \frac{1}{\mathrm{i}\hbar}\int_0^t H_{mk}^{(1)}(t')\mathrm{e}^{\mathrm{i}\omega_{mk}t'}\mathrm{d}t' \end{aligned} \tag{9-66}$$

类似地，可以利用二级近似方程求出二级修正$a_m^{(2)}(t)$，等等。由于H'_{mn}很小，因此一般求到$a_m^{(1)}(t)$就足够精确，这时取

$$a_m(t) = a_m^{(0)}(t) + \lambda a_m^{(1)}(t) = \delta_{mk} + \frac{1}{\mathrm{i}\hbar}\int_0^t H'_{mk}(t')\mathrm{e}^{\mathrm{i}\omega_{mk}t'}\mathrm{d}t' \tag{9-67}$$

当$m\neq k$时，方程（9-59）的一级近似解为

$$a_m(t)=\lambda a_m^{(1)}(t)=\frac{1}{\mathrm{i}\hbar}\int_0^t H'_{mk}(t')\mathrm{e}^{\mathrm{i}\omega_{mk}t'}\mathrm{d}t' \tag{9-68}$$

由式（9-57）知，一级近似下t时刻体系处于Φ_m态的概率为$|a_m(t)|^2$，所以体系在微扰作用下由初态Φ_k跃迁到终态Φ_m的概率为

$$W_{k\to m}=|a_m(t)|^2=\left|\frac{1}{\mathrm{i}\hbar}\int_0^t H'_{mk}(t')\mathrm{e}^{\mathrm{i}\omega_{mk}t'}\mathrm{d}t'\right|^2 \tag{9-69}$$

只要给出$\hat{H}'(t)$的具体形式，跃迁概率就可由式（9-69）得出。

【例 9-4】带电q的一维谐振子在$t\to-\infty$时处于基态。如果微扰为

$$\hat{H}'=-q\varepsilon x\mathrm{e}^{-t^2/\tau^2}$$

式中，ε为外电场强度，τ为参数。试求$t\to\infty$时谐振子仍处于基态的概率。

解：当$t\to\infty$时谐振子处于激发态的概率为

$$W_{0\to n}=|a_n(t)|^2=\left|\frac{1}{\mathrm{i}\hbar}\int_{-\infty}^{\infty}H'_{n0}\mathrm{e}^{\mathrm{i}\omega_{n0}t}\mathrm{d}t\right|^2$$

其中

$$\omega_{n0}=\frac{E_n-E_0}{\hbar}=\frac{n\hbar\omega}{\hbar}=n\omega$$

$$H'_{n0}(t)=\langle n|H'|0\rangle=-q\varepsilon\mathrm{e}^{-t^2/\tau^2}\langle n|x|0\rangle=-q\varepsilon\mathrm{e}^{-t^2/\tau^2}\frac{1}{\sqrt{2}\alpha}\langle n|1\rangle=-q\varepsilon\sqrt{\frac{\hbar}{2\mu\omega}}\mathrm{e}^{-t^2/\tau^2}\delta_{n1}$$

所以，在一级微扰近似下谐振子从基态只能跃迁到第一激发态，跃迁概率为

$$W_{0\to1}=\frac{1}{\hbar^2}\left|\int_{-\infty}^{\infty}H'_{10}\mathrm{e}^{\mathrm{i}\omega_{n0}t}\mathrm{d}t\right|^2=\frac{q^2\varepsilon^2}{2\mu\hbar\omega}\left|\int_{-\infty}^{\infty}\mathrm{e}^{\mathrm{i}\omega t}\mathrm{e}^{-t^2/\tau^2}\mathrm{d}t\right|^2=\frac{q^2\varepsilon^2}{2\mu\hbar\omega}\left(\sqrt{\pi}\tau\mathrm{e}^{-\omega^2\tau^2/4}\right)^2$$

$$=\frac{\pi q^2\varepsilon^2\tau^2}{2\mu\hbar\omega}\mathrm{e}^{-\omega^2\tau^2/2}$$

因此，系统仍停留在基态的概率为$1-W_{0\to1}$。可以看出，如果$\tau\to\infty$，即微扰无限缓慢地加进来，则有

$$\lim_{\tau\to\infty}W_{0\to1}=\frac{\pi q^2\varepsilon^2}{2\mu\hbar\omega}\lim_{\tau\to\infty}\frac{\tau^2}{\mathrm{e}^{\omega^2\tau^2/2}}=\frac{\pi q^2\varepsilon^2}{2\mu\hbar\omega}\lim_{\tau\to\infty}\frac{2\tau}{\omega^2\tau\mathrm{e}^{\omega^2\tau^2/2}}=0$$

粒子将保持在基态；如果$\tau\to0$，即突然加上微扰，则同样有

$$\lim_{\tau\to0}W_{0\to1}=\frac{\pi q^2\varepsilon^2}{2\mu\hbar\omega}\lim_{\tau\to0}\frac{\tau^2}{\mathrm{e}^{\omega^2\tau^2/2}}=0$$

粒子也保持在基态。

§9-6 跃迁概率

本节研究两种重要类型的微扰的跃迁概率。

一、常微扰

设在时间$0\leqslant t\leqslant t_1$内微扰$\hat{H}'$与时间无关，$t=0$时刻体系状态为$\Phi_k$，在$\hat{H}'$的作用下，

体系跃迁到末态Φ_m。

由式（9-68）得

$$a_m(t)=\frac{H'_{mk}}{\mathrm{i}\hbar}\int_0^t \mathrm{e}^{\mathrm{i}\omega_{mk}t'}\mathrm{d}t'=-\frac{H'_{mk}}{\hbar}\frac{\mathrm{e}^{\mathrm{i}\omega_{mk}t}-1}{\omega_{mk}} \tag{9-70}$$

跃迁概率（$m\neq k$）为

$$\begin{aligned}W_{k\to m}&=\left|a_m(t)\right|^2=\frac{\left|H'_{mk}\right|^2}{\hbar^2\omega_{mk}^2}\left(\mathrm{e}^{\mathrm{i}\omega_{mk}t}-1\right)\left(\mathrm{e}^{-\mathrm{i}\omega_{mk}t}-1\right)\\&=\frac{\left|H'_{mk}\right|^2}{\hbar^2}\frac{\sin^2(\omega_{mk}t/2)}{(\omega_{mk}/2)^2}\end{aligned} \tag{9-71}$$

$\dfrac{\sin^2(\omega_{mk}t/2)}{(\omega_{mk}/2)^2}$随$\omega_{mk}$变化的曲线如图 9-3 所示。

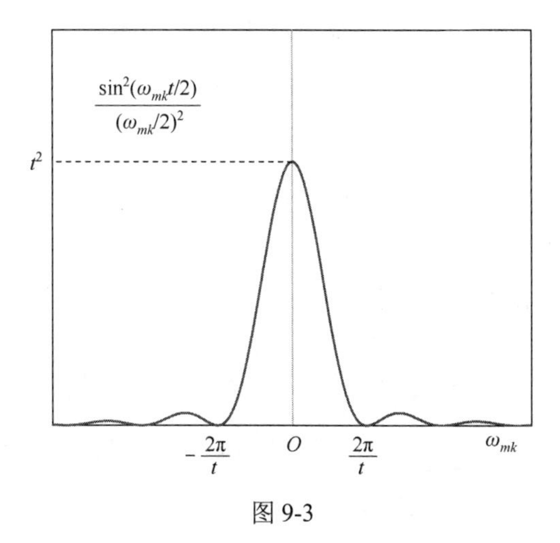

图 9-3

当微扰作用时间足够长时，利用$\lim\limits_{t\to\infty}\dfrac{\sin^2 xt}{\pi x^2 t}=\delta(x)$得

$$\begin{aligned}W_{k\to m}&=\frac{2\pi t\left|H'_{mk}\right|^2}{\hbar^2}\frac{\sin^2(\omega_{mk}t/2)}{\pi\omega_{mk}^2 t/2}=\frac{2\pi t}{\hbar^2}\left|H'_{mk}\right|^2\delta(\omega_{mk})\\&=\frac{2\pi t}{\hbar}\left|H'_{mk}\right|^2\delta(\varepsilon_m-\varepsilon_k)\end{aligned} \tag{9-72}$$

式（9-72）的最后一步推导用到了$\delta(ax)=\dfrac{1}{|a|}\delta(x)$。所以，跃迁速率（单位时间内的跃迁概率）为

$$w_{k\to m}=\frac{W_{k\to m}}{t}=\frac{2\pi}{\hbar}\left|H'_{mk}\right|^2\delta(\varepsilon_m-\varepsilon_k) \tag{9-73}$$

式（9-73）表明，当常微扰的作用时间足够长时，明显的跃迁发生在初态和末态能量接近的情况下。$\delta(\varepsilon_m-\varepsilon_k)$是常微扰作用下体系能量守恒的反映。

实际上，出现δ函数的式（9-73）只有在ε_m连续变化时才有意义。以$\rho(m)$表示末态的态密度，则能量处于$\varepsilon_m\sim\varepsilon_m+\mathrm{d}\varepsilon_m$之间的状态数为$\rho(m)\mathrm{d}\varepsilon_m$。从初态到末态的跃迁概率

之和为

$$W=\int_{-\infty}^{+\infty}W_{k\to m}\rho(m)\mathrm{d}\varepsilon_m=\int_{-\infty}^{+\infty}\frac{2\pi t}{\hbar}\left|H'_{mk}\right|^2\delta(\varepsilon_m-\varepsilon_k)\rho(m)\mathrm{d}\varepsilon_m=\frac{2\pi t}{\hbar}\left|H'_{mk}\right|^2\rho(k) \tag{9-74}$$

跃迁速率之和为

$$w=\frac{2\pi}{\hbar}\left|H'_{mk}\right|^2\rho(k) \tag{9-75}$$

此公式在散射理论中被广泛应用，被称为黄金规则。

二、周期性微扰

假设微扰算符

$$\hat{H}'(t)=\hat{A}\cos(\omega t)=\frac{\hat{A}}{2}\left(\mathrm{e}^{\mathrm{i}\omega t}+\mathrm{e}^{-\mathrm{i}\omega t}\right)=\hat{F}\left(\mathrm{e}^{\mathrm{i}\omega t}+\mathrm{e}^{-\mathrm{i}\omega t}\right) \tag{9-76}$$

式中，$\hat{F}$ 与时间无关。在 $\hat{H}_0$ 的第 k 个本征态 φ_k 和第 m 个本征态 φ_m 之间的微扰矩阵元为

$$H'_{mk}=\int\varphi_m^*\hat{H}'\varphi_k\mathrm{d}\tau=F_{mk}\left(\mathrm{e}^{\mathrm{i}\omega t}+\mathrm{e}^{-\mathrm{i}\omega t}\right) \tag{9-77}$$

式中

$$F_{mk}=\int\varphi_m^*\hat{F}\varphi_k\mathrm{d}\tau \tag{9-78}$$

将式（9-77）代入式（9-68），得

$$\begin{aligned}a_m(t)&=\frac{F_{mk}}{\mathrm{i}\hbar}\int_0^t\left(\mathrm{e}^{\mathrm{i}\omega t'}+\mathrm{e}^{-\mathrm{i}\omega t'}\right)\mathrm{e}^{\mathrm{i}\omega_{mk}t'}\mathrm{d}t'\\&=\frac{F_{mk}}{\mathrm{i}\hbar}\int_0^t\left[\mathrm{e}^{\mathrm{i}(\omega_{mk}+\omega)t'}+\mathrm{e}^{\mathrm{i}(\omega_{mk}-\omega)t'}\right]\mathrm{d}t'\\&=-\frac{F_{mk}}{\hbar}\left[\frac{\mathrm{e}^{\mathrm{i}(\omega_{mk}+\omega)t}-1}{\omega_{mk}+\omega}+\frac{\mathrm{e}^{\mathrm{i}(\omega_{mk}-\omega)t}-1}{\omega_{mk}-\omega}\right]\end{aligned} \tag{9-79}$$

跃迁概率为

$$\begin{aligned}W_{k\to m}&=\left|a_m(t)\right|^2\\&=\frac{4\left|F_{mk}\right|^2}{\hbar^2}\left[\begin{aligned}&\frac{1-\cos(\omega_{mk}+\omega)t}{(\omega_{mk}+\omega)^2}+\frac{1-\cos(\omega_{mk}-\omega)t}{(\omega_{mk}-\omega)^2}\\&+\frac{1+\cos(2\omega t)-\cos(\omega_{mk}+\omega)t-\cos(\omega_{mk}-\omega)t}{\omega_{mk}^2-\omega^2}\end{aligned}\right]\end{aligned} \tag{9-80}$$

$W_{k\to m}$ 随 ω_{mk} 变化的曲线如图 9-4 所示。

由式（9-79）可以得出，当 $\omega=\omega_{mk}$ 时

$$\begin{aligned}a_m(t)&=-\frac{F_{mk}}{\hbar}\left[\frac{\mathrm{e}^{\mathrm{i}2\omega_{mk}t}-1}{2\omega_{mk}}+\lim_{\omega_{mk}-\omega\to0}\frac{\mathrm{e}^{\mathrm{i}(\omega_{mk}-\omega)t}-1}{\omega_{mk}-\omega}\right]\\&=-\frac{F_{mk}}{\hbar}\left[\frac{\mathrm{e}^{\mathrm{i}2\omega_{mk}t}-1}{2\omega_{mk}}+\lim_{\omega_{mk}-\omega\to0}\left(\mathrm{i}t\mathrm{e}^{\mathrm{i}(\omega_{mk}-\omega)t}\right)\right]\\&=-\frac{F_{mk}}{\hbar}\left[\frac{\mathrm{e}^{\mathrm{i}2\omega_{mk}t}-1}{2\omega_{mk}}+\mathrm{i}t\right]\end{aligned}$$

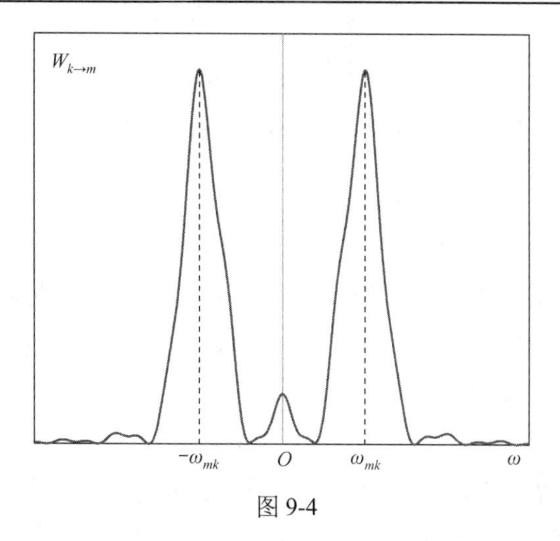

图 9-4

第一项随时间呈周期性变化，第二项与时间成正比，第二项起主要作用。所以

$$a_m(t)\approx-\frac{F_{mk}}{\hbar}\frac{\mathrm{e}^{\mathrm{i}(\omega_{mk}-\omega)t}-1}{\omega_{mk}-\omega}$$

跃迁概率为

$$\begin{aligned}W_{k\to m}&=|a_m(t)|^2=\frac{|F_{mk}|^2}{\hbar^2}\left(\frac{\mathrm{e}^{\mathrm{i}(\omega_{mk}-\omega)t}-1}{\omega_{mk}-\omega}\right)\left(\frac{\mathrm{e}^{-\mathrm{i}(\omega_{mk}-\omega)t}-1}{\omega_{mk}-\omega}\right)\\&=\frac{2|F_{mk}|^2}{\hbar^2}\frac{1-\cos(\omega_{mk}-\omega)t}{(\omega_{mk}-\omega)^2}\\&=\frac{2\pi t|F_{mk}|^2}{\hbar^2}\frac{\sin^2[(\omega_{mk}-\omega)t/2]}{\pi(\omega_{mk}-\omega)^2t/2}\\&=\frac{2\pi t}{\hbar^2}|F_{mk}|^2\delta(\omega_{mk}-\omega)\end{aligned}\tag{9-81}$$

同理，当 $\omega=-\omega_{mk}$ 时

$$W_{k\to m}=\frac{2\pi t}{\hbar^2}|F_{mk}|^2\delta(\omega_{mk}+\omega)\tag{9-82}$$

当 $\omega\neq\pm\omega_{mk}$ 时，式（9-79）等号右边的两项都不随时间而增加。由此可见，只有当

$$\omega=\pm\omega_{mk}\qquad\text{或}\qquad\varepsilon_m=\varepsilon_k\pm\hbar\omega\tag{9-83}$$

时才出现明显的跃迁。由图 9-4 也可以明显地看出这一结果。

由以上讨论可以得出，只有当外界微扰含有频率 ω_{mk} 时，体系才能从 Φ_k 态跃迁到 Φ_m 态，这时体系吸收或发射的能量是 $\hbar\omega_{mk}$，显然此跃迁是一种共振现象。两种情况下的跃迁概率合并成下式

$$W_{k\to m}=\frac{2\pi t}{\hbar^2}|F_{mk}|^2\delta(\omega_{mk}\pm\omega)=\frac{2\pi t}{\hbar}|F_{mk}|^2\delta(\varepsilon_m-\varepsilon_k\pm\hbar\omega)\tag{9-84}$$

跃迁速率为

$$w_{k\to m}=\frac{2\pi}{\hbar}|F_{mk}|^2\delta(\varepsilon_m-\varepsilon_k\pm\hbar\omega)\tag{9-85}$$

当 $\varepsilon_k>\varepsilon_m$ 时

$$w_{k\to m}=\frac{2\pi}{\hbar}\left|F_{mk}\right|^2\delta(\varepsilon_m-\varepsilon_k+\hbar\omega) \tag{9-86}$$

仅当$\hbar\omega=\varepsilon_k-\varepsilon_m$时才发生跃迁，体系由$\varPhi_k$态跃迁到$\varPhi_m$态，发射能量$\hbar\omega$。

当$\varepsilon_k<\varepsilon_m$时

$$w_{k\to m}=\frac{2\pi}{\hbar}\left|F_{mk}\right|^2\delta(\varepsilon_m-\varepsilon_k-\hbar\omega) \tag{9-87}$$

仅当$\hbar\omega=\varepsilon_m-\varepsilon_k$时才发生跃迁，体系由$\varPhi_k$态跃迁到$\varPhi_m$态，吸收能量$\hbar\omega$。

在式（9-84）中，对调m和k，即得体系由$\varPhi_m$态跃迁到$\varPhi_k$态的概率。由于$\hat{F}$是厄米算符，因此$\left|F_{mk}\right|^2=\left|F_{km}\right|^2$，于是

$$W_{m\to k}=W_{k\to m} \tag{9-88}$$

即体系由$\varPhi_m$态跃迁到$\varPhi_k$态的概率等于由$\varPhi_k$态跃迁到$\varPhi_m$态的概率。

下面讨论初态k分立、末态m连续的情况，并假设$\varepsilon_m>\varepsilon_k$。如果微扰$\hat{H}'(t)=\hat{A}\cos(\omega t)$只在$t=0$到$t=t'$这段时间内作用，由式（9-81）可得在$t\geqslant t'$的时刻，体系由$k$态跃迁到$m$态的概率为

$$W_{k\to m}=\frac{4\left|F_{mk}\right|^2}{\hbar^2}\frac{\sin^2\left[(\omega_{mk}-\omega)t'/2\right]}{(\omega_{mk}-\omega)^2}$$

$W_{k\to m}$随$\omega_{mk}-\omega$变化的曲线如图 9-5 所示。

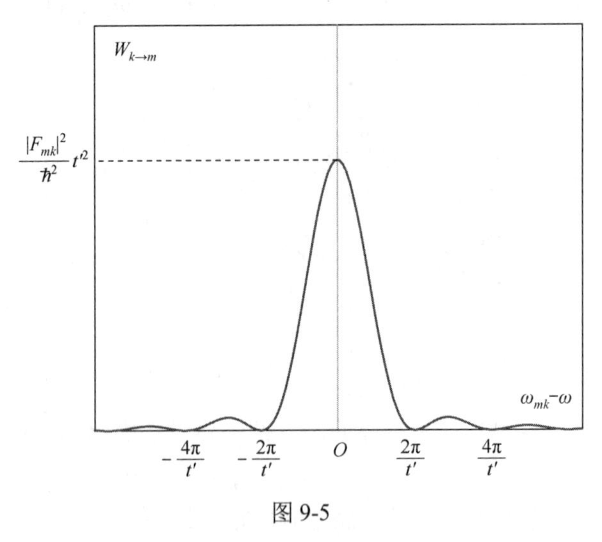

图 9-5

由图 9-5 可以看出，跃迁主要发生在主峰范围内，即$\omega_{mk}-\omega$处在$-\frac{2\pi}{t'}$到$\frac{2\pi}{t'}$范围内跃迁明显，其他跃迁概率很小。在这个过程中，除原点外，$\omega=\omega_{mk}$或$\hbar\omega=\varepsilon_m-\varepsilon_k$不严格成立，即$\omega_{mk}$可以取$\omega-\frac{2\pi}{t'}$到$\omega+\frac{2\pi}{t'}$之间的任何值，它的不确定范围是

$$\Delta\omega_{mk}=\frac{4\pi}{t'}\sim\frac{1}{t'}$$

由于k是分立的，ε_k是确定的，因此ω_{mk}不确定也就是末态能量ε_m不确定，所以

$$\Delta\omega_{mk}=\Delta\left(\frac{\varepsilon_m-\varepsilon_k}{\hbar}\right)=\frac{1}{\hbar}\Delta\varepsilon_m$$

于是

$$t'\Delta\varepsilon_m\sim\hbar \tag{9-89}$$

可以把微扰过程视为测量末态能量的过程，t' 是测量时间。式（9-89）说明能量的不确定范围 ΔE 与测量时间 Δt 满足

$$\Delta E\Delta t\sim\hbar \tag{9-90}$$

该式称为能量与时间的不确定关系。由此可知，能量测量越准确（ΔE 小），测量的时间就越长（Δt 大）。

§9-7　光的吸收和受激辐射、选择定则

关于对原子结构的认识，主要来自对光与原子的相互作用的研究。在光的照射下，原子可能吸收光而从较低能级跃迁到较高能级，或从较高能级跃迁到较低能级并放出光，分别称为光的吸收（absorption）和受激辐射（induced radiation）。如果原子处于激发能级，即使没有外界光的照射，也可能跃迁到某些较低能级而放出光来，称为自发辐射（spontaneous radiation）。

彻底解决原子的吸收与发射问题，需要利用量子电动力学。本书中采用半量子半经典的方法处理此问题，即用量子力学处理原子体系，用经典电磁场理论处理电磁波。但这种办法不能解释原子的自发辐射。

一、光的吸收和受激辐射

由于电磁场中电场对原子中电子的作用强度远大于磁场，为此我们只考虑电场的作用。为简单起见，假设入射光为平面单色光，其电场强度为

$$\vec{E}=\vec{E}_0\cos(\omega t-\vec{k}\cdot\vec{r}) \tag{9-91}$$

式中，ω 为角频率，$\vec{k}$ 为波矢，其方向为光传播的方向。

对可见光，在原子内，$\vec{k}\cdot\vec{r}\sim\dfrac{2\pi a}{\lambda}\ll 1$，所以可以认为电场均匀，所以

$$\vec{E}=\vec{E}_0\cos(\omega t) \tag{9-92}$$

电场与电子之间的相互作用势能为

$$U=-\vec{D}\cdot\vec{E}=e\vec{r}\cdot\vec{E}_0\cos(\omega t)=\frac{1}{2}e\vec{r}\cdot\vec{E}_0\left(\mathrm{e}^{\mathrm{i}\omega t}+\mathrm{e}^{-\mathrm{i}\omega t}\right)=\hat{W}\left(\mathrm{e}^{\mathrm{i}\omega t}+\mathrm{e}^{-\mathrm{i}\omega t}\right)$$

式中，电偶极矩 $\vec{D}=-e\vec{r}$，$\hat{W}=e\vec{r}\cdot\vec{E}_0/2$。由于该能量远小于电子与原子核之间的势能，因此可以将其当作微扰处理，即

$$\hat{H}'=\hat{W}\left(\mathrm{e}^{\mathrm{i}\omega t}+\mathrm{e}^{-\mathrm{i}\omega t}\right) \tag{9-93}$$

以原子吸收光为例讨论跃迁概率。在这种情况下，原子从低能级跃迁到高能级，即 $\varepsilon_k<\varepsilon_m$。利用式（9-93）和式（9-87），得到单位时间内原子由 $\varPhi_k$ 态到 $\varPhi_m$ 态的跃迁概率为

$$w_{k\to m}=\frac{2\pi}{\hbar}|W_{mk}|^2\,\delta(\varepsilon_m-\varepsilon_k-\hbar\omega)=\frac{2\pi}{\hbar^2}|W_{mk}|^2\,\delta(\omega_{mk}-\omega)$$

$$=\frac{\pi e^2}{2\hbar^2}|\bar{r}_{mk}\cdot\bar{E}_0|^2\,\delta(\omega_{mk}-\omega)=\frac{\pi e^2E_0^2}{2\hbar^2}|\bar{r}_{mk}|^2\cos^2\theta\delta(\omega_{mk}-\omega)$$

式中，θ 是 $\bar{r}$ 与 $\bar{E}_0$ 的夹角。如果入射光为非偏振光，光偏振方向完全无规则，因此把 $\cos^2\theta$ 换成它对各方向的平均值

$$\overline{\cos^2\theta}=\frac{1}{4\pi}\int\cos^2\theta\mathrm{d}\Omega=\frac{1}{4\pi}\int_0^{2\pi}\mathrm{d}\varphi\int_0^{\pi}\cos^2\theta\sin\theta\mathrm{d}\theta=\frac{1}{3}$$

所以

$$w_{k\to m}=\frac{\pi e^2E_0^2}{6\hbar^2}|\bar{r}_{mk}|^2\,\delta(\omega_{mk}-\hbar\omega) \tag{9-94}$$

以上仅对入射光是理想单色光的情况做了讨论。自然界中不存在严格的单色光，实际的光的频率都是在一定范围内连续分布的。对于这种自然光引起的跃迁，要对式（9-94）中各种频率的成分的贡献求和。令 $I(\omega)$ 表示角频率为 ω 的光的能量密度，则

$$I(\omega)=\overline{\frac{1}{2}\varepsilon_0E^2+\frac{B^2}{2\mu_0}}$$

式中的横线表示在一个周期内对时间求平均。注意到 $\overline{\frac{1}{2}\varepsilon_0E^2}=\overline{\frac{B^2}{2\mu_0}}$，则

$$I(\omega)=\overline{\varepsilon_0E^2}$$

利用式（9-92），得

$$I(\omega)=\frac{1}{2}\varepsilon_0E_0^2 \tag{9-95}$$

把式（9-95）代入式（9-94），并对 ω 求积分，得

$$w_{k\to m}=\frac{\pi e^2}{3\hbar^2\varepsilon_0}|\bar{r}_{mk}|^2\int I(\omega)\delta(\omega_{mk}-\omega)\mathrm{d}\omega=\frac{4\pi^2e_s^2}{3\hbar^2}|\bar{r}_{mk}|^2\,I(\omega_{mk}) \tag{9-96}$$

可以看出，跃迁速率与入射光中角频率为 ω_{mk} 的光强度 $I(\omega_{mk})$ 成正比。如果入射光中没有这种频率成分，则不能引起 ε_k 和 ε_m 之间的跃迁。式（9-96）是在略去光波中磁场的作用下得出的，这样的跃迁称为偶极跃迁，这种近似称为偶极近似。

二、选择定则

由以上讨论可以得出，原子在光波的作用下由 Φ_k 态到 Φ_m 态的跃迁概率正比于 $|\bar{r}_{mk}|^2$。当 $\bar{r}_{mk}=0$ 时，跃迁不会发生，称为禁戒跃迁。要实现这种跃迁，必有 $\bar{r}_{mk}\neq 0$，由此可以得到光谱线的选择定则。

原子中的电子在中心力场中运动，电子的波函数为

$$\psi_{nlm}(r,\theta,\varphi)=R_{nl}(r)Y_{lm}(\theta,\varphi) \tag{9-97}$$

式中，$R_{nl}(r)$ 为径向波函数，$Y_{lm}(\theta,\varphi)$ 为球谐函数。下面利用这个波函数计算 $\bar{r}_{mk}$ 的三个分量 x_{mk}、y_{mk}、z_{mk}。

首先计算 z_{mk}。设初态为 $|\Phi_k\rangle=|nlm\rangle$，末态为 $|\Phi_m\rangle=|n'l'm'\rangle$，则

$$\begin{aligned} z_{mk} &= \langle\Phi_m|z|\Phi_k\rangle=\langle n'l'm'|r\cos\theta|nlm\rangle \\ &= \int_0^\infty R_{n'l'}R_{nl}r^3\mathrm{d}r\langle l'm'|\cos\theta|lm\rangle \end{aligned} \tag{9-98}$$

球谐函数满足递推公式

$$\cos\theta Y_{lm}=c_{lm}Y_{l+1,m}+c_{l-1,m}Y_{l-1,m}$$

其中 $c_{lm}=\sqrt{\dfrac{(l+1)^2-m^2}{(2l+1)(2l+3)}}$。所以

$$z_{mk}=\int_0^\infty R_{n'l'}R_{nl}r^3\mathrm{d}r\left[c_{lm}\delta_{l',l+1}\delta_{m',m}+c_{l-1,m}\delta_{l',l-1}\delta_{m',m}\right] \tag{9-99}$$

显然，$z_{mk}\neq0$ 的条件是

$$l'=l\pm1 \qquad\qquad m'=m \tag{9-100}$$

下面计算 x_{mk}、y_{mk}。因为

$$x=\frac{r}{2}\sin\theta(\mathrm{e}^{\mathrm{i}\varphi}+\mathrm{e}^{-\mathrm{i}\varphi}) \qquad\qquad y=\frac{r}{2\mathrm{i}}\sin\theta(\mathrm{e}^{\mathrm{i}\varphi}-\mathrm{e}^{-\mathrm{i}\varphi})$$

所以

$$\begin{aligned} x_{mk} &= \langle\Phi_m|x|\Phi_k\rangle=\frac{1}{2}\langle n'l'm'|r\sin\theta(\mathrm{e}^{\mathrm{i}\varphi}+\mathrm{e}^{-\mathrm{i}\varphi})|nlm\rangle \\ &= \frac{1}{2}\int_0^\infty R_{n'l'}R_{nl}r^3\mathrm{d}r\left[\langle l'm'|\sin\theta\mathrm{e}^{\mathrm{i}\varphi}|lm\rangle+\langle l'm'|\sin\theta\mathrm{e}^{-\mathrm{i}\varphi}|lm\rangle\right] \end{aligned} \tag{9-101}$$

球谐函数还满足下面的递推公式

$$\mathrm{e}^{\pm\mathrm{i}\varphi}\sin\theta Y_{lm}=\pm b_{l-1,\mp m-1}Y_{l-1,m\pm1}\mp b_{l,\pm m}Y_{l+1,m\pm1}$$

其中 $b_{lm}=\sqrt{\dfrac{(l+m+1)(l+m+2)}{(2l+1)(2l+3)}}$。于是

$$\langle l'm'|\sin\theta\mathrm{e}^{\mathrm{i}\varphi}|lm\rangle=b_{l-1,-m-1}\delta_{l',l-1}\delta_{m',m+1}-b_{lm}\delta_{l',l+1}\delta_{m',m+1}$$

$$\langle l'm'|\sin\theta\mathrm{e}^{-\mathrm{i}\varphi}|lm\rangle=-b_{l-1,m-1}\delta_{l',l-1}\delta_{m',m-1}+b_{l,-m}\delta_{l',l+1}\delta_{m',m-1}$$

把上面二式代入式（9-101），即得 x_{mk}。显然，$x_{mk}\neq0$ 的条件是

$$l'=l\pm1 \qquad\qquad m'=m\pm1 \tag{9-102}$$

同理，$y_{mk}\neq0$ 的条件也是式（9-102）。

综上所述，$\vec{r}_{mk}\neq0$ 的条件是

$$\Delta l=\pm1 \qquad\qquad \Delta m=0,\pm1 \tag{9-103}$$

这就是偶极跃迁的角动量选择定则。

【例 9-5】不考虑自旋，原子中的电子状态可以表示为

$$\psi_{nlm}=R_{nl}(r)Y_{lm}(\theta,\varphi)$$

对于初态为 s 态（能级 E_{nl}，$l=0$）、终态为 p 态（能级 $E_{n'l'}$，$l'=1$）的偶极自发跃迁，求终态磁量子数 $m=1,0,-1$ 的分支比。

解：初态波函数

$$\psi_{n00}=R_{n0}(r)Y_{00}(\theta,\varphi)=\frac{1}{\sqrt{4\pi}}R_{n0}(r)$$

终态波函数

$$\psi_{n'1m} = R_{n1}(r)Y_{1m}(\theta,\varphi) \qquad m=1,0,-1$$

由于三种终态的径向波函数相同，因此跃迁分支比等于矩阵元 $\langle 1m|\vec{r}|00\rangle$ 的模方之比。由于

$$\begin{aligned}\vec{r} &= x\vec{e}_1 + y\vec{e}_2 + z\vec{e}_3 \\ &= \frac{r}{2}\sin\theta(\mathrm{e}^{\mathrm{i}\varphi}+\mathrm{e}^{-\mathrm{i}\varphi})\vec{e}_1 + \frac{r}{2\mathrm{i}}\sin\theta(\mathrm{e}^{\mathrm{i}\varphi}-\mathrm{e}^{-\mathrm{i}\varphi})\vec{e}_2 + r\cos\theta\vec{e}_3 \\ &= r\sqrt{\frac{4\pi}{3}}\left[\frac{1}{\sqrt{2}}\left(-Y_{11}+Y_{1,-1}\right)\vec{e}_1 - \frac{1}{\sqrt{2}\mathrm{i}}\left(Y_{11}+Y_{1,-1}\right)\vec{e}_2 + Y_{10}\vec{e}_3\right]\end{aligned}$$

利用球谐函数的正交归一性，并考虑到 $Y_{00}(\theta,\varphi)=\frac{1}{\sqrt{4\pi}}$，得

$$\langle 11|\vec{r}|00\rangle = -\frac{r}{\sqrt{6}}\left(\vec{e}_1 - \mathrm{i}\vec{e}_2\right)$$

$$\langle 10|\vec{r}|00\rangle = \frac{r}{\sqrt{3}}\vec{e}_3$$

$$\langle 1,-1|\vec{r}|00\rangle = \frac{r}{\sqrt{6}}\left(\vec{e}_1 + \mathrm{i}\vec{e}_2\right)$$

因此

$$\left|\langle 11|\vec{r}|00\rangle\right|^2 = \frac{r^2}{6}\left(\vec{e}_1-\mathrm{i}\vec{e}_2\right)\cdot\left(\vec{e}_1+\mathrm{i}\vec{e}_2\right) = \frac{r^2}{3}$$

$$\left|\langle 10|\vec{r}|00\rangle\right|^2 = \frac{r^2}{3}$$

$$\left|\langle 1,-1|\vec{r}|00\rangle\right|^2 = \frac{r^2}{6}\left(\vec{e}_1+\mathrm{i}\vec{e}_2\right)\cdot\left(\vec{e}_1-\mathrm{i}\vec{e}_2\right) = \frac{r^2}{3}$$

终态磁量子数 $m=1,0,-1$ 的分支比为 $1:1:1$，即从 s 态跃迁到三个 p 态的概率相等。

习　题

9-1　设一维谐振子的哈密顿算符为 $\hat{H}^{(0)}$，再加上微扰 $\hat{H}'=gx^2$，系统的哈密顿算符为

$$\hat{H} = \hat{H}^{(0)} + \hat{H}' = \left(\frac{\hat{p}^2}{2\mu} + \frac{1}{2}\mu\omega^2x^2\right) + gx^2$$

试用微扰法求能量二级近似值。

9-2　在 $H^{(0)}$ 表象中，哈密顿算符的矩阵形式为

$$\boldsymbol{H} = \begin{bmatrix} E_1^{(0)}+a & b \\ b & E_2^{(0)}+a \end{bmatrix}$$

其中，a、b 为小的实数，且 $E_1^{(0)} \neq E_2^{(0)}$。求能量的二级近似值，并与精确解进行比较。

9-3　设哈密顿算符的矩阵形式为

$$\boldsymbol{H}=\begin{bmatrix}1 & \lambda & 0\\ \lambda & 3 & 0\\ 0 & 0 & \lambda-2\end{bmatrix}$$

求其精确的本征值；若$|\lambda|\ll 1$，求其本征值的二级近似值。

9-4　一维谐振子的哈密顿量为$\hat{H}^{(0)}=-\dfrac{\hbar^2}{2\mu}\dfrac{\mathrm{d}^2}{\mathrm{d}x^2}+\dfrac{1}{2}kx^2$，假设它处于基态，若再加上一个弹力作用，则弹性势能为$\hat{H}'=\dfrac{1}{2}bx^2$，试用微扰理论计算$\hat{H}'$对能量的一级修正，并与严格解进行比较。

9-5　已知体系的能量算符为$\hat{H}=k\hat{L}^2+\omega\hat{L}_z+\lambda\hat{L}_y$，其中$k,\omega\gg\lambda>0$，$\hat{L}$为轨道角动量算符。（1）求体系能级的精确值；（2）视λ项为微扰项，求能级的二级近似值。

9-6　三维谐振子，能量算符为$\hat{H}^{(0)}=\dfrac{\hat{p}^2}{2\mu}+\dfrac{1}{2}\mu\omega^2(x^2+y^2+z^2)$，试写出能级和能量本征函数。如该振子又受到微扰$\hat{H}'=\dfrac{\lambda}{2}\mu\omega^2xy$（$|\lambda|\ll 1$）的作用，求最低的两个能级的微扰修正，并和精确值进行比较。

9-7　转动惯量为I、电偶极矩为D的平面转子，置于均匀场强ε（沿x方向）中，哈密顿算符为$\hat{H}=-\dfrac{\hbar^2}{2I}\dfrac{\mathrm{d}^2}{\mathrm{d}\varphi^2}-D\varepsilon\cos\varphi$，$\varphi$为旋转角（从$x$轴算起）。如果电场很强，$\varphi$很小，求基态能量近似值。

第十章　电子的自旋

§10-1　电子自旋

一、电子自旋的实验依据

玻尔的量子论的提出，使人们对光谱规律的认识前进了一大步。后来人们又发现了一些新的实验现象，却是原有量子理论无法解释的。

（1）光谱的精细结构。例如，在碱金属钠原子光谱中，起初看到一条波长为589.3nm的黄光，后来由于光谱仪分辨率的提高，人们发现它是由两条谱线组成的，波长分别为589.0nm和589.6nm，这就是碱金属光谱的双线结构。

（2）反常塞曼效应。在弱磁场中，原子的一条光谱线会分裂成偶数条谱线。

（3）斯特恩（Stern）-盖拉赫（Gerlach）实验。1921年，德国物理学家奥托·斯特恩和瓦尔特·盖拉赫为了测量原子磁矩，让单价原子（如银原子和氢原子等）束通过非均匀磁场，结果发现通过非均匀磁场后一束原子分裂为两束。此处我们以氢原子为例介绍实验现象。

如图10-1所示，原子炉H射出的处于s态的氢原子束通过狭缝BB和非均匀磁场，最后射到照相底板P上。

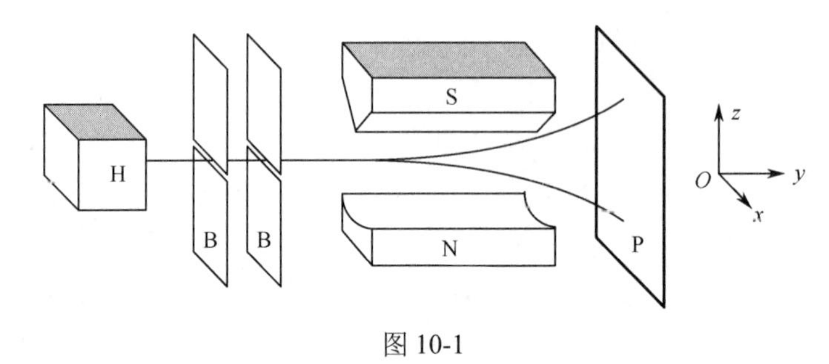

图10-1

带有磁矩$\vec{M}$的中性原子进入磁场后，与磁场的相互作用能量为

$$U = -\vec{M} \cdot \vec{B} = -MB\cos\theta = -M_z B$$

式中，θ为$\vec{M}$与$\vec{B}$（沿z轴方向）之间的夹角，M_z是原子磁矩的z分量。原子所受的力为

$$F_z = -\frac{\partial U}{\partial z} = M_z \frac{\partial B}{\partial z}$$

非均匀磁场对磁矩有力和力矩作用；从原子炉发出的原子的磁矩取向各不相同，在非均匀磁场的作用下会发生不同程度的偏转，落到照相底板上的不同位置。

设原子炉的温度为T，它蒸发出的原子的平均速率为

$$\bar{v} = \sqrt{\frac{8kT}{\pi m}}$$

原子通过磁场时的平均时间为

$$t=\frac{l}{\bar{v}}=l\sqrt{\frac{\pi m}{8kT}}$$

式中，m 为原子质量，l 为磁极长度。偏转距离是

$$\Delta z=\frac{1}{2}at^2=\frac{1}{2}\frac{F_z}{m}t^2=\frac{\pi}{16}\frac{l^2}{k_BT}\frac{\partial B}{\partial z}M_z$$

Δz 值可由实验测得（测量方法：加上磁场，再撤销磁场，比较原子束打在屏上的痕迹），从而可以推算出磁矩的 z 分量。

实验的结果是底板上只有两条原子沉积，且对应的磁矩大小分别为

$$M_z=\pm\frac{e\hbar}{2\mu_e}=\pm M_B \tag{10-1}$$

式中，M_B 为玻尔磁子。

由于单价氢原子的轨道磁矩为零，因此实验测出的不是轨道磁矩；由于核磁矩远远小于 M_B，因此实验测出的也不是轨道磁矩。因此，除轨道磁矩外，电子还存在一种新的运动状态，对应一种新的磁矩。

1925 年，乌伦贝克（Uhlenbeck）和古德斯密特（Goudsmit）提出了电子自旋的假设，即电子除了轨道运动，还存在一种内禀运动，即自旋运动。电子的自旋磁矩在任何方向上的分量只能取两个数值 $\pm M_B$。

乌伦贝克和古德斯密特最初提出的电子自旋概念具有机械的性质。他们认为电子一方面绕原子核运动，一方面又自转。但把电子的自旋视为机械的自转是错误的。下面对此进行说明。

假定电子的自转半径为 $r_c=\frac{e_s^2}{\mu_e c^2}\approx 2.8\times10^{-15}$ m（经典半径），由不确定关系 $\Delta p\cdot\Delta r\approx\hbar$ 知，若取 $\Delta r\approx r$，$\Delta p\approx p$，则可得

$$p\approx\frac{\hbar}{r_c}=\frac{\hbar\mu_e c^2}{e_s^2}=\frac{\mu_e c}{\alpha}$$

式中，$\alpha=e_s^2/\hbar c\approx\frac{1}{137}$。于是转动线速度

$$v=\frac{p}{\mu_e}\approx 137c$$

这一速度远远超过光速，显然是不可能的。

二、电子的自旋角动量

在国际单位制中，电子轨道磁矩 $\vec{M}_l$ 与轨道角动量 $\vec{L}$ 的关系是

$$\vec{M}_l=-\frac{e}{2\mu_e}\vec{L}$$

电子自旋磁矩 $\vec{M}_s$ 与自旋角动量 $\vec{S}$ 的关系是

$$\vec{M}_s=-\frac{e}{\mu_e}\vec{S} \tag{10-2}$$

容易推出，电子的自旋角动量 $\vec{S}$ 在空间任意方向（比如 z 方向）上的投影只能取两个数值，

即

$$S_z = \pm\frac{\hbar}{2} \tag{10-3}$$

自旋角动量也具有其他角动量的共性，即满足同样的对易关系

$$[\hat{S}_\alpha, \hat{S}_\beta] = \mathrm{i}\hbar\varepsilon_{\alpha\beta\gamma}\hat{S}_\gamma \qquad 或 \qquad \hat{\vec{S}}\times\hat{\vec{S}} = \mathrm{i}\hbar\hat{\vec{S}} \tag{10-4}$$

电子具有自旋角动量这一特点纯粹是量子特性，不能用经典力学来解释。电子自旋的存在标志着电子运动又有了一个新的自由度，它是电子的一个固有性质，就像电子具有质量和电荷一样。1927 年，泡利把自旋引入量子力学。后来发现，质子、中子、光子等微观粒子都具有自旋运动特征，所以自旋是微观粒子普遍具有的一种内禀属性。

§10-2　电子的自旋算符和自旋函数

一、自旋算符及其性质

由于电子自旋角动量 $\hat{\vec{S}}$ 在空间任何方向的投影只能取两个数值 $\pm\frac{\hbar}{2}$，因此 $\hat{S}_x$、$\hat{S}_y$、$\hat{S}_z$ 的本征值都是 $\pm\frac{\hbar}{2}$，它们的平方算符为

$$\hat{S}_x^2 = \hat{S}_y^2 = \hat{S}_z^2 = \frac{\hbar^2}{4} \tag{10-5}$$

所以

$$\hat{S}^2 = \hat{S}_x^2 + \hat{S}_y^2 + \hat{S}_z^2 = \frac{3}{4}\hbar^2 \tag{10-6}$$

$\hat{S}_x^2$、$\hat{S}_y^2$、$\hat{S}_z^2$、$\hat{S}^2$ 都是常数算符，它们与任何算符都对易。

类比轨道角动量，令 $\hat{S}^2$、$\hat{S}_z$ 的本征值分别为

$$S^2 = s(s+1)\hbar^2 \qquad\qquad S_z = m_s\hbar$$

s 称为自旋量子数，m_s 称为自旋磁量子数。显然

$$s = \frac{1}{2} \qquad\qquad m_s = \pm\frac{1}{2}$$

为简单起见，引入泡利算符 $\hat{\vec{\sigma}}$，它与 $\hat{\vec{S}}$ 的关系为

$$\hat{\vec{S}} = \frac{\hbar}{2}\hat{\vec{\sigma}} \tag{10-7}$$

即

$$\hat{S}_x = \frac{\hbar}{2}\hat{\sigma}_x \qquad \hat{S}_y = \frac{\hbar}{2}\hat{\sigma}_y \qquad \hat{S}_z = \frac{\hbar}{2}\hat{\sigma}_z \tag{10-8}$$

泡利算符具有如下性质：

（1）算符 $\hat{\sigma}_x$、$\hat{\sigma}_y$、$\hat{\sigma}_z$ 的本征值都是 ±1，它们的平方都是 1，即

$$\sigma_x^2 = \sigma_y^2 = \sigma_z^2 = 1 \tag{10-9}$$

所以

$$\sigma^2=\sigma_x^2+\sigma_y^2+\sigma_z^2=3 \tag{10-10}$$

（2）满足对易关系

$$\begin{cases}\left[\hat{\sigma}_x,\hat{\sigma}_y\right]=\hat{\sigma}_x\hat{\sigma}_y-\hat{\sigma}_y\hat{\sigma}_x=2\mathrm{i}\hat{\sigma}_z\\\left[\hat{\sigma}_y,\hat{\sigma}_z\right]=\hat{\sigma}_y\hat{\sigma}_z-\hat{\sigma}_z\hat{\sigma}_y=2\mathrm{i}\hat{\sigma}_x\\\left[\hat{\sigma}_z,\hat{\sigma}_x\right]=\hat{\sigma}_z\hat{\sigma}_x-\hat{\sigma}_x\hat{\sigma}_z=2\mathrm{i}\hat{\sigma}_y\end{cases} \tag{10-11}$$

或

$$\hat{\vec{\sigma}}\times\hat{\vec{\sigma}}=2\,\mathrm{i}\hat{\vec{\sigma}} \tag{10-12}$$

（3）满足反对易关系

$$\begin{cases}\left[\hat{\sigma}_x,\hat{\sigma}_y\right]_+=\hat{\sigma}_x\hat{\sigma}_y+\hat{\sigma}_y\hat{\sigma}_x=0\\\left[\hat{\sigma}_y,\hat{\sigma}_z\right]_+=\hat{\sigma}_y\hat{\sigma}_z+\hat{\sigma}_z\hat{\sigma}_y=0\\\left[\hat{\sigma}_z,\hat{\sigma}_x\right]_+=\hat{\sigma}_z\hat{\sigma}_x+\hat{\sigma}_x\hat{\sigma}_z=0\end{cases} \tag{10-13}$$

这里证明其中的第一个公式。利用式（10-9）和式（10-11），得

$$\begin{aligned}\hat{\sigma}_x\hat{\sigma}_y+\hat{\sigma}_y\hat{\sigma}_x&=\hat{\sigma}_x\frac{\hat{\sigma}_z\hat{\sigma}_x-\hat{\sigma}_x\hat{\sigma}_z}{2\,\mathrm{i}}+\frac{\hat{\sigma}_z\hat{\sigma}_x-\hat{\sigma}_x\hat{\sigma}_z}{2\,\mathrm{i}}\hat{\sigma}_x\\&=\frac{1}{2\,\mathrm{i}}[\hat{\sigma}_x\hat{\sigma}_z\hat{\sigma}_x-\hat{\sigma}_x^2\hat{\sigma}_z+\hat{\sigma}_z\hat{\sigma}_x^2-\hat{\sigma}_x\hat{\sigma}_z\hat{\sigma}_x]=0\end{aligned}$$

（4）利用式（10-11）和式（10-13），得

$$\hat{\sigma}_x\hat{\sigma}_y=\mathrm{i}\hat{\sigma}_z$$

所以

$$\hat{\sigma}_x\hat{\sigma}_y\hat{\sigma}_z=\mathrm{i}\hat{\sigma}_z^2=\mathrm{i} \tag{10-14}$$

二、自旋算符的矩阵表示

在(S^2,S_z)表象或(σ^2,σ_z)表象中，$\hat{\boldsymbol{\sigma}}_z$为对角矩阵，对角线上的元素是其本征值，即

$$\hat{\boldsymbol{\sigma}}_z=\begin{bmatrix}1&0\\0&-1\end{bmatrix}$$

设$\boldsymbol{\sigma}_x=\begin{bmatrix}a&b\\c&d\end{bmatrix}$，因为它是厄米算符，所以

$$\begin{bmatrix}a^*&c^*\\b^*&d^*\end{bmatrix}=\begin{bmatrix}a&b\\c&d\end{bmatrix}$$

于是$b^*=c$。因此

$$\boldsymbol{\sigma}_x=\begin{bmatrix}a&b\\b^*&d\end{bmatrix}$$

因为

$$\hat{\boldsymbol{\sigma}}_z\hat{\boldsymbol{\sigma}}_x+\hat{\boldsymbol{\sigma}}_x\hat{\boldsymbol{\sigma}}_z=\begin{bmatrix}1&0\\0&-1\end{bmatrix}\begin{bmatrix}a&b\\b^*&d\end{bmatrix}+\begin{bmatrix}a&b\\b^*&d\end{bmatrix}\begin{bmatrix}1&0\\0&-1\end{bmatrix}=\begin{bmatrix}2a&0\\0&-2d\end{bmatrix}=0$$

所以$a=d=0$。于是

$$\boldsymbol{\sigma}_x=\begin{bmatrix}0 & b\\ b^* & 0\end{bmatrix}$$

又因为

$$\boldsymbol{\sigma}_x^2=\begin{bmatrix}0 & b\\ b^* & 0\end{bmatrix}\begin{bmatrix}0 & b\\ b^* & 0\end{bmatrix}=\begin{bmatrix}|b|^2 & 0\\ 0 & |b|^2\end{bmatrix}=\begin{bmatrix}1 & 0\\ 0 & 1\end{bmatrix}$$

所以$|b|^2=1$，取$b=1$。因此

$$\boldsymbol{\sigma}_x=\begin{bmatrix}0 & 1\\ 1 & 0\end{bmatrix}$$

利用式（10-11）的第三式，可以解得

$$\boldsymbol{\sigma}_y=\begin{bmatrix}0 & -\mathrm{i}\\ \mathrm{i} & 0\end{bmatrix}$$

于是，泡利算符的矩阵表示（称为泡利矩阵）为

$$\hat{\boldsymbol{\sigma}}_x=\begin{bmatrix}0 & 1\\ 1 & 0\end{bmatrix}\qquad \hat{\boldsymbol{\sigma}}_y=\begin{bmatrix}0 & -\mathrm{i}\\ \mathrm{i} & 0\end{bmatrix}\qquad \hat{\boldsymbol{\sigma}}_z=\begin{bmatrix}1 & 0\\ 0 & -1\end{bmatrix} \tag{10-15}$$

相应的自旋角动量矩阵表示为

$$\hat{\boldsymbol{S}}_x=\frac{\hbar}{2}\begin{bmatrix}0 & 1\\ 1 & 0\end{bmatrix}\quad \hat{\boldsymbol{S}}_y=\frac{\hbar}{2}\begin{bmatrix}0 & -\mathrm{i}\\ \mathrm{i} & 0\end{bmatrix}\quad \hat{\boldsymbol{S}}_z=\frac{\hbar}{2}\begin{bmatrix}1 & 0\\ 0 & -1\end{bmatrix} \tag{10-16}$$

三、自旋波函数

在(S^2,S_z)表象中，令$\hat{S}_z$的对应本征值为$\hbar/2$（通常称为自旋朝上）的本征矢为

$$\boldsymbol{\chi}_{\frac{1}{2}}(S_z)=\begin{bmatrix}a\\ b\end{bmatrix}$$

则

$$\hat{S}_z\boldsymbol{\chi}_{\frac{1}{2}}(S_z)=\frac{\hbar}{2}\boldsymbol{\chi}_{\frac{1}{2}}(S_z)$$

其矩阵形式为

$$\frac{\hbar}{2}\begin{bmatrix}1 & 0\\ 0 & -1\end{bmatrix}\begin{bmatrix}a\\ b\end{bmatrix}=\frac{\hbar}{2}\begin{bmatrix}a\\ b\end{bmatrix}$$

显然，$b=-b$，即$b=0$，因此

$$\boldsymbol{\chi}_{\frac{1}{2}}(S_z)=\begin{bmatrix}a\\ 0\end{bmatrix}$$

利用归一化条件，得

$$\boldsymbol{\chi}_{\frac{1}{2}}^{+}(S_z)\boldsymbol{\chi}_{\frac{1}{2}}(S_z)=\begin{bmatrix}a^* & 0\end{bmatrix}\begin{bmatrix}a\\ 0\end{bmatrix}=|a|^2=1$$

取$a=1$，则

$$\chi_{\frac{1}{2}}(S_z)=\begin{bmatrix}1\\0\end{bmatrix} \tag{10-17}$$

也可记为

$$|\uparrow\rangle=\begin{bmatrix}1\\0\end{bmatrix}$$

同理，对应本征值为$-\hbar/2$（通常称为自旋朝下）的本征矢为

$$\chi_{-\frac{1}{2}}(S_z)=\begin{bmatrix}0\\1\end{bmatrix} \tag{10-18}$$

或

$$|\downarrow\rangle=\begin{bmatrix}0\\1\end{bmatrix}$$

$\chi_{\frac{1}{2}}(S_z)$、$\chi_{-\frac{1}{2}}(S_z)$构成正交归一完备系。它们的正交方程为

$$\chi_{\frac{1}{2}}^{+}(S_z)\chi_{-\frac{1}{2}}(S_z)=\chi_{-\frac{1}{2}}^{+}(S_z)\chi_{\frac{1}{2}}(S_z)=0 \tag{10-19}$$

或

$$\langle\uparrow|\downarrow\rangle=\langle\downarrow|\uparrow\rangle=0$$

归一性方程为

$$\chi_{\frac{1}{2}}^{+}(S_z)\chi_{\frac{1}{2}}(S_z)=\chi_{-\frac{1}{2}}^{+}(S_z)\chi_{-\frac{1}{2}}(S_z)=1 \tag{10-20}$$

或

$$\langle\uparrow|\uparrow\rangle=\langle\downarrow|\downarrow\rangle=1$$

任何一个电子的自旋波函数$\chi(S_z)$都可表示为它们的线性展开，即

$$\chi(S_z)=a\chi_{\frac{1}{2}}(S_z)+b\chi_{-\frac{1}{2}}(S_z)=a\begin{bmatrix}1\\0\end{bmatrix}+b\begin{bmatrix}0\\1\end{bmatrix}=\begin{bmatrix}a\\b\end{bmatrix} \tag{10-21}$$

如果$\chi(S_z)$已归一化，则

$$\chi^{+}(S_z)\chi(S_z)=\begin{bmatrix}a^* & b^*\end{bmatrix}\begin{bmatrix}a\\b\end{bmatrix}=|a|^2+|b|^2=1$$

式中，$|a|^2$表示在$\chi(S_z)$态中测得$S_z=\hbar/2$的概率，$|b|^2$表示在$\chi(S_z)$态中测得$S_z=-\hbar/2$的概率。

同理，$\hat{S}_x$、$\hat{S}_y$的本征矢分别为

$$\begin{cases}\chi_{\frac{1}{2}}(S_x)=|\uparrow\rangle_x=\dfrac{1}{\sqrt{2}}\begin{bmatrix}1\\1\end{bmatrix}\\ \chi_{-\frac{1}{2}}(S_x)=|\downarrow\rangle_x=\dfrac{1}{\sqrt{2}}\begin{bmatrix}1\\-1\end{bmatrix}\end{cases} \tag{10-22}$$

$$
\begin{cases}
\boldsymbol{\chi}_{\frac{1}{2}}(S_y)=\left|\uparrow\right\rangle_y=\dfrac{1}{\sqrt{2}}\begin{bmatrix}1\\ \mathrm{i}\end{bmatrix}\\
\boldsymbol{\chi}_{-\frac{1}{2}}(S_y)=\left|\downarrow\right\rangle_y=\dfrac{1}{\sqrt{2}}\begin{bmatrix}1\\ -\mathrm{i}\end{bmatrix}
\end{cases}
\tag{10-23}
$$

【例 10-1】证明：$(\hat{\vec{\sigma}}_1\cdot\hat{\vec{\sigma}}_2)^2=3-2(\hat{\vec{\sigma}}_1\cdot\hat{\vec{\sigma}}_2)$；并求算符$\hat{\vec{\sigma}}_1\cdot\hat{\vec{\sigma}}_2$的本征值。

解：利用泡利矩阵的性质，得

$$
\begin{aligned}
(\hat{\vec{\sigma}}_1\cdot\hat{\vec{\sigma}}_2)^2&=(\hat{\sigma}_{1x}\hat{\sigma}_{2x}+\hat{\sigma}_{1y}\hat{\sigma}_{2y}+\hat{\sigma}_{1z}\hat{\sigma}_{2z})^2\\
&=(\hat{\sigma}_{1x}^2\hat{\sigma}_{2x}^2+\hat{\sigma}_{1y}^2\hat{\sigma}_{2y}^2+\hat{\sigma}_{1z}^2\hat{\sigma}_{2z}^2)+(\hat{\sigma}_{1x}\hat{\sigma}_{2x}\hat{\sigma}_{1y}\hat{\sigma}_{2y}+\hat{\sigma}_{1y}\hat{\sigma}_{2y}\hat{\sigma}_{1x}\hat{\sigma}_{2x})+\\
&\quad(\hat{\sigma}_{1y}\hat{\sigma}_{2y}\hat{\sigma}_{1z}\hat{\sigma}_{2z}+\hat{\sigma}_{1z}\hat{\sigma}_{2z}\hat{\sigma}_{1y}\hat{\sigma}_{2y})+(\hat{\sigma}_{1z}\hat{\sigma}_{2z}\hat{\sigma}_{1x}\hat{\sigma}_{2x}+\hat{\sigma}_{1x}\hat{\sigma}_{2x}\hat{\sigma}_{1z}\hat{\sigma}_{2z})
\end{aligned}
$$

利用$\hat{\sigma}_x^2=\hat{\sigma}_y^2=\hat{\sigma}_z^2=1$和$\left[\hat{\sigma}_{1\alpha},\hat{\sigma}_{2\beta}\right]=0$，得

$$
\begin{aligned}
(\hat{\vec{\sigma}}_1\cdot\hat{\vec{\sigma}}_2)^2=3&+(\hat{\sigma}_{1x}\hat{\sigma}_{1y}\hat{\sigma}_{2x}\hat{\sigma}_{2y}+\hat{\sigma}_{1y}\hat{\sigma}_{1x}\hat{\sigma}_{2y}\hat{\sigma}_{2x})+\\
&(\hat{\sigma}_{1y}\hat{\sigma}_{1z}\hat{\sigma}_{2y}\hat{\sigma}_{2z}+\hat{\sigma}_{1z}\hat{\sigma}_{1y}\hat{\sigma}_{2z}\hat{\sigma}_{2y})+\\
&(\hat{\sigma}_{1z}\hat{\sigma}_{1x}\hat{\sigma}_{2z}\hat{\sigma}_{2x}+\hat{\sigma}_{1x}\hat{\sigma}_{1z}\hat{\sigma}_{2x}\hat{\sigma}_{2z})
\end{aligned}
$$

利用$\hat{\sigma}_x\hat{\sigma}_y+\hat{\sigma}_y\hat{\sigma}_x=0$、$\hat{\sigma}_y\hat{\sigma}_z+\hat{\sigma}_z\hat{\sigma}_y=0$、$\hat{\sigma}_z\hat{\sigma}_x+\hat{\sigma}_x\hat{\sigma}_z=0$，得

$$
(\hat{\vec{\sigma}}_1\cdot\hat{\vec{\sigma}}_2)^2=3+2\hat{\sigma}_{1x}\hat{\sigma}_{1y}\hat{\sigma}_{2x}\hat{\sigma}_{2y}+2\hat{\sigma}_{1y}\hat{\sigma}_{1z}\hat{\sigma}_{2y}\hat{\sigma}_{2z}+2\hat{\sigma}_{1z}\hat{\sigma}_{1x}\hat{\sigma}_{2z}\hat{\sigma}_{2x}
$$

利用$\hat{\sigma}_x\hat{\sigma}_y=\mathrm{i}\hat{\sigma}_z$、$\hat{\sigma}_y\hat{\sigma}_z=\mathrm{i}\hat{\sigma}_x$、$\hat{\sigma}_z\hat{\sigma}_x=\mathrm{i}\hat{\sigma}_y$，得

$$
(\hat{\vec{\sigma}}_1\cdot\hat{\vec{\sigma}}_2)^2=3+2\mathrm{i}^2(\hat{\sigma}_{1z}\hat{\sigma}_{2z}+\hat{\sigma}_{1x}\hat{\sigma}_{2x}+\hat{\sigma}_{1y}\hat{\sigma}_{2y})=3-2(\hat{\vec{\sigma}}_1\cdot\hat{\vec{\sigma}}_2)
$$

设$\hat{\vec{\sigma}}_1\cdot\hat{\vec{\sigma}}_2$的本征方程为

$$
\hat{\vec{\sigma}}_1\cdot\hat{\vec{\sigma}}_2\left|\psi\right\rangle=\lambda\left|\psi\right\rangle
$$

则

$$
(\hat{\vec{\sigma}}_1\cdot\hat{\vec{\sigma}}_2)^2\left|\psi\right\rangle=\lambda^2\left|\psi\right\rangle
$$

又

$$
(\hat{\vec{\sigma}}_1\cdot\hat{\vec{\sigma}}_2)^2\left|\psi\right\rangle=\left[3-2(\hat{\vec{\sigma}}_1\cdot\hat{\vec{\sigma}}_2)\right]\left|\psi\right\rangle=(3-2\lambda)\left|\psi\right\rangle
$$

所以

$$
\lambda^2=3-2\lambda\qquad\qquad\lambda=1,-3
$$

【例 10-2】求$\hat{\sigma}_x$、$\hat{\sigma}_y$对$\boldsymbol{\chi}_{\pm\frac{1}{2}}(S_z)$的作用。

解：利用矩阵运算很容易求得

$$
\hat{\sigma}_x\boldsymbol{\chi}_{\frac{1}{2}}(S_z)=\begin{bmatrix}0&1\\1&0\end{bmatrix}\begin{bmatrix}1\\0\end{bmatrix}=\begin{bmatrix}0\\1\end{bmatrix}=\boldsymbol{\chi}_{-\frac{1}{2}}(S_z)
$$

$$
\hat{\sigma}_x\boldsymbol{\chi}_{-\frac{1}{2}}(S_z)=\begin{bmatrix}0&1\\1&0\end{bmatrix}\begin{bmatrix}0\\1\end{bmatrix}=\begin{bmatrix}1\\0\end{bmatrix}=\boldsymbol{\chi}_{\frac{1}{2}}(S_z)
$$

$$
\hat{\sigma}_y\boldsymbol{\chi}_{\frac{1}{2}}(S_z)=\begin{bmatrix}0&-\mathrm{i}\\ \mathrm{i}&0\end{bmatrix}\begin{bmatrix}1\\0\end{bmatrix}=\begin{bmatrix}0\\ \mathrm{i}\end{bmatrix}=\mathrm{i}\boldsymbol{\chi}_{-\frac{1}{2}}(S_z)
$$

$$
\hat{\sigma}_y\boldsymbol{\chi}_{-\frac{1}{2}}(S_z)=\begin{bmatrix}0&-\mathrm{i}\\ \mathrm{i}&0\end{bmatrix}\begin{bmatrix}0\\1\end{bmatrix}=\begin{bmatrix}-\mathrm{i}\\0\end{bmatrix}=-\mathrm{i}\boldsymbol{\chi}_{\frac{1}{2}}(S_z)
$$

即

$$\begin{cases}\hat{\sigma}_x\boldsymbol{\chi}_{\frac{1}{2}}(S_z)=\boldsymbol{\chi}_{-\frac{1}{2}}(S_z)\\\hat{\sigma}_x\boldsymbol{\chi}_{-\frac{1}{2}}(S_z)=\boldsymbol{\chi}_{\frac{1}{2}}(S_z)\\\hat{\sigma}_y\boldsymbol{\chi}_{\frac{1}{2}}(S_z)=\mathrm{i}\boldsymbol{\chi}_{-\frac{1}{2}}(S_z)\\\hat{\sigma}_y\boldsymbol{\chi}_{-\frac{1}{2}}(S_z)=-\mathrm{i}\boldsymbol{\chi}_{\frac{1}{2}}(S_z)\end{cases}\tag{10-24}$$

或

$$\begin{cases}\hat{\sigma}_x\left|\uparrow\right\rangle=\left|\downarrow\right\rangle\\\hat{\sigma}_x\left|\downarrow\right\rangle=\left|\uparrow\right\rangle\\\hat{\sigma}_y\left|\uparrow\right\rangle=i\left|\downarrow\right\rangle\\\hat{\sigma}_y\left|\downarrow\right\rangle=-i\left|\uparrow\right\rangle\end{cases}$$

【例 10-3】在 $\hat{S}_z$ 的本征态 $\left|\uparrow_z\right\rangle=\begin{bmatrix}1\\0\end{bmatrix}$ 下，求 $\overline{(\Delta S_x)^2}$ 和 $\overline{(\Delta S_y)^2}$ 。

解：因为

$$\overline{S}_x=\left\langle\uparrow_z\right|\hat{S}_x\left|\uparrow_z\right\rangle=\frac{\hbar}{2}\begin{bmatrix}1 & 0\end{bmatrix}\begin{bmatrix}0 & 1\\1 & 0\end{bmatrix}\begin{bmatrix}1\\0\end{bmatrix}=0$$

$$\overline{S_x^2}=\left\langle\uparrow_z\right|\hat{S}_x^2\left|\uparrow_z\right\rangle=\frac{\hbar^2}{4}\begin{bmatrix}1 & 0\end{bmatrix}\begin{bmatrix}0 & 1\\1 & 0\end{bmatrix}\begin{bmatrix}0 & 1\\1 & 0\end{bmatrix}\begin{bmatrix}1\\0\end{bmatrix}=\frac{\hbar^2}{4}$$

所以

$$\overline{(\Delta S_x)^2}=\overline{S_x^2}-\overline{S}_x^2=\frac{\hbar^2}{4}$$

或利用例 10-2 的结果，得

$$\overline{S}_x=\left\langle\uparrow_z\right|\hat{S}_x\left|\uparrow_z\right\rangle=\frac{\hbar}{2}\left\langle\uparrow_z|\downarrow_z\right\rangle=0$$

$$\overline{S_x^2}=\left\langle\uparrow_z\right|\hat{S}_x^2\left|\uparrow_z\right\rangle=\frac{\hbar}{2}\left\langle\uparrow_z\right|\hat{S}_x\left|\downarrow_z\right\rangle=\frac{\hbar^2}{4}\left\langle\uparrow_z|\uparrow_z\right\rangle=\frac{\hbar^2}{4}$$

所以

$$\overline{(\Delta S_x)^2}=\overline{S_x^2}-\overline{S}_x^2=\frac{\hbar^2}{4}$$

同理

$$\overline{(\Delta S_y)^2}=\frac{\hbar^2}{4}$$

【例 10-4】若电子自旋指向与 z 轴成 θ 角状态，且自旋在 xOz 平面上，则泡利算符

$$\hat{\sigma}=\hat{\sigma}_z\cos\theta+\hat{\sigma}_x\sin\theta$$

求其本征值和本征函数。

解：泡利算符的矩阵表示为

$$\boldsymbol{\sigma}=\cos\theta\begin{bmatrix}1 & 0\\0 & -1\end{bmatrix}+\sin\theta\begin{bmatrix}0 & 1\\1 & 0\end{bmatrix}=\begin{bmatrix}\cos\theta & \sin\theta\\\sin\theta & -\cos\theta\end{bmatrix}$$

设它的本征方程为

$$\boldsymbol{\sigma\chi}=\lambda\boldsymbol{\chi}$$

即

$$\begin{bmatrix}\cos\theta & \sin\theta\\\sin\theta & -\cos\theta\end{bmatrix}\begin{bmatrix}a\\b\end{bmatrix}=\lambda\begin{bmatrix}a\\b\end{bmatrix}$$

解方程

$$\begin{vmatrix}\cos\theta-\lambda & \sin\theta\\\sin\theta & -\cos\theta-\lambda\end{vmatrix}=0$$

得 $\hat{\sigma}$ 的本征值为

$$\lambda=\pm1$$

当 $\lambda=1$ 时，有

$$\begin{bmatrix}\cos\theta & \sin\theta\\\sin\theta & -\cos\theta\end{bmatrix}\begin{bmatrix}a\\b\end{bmatrix}=\begin{bmatrix}a\\b\end{bmatrix}$$

所以

$$b=\frac{1-\cos\theta}{\sin\theta}a=\frac{\sin(\theta/2)}{\cos(\theta/2)}a$$

得

$$\boldsymbol{\chi}_{+}=\begin{bmatrix}a\\\dfrac{\sin(\theta/2)}{\cos(\theta/2)}a\end{bmatrix}$$

由归一化条件，得

$$\boldsymbol{\chi}_{+}^{+}\boldsymbol{\chi}_{+}=\begin{bmatrix}a^{*} & \dfrac{\sin(\theta/2)}{\cos(\theta/2)}a^{*}\end{bmatrix}\begin{bmatrix}a\\\dfrac{\sin(\theta/2)}{\cos(\theta/2)}a\end{bmatrix}=\frac{|a|^{2}}{\cos^{2}(\theta/2)}=1$$

取 $a=\cos\theta/2$，则

$$\boldsymbol{\chi}_{+}=\begin{bmatrix}\cos(\theta/2)\\\sin(\theta/2)\end{bmatrix}$$

同理

$$\boldsymbol{\chi}_{-}=\begin{bmatrix}\sin(\theta/2)\\-\cos(\theta/2)\end{bmatrix}$$

四、电子态函数的普遍形式

写电子的态函数时，既要考虑其坐标，又要考虑其自旋。在 S_z 表象中，注意到 $\hat{S}_z$ 的本征值只有两个，则电子总的态函数可以写为

$$\boldsymbol{\psi}(\vec{r},S_z,t)=\psi_1\left[\vec{r},\frac{\hbar}{2},t\right]+\psi_2\left[\vec{r},-\frac{\hbar}{2},t\right]$$
$$=\psi_1(\vec{r},t)\boldsymbol{\chi}_{\frac{1}{2}}(S_z)+\psi_2(\vec{r},t)\boldsymbol{\chi}_{-\frac{1}{2}}(S_z) \tag{10-25}$$
$$=\psi_1(\vec{r},t)\begin{bmatrix}1\\0\end{bmatrix}+\psi_2(\vec{r},t)\begin{bmatrix}0\\1\end{bmatrix}=\begin{bmatrix}\psi_1(\vec{r},t)\\\psi_2(\vec{r},t)\end{bmatrix}$$

称为旋量波函数。若$\boldsymbol{\psi}(\vec{r},S_z,t)$已归一化，则

$$\int\boldsymbol{\psi}^+\boldsymbol{\psi}\mathrm{d}\tau=\int\left[\psi_1^*,\psi_2^*\right]\begin{bmatrix}\psi_1\\\psi_2\end{bmatrix}\mathrm{d}\tau=\int\left[|\psi_1|^2+|\psi_2|^2\right]\mathrm{d}\tau=1 \tag{10-26}$$

式中，$|\psi_1|^2$表示t时刻自旋朝上的电子在$\vec{r}$处出现的概率密度；$|\psi_2|^2$表示t时刻自旋朝下的电子在$\vec{r}$处出现的概率密度；$\int|\psi_1|^2\mathrm{d}\tau$表示$t$时刻自旋朝上的电子在全空间出现的概率；$\int|\psi_2|^2\mathrm{d}\tau$表示$t$时刻自旋朝下的电子在全空间出现的概率。

设$\boldsymbol{\Phi}(\vec{r},S_z,t)=\begin{bmatrix}\varphi_1(\vec{r},t)\\\varphi_2(\vec{r},t)\end{bmatrix}$是电子的另一个态函数，则$\boldsymbol{\psi}^+$与$\boldsymbol{\Phi}$的内积为

$$\int\boldsymbol{\psi}^+\boldsymbol{\Phi}\mathrm{d}\tau=\int\left[\psi_1^*,\psi_2^*\right]\begin{bmatrix}\varphi_1\\\varphi_2\end{bmatrix}\mathrm{d}\tau=\int\left[\psi_1^*\varphi_1+\psi_2^*\varphi_2\right]\mathrm{d}\tau \tag{10-27}$$

注意：在综合计算电子的态函数的归一化与内积时，要对其自旋空间部分进行矩阵运算，对其坐标空间部分运用积分运算，才能得到完整结果。

若$\hat{G}$为自旋算符的任意函数，写成矩阵形式为$\boldsymbol{G}=\begin{bmatrix}G_{11}&G_{12}\\G_{21}&G_{22}\end{bmatrix}$，则它在态$\boldsymbol{\psi}=\begin{bmatrix}\psi_1\\\psi_2\end{bmatrix}$中的平均值如下。

（1）若对自旋求平均，则

$$\bar{G}=\boldsymbol{\psi}^+\boldsymbol{G}\boldsymbol{\psi}=\left[\psi_1^*,\psi_2^*\right]\begin{bmatrix}G_{11}&G_{12}\\G_{21}&G_{22}\end{bmatrix}\begin{bmatrix}\psi_1\\\psi_2\end{bmatrix} \tag{10-28}$$

（2）若对坐标和自旋同时求平均，则

$$\bar{G}=\int\boldsymbol{\psi}^+\boldsymbol{G}\boldsymbol{\psi}\mathrm{d}\tau=\int\left[\psi_1^*,\psi_2^*\right]\begin{bmatrix}G_{11}&G_{12}\\G_{21}&G_{22}\end{bmatrix}\begin{bmatrix}\psi_1\\\psi_2\end{bmatrix}\mathrm{d}\tau \tag{10-29}$$

【例 10-5】设氢原子状态是

$$\boldsymbol{\psi}=\begin{bmatrix}\frac{1}{2}\psi_{211}(r,\theta,\varphi)\\-\frac{\sqrt{3}}{2}\psi_{210}(r,\theta,\varphi)\end{bmatrix}$$

求：（1）轨道角动量z分量$\hat{L}_z$和自旋角动量z分量$\hat{S}_z$的平均值；（2）总磁矩的z分量$\hat{M}_z=-\frac{e}{2\mu}\hat{L}_z-\frac{e}{\mu}\hat{S}_z$的平均值。

解：把波函数变形为

$$\psi = \frac{1}{2}\psi_{211}(r,\theta,\varphi)\chi_{\frac{1}{2}}(S_z) - \frac{\sqrt{3}}{2}\psi_{210}(r,\theta,\varphi)\chi_{-\frac{1}{2}}(S_z)$$

显然，波函数已归一化。

（1）由波函数知，磁量子数 $m=1,0$，所以 $\hat{L}_z$ 的取值为 $L_z=\hbar,0$，相应的概率分别为

$$W(\hbar)=\left|\frac{1}{2}\right|^2=\frac{1}{4} \qquad W(0)=\left|-\frac{\sqrt{3}}{2}\right|^2=\frac{3}{4}$$

因此，$\hat{L}_z$ 的平均值为

$$\bar{L}_z=\frac{1}{4}\times\hbar+\frac{3}{4}\times 0=\frac{1}{4}\hbar$$

自旋磁量子数 $m_s=\frac{1}{2},-\frac{1}{2}$，所以 $\hat{S}_z$ 的取值为 $\hat{S}_z=\frac{\hbar}{2},-\frac{\hbar}{2}$，相应的概率分别为

$$W\left(\frac{\hbar}{2}\right)=\left|\frac{1}{2}\right|^2=\frac{1}{4} \qquad W\left(-\frac{\hbar}{2}\right)=\left|-\frac{\sqrt{3}}{2}\right|^2=\frac{3}{4}$$

因此，$\hat{S}_z$ 的平均值为

$$\bar{S}_z=\frac{1}{4}\times\frac{\hbar}{2}+\frac{3}{4}\times\left(-\frac{\hbar}{2}\right)=-\frac{1}{4}\hbar$$

（2）$\hat{M}_z$ 的平均值为

$$\bar{M}_z=-\frac{e}{2\mu}\bar{L}_z-\frac{e}{\mu}\bar{S}_z=-\frac{e}{2\mu}\times\frac{\hbar}{4}-\frac{e}{\mu}\times\left(-\frac{\hbar}{4}\right)=\frac{e\hbar}{8\mu}$$

§10-3 电子总角动量的本征态

中心力场中的电子既有轨道角动量，又有自旋角动量，其总角动量为

$$\hat{\vec{J}}=\hat{\vec{L}}+\hat{\vec{S}} \tag{10-30}$$

且 $\hat{\vec{L}}$、$\hat{\vec{S}}$ 对易，即 $\left[\hat{L}_\alpha,\hat{S}_\beta\right]=0$（$\alpha,\beta=x,y,z$），有

$$\hat{\vec{L}}\cdot\hat{\vec{S}}=\hat{\vec{S}}\cdot\hat{\vec{L}} \qquad \hat{\vec{L}}\times\hat{\vec{S}}=-\hat{\vec{S}}\times\hat{\vec{L}}$$

因为

$$\hat{\vec{L}}\times\hat{\vec{L}}=\mathrm{i}\hbar\hat{\vec{L}} \qquad \hat{\vec{S}}\times\hat{\vec{S}}=\mathrm{i}\hbar\hat{\vec{S}}$$

所以

$$\begin{aligned}\hat{\vec{J}}\times\hat{\vec{J}}&=(\hat{\vec{L}}+\hat{\vec{S}})\times(\hat{\vec{L}}+\hat{\vec{S}})=\mathrm{i}\hbar\hat{\vec{L}}+\mathrm{i}\hbar\hat{\vec{S}}+\hat{\vec{L}}\times\hat{\vec{S}}+\hat{\vec{S}}\times\hat{\vec{L}}=\mathrm{i}\hbar(\hat{\vec{L}}+\hat{\vec{S}})\\&=\mathrm{i}\hbar\hat{\vec{J}}\end{aligned} \tag{10-31}$$

即 $\hat{\vec{J}}$ 仍是角动量（电子总角动量），但 $\hat{\vec{L}}-\hat{\vec{S}}$ 不是角动量。且有

$$\hat{J}^2=(\hat{\vec{L}}+\hat{\vec{S}})\cdot(\hat{\vec{L}}+\hat{\vec{S}})=\hat{L}^2+\hat{S}^2+2\hat{\vec{L}}\cdot\hat{\vec{S}}$$

所以

$$\hat{L}\cdot\hat{S}=\frac{1}{2}(\hat{J}^2-\hat{L}^2-\hat{S}^2)=\frac{1}{2}\left(\hat{J}^2-\hat{L}^2-\frac{3}{4}\hbar^2\right) \quad (10\text{-}32)$$

轨道角动量$\hat{L}$有 2 个自由度（θ,φ），自旋角动量$\hat{S}$有 1 个自由度，所以总角动量$\hat{J}$有 3 个自由度。选$(\hat{L}^2,\hat{J}^2,\hat{J}_z)$为力学量完全集，设它们共同的本征态为

$$\boldsymbol{\Phi}(\theta,\varphi,S_z)=\begin{bmatrix}\Phi_1(\theta,\varphi)\\ \Phi_2(\theta,\varphi)\end{bmatrix} \quad (10\text{-}33)$$

首先，$\boldsymbol{\Phi}$应是$\hat{L}^2$的本征函数，则

$$\hat{L}^2\boldsymbol{\Phi}=c\boldsymbol{\Phi}$$

所以

$$\hat{L}^2\Phi_1=c\Phi_1 \qquad \hat{L}^2\Phi_2=c\Phi_2$$

即Φ_1、Φ_2都是$\hat{L}^2$的本征函数，且对应的本征值相同。

其次，$\boldsymbol{\Phi}$应是$\hat{J}_z$的本征函数，即

$$\hat{J}_z\boldsymbol{\Phi}=J_z'\boldsymbol{\Phi}$$

因为$\hat{J}_z=\hat{L}_z+\hat{S}_z$，所以

$$\hat{L}_z\begin{bmatrix}\Phi_1\\ \Phi_2\end{bmatrix}+\frac{\hbar}{2}\begin{bmatrix}1&0\\0&-1\end{bmatrix}\begin{bmatrix}\Phi_1\\ \Phi_2\end{bmatrix}=J_z'\begin{bmatrix}\Phi_1\\ \Phi_2\end{bmatrix}$$

得

$$\hat{L}_z\Phi_1=\left(J_z'-\frac{\hbar}{2}\right)\Phi_1 \qquad \hat{L}_z\Phi_2=\left(J_z'+\frac{\hbar}{2}\right)\Phi_2$$

即Φ_1、Φ_2都是$\hat{L}_z$的本征态，但对应的本征值相差$\hbar$，因此$\boldsymbol{\Phi}$可写成

$$\boldsymbol{\Phi}(\theta,\varphi,S_z)=\begin{bmatrix}aY_{lm}(\theta,\varphi)\\ bY_{l,m+1}(\theta,\varphi)\end{bmatrix} \quad (10\text{-}34)$$

所以有

$$\hat{L}^2\boldsymbol{\Phi}=l(l+1)\hbar^2\boldsymbol{\Phi} \quad (10\text{-}35)$$

因为

$$\hat{J}_z\Phi_1=(\hat{L}_z+\hat{S}_z)\Phi_1=\left(m+\frac{1}{2}\right)\hbar\Phi_1$$

$$\hat{J}_z\Phi_2=(\hat{L}_z+\hat{S}_z)\Phi_2=\left(m+1-\frac{1}{2}\right)\hbar\Phi_2=\left(m+\frac{1}{2}\right)\hbar\Phi_2$$

所以

$$\hat{J}_z\boldsymbol{\Phi}=\left(m+\frac{1}{2}\right)\hbar\boldsymbol{\Phi} \quad (10\text{-}36)$$

最后，$\boldsymbol{\Phi}$也应是$\hat{J}^2$的本征函数，则

$$\hat{J}^2\begin{bmatrix}aY_{lm}\\ bY_{l,m+1}\end{bmatrix}=\lambda\hbar^2\begin{bmatrix}aY_{lm}\\ bY_{l,m+1}\end{bmatrix} \quad (10\text{-}37)$$

因为在σ_z表象中，有

$$\begin{aligned}\hat{J}^2&=\hat{L}^2+\hat{S}^2+2\hat{\vec{L}}\cdot\hat{\vec{S}}=\hat{L}^2+\frac{3}{4}\hbar^2+\hbar(\hat{\sigma}_x\hat{L}_x+\hat{\sigma}_y\hat{L}_y+\hat{\sigma}_z\hat{L}_z)\\&=\hat{L}^2\begin{bmatrix}1&0\\0&1\end{bmatrix}+\frac{3}{4}\hbar^2\begin{bmatrix}1&0\\0&1\end{bmatrix}+\hbar\left\{\begin{bmatrix}0&1\\1&0\end{bmatrix}\hat{L}_x+\begin{bmatrix}0&-\mathrm{i}\\\mathrm{i}&0\end{bmatrix}\hat{L}_y+\begin{bmatrix}1&0\\0&-1\end{bmatrix}\hat{L}_z\right\}\\&=\begin{bmatrix}\hat{L}^2+3\hbar^2/4+\hbar\hat{L}_z&\hbar(\hat{L}_x-\mathrm{i}\hat{L}_y)\\\hbar(\hat{L}_x+\mathrm{i}\hat{L}_y)&\hat{L}^2+3\hbar^2/4-\hbar\hat{L}_z\end{bmatrix}\\&=\begin{bmatrix}\hat{L}^2+3\hbar^2/4+\hbar\hat{L}_z&\hbar\hat{L}_-\\\hbar\hat{L}_+&\hat{L}^2+3\hbar^2/4-\hbar\hat{L}_z\end{bmatrix}\end{aligned}\tag{10-38}$$

把式（10-38）代入式（10-37），得

$$\begin{bmatrix}\hat{L}^2+3\hbar^2/4+\hbar\hat{L}_z&\hbar\hat{L}_-\\\hbar\hat{L}_+&\hat{L}^2+3\hbar^2/4-\hbar\hat{L}_z\end{bmatrix}\begin{bmatrix}aY_{lm}\\bY_{l,m+1}\end{bmatrix}=\lambda\hbar^2\begin{bmatrix}aY_{lm}\\bY_{l,m+1}\end{bmatrix}$$

利用

$$\hat{L}_\pm Y_{lm}=\sqrt{(l\pm m+1)(l\mp m)}\hbar Y_{l,m\pm1}$$

得

$$\begin{cases}\left[l(l+1)+3/4+m\right]a+\sqrt{(l-m)(l+m+1)}b=\lambda a\\\sqrt{(l-m)(l+m+1)}a+\left[l(l+1)+3/4-(m+1)\right]b=\lambda b\end{cases}\tag{10-39}$$

方程有解的条件为

$$\begin{vmatrix}l(l+1)+3/4+m-\lambda&\sqrt{(l-m)(l+m+1)}\\\sqrt{(l-m)(l+m+1)}&l(l+1)+3/4-(m+1)-\lambda\end{vmatrix}=0$$

解得

$$\lambda_1=\left(l+\frac{1}{2}\right)\left(l+\frac{3}{2}\right)\qquad\lambda_2=\left(l-\frac{1}{2}\right)\left(l+\frac{1}{2}\right)\tag{10-40}$$

即

$$\lambda=j(j+1)\qquad\left(j=l\pm\frac{1}{2}\right)\tag{10-41}$$

把式（10-40）代入式（10-39），得

$$\frac{a}{b}=\sqrt{\frac{l+m+1}{l-m}}\qquad\left(j=l+\frac{1}{2}\right)\tag{10-42}$$

$$\frac{a}{b}=-\sqrt{\frac{l-m}{l+m+1}}\qquad\left(j=l-\frac{1}{2},l\neq0\right)\tag{10-43}$$

把式（10-42）、式（10-43）分别代入式（10-34），并利用归一化条件，得

$$\boldsymbol{\Phi}(\theta,\varphi,S_z)=\frac{1}{\sqrt{2l+1}}\begin{bmatrix}\sqrt{l+m+1}Y_{lm}\\\sqrt{l-m}Y_{l,m+1}\end{bmatrix}\qquad\left(j=l+\frac{1}{2}\right)\tag{10-44}$$

$$\boldsymbol{\Phi}(\theta,\varphi,S_z)=\frac{1}{\sqrt{2l+1}}\begin{bmatrix}-\sqrt{l-m}Y_{lm}\\\sqrt{l+m+1}Y_{l,m+1}\end{bmatrix}\qquad\left(j=l-\frac{1}{2},l\neq0\right)\tag{10-45}$$

由以上讨论知，$\hat{L}^2$、$\hat{J}^2$、$\hat{J}_z$ 的本征值分别为

$$\begin{cases} L^2 = l(l+1)\hbar^2 \\ J^2 = j(j+1)\hbar^2 \\ J_z = m_j\hbar = (m+1/2)\hbar \end{cases} \qquad \left(j = l \pm \frac{1}{2}\right)$$

在式（10-44）中，$j = l + \frac{1}{2}$。对 Y_{lm}，$m = l, \cdots, -l$，对 $Y_{l,m+1}$，$m = l-1, \cdots, -(l+1)$，所以 $m = l, \cdots, -(l+1)$，相应地

$$m_j = m + \frac{1}{2} = l + \frac{1}{2}, \cdots, -\left(l + \frac{1}{2}\right) = j, \cdots, -j$$

共 $2j+1$ 个值。

在式（10-45）中，$j = l - \frac{1}{2}$。对 Y_{lm}，$m = l, \cdots, -l$，对 $Y_{l,m+1}$，$m = l-1, \cdots, -(l+1)$，但当 $m = l, -(l+1)$ 时，$\boldsymbol{\Phi}(\theta, \varphi, S_z)$ 不存在，所以 $m = l-1, \cdots, -l$，相应地

$$m_j = m + \frac{1}{2} = l - \frac{1}{2}, \cdots, -\left(l - \frac{1}{2}\right) = j, \cdots, -j$$

共 $2j+1$ 个值。

把以上讨论加以概括：$(\hat{L}^2, \hat{J}^2, \hat{J}_z)$ 的共同本征函数为 $\boldsymbol{\Phi}_{ljm_j}$，对应的本征值分别为

$$L^2 = l(l+1)\hbar^2 \qquad J^2 = j(j+1)\hbar^2 \qquad J_z = m_j\hbar \ （m_j = j, \cdots, -j）$$

对于 $j = l + \frac{1}{2}$，有

$$\begin{aligned} \boldsymbol{\Phi}_{ljm_j} &= \frac{1}{\sqrt{2l+1}} \begin{bmatrix} \sqrt{l+m+1}Y_{lm} \\ \sqrt{l-m}Y_{l,m+1} \end{bmatrix} \\ &= \sqrt{\frac{l+m+1}{2l+1}} Y_{lm} \begin{bmatrix} 1 \\ 0 \end{bmatrix} + \sqrt{\frac{l-m}{2l+1}} Y_{l,m+1} \begin{bmatrix} 0 \\ 1 \end{bmatrix} \\ &= \frac{1}{\sqrt{2j}} \begin{bmatrix} \sqrt{j+m_j}Y_{j-\frac{1}{2},m_j-\frac{1}{2}} \\ \sqrt{j-m_j}Y_{j-\frac{1}{2},m_j+\frac{1}{2}} \end{bmatrix} \end{aligned} \qquad （10\text{-}46）$$

特例：当 $l=0$ 时，不存在轨道角动量，总角动量即自旋角动量，此时

$$j = s = \frac{1}{2} \qquad m_j = m_s = \pm\frac{1}{2}$$

波函数表示为

$$\boldsymbol{\Phi}_{0,\frac{1}{2},\frac{1}{2}} = \begin{bmatrix} Y_{0,0} \\ 0 \end{bmatrix} = \frac{1}{\sqrt{4\pi}} \begin{bmatrix} 1 \\ 0 \end{bmatrix} \qquad \boldsymbol{\Phi}_{0,\frac{1}{2},-\frac{1}{2}} = \begin{bmatrix} 0 \\ Y_{0,0} \end{bmatrix} = \frac{1}{\sqrt{4\pi}} \begin{bmatrix} 0 \\ 1 \end{bmatrix} \qquad （10\text{-}47）$$

对于 $j = l - \frac{1}{2}$（$l \neq 0$），有

$$\boldsymbol{\Phi}_{ljm_j}=\frac{1}{\sqrt{2l+1}}\begin{bmatrix}-\sqrt{l-m}Y_{lm}\\ \sqrt{l+m+1}Y_{l,m+1}\end{bmatrix}=-\sqrt{\frac{l-m}{2l+1}}Y_{lm}\begin{bmatrix}1\\0\end{bmatrix}+\sqrt{\frac{l+m+1}{2l+1}}Y_{l,m+1}\begin{bmatrix}0\\1\end{bmatrix}$$
$$=\frac{1}{\sqrt{2j+2}}\begin{bmatrix}-\sqrt{j-m_j+1}Y_{j+\frac{1}{2},m_j-\frac{1}{2}}\\ \sqrt{j+m_j+1}Y_{j+\frac{1}{2},m_j+\frac{1}{2}}\end{bmatrix} \tag{10-48}$$

【例 10-6】证明$\boldsymbol{\Phi}_{ljm_j}$是$\hat{\vec{S}}\cdot\hat{\vec{L}}=\frac{\hbar}{2}\hat{\vec{\sigma}}\cdot\hat{\vec{L}}$的本征态。

解：因为

$$\hat{J}^2=\hat{L}^2+\hat{S}^2+2\hat{\vec{S}}\cdot\hat{\vec{L}}=\hat{L}^2+\frac{3}{4}\hbar^2+2\hat{\vec{S}}\cdot\hat{\vec{L}}$$

所以

$$\hat{\vec{S}}\cdot\hat{\vec{L}}=\frac{1}{2}\left(\hat{J}^2-\hat{L}^2-\frac{3}{4}\hbar^2\right)$$

因此

$$\hat{\vec{S}}\cdot\hat{\vec{L}}\boldsymbol{\Phi}_{ljm_j}=\frac{1}{2}\left(\hat{J}^2-\hat{L}^2-\frac{3}{4}\hbar^2\right)\boldsymbol{\Phi}_{ljm_j}=\frac{1}{2}\left[j(j+1)-l(l+1)-\frac{3}{4}\right]\hbar^2\boldsymbol{\Phi}_{ljm_j}$$
$$=\begin{cases}\dfrac{\hbar^2 l}{2}\boldsymbol{\Phi}_{ljm_j} & j=l+\dfrac{1}{2}\\ -\dfrac{\hbar^2(l+1)}{2}\boldsymbol{\Phi}_{ljm_j} & j=l-\dfrac{1}{2},l\neq 0\end{cases}$$

即$\boldsymbol{\Phi}_{ljm_j}$是$\hat{\vec{S}}\cdot\hat{\vec{L}}$的本征态。对$j=l+\frac{1}{2}$，本征值为$\frac{\hbar^2 l}{2}$；对$j=l-\frac{1}{2}$，本征值为$-\frac{\hbar^2(l+1)}{2}$。

§10-4 碱金属原子光谱的精细结构

碱金属原子有一个价电子，它在原子核及内层电子的库仑场中运动，作用势可近似用一个中心势$U(r)$表示。若考虑电子自旋与轨道运动之间有相互作用，则价电子的自旋轨道耦合能为

$$\hat{H}'=\xi(r)\hat{\vec{L}}\cdot\hat{\vec{S}} \tag{10-49}$$

式中，$\hat{\vec{L}}$、$\hat{\vec{S}}$分别为价电子的自旋及轨道角动量算符，$\xi(r)$是径向函数，按照相对论性的狄拉克方程，其函数形式为

$$\xi(r)=\frac{1}{2\mu^2c^2}\frac{1}{r}\frac{\mathrm{d}U}{\mathrm{d}r} \tag{10-50}$$

对类氢原子，有

$$U(r)=-\frac{Ze_s^2}{r}\qquad\qquad \xi(r)=\frac{Ze_s^2}{2\mu^2c^2}\frac{1}{r^3} \tag{10-51}$$

例如，氢原子的自旋轨道耦合能为

$$\hat{H}' = \frac{e_s^2}{2\mu^2 c^2}\frac{1}{r^3}\hat{\vec{L}}\cdot\hat{\vec{S}}$$

式中，$\hat{\vec{L}}$、$\hat{\vec{S}}$与$\hbar$的量级相当，r与玻尔半径a的量级相当，所以

$$H' \approx \frac{e_s^2\hbar^2}{2\mu^2 c^2 a^3} \approx 1.4\times 10^{-3}\,\text{eV}$$

该能量远小于电子的能级，因此可以作为微扰来处理。

碱金属原子的哈密顿算符为

$$\hat{H} = \hat{H}_0 + \hat{H}' = -\frac{\hbar^2}{2\mu}\nabla^2 + U(r) + \xi(r)\hat{\vec{L}}\cdot\hat{\vec{S}} \tag{10-52}$$

由于考虑了电子自旋与轨道运动之间的相互作用，$\hat{\vec{L}}$、$\hat{\vec{S}}$与$\hat{H}$不对易，与$\hat{H}$对易的力学量（守恒量）有$\hat{H}$、$\hat{L}^2$、$\hat{J}^2$、$\hat{J}_z$、$\hat{J}_x$、$\hat{J}_y$，所以力学量（守恒量）完全集可以选为$(\hat{H},\hat{L}^2,\hat{J}^2,\hat{J}_z)$，它们共同的本征函数记为$\psi_{nljm_j}(r,\theta,\varphi,S_z)$。一般中心力场的能级只与$n$、$l$有关，记为$E_{nl}$，现在由于存在自旋轨道耦合能，能级与$\hat{\vec{L}}\cdot\hat{\vec{S}}$有关，由例 10-6 知，能级与$j$有关，但与$m_j$无关，记为$E_{nlj}$，其简并度为$2j+1$。$\hat{L}^2$、$\hat{J}^2$、$\hat{J}_z$对应的本征值分别为

$$L^2 = l(l+1)\hbar^2 \qquad J^2 = j(j+1)\hbar^2 \qquad J_z = m_j\hbar\ \ (m_j = j,\cdots,-j) \tag{10-53}$$

下面用微扰法计算原子的能级。因为$\hat{H}_0$与$\hat{\vec{L}}$、$\hat{\vec{J}}$对易，所以$(\hat{H}_0,\hat{L}^2,\hat{J}^2,\hat{J}_z)$的共同本征函数为

$$\psi^{(0)}_{nljm_j}(r,\theta,\varphi,S_z) = R^{(0)}_{nl}(r)\Phi_{ljm_j}(\theta,\varphi,S_z) \tag{10-54}$$

式中，$\Phi_{ljm_j}(\theta,\varphi,S_z)$是§10-3 讨论的$(\hat{L}^2,\hat{J}^2,\hat{J}_z)$的本征函数；$R^{(0)}_{nl}(r)$是径向波函数，与能级的零级近似$E^{(0)}_{nl}$一起由径向方程（势能$U$）解出。

按照简并态微扰理论，令$\hat{H}$的零级近似波函数为

$$\psi = \sum_{ljm_j} c_{ljm_j}\psi^{(0)}_{nljm_j} \tag{10-55}$$

则由式（9-27）得

$$\sum_{ljm_j}\left[H'_{l'j'm'_j,ljm_j} - E^{(1)}_{nl}\delta_{l'l}\delta_{j'j}\delta_{m'_jm_j}\right]c_{ljm_j} = 0 \tag{10-56}$$

其中矩阵元$H'_{l'j'm'_j,ljm_j}$为

$$\begin{aligned}H'_{l'j'm'_j,ljm_j} &= \left\langle n,l',j',m'_j\middle|H'\middle|n,l,j,m_j\right\rangle = \int_0^\infty\left[R^{(0)}_{nl}(r)\right]^2\xi(r)r^2\mathrm{d}r\left\langle l',j',m'_j\middle|\hat{\vec{L}}\cdot\hat{\vec{S}}\middle|l,j,m_j\right\rangle\\ &= \left\langle\xi(r)\right\rangle\left\langle l',j',m'_j\middle|\hat{\vec{L}}\cdot\hat{\vec{S}}\middle|l,j,m_j\right\rangle\end{aligned}$$

其中

$$\left\langle\xi(r)\right\rangle = \int_0^\infty\left[R^{(0)}_{nl}(r)\right]^2\xi(r)r^2\mathrm{d}r$$

$$\begin{aligned}\left\langle l',j',m'_j\middle|\hat{\vec{L}}\cdot\hat{\vec{S}}\middle|l,j,m_j\right\rangle &= \frac{1}{2}\left\langle l',j',m'_j\middle|\left(\hat{J}^2 - \hat{L}^2 - \frac{3}{4}\hbar^2\right)\middle|l,j,m_j\right\rangle\\ &= \frac{\hbar^2}{2}\left[j(j+1) - l(l+1) - \frac{3}{4}\right]\delta_{l'l}\delta_{j'j}\delta_{m'_jm_j}\end{aligned}$$

所以

$$H'_{l'j'm'_j,ljm_j}=\frac{\hbar^2}{2}\langle\xi(r)\rangle\left[j(j+1)-l(l+1)-\frac{3}{4}\right]\delta_{l'l}\delta_{j'j}\delta_{m'_jm_j} \tag{10-57}$$

把式（10-57）代入式（10-56），得

$$\left\{\frac{\hbar^2}{2}\langle\xi(r)\rangle\left[j(j+1)-l(l+1)-\frac{3}{4}\right]-E_{nl}^{(1)}\right\}c_{ljm_j}=0$$

由此得能量的一级修正为

$$E_{nl}^{(1)}=E_{nlj}^{(1)}=\frac{\hbar^2}{2}\left[j(j+1)-l(l+1)-\frac{3}{4}\right]\langle\xi(r)\rangle \tag{10-58}$$

能量的一级近似值为

$$E_{nl}=E_{nl}^{(0)}+E_{nlj}^{(1)}=E_{nl}^{(0)}+\frac{\hbar^2}{2}\left[j(j+1)-l(l+1)-\frac{3}{4}\right]\langle\xi(r)\rangle \tag{10-59}$$

由此可见，自旋轨道耦合使原来简并的能级分裂开来。由于$E_{nlj}^{(1)}$不含量子数m_j，因此简并只是部分被消除，还有$2j+1$度简并保留下来。

在n和l给定后，j可取两个值：$j=l\pm\frac{1}{2}$（$l\neq 0$），即具有相同量子数n和l的能级有两个，它们的能级差为

$$\Delta E=E_{n,l,l+\frac{1}{2}}^{(1)}-E_{n,l,l-\frac{1}{2}}^{(1)}=\frac{\hbar^2}{2}\{l-[-(l+1)]\}\langle\xi(r)\rangle=\left(l+\frac{1}{2}\right)\hbar^2\langle\xi(r)\rangle \tag{10-60}$$

这就是产生光谱精细结构的原因。对于$l=0$的s态，没有自旋轨道耦合，能级也没有移动。如图 10-2 所示为钠原子光谱$3p$项能级的精细结构。

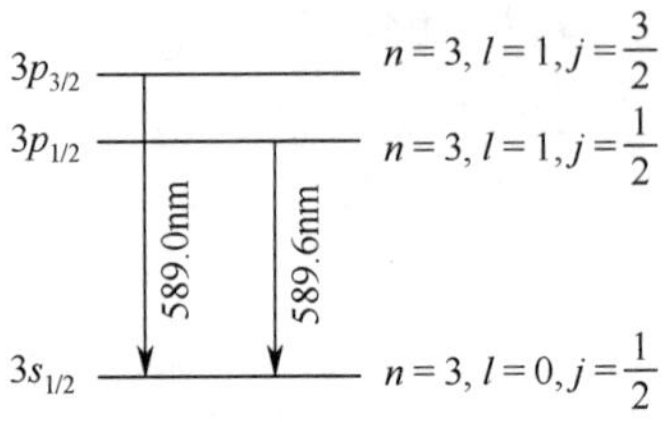

图 10-2

§10-5 反常塞曼效应

在§8-2 中讨论了正常塞曼效应，即当把原子放入强磁场中时，一般每条光谱线都会分裂成三条。不必考虑电子的自旋就可以说明正常塞曼效应，若考虑电子自旋，则需要考虑电子自旋与外磁场的作用。但当外磁场很强时，可以把自旋轨道耦合略去。设磁场$\vec{B}$沿着z轴方向，则体系的哈密顿算符为

$$\hat{H}=\frac{\hat{P}^2}{2\mu}+U(r)+\frac{eB}{2\mu c}(\hat{L}_z+2\hat{S}_z) \tag{10-61}$$

式中的后面两项分别是电子的轨道磁矩$\left(\hat{M}_{lz}=-\frac{e}{2\mu c}\hat{L}_z\right)$和自旋磁矩$\left(\hat{M}_{sz}=-\frac{e}{\mu c}\hat{S}_z\right)$与外磁场之间的相互作用。由于不含自旋轨道耦合，因此波函数的自旋部分可以与空间部分分离开来，能量本征函数可以选为力学量完全集$(\hat{H},\hat{L}^2,\hat{L}_z,\hat{S}_z)$的共同本征函数，即

$$\psi_{nlm}(r,\theta,\varphi)=R_{nl}(r)Y_{lm}(\theta,\varphi)\chi_{m_s}(S_z) \tag{10-62}$$

相应的能量本征值为

$$E_{nlmm_s}=E_{nl}+\frac{eB\hbar}{2\mu c}(m+2m_s)=E_{nl}+\frac{eB\hbar}{2\mu c}(m\pm1) \tag{10-63}$$

例如，钠原子$3s$、$3p$能级在外磁场中分裂，如图 10-3（图中，a、a′ 频率相同，b、b′ 频率相同，c、c′ 频率相同）所示（注意跃迁定则：Δn 任意，$\Delta l=\pm1$，$\Delta m=0,\pm1$，$\Delta m_s=0$）。

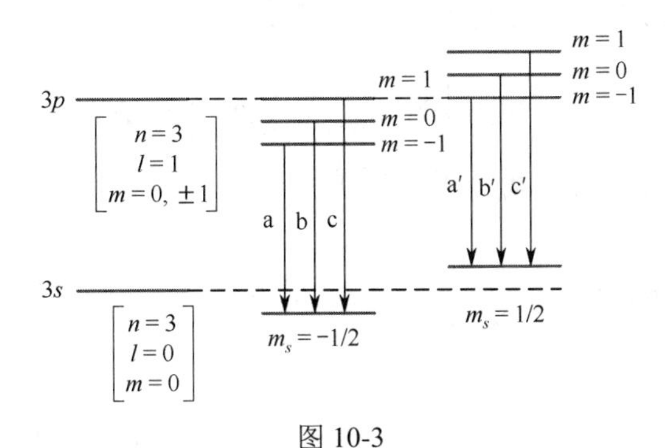

图 10-3

与§8-2 中不考虑电子自旋相比，能级虽有所变化，但原子光谱的分裂结果不变。

当外加磁场很弱时，自旋轨道耦合不能忽略，此时原子体系的哈密顿算符为

$$\begin{aligned}\hat{H}&=-\frac{\hbar^2}{2\mu}\nabla^2+U(r)+\xi(r)\hat{\vec{L}}\cdot\hat{\vec{S}}+\frac{eB}{2\mu c}(\hat{L}_z+2\hat{S}_z)\\&=-\frac{\hbar^2}{2\mu}\nabla^2+U(r)+\xi(r)\hat{\vec{L}}\cdot\hat{\vec{S}}+\frac{eB}{2\mu c}(\hat{J}_z+\hat{S}_z)\end{aligned} \tag{10-64}$$

令

$$\hat{H}_0=-\frac{\hbar^2}{2\mu}\nabla^2+U(r)+\xi(r)\hat{\vec{L}}\cdot\hat{\vec{S}} \tag{10-65}$$

$$\hat{H}'=\frac{eB}{2\mu c}(\hat{J}_z+\hat{S}_z) \tag{10-66}$$

则

$$\hat{H}=\hat{H}_0+\hat{H}' \tag{10-67}$$

$(\hat{H}_0,\hat{L}^2,\hat{J}^2,\hat{J}_z)$的共同本征函数为

$$\psi^{(0)}_{nljm_j}(r,\theta,\varphi,S_z)=R_{nl}(r)\varPhi_{ljm_j}(\theta,\varphi,S_z) \tag{10-68}$$

式中，$\varPhi_{ljm_j}(\theta,\varphi,S_z)$是$(\hat{L}^2,\hat{J}^2,\hat{J}_z)$共同的本征函数。$\hat{H}_0$的本征值就是未加磁场时原子的能

级 $E_{nlj}^{(0)}$，其简并度为 $2j+1$；在 n 和 l 给定后，$j=l\pm\frac{1}{2}$ 对应于两个能级，就是能级的精细结构。

将 $\hat{H}'$ 当作微扰，利用简并态微扰理论计算系统的能级。由于 $\hat{H}'$ 与 $\hat{J}_z$ 对易，因此 $\hat{H}'$ 的非对角矩阵元全部等于 0，能级的一级修正等于 $\hat{H}'$ 对式（10-68）的平均值，即

$$\begin{aligned} E_{nljm_j}^{(1)} &= \left\langle \psi_{nljm_j}^{(0)} \middle| \hat{H}' \middle| \psi_{nljm_j}^{(0)} \right\rangle = \frac{eB}{2\mu c}\left\langle \psi_{nljm_j}^{(0)} \middle| (\hat{J}_z+\hat{S}_z) \middle| \psi_{nljm_j}^{(0)} \right\rangle = \frac{eB}{2\mu c}\left(\overline{J_z}+\overline{S_z}\right) \\ &= \frac{eB}{2\mu c}\left(m_j\hbar+\frac{\hbar}{2}\overline{\sigma_z}\right) = m_j\hbar\omega_L\left(1+\frac{\overline{\sigma_z}}{2m_j}\right) \end{aligned} \tag{10-69}$$

式中，$\omega_L=\frac{eB}{2\mu c}$ 为拉莫尔频率。下面计算 $\overline{\sigma_z}$，显然

$$\overline{\sigma_z} = \left\langle \psi_{nljm_j}^{(0)} \middle| \hat{\sigma}_z \middle| \psi_{nljm_j}^{(0)} \right\rangle = \left\langle \boldsymbol{\Phi}_{ljm_j} \middle| \hat{\sigma}_z \middle| \boldsymbol{\Phi}_{ljm_j} \right\rangle \tag{10-70}$$

由式（10-44）、式（10-45）得，$\boldsymbol{\Phi}_{ljm_j}$ 可以写成

$$\boldsymbol{\Phi}_{ljm_j} = \begin{bmatrix} c_1 Y_{lm} \\ c_2 Y_{l,m+1} \end{bmatrix} = c_1 Y_{lm}\chi_{1/2}(S_z) + c_2 Y_{l,m+1}\chi_{-1/2}(S_z)$$

所以

$$\hat{\sigma}_z \boldsymbol{\Phi}_{ljm_j} = c_1 Y_{lm}\chi_{1/2} - c_2 Y_{l,m+1}\chi_{-1/2} = \begin{bmatrix} c_1 Y_{lm} \\ -c_2 Y_{l,m+1} \end{bmatrix}$$

$$\begin{aligned} \overline{\sigma_z} &= \int \boldsymbol{\Phi}_{ljm_j}^{+} \hat{\sigma}_z \boldsymbol{\Phi}_{ljm_j} \mathrm{d}\Omega = \int \begin{bmatrix} c_1^* Y_{lm}^* & c_2^* Y_{l,m+1}^* \end{bmatrix} \begin{bmatrix} c_1 Y_{lm} \\ -c_2 Y_{l,m+1} \end{bmatrix} \mathrm{d}\Omega \\ &= \int \left(c_1^* Y_{lm}^* c_1 Y_{lm} - c_2^* Y_{l,m+1}^* c_2 Y_{l,m+1} \right) \mathrm{d}\Omega = |c_1|^2 - |c_2|^2 \\ &= \begin{cases} \dfrac{j+m_j}{2j} - \dfrac{j-m_j}{2j} = \dfrac{m_j}{j} & j=l+\dfrac{1}{2} \\ = \dfrac{j-m_j+1}{2j+2} - \dfrac{j+m_j+1}{2j+2} = -\dfrac{m_j}{j+1} & j=l-\dfrac{1}{2} \end{cases} \end{aligned} \tag{10-71}$$

把式（10-71）代入式（10-69），得能级的一级修正为

$$E_{nljm_j}^{(1)} = m_j\hbar\omega_L\left(1+\frac{\overline{\sigma_z}}{2m_j}\right) = \begin{cases} m_j\hbar\omega_L\left(1+\dfrac{1}{2j}\right) & j=l+\dfrac{1}{2} \\ m_j\hbar\omega_L\left(1-\dfrac{1}{2j+2}\right) & j=l-\dfrac{1}{2} \end{cases} \tag{10-72}$$

令

$$g = 1+\frac{\overline{\sigma_z}}{2m_j} = \begin{cases} 1+\dfrac{1}{2j} & j=l+\dfrac{1}{2} \\ 1-\dfrac{1}{2j+2} & j=l-\dfrac{1}{2} \end{cases} \tag{10-73}$$

称为朗德因子。例如，对 s 态，$l=0$，$j=s=\dfrac{1}{2}$，朗德因子 $g=2$；对 p 态，$l=1$，$s=\dfrac{1}{2}$，$j=\dfrac{3}{2}$ 或 $\dfrac{1}{2}$，朗德因子 $g=\dfrac{4}{3}$ 或 $\dfrac{2}{3}$。式（10-72）简化为

$$E_{nljm_j}^{(1)}=m_j\hbar\omega_L g \qquad (10\text{-}74)$$

由式（10-72）可知，能级 $E_{nlj}^{(0)}$ 在弱磁场中分裂成了 $2j+1$ 条（偶数）等间距的能级，对应于 m_j 的 $2j+1$ 种取值（$m_j=j,j-1,\cdots,-j$），能级间隔为 $\hbar\omega_L g$，这就是反常塞曼效应。如图 10-4 所示为钠黄线的反常塞曼分裂（注意选择定则：$\Delta l=\pm1$，$\Delta j=0,\pm1$，$\Delta m_j=0,\pm1$）。

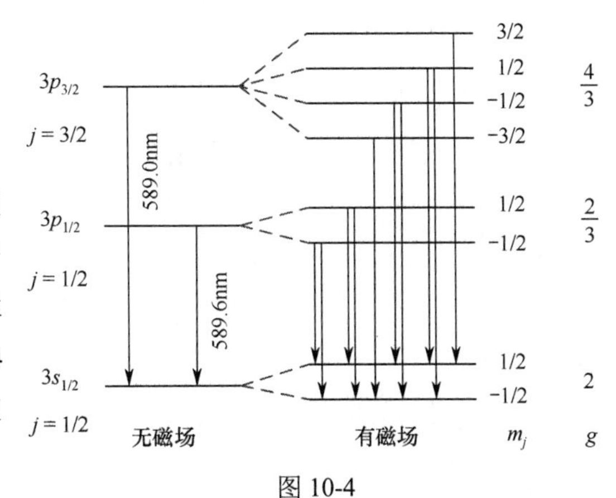

图 10-4

【例 10-7】证明朗德因子 g 可以表示成

$$g=1+\frac{j(j+1)+s(s+1)-l(l+1)}{2j(j+1)} \qquad \left(s=\frac{1}{2}\right) \qquad (10\text{-}75)$$

解：对 $j=l+\dfrac{1}{2}$，式（10-75）简化为

$$g=1+\frac{j(j+1)+\dfrac{3}{4}-\left(j-\dfrac{1}{2}\right)\left(j+\dfrac{1}{2}\right)}{2j(j+1)}=1+\frac{1}{2j}$$

对 $j=l-\dfrac{1}{2}$，式（10-75）简化为

$$g=1+\frac{j(j+1)+\dfrac{3}{4}-\left(j+\dfrac{1}{2}\right)\left(j+\dfrac{3}{2}\right)}{2j(j+1)}=1-\frac{1}{2j+2}$$

与式（10-73）一致。

§10-6　二电子体系的自旋波函数

本节讨论由两个电子组成的体系的自旋状态。为简单起见，忽略两个电子自旋之间的耦合，即只讨论单体近似情况下体系的自旋状态。

一、两个电子的自旋波函数

设两个电子的自旋角动量算符分别为 $\hat{S}_1$ 和 $\hat{S}_2$，由于它们分别属于两个电子，涉及不同的自由度，因此

$$\left[\hat{S}_{1\alpha},\hat{S}_{2\beta}\right]=0 \qquad (10\text{-}76)$$

式中，$\alpha,\beta=x,y,z$。

体系的总角动量为

$$\hat{\vec{S}} = \hat{\vec{S}}_1 + \hat{\vec{S}}_2 \tag{10-77}$$

它满足对易关系

$$\left[\hat{S}_\alpha, \hat{S}_\beta\right] = \mathrm{i}\hbar \varepsilon_{\alpha\beta\gamma} \hat{S}_\gamma \tag{10-78}$$

且

$$\begin{aligned}\hat{S}^2 &= (\hat{\vec{S}}_1 + \hat{\vec{S}}_2)^2 = \hat{S}_1^2 + \hat{S}_2^2 + 2\hat{\vec{S}}_1 \cdot \hat{\vec{S}}_2 \\ &= \frac{3}{2}\hbar^2 + \frac{\hbar^2}{2}(\hat{\sigma}_{1x}\hat{\sigma}_{2x} + \hat{\sigma}_{1y}\hat{\sigma}_{2y} + \hat{\sigma}_{1z}\hat{\sigma}_{2z})\end{aligned} \tag{10-79}$$

$$\hat{S}_z = \hat{S}_{1z} + \hat{S}_{2z} \tag{10-80}$$

$$\left[\hat{S}^2, \hat{S}_z\right] = 0 \tag{10-81}$$

二电子体系的自旋自由度为 2，力学量完全集既可选 $(\hat{S}_{1z}, \hat{S}_{2z})$，又可选 $(\hat{S}^2, \hat{S}_z)$。令 $\hat{S}_{1z}$、$\hat{S}_{2z}$ 的本征态分别记为

$$\chi_{\frac{1}{2}}(S_{1z}) = \left|\uparrow\right\rangle_1 \qquad \chi_{-\frac{1}{2}}(S_{1z}) = \left|\downarrow\right\rangle_1 \qquad \chi_{\frac{1}{2}}(S_{2z}) = \left|\uparrow\right\rangle_2 \qquad \chi_{-\frac{1}{2}}(S_{2z}) = \left|\downarrow\right\rangle_2$$

则 $(\hat{S}_{1z}, \hat{S}_{2z})$ 的共同本征态有 4 个，分别为

$$\begin{cases}\chi_{\frac{1}{2}}(S_{1z})\chi_{\frac{1}{2}}(S_{2z}) = \left|\uparrow\right\rangle_1\left|\uparrow\right\rangle_2 = \left|\uparrow\uparrow\right\rangle \\ \chi_{-\frac{1}{2}}(S_{1z})\chi_{-\frac{1}{2}}(S_{2z}) = \left|\downarrow\right\rangle_1\left|\downarrow\right\rangle_2 = \left|\downarrow\downarrow\right\rangle \\ \chi_{\frac{1}{2}}(S_{1z})\chi_{-\frac{1}{2}}(S_{2z}) = \left|\uparrow\right\rangle_1\left|\downarrow\right\rangle_2 = \left|\uparrow\downarrow\right\rangle \\ \chi_{-\frac{1}{2}}(S_{1z})\chi_{\frac{1}{2}}(S_{2z}) = \left|\downarrow\right\rangle_1\left|\uparrow\right\rangle_2 = \left|\downarrow\uparrow\right\rangle\end{cases} \tag{10-82}$$

把 $\hat{S}_z$ 作用到以上 4 个状态上，容易得到

$$\begin{cases}\hat{S}_z\chi_{\frac{1}{2}}(S_{1z})\chi_{\frac{1}{2}}(S_{2z}) = \hbar\chi_{\frac{1}{2}}(S_{1z})\chi_{\frac{1}{2}}(S_{2z}) \\ \hat{S}_z\chi_{-\frac{1}{2}}(S_{1z})\chi_{-\frac{1}{2}}(S_{2z}) = -\hbar\chi_{-\frac{1}{2}}(S_{1z})\chi_{-\frac{1}{2}}(S_{2z}) \\ \hat{S}_z\chi_{\frac{1}{2}}(S_{1z})\chi_{-\frac{1}{2}}(S_{2z}) = 0 \\ \hat{S}_z\chi_{-\frac{1}{2}}(S_{1z})\chi_{\frac{1}{2}}(S_{2z}) = 0\end{cases} \tag{10-83}$$

显然，它们也是 $\hat{S}_z$ 的本征态，对应的本征值分别是 $\hbar$、$-\hbar$、0、0。但它们是否为 $\hat{S}^2$ 的本征态呢？

把 $\hat{S}^2$ 作用到以上 4 个状态上，并考虑式（10-24），即

$$\begin{cases}\hat{\sigma}_x\chi_{\frac{1}{2}}(S_z) = \chi_{-\frac{1}{2}}(S_z) \\ \hat{\sigma}_x\chi_{-\frac{1}{2}}(S_z) = \chi_{\frac{1}{2}}(S_z) \\ \hat{\sigma}_y\chi_{\frac{1}{2}}(S_z) = \mathrm{i}\chi_{-\frac{1}{2}}(S_z) \\ \hat{\sigma}_y\chi_{-\frac{1}{2}}(S_z) = -\mathrm{i}\chi_{\frac{1}{2}}(S_z)\end{cases}$$

以及

$$\sigma_z\chi_{\frac{1}{2}}(S_z)=\chi_{\frac{1}{2}}(S_z) \qquad \sigma_z\chi_{-\frac{1}{2}}(S_z)=-\chi_{-\frac{1}{2}}(S_z)$$

并注意到$\hat{\sigma}_1$、$\hat{\sigma}_2$只能分别作用于第一、第二个电子的自旋波函数上，得

$$\begin{aligned}\hat{S}^2\chi_{\frac{1}{2}}(S_{1z})\chi_{\frac{1}{2}}(S_{2z})&=\left[\frac{3}{2}\hbar^2+\frac{\hbar^2}{2}(\hat{\sigma}_{1x}\hat{\sigma}_{2x}+\hat{\sigma}_{1y}\hat{\sigma}_{2y}+\hat{\sigma}_{1z}\hat{\sigma}_{2z})\right]\chi_{\frac{1}{2}}(S_{1z})\chi_{\frac{1}{2}}(S_{2z})\\&=\frac{3}{2}\hbar^2\chi_{\frac{1}{2}}(S_{1z})\chi_{\frac{1}{2}}(S_{2z})+\frac{\hbar^2}{2}\left[\chi_{-\frac{1}{2}}(S_{1z})\chi_{-\frac{1}{2}}(S_{2z})-\chi_{-\frac{1}{2}}(S_{1z})\chi_{-\frac{1}{2}}(S_{2z})+\chi_{\frac{1}{2}}(S_{1z})\chi_{\frac{1}{2}}(S_{2z})\right]\\&=2\hbar^2\chi_{\frac{1}{2}}(S_{1z})\chi_{\frac{1}{2}}(S_{2z})\end{aligned}$$

同理

$$\hat{S}^2\chi_{-\frac{1}{2}}(S_{1z})\chi_{-\frac{1}{2}}(S_{2z})=2\hbar^2\chi_{-\frac{1}{2}}(S_{1z})\chi_{-\frac{1}{2}}(S_{2z})$$

$$\hat{S}^2\chi_{\frac{1}{2}}(S_{1z})\chi_{-\frac{1}{2}}(S_{2z})=\hbar^2\left[\chi_{\frac{1}{2}}(S_{1z})\chi_{-\frac{1}{2}}(S_{2z})+\chi_{-\frac{1}{2}}(S_{1z})\chi_{\frac{1}{2}}(S_{2z})\right]$$

$$\hat{S}^2\chi_{-\frac{1}{2}}(S_{1z})\chi_{\frac{1}{2}}(S_{2z})=\hbar^2\left[\chi_{-\frac{1}{2}}(S_{1z})\chi_{\frac{1}{2}}(S_{2z})+\chi_{\frac{1}{2}}(S_{1z})\chi_{-\frac{1}{2}}(S_{2z})\right]$$

可以看出，$\chi_{\frac{1}{2}}(S_{1z})\chi_{\frac{1}{2}}(S_{2z})$和$\chi_{-\frac{1}{2}}(S_{1z})\chi_{-\frac{1}{2}}(S_{2z})$也是$\hat{S}^2$的本征态，对应的本征值都是$2\hbar^2$；但$\chi_{\frac{1}{2}}(S_{1z})\chi_{-\frac{1}{2}}(S_{2z})$和$\chi_{-\frac{1}{2}}(S_{1z})\chi_{\frac{1}{2}}(S_{2z})$不是$\hat{S}^2$的本征态。我们构造

$$\chi=c_1\chi_{\frac{1}{2}}(S_{1z})\chi_{-\frac{1}{2}}(S_{2z})+c_2\chi_{-\frac{1}{2}}(S_{1z})\chi_{\frac{1}{2}}(S_{2z})$$

则

$$\begin{aligned}\hat{S}^2\chi&=\hat{S}^2\left[c_1\chi_{\frac{1}{2}}(S_{1z})\chi_{-\frac{1}{2}}(S_{2z})+c_2\chi_{-\frac{1}{2}}(S_{1z})\chi_{\frac{1}{2}}(S_{2z})\right]\\&=(c_1+c_2)\hbar^2\left[\chi_{\frac{1}{2}}(S_{1z})\chi_{-\frac{1}{2}}(S_{2z})+\chi_{-\frac{1}{2}}(S_{1z})\chi_{\frac{1}{2}}(S_{2z})\right]\end{aligned}$$

假定χ是$\hat{S}^2$的本征态，且$\hat{S}^2\chi=\lambda\hbar^2\chi$，即

$$\hat{S}^2\chi=\lambda\hbar^2\left[c_1\chi_{\frac{1}{2}}(S_{1z})\chi_{-\frac{1}{2}}(S_{2z})+c_2\chi_{-\frac{1}{2}}(S_{1z})\chi_{\frac{1}{2}}(S_{2z})\right]$$

比较上面二式，可得

$$\begin{cases}c_1+c_2=\lambda c_1\\c_1+c_2=\lambda c_2\end{cases}$$

方程组有非零解的条件为

$$\begin{vmatrix}1-\lambda & 1\\1 & 1-\lambda\end{vmatrix}=0$$

解得

$$\lambda=0,2$$

当$\lambda=0$时，$c_1=-c_2$；当$\lambda=2$时，$c_1=c_2$。再利用归一化条件，得$\hat{S}^2$的归一化本征态为

$$\frac{1}{\sqrt{2}}\left[\chi_{\frac{1}{2}}(S_{1z})\chi_{-\frac{1}{2}}(S_{2z})+\chi_{-\frac{1}{2}}(S_{1z})\chi_{\frac{1}{2}}(S_{2z})\right]$$

$$\frac{1}{\sqrt{2}}\left[\chi_{\frac{1}{2}}(S_{1z})\chi_{-\frac{1}{2}}(S_{2z})-\chi_{-\frac{1}{2}}(S_{1z})\chi_{\frac{1}{2}}(S_{2z})\right]$$

对应的本征值分别为$2\hbar^2$、0。总结以上结果，$\hat{S}^2$的本征态有4个，分别为

$$\begin{cases}\chi_{\frac{1}{2}}(S_{1z})\chi_{\frac{1}{2}}(S_{2z})=|\uparrow\uparrow\rangle\\ \chi_{-\frac{1}{2}}(S_{1z})\chi_{-\frac{1}{2}}(S_{2z})=|\downarrow\downarrow\rangle\\ \frac{1}{\sqrt{2}}\left[\chi_{\frac{1}{2}}(S_{1z})\chi_{-\frac{1}{2}}(S_{2z})+\chi_{-\frac{1}{2}}(S_{1z})\chi_{\frac{1}{2}}(S_{2z})\right]=\frac{1}{\sqrt{2}}\left[|\uparrow\downarrow\rangle+|\downarrow\uparrow\rangle\right]\\ \frac{1}{\sqrt{2}}\left[\chi_{\frac{1}{2}}(S_{1z})\chi_{-\frac{1}{2}}(S_{2z})-\chi_{-\frac{1}{2}}(S_{1z})\chi_{\frac{1}{2}}(S_{2z})\right]=\frac{1}{\sqrt{2}}\left[|\uparrow\downarrow\rangle-|\downarrow\uparrow\rangle\right]\end{cases} \tag{10-84}$$

前3个本征态对应的本征值都是$2\hbar^2$，第4个本征态对应的本征值是0。

令$\hat{S}^2$的本征值为$s(s+1)\hbar^2$，则$s=0,1$。当$s=1$时，$m_s=0,\pm1$，对应前3个本征态，称为自旋三重态；当$s=0$时，$m_s=0$，对应第4个本征态，称为自旋单态，如表10-1所示。

表10-1

(S^2,S_z) 共同本征态	S	m_s	自旋状态
$\lvert\uparrow\uparrow\rangle$	1	1	自旋三重态
$\frac{1}{\sqrt{2}}[\lvert\uparrow\downarrow\rangle+\lvert\downarrow\uparrow\rangle]$		0	
$\lvert\downarrow\downarrow\rangle$		−1	
$\frac{1}{\sqrt{2}}[\lvert\uparrow\downarrow\rangle-\lvert\downarrow\uparrow\rangle]$	0	0	自旋单态

由以上讨论可知：自旋为$\hbar/2$的二粒子体系，若选$(\hat{S}_{1z},\hat{S}_{2z})$为力学量完全集，则它们的共同本征态为

$$|\uparrow\uparrow\rangle \qquad |\downarrow\downarrow\rangle \qquad |\uparrow\downarrow\rangle \qquad |\downarrow\uparrow\rangle \tag{10-85}$$

以它们为基矢的表象为无耦合表象。若选$(\hat{S}^2,\hat{S}_z)$为力学量完全集，则它们的共同本征态$\chi_{s,m_s}=|s,m_s\rangle$为

$$\begin{cases}\chi_{11}=|11\rangle=|\uparrow\uparrow\rangle\\ \chi_{10}=|10\rangle=\frac{1}{\sqrt{2}}\left[|\uparrow\downarrow\rangle+|\downarrow\uparrow\rangle\right]\\ \chi_{1,-1}=|1,-1\rangle=|\downarrow\downarrow\rangle\\ \chi_{00}=|00\rangle=\frac{1}{\sqrt{2}}\left[|\uparrow\downarrow\rangle-|\downarrow\uparrow\rangle\right]\end{cases} \tag{10-86}$$

以它们为基矢的表象为耦合表象。

二、二电子体系总角动量的物理图像

当总自旋量子数$s=1$时，总自旋矢量在空间可以有3种取向，对应于总自旋磁量子数$m_s=+1,-1,0$，相应的自旋态$|s,m_s\rangle$分别为

$$\begin{cases} \chi_{11} = |11\rangle = |\uparrow\uparrow\rangle \\ \chi_{10} = |10\rangle = \dfrac{1}{\sqrt{2}}\left[|\uparrow\downarrow\rangle + |\downarrow\uparrow\rangle\right] \\ \chi_{1,-1} = |1,-1\rangle = |\downarrow\downarrow\rangle \end{cases}$$

在 χ_{11} 态中，$m_s = +1$，两个电子自旋平行，分量均沿正 z 方向，如图 10-5（a）所示；在 χ_{10} 态中，$m_s = 0$，两个电子的自旋 z 分量相互反平行，但垂直于 z 轴的分量则相互平行，如图 10-5（b）所示；在 $\chi_{1,-1}$ 态中，$m_s = -1$，两个电子自旋平行，分量均沿负 z 方向，如图 10-5（c）所示。

当总自旋量子数 $s = 0$ 时，总自旋矢量在空间只有一种取向，对应于总自旋磁量子数 $m_s = 0$，相应的自旋态为

$$\chi_{00} = |0,0\rangle = \frac{1}{\sqrt{2}}\left[|\uparrow\downarrow\rangle - |\downarrow\uparrow\rangle\right]$$

在 χ_{00} 态中，两个电子自旋反平行，总自旋为零，如图 10-5（d）所示。

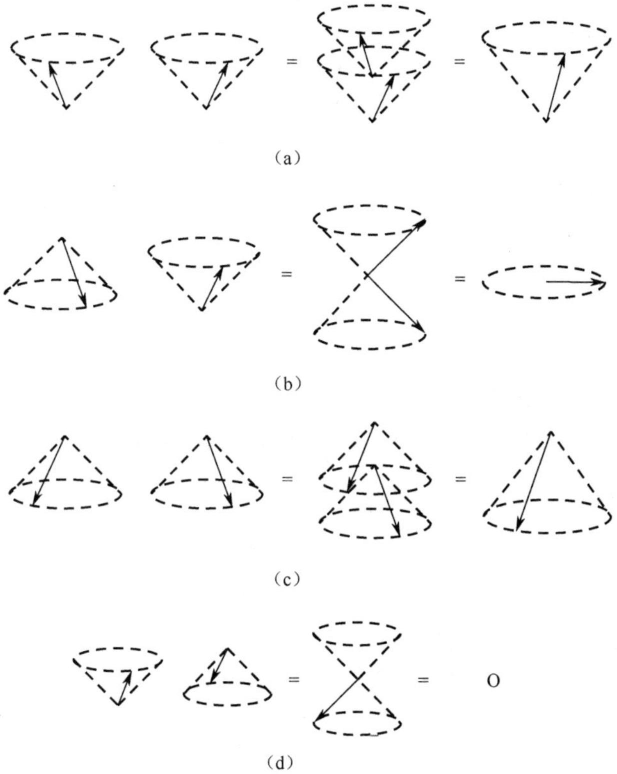

图 10-5

习　　题

10-1　已知在 σ_z 表象中，$\hat{\sigma}_x$、$\hat{\sigma}_y$、$\hat{\sigma}_z$ 的矩阵表示分别为

$$\boldsymbol{\sigma}_x=\begin{bmatrix}0 & 1\\1 & 0\end{bmatrix}\qquad \boldsymbol{\sigma}_y=\begin{bmatrix}0 & -\mathrm{i}\\ \mathrm{i} & 0\end{bmatrix}\qquad \boldsymbol{\sigma}_z=\begin{bmatrix}1 & 0\\0 & -1\end{bmatrix}$$

求它们的本征值和本征函数。

10-2 （1）在σ_z表象中，求$\vec{\sigma}\cdot\vec{n}$的本征态；（2）在$\hat{S}_z$自旋朝上的本征态下，求$\hat{\vec{\sigma}}\cdot\vec{n}$的可能测量值及相应概率；（3）若电子处于$\hat{\vec{\sigma}}\cdot\vec{n}=1$的自旋态下，则求$\hat{\vec{\sigma}}$的各分量的可能测量值、相应概率及平均值。其中$\vec{n}=\sin\theta\cos\varphi\vec{i}+\sin\theta\sin\varphi\vec{j}+\cos\theta\vec{k}$是$(\theta,\varphi)$方向的单位矢。

10-3 求下列状态下$\hat{J}^2$和$\hat{J}_z$的可能测值。

（1）$\psi_1=\chi_{1/2}(s_z)Y_{11}(\theta,\varphi)$；

（2）$\psi_2=\dfrac{1}{\sqrt{3}}\left[\sqrt{2}\chi_{1/2}(s_z)Y_{10}(\theta,\varphi)+\chi_{-1/2}(s_z)Y_{11}(\theta,\varphi)\right]$。

10-4 证明：χ_{11}、χ_{10}、$\chi_{1,-1}$、χ_{00}组成正交归一系。

10-5 两个自旋为$\dfrac{\hbar}{2}$的粒子有磁相互作用，设它们的质量很大，动能可以忽略。设体系哈密顿算符为$\hat{H}=\lambda\hat{\vec{S}}_1\cdot\hat{\vec{S}}_2$，求此系统的能量本征值和本征函数。

10-6 对于自旋为1/2的粒子体系，定义自旋交换算符

$$\hat{p}_{12}=\frac{1}{2}(1+\hat{\vec{\sigma}}_1\cdot\hat{\vec{\sigma}}_2)$$

证明：$\hat{p}_{12}^2=1$。

10-7 对10-6题中的$\hat{p}_{12}$，证明：

$$\hat{p}_{12}\left|\uparrow\downarrow\right\rangle=\left|\downarrow\uparrow\right\rangle\qquad \hat{p}_{12}\left|\downarrow\uparrow\right\rangle=\left|\uparrow\downarrow\right\rangle$$

10-8 已知氢原子处在状态

$$\boldsymbol{\psi}(r,\theta,\varphi,S_z)=\begin{bmatrix}\sqrt{\dfrac{2}{5}}R_{32}Y_{21}\\ -\sqrt{\dfrac{2}{5}}R_{21}Y_{10}+\sqrt{\dfrac{1}{5}}R_{21}Y_{1,-1}\end{bmatrix}$$

求$\hat{H}$、$\hat{L}^2$、$\hat{J}_z$的可能取值和平均值。

第十一章　全同性原理

§11-1　全同粒子的特性

一、全同粒子体系和全同性原理

（1）所有固有（内禀）性质完全相同的微观粒子称为全同粒子。固有性质是指不随运动状态发生变化的性质，如静止质量、电荷、寿命、自旋、同位旋、内禀磁矩等。

例如，迄今为止人们发现不同电子（如金属中的电子、氢原子中的电子、氦原子中的电子等）的内禀性质都一样，所以，所有电子都是全同粒子。

再如，质子、中子、正电子、负电子，内禀性质不完全相同，所以，它们不是全同粒子。

（2）由两个或两个以上的全同粒子组成的体系称为全同粒子体系。

如金属中电子构成的体系就是全同粒子体系。

（3）全同粒子的不可区分性。

经典力学中，尽管两个全同粒子的固有性质完全相同，但仍可区分这两个粒子。因为都有自己确定的位置和轨道，即任一时刻它们都有确定的坐标和速度，可判定哪个是第一个粒子，哪个是第二个粒子。例如，同一品牌的汽车，它们不能在同一时刻处于同一位置，通过初始状态和运行轨道记录建立档案，就可以区分它们，如图 11-1 所示。

微观全同粒子不可区分，因为同一时刻它们可以处于同一位置。两个全同粒子可用两个波函数表示，在运动过程中，两个波函数会在空间中发生重叠，在此区域内无法区分这两个粒子，只有当波函数完全不重叠时才可区分，如图 11-2 所示。

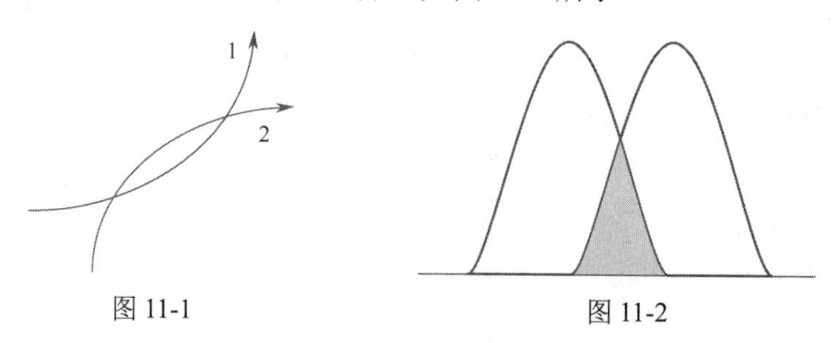

图 11-1　　图 11-2

（4）全同性原理。

由于全同粒子不可区分，因此如果交换全同粒子体系中的任意两个粒子，体系的物理状态保持不变。这就是量子力学的全同性原理，它是量子力学的一个基本假设。

二、全同粒子体系波函数的特性

1）全同粒子体系的哈密顿算符

设一体系由 N 个全同粒子构成，则体系的哈密顿算符为

$$\hat{H}(q_1,q_2,\cdots,q_N,t)=\sum_{i=1}^{N}\left[-\frac{\hbar^2}{2\mu}\nabla_i^2+U(q_i,t)\right]+\sum_{i\neq j}\frac{1}{2}W(q_i,q_j) \tag{11-1}$$

式中，$q_i=(\bar{r}_i,S_{iz})$是第 i 个粒子的坐标和自旋，$U(q_i,t)$是第i个粒子在外场中的势能，$W(q_i,q_j)$是第i个粒子与第j个粒子之间的相互作用能。

很显然，交换体系中的任一对全同粒子，体系的哈密顿算符不变，即全同粒子体系的哈密顿算符具有交换对称性。

2）全同粒子体系的波函数

全同粒子体系的波函数可以写成

$$\Phi=\Phi(q_1,q_2,\cdots,q_N,t) \tag{11-2}$$

定义交换（置换）算符$\hat{P}_{ij}$，它满足

$$\hat{P}_{ij}\Phi(q_1,\cdots,q_i,\cdots,q_j,\cdots,q_N,t)=\Phi(q_1,\cdots,q_j,\cdots,q_i,\cdots,q_N,t) \tag{11-3}$$

根据全同性原理，$\hat{P}_{ij}\Phi$ 与 Φ 描述同一状态，它们之间至多差一个常数因子，即

$$\hat{P}_{ij}\Phi(q_1,\cdots,q_i,\cdots,q_j,\cdots,q_N,t)=\lambda\Phi(q_1,\cdots,q_i,\cdots,q_j,\cdots,q_N,t) \tag{11-4}$$

则

$$\hat{P}_{ij}^2\Phi(q_1,\cdots,q_i,\cdots,q_j,\cdots,q_N,t)=\lambda^2\Phi(q_1,\cdots,q_i,\cdots,q_j,\cdots,q_N,t) \tag{11-5}$$

又

$$\hat{P}_{ij}^2\Phi(q_1,\cdots,q_i,\cdots,q_j,\cdots,q_N,t)=\Phi(q_1,\cdots,q_i,\cdots,q_j,\cdots,q_N,t) \tag{11-6}$$

比较式（11-5）和式（11-6），得

$$\lambda=\pm1 \tag{11-7}$$

即$\hat{P}_{ij}$的本征值为$\lambda=\pm1$。

当$\lambda=+1$时，有

$$\Phi(q_1,\cdots,q_j,\cdots,q_i,\cdots,q_N,t)=\Phi(q_1,\cdots,q_i,\cdots,q_j,\cdots,q_N,t) \tag{11-8}$$

则波函数是交换对称的，用Φ_S表示。

当$\lambda=-1$时，有

$$\Phi(q_1,\cdots,q_j,\cdots,q_i,\cdots,q_N,t)=-\Phi(q_1,\cdots,q_i,\cdots,q_j,\cdots,q_N,t) \tag{11-9}$$

则波函数是交换反对称的，用Φ_A表示。

因为$\hat{P}_{ij}\hat{H}\Phi=\hat{H}\hat{P}_{ij}\Phi$，所以$[\hat{P}_{ij},\hat{H}]=0$，则

$$\frac{\mathrm{d}\bar{P}_{ij}}{\mathrm{d}t}=\frac{\mathrm{d}}{\mathrm{d}t}\langle\Phi|\hat{P}_{ij}|\Phi\rangle=0 \tag{11-10}$$

即宇称算符的平均值不随时间变化，$\hat{P}_{ij}$为守恒量。

由以上讨论可得，描述全同粒子体系的波函数只能是交换对称或交换反对称的，并且这种对称性不随时间发生改变。如果体系在某一时刻处于交换对称状态，则它将永远处于交换对称状态；如果体系在某一时刻处于交换反对称状态，则它将永远处于交换反对称状态，即全同粒子体系的波函数具有确定的交换对称性。

三、玻色子和费米子

交换对称或交换反对称是全同粒子体系波函数固有的性质，它决定了粒子所服从的统计规律。实验表明，粒子的统计性和它的自旋有完全确定的关系。具体地说，自然界的粒子的自旋有两类：

（1）凡自旋是$\hbar/2$或$\hbar/2$奇数倍的粒子组成的全同粒子体系，波函数具有交换反对称性，服从费米-狄拉克（Fermi-Dirac）统计，这类粒子称为费米子（Fermions）。如电子、质子、中子（$s=1/2$）等是费米子。

（2）凡自旋是零或$\hbar$的整数倍的粒子组成的全同粒子体系，波函数具有交换对称性，服从玻色-爱因斯坦（Bose-Einstein）统计，这类粒子称为玻色子（Bosons）。如光子（$s=1$）、介子（$s=0$）等是玻色子。

量子力学的研究对象还包含由电子、质子、中子等组成的复合粒子，如原子核、原子、分子等。复合粒子满足怎样的统计性质呢？

决定复合粒子的统计性质的规则如下：

由偶数个费米子构成的复合粒子是玻色子；由奇数个费米子构成的复合粒子仍是费米子。这是因为偶数个费米子的总自旋一定是整数，做整体运动的复合粒子就是玻色子；奇数个费米子的总自旋一定是半整数，做整体运动的复合粒子仍是费米子。

由玻色子构成的复合粒子仍是玻色子。

费米子是构成物质实体的粒子（像砖块），玻色子是传递力或能量的粒子（像黏合剂）。正是这两类粒子的共同存在，造就了丰富多彩的物质世界。

§11-2　全同粒子体系的波函数、泡利原理

一般情况下，全同粒子体系的波函数是通过求解薛定谔方程得到的，原始的解未必有确定的交换对称性。所以，要对波函数进行对称化或反对称化。这里主要考虑比较简单的情形，即忽略粒子之间的相互作用（单体近似），此时体系的波函数是单个粒子波函数的乘积。

一、两个全同粒子体系的波函数

两个全同粒子组成的体系的哈密顿算符为

$$\begin{aligned}\hat{H} &= -\frac{\hbar^2}{2\mu}\nabla_1^2 + U(q_1) - \frac{\hbar^2}{2\mu}\nabla_2^2 + U(q_2) + W(q_1,q_2) \\ &= \hat{H}_0(q_1) + \hat{H}_0(q_2) + W(q_1,q_2)\end{aligned} \tag{11-11}$$

式中

$$\hat{H}_0(q_1) = -\frac{\hbar^2}{2\mu}\nabla_1^2 + U(q_1) \qquad \hat{H}_0(q_2) = -\frac{\hbar^2}{2\mu}\nabla_2^2 + U(q_2)$$

它们分别表示两个单粒子的哈密顿算符；$W(q_1,q_2)$表示它们之间的相互作用。$\hat{H}$满足的本征方程为

$$\hat{H}\Phi(q_1,q_2)=E\Phi(q_1,q_2) \tag{11-12}$$

若不考虑两个粒子之间的相互作用，即忽略$W(q_1,q_2)$，哈密顿算符［式（11-11）］简化为

$$\hat{H}=\hat{H}_0(q_1)+\hat{H}_0(q_2) \tag{11-13}$$

式中，$\hat{H}_0(q_1)$和$\hat{H}_0(q_2)$不显含时间。能量本征方程（11-12）简化为

$$\hat{H}(q)\Phi(q_1,q_2)=\left[\hat{H}_0(q_1)+\hat{H}_0(q_2)\right]\Phi(q_1,q_2)=E\Phi(q_1,q_2) \tag{11-14}$$

此方程可分离变量，令

$$\Phi(q_1,q_2)=\varphi(q_1)\varphi(q_2) \tag{11-15}$$

设第一个粒子处于第i态，第二个粒子处于第j态，有

$$\hat{H}_0(q_1)\varphi_i(q_1)=\varepsilon_i\varphi_i(q_1) \qquad \hat{H}_0(q_2)\varphi_j(q_2)=\varepsilon_j\varphi_j(q_2) \tag{11-16}$$

体系波函数为

$$\Phi(q_1,q_2)=\varphi_i(q_1)\varphi_j(q_2) \tag{11-17}$$

则

$$\begin{aligned}\hat{H}\Phi(q_1,q_2)&=\left[\hat{H}_0(q_1)+\hat{H}_0(q_2)\right]\varphi_i(q_1)\varphi_j(q_2)\\&=(\varepsilon_i+\varepsilon_j)\varphi_i(q_1)\varphi_j(q_2)=(\varepsilon_i+\varepsilon_j)\Phi\end{aligned} \tag{11-18}$$

能量本征值为

$$E=\varepsilon_i+\varepsilon_j \tag{11-19}$$

若交换两个粒子，波函数变为

$$\Phi(q_2,q_1)=\varphi_j(q_1)\varphi_i(q_2) \tag{11-20}$$

则

$$\begin{aligned}\hat{H}\Phi&=\left[\hat{H}_0(q_1)+\hat{H}_0(q_2)\right]\varphi_j(q_1)\varphi_i(q_2)\\&=(\varepsilon_j+\varepsilon_i)\varphi_j(q_1)\varphi_i(q_2)=(\varepsilon_i+\varepsilon_j)\Phi\end{aligned} \tag{11-21}$$

能量本征值仍为$E=\varepsilon_i+\varepsilon_j$。交换两个粒子后，能量本征值不变，这种简并称为交换简并。

下面讨论体系的波函数。全同粒子体系的波函数必须具有交换对称性或交换反对称性，分两种情况讨论。

（1）当$i=j$时

$$\Phi(q_1,q_2)=\varphi_i(q_1)\varphi_i(q_2) \tag{11-22}$$

具有交换对称性。

（2）当$i\neq j$时

$$\Phi(q_1,q_2)=\varphi_i(q_1)\varphi_j(q_2) \qquad \Phi(q_2,q_1)=\varphi_j(q_1)\varphi_i(q_2)$$

它们既不具有交换对称性，又不具有交换反对称性，因而不满足全同性原理的要求。构造

$$\Phi_S=\frac{1}{\sqrt{2}}\left[\varphi_i(q_1)\varphi_j(q_2)+\varphi_i(q_2)\varphi_j(q_1)\right] \tag{11-23}$$

$$\Phi_A=\frac{1}{\sqrt{2}}\left[\varphi_i(q_1)\varphi_j(q_2)-\varphi_i(q_2)\varphi_j(q_1)\right] \tag{11-24}$$

显然，Φ_S具有交换对称性，Φ_A具有交换反对称性，它们都是$\hat{H}$的本征函数，对应的本征值

都是 $E=\varepsilon_i+\varepsilon_j$。

波函数［式（11-22）和式（11-23）］具有交换对称性，可以描述由两个全同粒子组成的玻色子体系；波函数［式（11-24）］具有交换反对称性，可以描述由两个全同粒子组成的费米子体系。式（11-24）还可写成行列式的形式

$$\Phi_A(q_1,q_2)=\frac{1}{\sqrt{2}}\begin{vmatrix}\varphi_i(q_1) & \varphi_i(q_2)\\ \varphi_j(q_1) & \varphi_j(q_2)\end{vmatrix} \tag{11-25}$$

若交换两个粒子，即交换 q_1 和 q_2，行列式的两列交换，行列式变号，表示波函数具有交换反对称性。若两个粒子处于相同状态，即 $i=j$，则行列式中的两行相同，必有 $\Phi_A=0$。于是得到泡利（Pauli）原理：费米子组成的全同粒子体系中，两个粒子不能处于相同的状态。

考虑两个粒子的相互作用 $W(q_1,q_2)$，体系的定态波函数 $\Phi(q_1,q_2)$ 不能再写成单体波函数的乘积形式，体系能量本征值方程为式（11-12）。由于

$$\hat{H}\Phi(q_2,q_1)=\hat{H}\hat{P}_{12}\Phi(q_1,q_2)=\hat{P}_{12}\hat{H}\Phi(q_1,q_2)=E\hat{P}_{12}\Phi(q_1,q_2)=E\Phi(q_2,q_1) \tag{11-26}$$

即 $\Phi(q_2,q_1)$ 和 $\Phi(q_1,q_2)$ 都是能量 E 的本征函数，即交换两个粒子后，能量本征值不变，能量的交换简并仍然存在。体系的波函数可以对称化为

$$\Phi_S=\frac{1}{\sqrt{2}}\left[\Phi(q_1,q_2)+\Phi(q_2,q_1)\right] \tag{11-27}$$

$$\Phi_A=\frac{1}{\sqrt{2}}\left[\Phi(q_1,q_2)-\Phi(q_2,q_1)\right] \tag{11-28}$$

泡利原理仍成立，但 Φ_A 不能写成行列式的形式。

二、N 个全同粒子体系的波函数

把上面的讨论推广到 N 个全同粒子体系中去，忽略粒子之间的相互作用，并设单体哈密顿算符不含有时间，则体系的总哈密顿算符（也不显含时间）为

$$\hat{H}=\hat{H}_0(q_1)+\hat{H}_0(q_2)+\cdots+\hat{H}_0(q_N)=\sum_{i=1}^{N}\hat{H}_0(q_i) \tag{11-29}$$

采用分离变量法，令

$$\Phi=\varphi_i(q_1)\varphi_j(q_2)\cdots\varphi_k(q_N) \tag{11-30}$$

则可以得到单体方程

$$\hat{H}_0(q_1)\varphi_i(q_1)=\varepsilon_i\varphi_i(q_1)$$

$$\hat{H}_0(q_2)\varphi_j(q_2)=\varepsilon_j\varphi_j(q_2)$$

$$\cdots$$

$$\hat{H}_0(q_N)\varphi_k(q_N)=\varepsilon_k\varphi_k(q_N)$$

显然有

$$\hat{H}\Phi=(\varepsilon_i+\varepsilon_j+\cdots+\varepsilon_k)\Phi \tag{11-31}$$

体系能量本征值为

$$E=\varepsilon_i+\varepsilon_j+\cdots+\varepsilon_k \tag{11-32}$$

若交换任意两个粒子，则体系能量本征值不变，即存在交换简并。

由于全同粒子体系的波函数具有交换对称性或交换反对称性，因此显然式（11-30）不满足要求。下面分别讨论全同玻色子体系和全同费米子体系的波函数。

1）全同玻色子体系

设体系中，n_1 个粒子处于 i 态，n_2 个粒子处于 j 态，……，n_l 个粒子处于 k 态，总粒子数为

$$N = n_1 + n_2 + \cdots + n_{l-1} + n_l$$

体系波函数最简单的一种可能是

$$\begin{aligned}\Phi = &\left[\varphi_i(q_1)\cdots\varphi_i(q_{n_1})\right]\left[\varphi_j(q_{n_1+1})\cdots\varphi_j(q_{n_1+n_2})\right]\cdots \\ &\left[\varphi_k(q_{n_1+n_2+\cdots+n_{l-1}+1})\cdots\varphi_k(q_{n_1+n_2+\cdots+n_{l-1}+n_l})\right]\end{aligned} \tag{11-33}$$

即按照假想的序号，前 n_1 个粒子处于 i 态，第 $n_1+1 \sim n_1+n_2$ 个粒子处于 j 态，……，最后 n_l 个粒子处于 k 态。但该波函数不具有交换对称性。

构造具有交换对称性的波函数

$$\Phi_S = \sum_P P\left\{\begin{matrix}\left[\varphi_i(q_1)\cdots\varphi_i(q_{n_1})\right]\left[\varphi_j(q_{n_1+1})\cdots\varphi_j(q_{n_1+n_2})\right] \\ \cdots\left[\varphi_k(q_{n_1+n_2+\cdots+n_{l-1}+1})\cdots\varphi_k(q_{n_1+n_2+\cdots+n_{l-1}+n_l})\right]\end{matrix}\right\} \tag{11-34}$$

式中，P 指对那些处于不同状态的粒子进行对换。注意：相同单粒子态的交换不会产生新的结果。所有可能排列的总项数（简并度）等于下列组合数

$$\mathrm{C}_N^{n_1}\mathrm{C}_{N-n_1}^{n_2}\cdots\mathrm{C}_{N-n_1-\cdots-n_{l-1}}^{n_l} = \frac{N!}{n_1!n_2!\cdots n_l!} = \frac{N!}{\prod\limits_{l=1}^{N} n_l!} \tag{11-35}$$

所以，玻色子体系的归一化对称波函数为

$$\Phi_S(q_1,q_2,\cdots,q_N) = \sqrt{\frac{\prod\limits_{l=1}^{N} n_l!}{N!}}\sum_P P\varphi_i(q_1)\cdots\varphi_k(q_N) \tag{11-36}$$

2）全同费米子体系

如果费米子体系有两个粒子处于相同状态，则交换这两个粒子后波函数将保持不变（即交换对称），与费米子体系的波函数具有交换反对称性矛盾，所以体系的波函数为

$$\begin{aligned}\Phi_A(q_1,q_2,\cdots,q_N) &= \sum_P (-1)^P P\varphi_i(q_1)\varphi_j(q_2)\cdots\varphi_k(q_N) \\ &= C\begin{vmatrix}\varphi_i(q_1) & \varphi_i(q_2) & \dots & \varphi_i(q_N) \\ \varphi_j(q_1) & \varphi_j(q_2) & \dots & \varphi_j(q_N) \\ \vdots & \vdots & \ddots & \vdots \\ \varphi_k(q_1) & \varphi_k(q_2) & \dots & \varphi_k(q_N)\end{vmatrix}\end{aligned}$$

式中，C 为归一化常数。因为行列式的总项数为 $N!$，所以 $C = \dfrac{1}{\sqrt{N!}}$，因此

$$\Phi_A(q_1,q_2,\cdots,q_N) = \frac{1}{\sqrt{N!}}\begin{vmatrix}\varphi_i(q_1) & \varphi_i(q_2) & \dots & \varphi_i(q_N) \\ \varphi_j(q_1) & \varphi_j(q_2) & \dots & \varphi_j(q_N) \\ \vdots & \vdots & \ddots & \vdots \\ \varphi_k(q_1) & \varphi_k(q_2) & \dots & \varphi_k(q_N)\end{vmatrix} \tag{11-37}$$

若交换任意两个粒子，表现为行列式的两列互换，则行列式变号，表明它具有交换反对称性。如果 N 个单粒子态中有两个单粒子态相同，则行列式中有两行相同，因而行列式等于零。所以，全同费米子体系中不能有两个或两个以上粒子处于同一状态，即泡利原理。泡利原理是全同性原理的推论。全同性原理比泡利原理的应用更为广泛，它不仅适用于费米子体系，而且适用于玻色子体系。

三、忽略 L-S 耦合情况下体系的波函数

在单体近似下，体系的波函数为式（11-30）。若忽略 L-S 耦合，则单体波函数可写为

$$\varphi_i(q_1)=\psi_i(\vec{r}_1)\chi_i(S_{1z})$$
$$\varphi_j(q_2)=\psi_j(\vec{r}_2)\chi_j(S_{2z})$$
$$\cdots$$
$$\varphi_k(q_N)=\psi_k(\vec{r}_N)\chi_k(S_{Nz})$$

此时，体系的波函数可改写为

$$\Phi(\vec{r}_1,S_{1z},\vec{r}_2,S_{2z},\cdots,\vec{r}_N,S_{Nz})=\psi(\vec{r}_1,\vec{r}_2,\cdots,\vec{r}_N)\chi(S_{1z},S_{2z},\cdots,S_{Nz}) \tag{11-38}$$

对于费米子系统，波函数 Φ 应是反对称的，则有两种组合

$$\begin{cases}\psi\text{ 对称},\chi\text{ 反对称}\\ \psi\text{ 反对称},\chi\text{ 对称}\end{cases}$$

对于玻色子系统，波函数 Φ 应是对称的，则也有两种组合

$$\begin{cases}\psi\text{ 对称},\chi\text{ 对称}\\ \psi\text{ 反对称},\chi\text{ 反对称}\end{cases}$$

例如，对两个全同费米子体系，有

$$\Phi_A=\begin{cases}\psi_A(\vec{r}_1,\vec{r}_2)\chi_S(S_{1z},S_{2z})\\ \psi_S(\vec{r}_1,\vec{r}_2)\chi_A(S_{1z},S_{2z})\end{cases}$$

对两个全同玻色子体系，有

$$\Phi_S=\begin{cases}\psi_A(\vec{r}_1,\vec{r}_2)\chi_A(S_{1z},S_{2z})\\ \psi_S(\vec{r}_1,\vec{r}_2)\chi_S(S_{1z},S_{2z})\end{cases}$$

【例 11-1】设有三个无相互作用的全同粒子组成的玻色子体系，每个粒子均可以处于三个单粒子态 φ_1、φ_2、φ_3 中的任何一个态，求体系的可能状态数及每一状态对应的波函数。

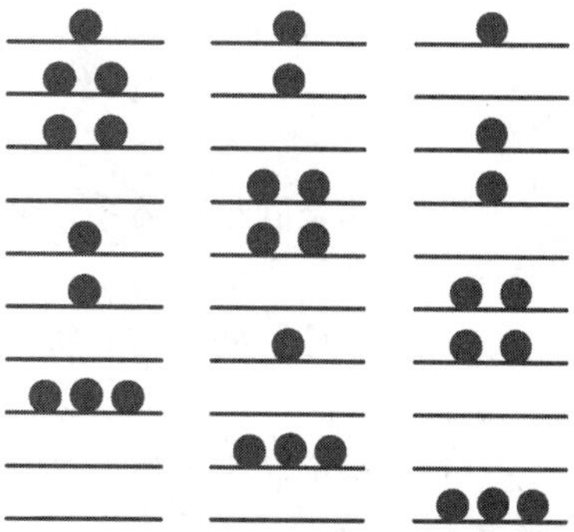

解：首先来求体系的可能状态数。因为粒子数 $N=3$，单粒子态数 $l=3$，则由统计学知体系的可能状态数为

$$\frac{(N+l-1)!}{N!(l-1)!}=\frac{5!}{3!2!}=10$$

图 11-3

其示意图如图 11-3 所示。

其次求各状态波函数的表示。

（1）每一状态上有一个粒子。这种情况只有一个态，波函数的项数

$$\frac{3!}{1!\times1!\times1!}=6$$

对应的波函数为

$$\Phi_S=|111\rangle=\sqrt{\frac{1}{6}}[\varphi_1(q_1)\varphi_2(q_2)\varphi_3(q_3)+\varphi_1(q_1)\varphi_2(q_3)\varphi_3(q_2)+\varphi_1(q_2)\varphi_2(q_1)\varphi_3(q_3)+\varphi_1(q_2)\varphi_2(q_3)\varphi_3(q_1)+\varphi_1(q_3)\varphi_2(q_1)\varphi_3(q_2)+\varphi_1(q_3)\varphi_2(q_2)\varphi_3(q_1)]$$

（2）某一个状态上有两个粒子，另一粒子处于其他态。这种情况共有 6 个态，对应的波函数分别为

$$\Phi_S=|210\rangle\quad|201\rangle\quad|021\rangle\quad|120\rangle\quad|102\rangle\quad|012\rangle$$

波函数的项数

$$\frac{3!}{2!\times1!\times0!}=3$$

例如

$$\Phi_S=|210\rangle=\sqrt{\frac{1}{3}}[\varphi_1(q_1)\varphi_1(q_2)\varphi_2(q_3)+\varphi_1(q_2)\varphi_1(q_3)\varphi_2(q_1)+\varphi_1(q_3)\varphi_1(q_1)\varphi_2(q_2)]$$

其他波函数可同理写出。

（3）三个粒子处于同一状态。这种情况共有 3 个态，对应的波函数分别为

$$\Phi_S=|300\rangle\quad|030\rangle\quad|003\rangle$$

波函数的项数

$$\frac{3!}{3!\times0!\times0!}=1$$

例如

$$\Phi_S=|300\rangle=\varphi_1(q_1)\varphi_1(q_2)\varphi_1(q_3)$$

其他可同理写出。

如果是费米子体系，则三个粒子分别处于某一个单态上，波函数为

$$\Phi_A=|111\rangle=\frac{1}{\sqrt{3!}}\begin{vmatrix}\varphi_1(q_1)&\varphi_1(q_2)&\varphi_1(q_3)\\\varphi_2(q_1)&\varphi_2(q_2)&\varphi_2(q_3)\\\varphi_3(q_1)&\varphi_3(q_2)&\varphi_3(q_3)\end{vmatrix}$$

如果是非全同粒子体系，波函数没有交换对称性或交换反对称性要求，则体系的状态数计算如下。

（1）三个粒子处于同一状态。这种情况共有 3 个态，对应的波函数分别为

$$\Phi=\varphi_i(1)\varphi_i(2)\varphi_i(3)\qquad i=1,2,3$$

（2）某一个状态上有两个粒子，另一粒子处于其他态。这种情况共有 18 个态，对应的波函数分别为

$$\Phi=\begin{cases}\varphi_i(1)\varphi_i(2)\varphi_j(3)\\\varphi_i(1)\varphi_j(2)\varphi_j(3)\qquad i,j=1,2,3\quad i\neq j\\\varphi_i(1)\varphi_j(2)\varphi_i(3)\end{cases}$$

（3）三个粒子分别处于不同的状态。这种情况共有 6 个态，对应的波函数分别为

$$\Phi = \varphi_i(1)\varphi_j(2)\varphi_k(3) \quad i,j,k = 1,2,3 \quad i \neq j \neq k \neq i$$

共有 27 个状态。

【例 11-2】两个自旋为$\hbar/2$的非全同粒子构成一个复合体系，设两个粒子之间无相互作用。若一个粒子处于$S_z = \hbar/2$状态，另一个粒子处于$S_x = \hbar/2$状态，求体系处于单态的概率。

解：在(S_{1z}, S_{2z})表象中，两个粒子的状态分别为

$$\chi_1 = |\uparrow\rangle_1 \qquad \chi_2 = |\uparrow_x\rangle_2 = \frac{1}{\sqrt{2}}\left[|\uparrow\rangle_2 + |\downarrow\rangle_2\right]$$

体系的状态

$$\chi = \chi_1\chi_2 = |\uparrow\rangle_1 \frac{1}{\sqrt{2}}\left[|\uparrow\rangle_2 + |\downarrow\rangle_2\right] = \frac{1}{\sqrt{2}}\left[|\uparrow\uparrow\rangle + |\uparrow\downarrow\rangle\right]$$

体系总的自旋量子数$s = 0,1$。处于单态时，$s = 0$，对应的波函数为

$$\chi_{00} = |00\rangle = \frac{1}{\sqrt{2}}\left[|\uparrow\downarrow\rangle - |\downarrow\uparrow\rangle\right]$$

体系处于单态的概率为

$$w(s=0) = \left|\langle 00|\chi\rangle\right|^2 = \frac{1}{4}\left|\left[\langle\uparrow\downarrow| - |\downarrow\uparrow\rangle\right]\left[|\uparrow\uparrow\rangle + |\uparrow\downarrow\rangle\right]\right|^2 = \frac{1}{4}$$

或者，采用下面的方法

$$\chi = \chi_1\chi_2 = \frac{1}{\sqrt{2}}\left[|\uparrow\uparrow\rangle + |\uparrow\downarrow\rangle\right]$$

因为

$$\begin{cases} |11\rangle = |\uparrow\uparrow\rangle \\ |10\rangle = \dfrac{1}{\sqrt{2}}\left[|\uparrow\downarrow\rangle + |\downarrow\uparrow\rangle\right] \\ |1,-1\rangle = |\downarrow\downarrow\rangle \\ |00\rangle = \dfrac{1}{\sqrt{2}}\left[|\uparrow\downarrow\rangle - |\downarrow\uparrow\rangle\right] \end{cases}$$

所以

$$|\uparrow\uparrow\rangle = |1,1\rangle \qquad |\uparrow\downarrow\rangle = \frac{1}{\sqrt{2}}\left[|10\rangle + |00\rangle\right]$$

因此

$$\chi = \frac{1}{\sqrt{2}}|11\rangle + \frac{1}{2}|10\rangle + \frac{1}{2}|00\rangle$$

处于单态$|00\rangle$的概率

$$w(s=0) = \frac{1}{4}$$

【例 11-3】考虑在一维无限深势阱（$0 < x < a$）中运动的两个电子体系，略去电子间的相互作用及一切与自旋有关的相互作用，求体系的基态和第一激发态能量，以及它们对应的波

函数。

解：在一维无限深势阱中，体系能级为

$$E_{n_1n_2}=\frac{\pi^2\hbar^2}{2\mu a^2}\left(n_1^2+n_2^2\right)\qquad n_1,n_2=1,2,\cdots$$

对于二电子体系，总波函数具有交换反对称性。

（1）基态：能级$n_1=n_2=1$。基态能级为

$$E_{11}=\frac{\pi^2\hbar^2}{\mu a^2}$$

空间部分波函数为

$$\psi_{11}=\psi_1(x_1)\psi_1(x_2)=\frac{2}{a}\sin\frac{\pi x_1}{a}\sin\frac{\pi x_2}{a}$$

显然为交换对称波函数。所以自旋部分波函数必交换反对称，即

$$\chi_A=\frac{1}{\sqrt{2}}\left[\chi_{1/2}(S_{1z})\chi_{-1/2}(S_{2z})-\chi_{-1/2}(S_{1z})\chi_{1/2}(S_{2z})\right]$$

体系总波函数

$$\Phi=\psi_{11}\chi_A=\frac{2}{a}\sin\frac{\pi x_1}{a}\sin\frac{\pi x_2}{a}\frac{1}{\sqrt{2}}\left[\chi_{1/2}(S_{1z})\chi_{-1/2}(S_{2z})-\chi_{-1/2}(S_{1z})\chi_{1/2}(S_{2z})\right]$$

基态能级不简并。

（2）第一激发态：$n_1=1$，$n_2=2$或$n_1=2$，$n_2=1$。

第一激发态能级为

$$E_{12}=\frac{5\pi^2\hbar^2}{2\mu a^2}$$

空间部分可以是交换对称波函数

$$\begin{aligned}\psi_S&=\frac{1}{\sqrt{2}}\left[\psi_1(x_1)\psi_2(x_2)+\psi_2(x_1)\psi_1(x_2)\right]\\&=\frac{1}{\sqrt{2}}\frac{2}{a}\left[\sin\frac{\pi x_1}{a}\sin\frac{2\pi x_2}{a}+\sin\frac{2\pi x_1}{a}\sin\frac{\pi x_2}{a}\right]\end{aligned}$$

也可以是交换反对称波函数

$$\begin{aligned}\psi_A&=\frac{1}{\sqrt{2}}\left[\psi_1(x_1)\psi_2(x_2)-\psi_2(x_1)\psi_1(x_2)\right]\\&=\frac{1}{\sqrt{2}}\frac{2}{a}\left[\sin\frac{\pi x_1}{a}\sin\frac{2\pi x_2}{a}-\sin\frac{2\pi x_1}{a}\sin\frac{\pi x_2}{a}\right]\end{aligned}$$

自旋部分可以是交换对称波函数

$$\chi_S=\begin{cases}\chi_{1/2}(S_{1z})\chi_{1/2}(S_{2z})\\\chi_{-1/2}(S_{1z})\chi_{-1/2}(S_{2z})\\\dfrac{1}{\sqrt{2}}\left[\chi_{1/2}(S_{1z})\chi_{-1/2}(S_{2z})+\chi_{-1/2}(S_{1z})\chi_{1/2}(S_{2z})\right]\end{cases}$$

也可以是交换反对称波函数

$$\chi_A=\frac{1}{\sqrt{2}}\left[\chi_{1/2}(S_{1z})\chi_{-1/2}(S_{2z})-\chi_{-1/2}(S_{1z})\chi_{1/2}(S_{2z})\right]$$

体系总波函数

$$\begin{aligned}\Phi&=\psi_A\chi_S\\&=\frac{1}{\sqrt{2}}\left[\psi_1(x_1)\psi_2(x_2)-\psi_2(x_1)\psi_1(x_2)\right]\begin{cases}\chi_{1/2}(S_{1z})\chi_{1/2}(S_{2z})\\\chi_{-1/2}(S_{1z})\chi_{-1/2}(S_{2z})\\\dfrac{1}{\sqrt{2}}\begin{bmatrix}\chi_{1/2}(S_{1z})\chi_{-1/2}(S_{2z})\\+\chi_{-1/2}(S_{1z})\chi_{1/2}(S_{2z})\end{bmatrix}\end{cases}\end{aligned}$$

或

$$\begin{aligned}\Phi&=\psi_S\chi_A\\&=\frac{1}{2}\left[\psi_1(x_1)\psi_2(x_2)+\psi_2(x_1)\psi_1(x_2)\right]\left[\chi_{1/2}(S_{1z})\chi_{-1/2}(S_{2z})-\chi_{-1/2}(S_{1z})\chi_{1/2}(S_{2z})\right]\end{aligned}$$

第一激发态能级 4 度简并。

习　　题

11-1　考虑由两个相同粒子组成的体系。设可能的单粒子态为φ_i、φ_j、φ_k，试求体系的可能状态数目。分三种情况讨论：（1）粒子为玻色子；（2）粒子为费米子；（3）粒子为经典粒子。

11-2　试写出自旋$s=\dfrac{1}{2}$的两个自由电子所构成的全同粒子体系的波函数。

11-3　设体系有两个粒子，每个粒子可处于三个单粒子态φ_i、φ_j、φ_k中的任意一个态。试求体系可能态的数目，分三种情况讨论：（1）两个全同玻色子；（2）两个全同费米子；（3）两个不同粒子。

11-4　两个全同粒子处于一维谐振子势$U(x)=\dfrac{1}{2}\mu\omega^2x^2$中，分别对下列情况求此二粒子体系的最低三条能级及本征函数：（1）单粒子自旋为 0；（2）单粒子自旋为 1/2。

附录A　量子力学发展简史

在牛顿力学创立（1687 年牛顿发表《自然哲学的数学原理》）以来的三百多年时间里，整个物理学得到了很大的发展。人们不仅完善了力学，还开辟了热学、电磁学、光学等新的物理学领域。物理学理论差不多涉及了自然界和日常生活中的方方面面，同时它也经受住了实践的一次又一次检验，获得了巨大的成功。工业革命的爆发、电气时代的来临、宇航事业的发展，无不归功于物理学的巨大成就。检验物理学理论正确性的最著名的例子，是人们通过对万有引力的计算，推出了海王星和冥王星的存在，并精确预言了它们的位置。物理学大厦巍然耸立，物理学发展硕果累累，人们为此不禁欢呼雀跃。甚至有人提出，物理学已发展到了顶峰时期，剩下的不过是如何使测量更准确等修修补补的工作。然而，到了 19 世纪末和 20 世纪初，一些新的物理现象（如 X 射线、阴极射线、电子的发现等）却是以前的物理学无法解释的，特别是热辐射实验和迈克尔逊-莫雷实验更使物理学陷入困境。1900 年著名的物理学家开尔文在英国皇家学会做了一次精彩的演讲。他说，物理学发展已到了近乎完美的程度，物理学天空一片晴朗。但在晴朗天空的远处，还有“两朵小小的乌云”，一朵是热辐射，一朵是迈克尔逊-莫雷实验。以后的发展使我们看到，正是人们在解决这两朵乌云的过程中建立了近代物理学的两大理论支柱——量子论和相对论。人们习惯把 20 世纪以前的物理学称为经典物理学，把 20 世纪以后的物理学称为近代物理学。

一、早期量子论

1. 普朗克的能量子假说

在很早的时候人们已经注意到，对不同的物体，热和辐射频率有一定的关联。如果把一块铁放在火上加热，当到一定温度的时候，它会变成暗红色，温度再高些，它会变成橙黄色，继续加热，它将呈现出蓝白色。也就是说，物理的辐射能量、频率和温度之间有一定的函数关系。那么，物体的辐射能量和温度之间究竟有着怎样的函数关系呢？随着钢铁工业和化学工业的蓬勃兴起，这个问题逐渐成为人们关注的对象。因为钢水的温度达到了上千摄氏度，想要测出钢水的温度，借助钢水的热辐射是一种行之有效的方法。

然而，影响物体热辐射的因素有很多，比如材料的组成、形状等，这给研究热辐射问题带来了很大的困难。鉴于此，基尔霍夫提出了“黑体”的概念。黑体指的是能够完全吸收投射到它上面的电磁波能量而没有反射和透射的物体。显然，黑体在现实生活中是不存在的，只是一个理想化的模型。当黑体在单位时间内吸收的电磁波能量与辐射的电磁波能量相等时，它便处于热平衡状态。对于处在热平衡状态的黑体，其辐射能量密度随频率变化的实验曲线如图 A-1 所示。实验表明，这条曲线的分布只与黑体的热力学温度有关，而与黑体的形状及组成无关。19 世纪 80 年代，玻耳兹曼建立了热力学理论，这成为研究黑体辐射的强大理论武器。1890 年，德国帝国技术研究所邀请威廉·维恩加入，作为赫姆霍兹的助手，担任赫姆霍兹实验室的主要研究员，重点研究黑体辐射的问题。维恩从经典热力学的思想出发，假设黑体辐射是由一些服从麦克斯韦速率分布的分子发射出来的，然后通过精密的演绎，终于在1894年提出了他的辐射能量分布定律

$$\rho_\nu \mathrm{d}\nu = c_1 \mathrm{e}^{-c_2\nu/T} \nu^3 \mathrm{d}\nu$$

式中，c_1、c_2为两个经验参数，T为处于热辐射平衡态的黑体的温度，ρ_ν为黑体的辐射能量密度。这就是著名的维恩分布公式。然而，令人遗憾的是，维恩公式在短波范围内与实验符合得很好，而在长波部分却出现了偏差。

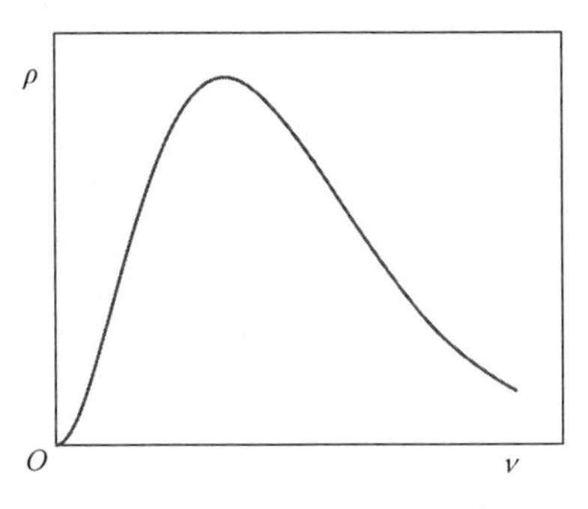

图 A-1 黑体辐射实验曲线

维恩公式在长波范围的偏差引起了英国物理学家瑞利的注意，他也开始研究黑体辐射的问题。瑞利的做法不同于维恩，他抛弃了玻耳兹曼的分子运动假设，简单地从经典麦克斯韦理论出发，得到了自己的公式。后来另一位物理学家金斯计算出了公式里的常数，最后他们得到的公式形式如下

$$\rho_\nu \mathrm{d}\nu = \frac{8\pi kT}{c^3} \nu^2 \mathrm{d}\nu$$

式中，c为光速，k为玻耳兹曼常数。这就是我们今天所说的瑞利-金斯公式。与维恩公式刚好相反，瑞利-金斯公式在长波部分与实验符合得很好，但在短波部分却出现了发散的情况，也就是说，瑞利-金斯公式在短波部分给出的能量是趋向于无穷大的，这就是物理学史上所谓的“紫外灾难”。

新世纪的钟声已经敲响，物理学的革命即将到来。正当人们为这个难题一筹莫展之时，德国物理学家马克思·普朗克（图A-2）登上了历史舞台。1874年，年轻的普朗克在慕尼黑大学物理系开始了他的大学生活。他的导师菲利普劝他说，物理学的体系已经建得非常成熟和完整了，没有什么大的发现可以做出了，不必把时间浪费在这个没有多大意义的工作上面，这也是当时许多物理学家所坚持的观点。但是普朗克却回复道：“我并不期望发现新大陆，只希望理解已经存在的物理学基础，或许能将其加深。”

图 A-2 量子论创始人普朗克

1896年，普朗克读到了维恩关于黑体辐射的论文，对此表现出了极大的兴趣，他也加入了黑体辐射的研究阵营之中。1900年10月，在柏林大学那间堆满了草稿的办公室里，普朗克还在为那两个无法调和的公式而冥思苦想。终于，他决定不再去做那些根本上的假定和推导，可以先尝试着凑出一个可以满足所有波段的普适公式出来。

利用数学上的内插法，普朗克凑出了一个公式

$$\rho_\nu \mathrm{d}\nu = \frac{c_1 \nu^3}{\mathrm{e}^{c_2\nu/T} - 1} \mathrm{d}\nu$$

这就是著名的普朗克公式。容易验证，普朗克公式的极限情况就是维恩公式和瑞利-金斯公式：

（1）当$\nu \to \infty$（高频区）时，有

$$\mathrm{e}^{c_2\nu/T} - 1 \approx \mathrm{e}^{c_2\nu/T}$$

普朗克公式就变成了维恩公式。

（2）当$\nu \to 0$（低频区）时，有

$$e^{c_2\nu/T}-1\approx 1+\frac{c_2\nu}{T}-1=\frac{c_2\nu}{T}$$

普朗克公式则变为瑞利-金斯公式。

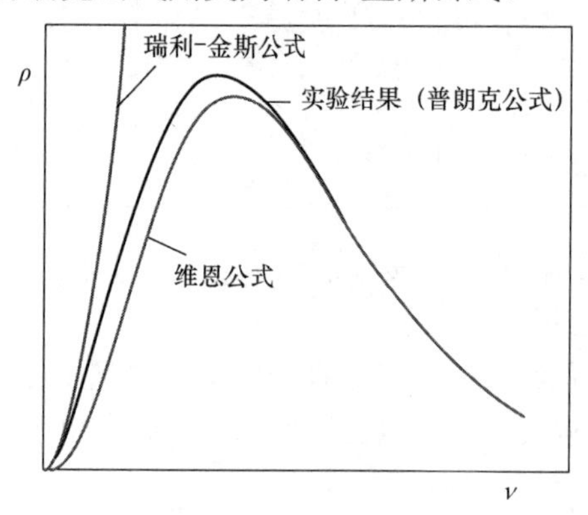

图 A-3 黑体辐射实验曲线和理论曲线的对照

人们惊奇地发现，普朗克公式在整个波段上与实验曲线符合得都很好（图 A-3）。不仅如此，利用普朗克公式，还可以推出已经被证实了的关于黑体辐射的两条实验定律：斯特藩-玻耳兹曼定律和维恩位移定律。

然而，对于这个“幸运猜出来的内插公式”，普朗克却觉得异常尴尬，因为他对于这个公式，只知其然，却不知其所以然。找出隐藏在公式背后的物理意义，才是至关重要的一件事。普朗克在给他朋友的信中写到“这属于物理方面的基本问题，一定要不惜任何代价，找到理论依据”。

经过了异常艰难的两个月，普朗克终于发现了隐藏在公式后面的意义。1900 年 12 月 14 日，在德国的物理学会上，普朗克宣读了一篇可以名垂青史的论文《关于正常光谱中能量分布定律的理论》。在论文中普朗克首次提出了能量量子化假设，小心翼翼地推开了量子力学的大门，开辟了物理学的新纪元，这一天被后人定为“量子论诞生日”。能量量子化假设的内容如下：对于一定频率ν的辐射，物体只能以$h\nu$为单位吸收或发射它，h是一个普适常数，称为普朗克常数。换言之，物体吸收或发射电磁辐射，只能以“量子”（Quantum）的方式进行，每个“量子”的能量为

$$\varepsilon=h\nu$$

然而，前路多艰。在当时并没有人能够接受量子化假设，其中也包括普朗克本人。因为它摧毁了自牛顿以来被认为是坚不可摧的经典物理世界。普朗克后来在回忆录中写道：在走投无路的情况下，他“绝望地”“不惜任何代价地”提出了能量量子化假说。在提出量子论后，普朗克并没有因此而高兴，相反，他认为自己做了一件错事，把本来很和谐的经典物理学弄得一团糟，内心不安，诚惶诚恐。以至于在提出能量子假说后的十余年中，他都试图把能量量子化纳入经典物理学的范畴之内。尽管“为伊消得人憔悴”，然而所有的努力都是徒劳的，直到后来普朗克终于认识到量子论本身就是不附属于经典物理范畴的全新理论。就这样，伴随着争论，量子论来到了人间。

因为量子论的提出，普朗克获得了 1918 年的诺贝尔奖。在普朗克的墓碑上（图 A-4）只刻着他的名字和普朗克常数 $h = 6.62\times10^{-34}\mathrm{W\cdot s^2}$，这是对他毕生最大贡献的肯定。

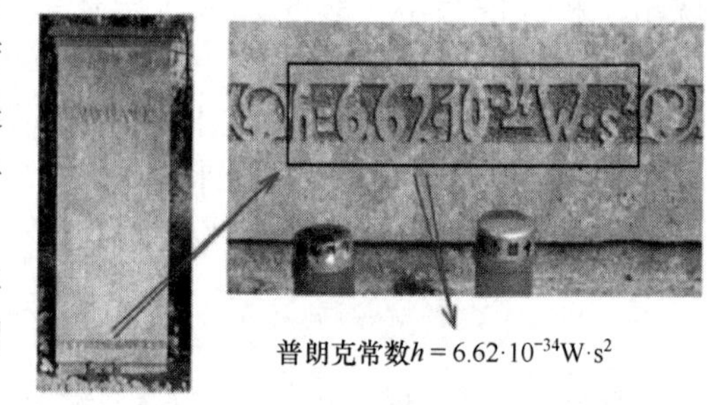

图 A-4 量子论创始人普朗克的墓碑

2. 爱因斯坦的光量子假说

光电效应的最初发现者是著名物理学家赫兹。赫兹是基尔霍夫的学生，他对电学特别感

兴趣，尤其是对麦克斯韦的电磁学理论很熟悉，他希望通过实验来验证麦克斯韦预言的电磁波理论。1888 年赫兹进行的实验如图 A-5 所示。他用一个火花装置产生电磁波，接收端是一个有缺口的金属圆环，他把这两个装置隔开一段距离，这边打火花，那边的圆环缺口上也应该有火花冒出来。为了在观察火花时不被干扰，赫兹特地造了个暗室。果然，他看到有火花感应出来，说明电磁作用可以传播一段距离。他在暗室的一面墙上铺了大片的金属板，这样电磁波就可以反射回来，与入射波叠加，形成“驻波”，有的地方强一点，有的地方弱一点。赫兹前后移动圆环来测量哪里强、哪里弱，依靠这种方法得出的数据反推了电磁波的速度。赫兹发现，电磁波的速度居然跟光是一样的。1889 年，赫兹宣称光就是电磁波，光本质上是一种电磁现象。当然，发现电磁波的过程是复杂的，赫兹一次又一次地重复实验。为了看清微弱的火花，他只能在暗室中操作，然而，在暗室中操作毕竟有诸多不便。因此，他尝试着用黑布把接收端的圆环挡住，如果黑布蒙头能看清楚火花，他就不必在暗室中进行操作了。当他用黑布蒙住接收端的圆环后，没有想到火花消失了，拿走黑布以后火花又出现了。难道黑布能挡住电磁波？他重新调整了缺口大小，把缺口缩小一些，发现即使用黑布挡住也不耽误火花的出现。

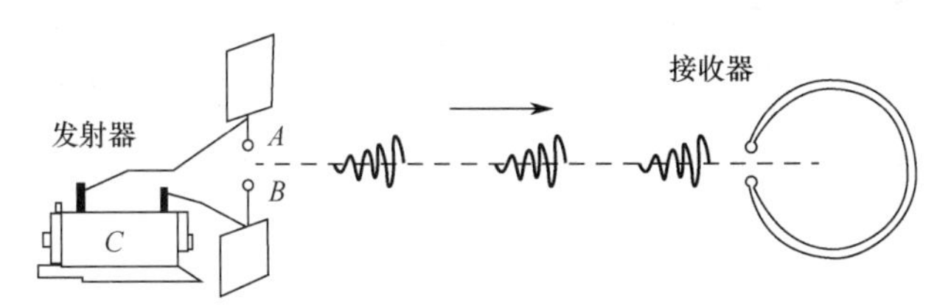

图 A-5　赫兹验证电磁波的实验装置

那么，一块黑布带来了什么差异呢？那就是光照，假如有光照射，火花就可以被拉得更长。没有光照，就必须缩小缺口才能打出火花。他仔细研究后，发现不是任意光照都有效，最好是电弧的光亮。不用黑布，改用一块玻璃遮挡，火花消失了，说明有一种光无法穿透玻璃。他又换上了透光率高的水晶，火花再次出现了。说明这种光能够透过水晶，无法透过普通玻璃。可是用眼睛看，普通玻璃和水晶玻璃没什么差别，难道在可见光波段之外二者有差别吗？利用三棱镜，赫兹解决了这个问题。当用三棱镜照射白光时，白光将变成彩虹色。用红光照射一下试试，没有火花出现；再往频率更高的波段移动，仍然没有火花出现。赫兹最终发现，并不是任意波长的光照都能产生火花，最好是紫外线，才能产生明显的火花，于是赫兹写了一篇论文《紫外线对放电的影响》。这种现象被称为光电效应。

对于光电效应的定量研究，只靠盯着火花大小显然不行，要设计容易测量的实验装置才行。赫兹后来把装置改成金属板，前面放上金属网，金属网接电池正极，金属板接电池负极。回路没有接通时，不应该有持续电流，但是拿弧光一照，居然有电流通过，而且必须是电火花的弧光才行，因为弧光含有大量紫外线。后来汤姆逊做了个著名的实验，证实光电效应就是金属板上的电子飞了出来，被金属网收到了。

1900 年，物理学家勒纳德又有了新发现。当光照射金属板时，将有电子跑出来，这些电子被称为光电子。那么光电子的动能有多大呢？勒纳德给金属板加上了反相电压，只要电压足够，电子就跑不出来。测出反相电压的值，就可以算出光电子的动能。勒纳德发现电压和光照强度没关系。按照经典电磁理论，光越强，能量越多，电子获得的能量就越大，电子的速度就应该更快。但是勒纳德发现电子的动能与光照强度没关系，而是跟光的频率有关。

低于某个频率，无论多强的光，电子都是不出来的。另外，勒纳德还发现，光电效应是瞬时发生的，也就是说，光一照，电子马上就可以从金属中出来，不需要时间的积累。可是按照经典理论，光波的能量是分布在波面上的，电子积累能量需要一段时间，光电效应不可能是瞬时发生的。显然，经典电磁理论无法解释光电效应的实验结果。

1905 年，爱因斯坦（图 A-6）阅读了普朗克的那些早已被大部分权威和他本人冷落到角落里的论文，量子化的思想深深打动了他。凭着一种深刻的直觉，他感到，对于光来说，量子化也是一种必然的选择。虽然麦克斯韦的理论高高在上，但爱因斯坦叛逆一切，并没有为之止步不前。相反，他倒是认为麦克斯韦理论只能对于一种平均情况有效，而对于瞬间能量的发射、吸收等问题，麦克斯韦理论是与实验相矛盾的。从光电效应中已经可以看出端倪。

图 A-6　著名理论物理学家爱因斯坦

既然光电子的动能与频率有关，那么利用普朗克提出的能量子假说不是刚好可以解释吗？现在我们把光也看作光量子，每个光量子的能量也等于 $h\nu$。他认为，当光照射到金属表面时，一个光量子的能量可以立即被金属中的自由电子吸收。只有那些入射光量子的频率或能量足够大，才能使电子克服金属表面的逸出功 A。逸出电子的动能满足

$$\frac{1}{2}mv^2 = h\nu - A$$

而当 $h\nu < A$ 时，电子吸收的能量不足以克服金属表面的逸出功而逃出，因而观测不到光电子。组成光的这种最小的基本单位，爱因斯坦称之为“光量子”（light quanta）。直到 1926 年，美国物理学家刘易斯才把它们换成了今天常用的名词——“光子”（photon）。

从光量子的角度出发，光电效应就可以得到合理的解释了。频率更高的光线，比如紫外光，它的单个量子要比频率低的光线含有更高的能量（$E=h\nu$），因此当它的量子作用到金属表面的时候，就能够激发出拥有更大动能的电子来。而量子的能量和光的强度没有关系，强光只不过包含更多数量的光量子而已，所以能够激发出更多数量的电子来。但是对于低频光来说，它的每个量子都不足以激发出电子，那么，含有再多的光量子也无济于事。1905 年，爱因斯坦在《物理学纪事》杂志上发表了一篇文章，题目是《关于光的产生和转化的一个启发性观点》，提出了光量子假说，解释了光电效应。爱因斯坦也因此获得了 1921 年的诺贝尔物理学奖。

3. 玻尔的氢原子理论

人们对原子结构的认识源于对原子光谱的研究。到 19 世纪中叶，人们对光谱分析积累了相当丰富的资料，其中氢原子光谱一直是光谱学研究的重要课题。人们发现，氢原子光谱是彼此分立的线状光谱，谱线之间的距离都不相同。虽然人们可以计算出每条谱线的波长，但是，这些波长满足什么样的规律却困扰了人们很多年。“狂风不终日，骤雨不终朝”。事情的转变出现在 1885 年。这一年，一个中学数学老师巴尔末偶然看到了氢原子光谱。他对数字及数字之间的规律特别敏感，当他看到氢原子光谱的各个波长时，用了两周的时间给出了氢原子光谱在可见光部分的公式

$$\lambda = B\frac{n^2}{n^2-4} \quad (n=3,4,5,\cdots)$$

后人称为巴尔末公式。把巴尔末公式中等号两边的项都写成倒数，公式的形式看起来更为整齐

$$\tilde{\nu} = \frac{1}{\lambda} = \frac{4}{B}\left(\frac{1}{2^2}-\frac{1}{n^2}\right)$$

随后，在1889年，里德伯将巴尔末公式进行了扩充，得到了这样的一个公式

$$\tilde{\nu} = R_H\left(\frac{1}{k^2}-\frac{1}{n^2}\right) \qquad \begin{array}{l} k=1,2,3,4,5\cdots \\ n=k+1,k+2,\cdots \end{array}$$

称为里德伯公式。这个公式不但在可见光范围内可以和巴尔末公式相吻合，而且可以预测其他未知的谱线。1908年，里兹给出了更普遍的结合原则：每种原子都有它特有的一系列光谱项$T(n)$，原子发出的光谱线的波数$\tilde{\nu}$总可以表示成两个光谱项之差，即

$$\tilde{\nu}_{mn} = T(m) - T(n)$$

其中，m、n是某些整数。

半个世纪的难题解决了，然而新的问题接踵而至，氢原子光谱为什么会呈现出这样的一种规律？当时，人们对原子的内部结构一无所知，这个问题又变得困难重重。

事情再一次转机出现在1897年。约瑟夫·约翰·汤姆逊（J. J. Thomson）在研究阴极射线时发现了电子，人们首次认识到原子是有内部结构的。1904年，汤姆逊提出了原子的实心球模型。他认为，原子中的正电荷均匀分布在半径为10^{-10}m的球体内，电子镶嵌在球体内或球面上，并不停地做简谐振动，向外辐射不同频率的光。这种模型类似于葡萄干蛋糕，被称为葡萄干蛋糕模型。然而这种模型并没有解开氢原子谱线之谜。原子的内部结构真的是这样吗？

“纸上得来终觉浅，绝知此事要躬行”。为了验证汤姆逊提出的葡萄干蛋糕模型是否正确，1911年，汤姆逊的学生卢瑟福做了一个著名的实验——α粒子散射实验，α粒子就是氦原子核。当用α粒子轰击金属铂制成的薄膜时，他们发现大概有1/8000的α粒子偏转大于90°，其中有接近180°的。但是如果汤姆逊的葡萄干蛋糕模型成立，α粒子是不可能出现大角度偏转的。卢瑟福在描述这件事情时说：“这是我一生中碰到的最不可思议的事情，就好像你用一颗15英寸大炮去轰击一张纸而你竟被反弹回的炮弹击中一样。”经过计算，卢瑟福否定了汤姆逊的葡萄干蛋糕模型，提出了一种新的原子模型，即原子的核式模型，或者叫作行星原子模型：原子的全部正电荷和几乎全部质量都集中在原子的中心，称为原子核，核的半径大约为10^{-15}m，电子围绕原子核做圆周运动。

然而卢瑟福的原子核式模型却与经典的电磁理论有着深刻的矛盾。按照经典电磁理论，电子绕核做加速运动时，要辐射电磁波，电磁波的频率就是电子绕核旋转的频率。因辐射电磁波，电子的能量不断减小，转动频率也将不断地改变。这样将导致两个结果：（1）电子最终要塌缩到原子核上；（2）辐射电磁波的光谱是连续的。

卢瑟福的原子核式模型是根据实验得出来的结果，原子的线状光谱也是实验事实，原子的稳定性更加不容置疑，究竟是哪里出了问题？这种情形像一朵乌云一样笼罩在物理学晴朗的天空上。

“云开雾散终有时，守得清心待月明”。此时，是谁打破了僵局，带领大家冲出牢笼？这个人就是尼尔斯·玻尔（图A-7）。玻尔是卢瑟福的学生，对卢瑟福提出的原子核式模型深

图 A-7 丹麦著名物理学家玻尔

信不疑。前面提到，1900 年，普朗克为了解决黑体辐射的问题，提出了能量子假说；1905 年爱因斯坦发展了能量子假说，提出了光量子假说，成功地解释了光电效应的问题。受到量子论思想的启发，玻尔认为要想解决原子核式模型和经典电磁理论的矛盾，必须用量子论对经典物理进行一番改造。1913 年，玻尔发表了《论原子构造与分子构造》等三篇论文，正式提出了关于原子稳定性和量子跃迁理论的三条假设，成功解决了原子核式模型和经典电磁理论之间的矛盾。来看一下这三条假设：

（1）定态假设：原子能够而且只能够稳定地存在于能量分立（$E_1, E_2, \cdots$）的一系列状态中。这些状态称为定态。

（2）跃迁假设：原子能量吸收或发射电磁辐射都只能在两个定态之间以跃迁的方式进行。

设原子的两个定态能量分别为 E_n 和 E_m，且 $E_n > E_m$。原子在这两个定态之间跃迁时，发射或吸收的电磁波的频率 ν 满足

$$h\nu = E_n - E_m$$

或

$$\frac{1}{\lambda} = \frac{1}{hc}(E_n - E_m)$$

（3）角动量量子化假设：做圆轨道运动电子的角动量 J 只能是 $\hbar$ 的整数倍

$$J = n\hbar \quad (n = 1,2,3,\cdots)$$

下面具体来看这三条假设是如何化解原子核式模型和经典电磁理论之间的矛盾的。刚刚我们说过，矛盾体现在两个方面：原子的稳定性问题和线状光谱问题。首先来看原子的稳定性问题。玻尔的第一条假设是定态假设，就是说电子处在一系列能量不连续的定态，处于定态时，虽然绕核运动，但是并不会向外辐射电磁波，既然不会向外辐射能量，原子就是稳定的，这样就成功解释了原子的稳定性问题。再来看玻尔的三条假设如何解释原子的线状光谱问题。这个需要做一些简单的推导，以氢原子为例，把玻尔的量子化条件和牛顿定律联立一下，认为电子绕核运动的库仑力提供了向心力，这样可以计算出每个定态的能量为

$$E_n = -\frac{me^4}{8{\varepsilon_0}^2h^2}\frac{1}{n^2}$$

根据第二条假设，电子从一个能量为 E_n 的稳定态跃迁到另一能量为 E_k 的稳定态时，要吸收或发射一个频率为ν的光子，有

$$\widetilde{\nu} = \frac{1}{\lambda} = \frac{E_n}{hc} - \frac{E_k}{hc} = \frac{me^4}{8{\varepsilon_0}^2h^3c}\left(\frac{1}{k^2} - \frac{1}{n^2}\right) = R_H\left(\frac{1}{k^2} - \frac{1}{n^2}\right)$$

式中，$R_H = \frac{me^4}{8{\varepsilon_0}^2h^3c} = 1.097\,373\,1\times10^7\ \mathrm{m}^{-1}$。如果考虑到原子核的运动，修正值为 $R_H = 1.096\,775\,1\times10^7\ \mathrm{m}^{-1}$，与实验结果 $R_H = 1.096\,775\,8\times10^7\ \mathrm{m}^{-1}$ 符合得很好。

玻尔的成功，使人类对于原子有了深入的认识，同时使量子理论取得了重大进展，推动了量子物理学的形成，具有划时代的意义。1922 年 12 月 10 日，在诺贝尔诞生 100 周年之际，玻尔在瑞典首都接受了当年的诺贝尔物理学奖。但是玻尔理论的局限性和存在的问题也

逐渐被人们认识到：玻尔理论只能解决氢原子光谱的规律，对于更复杂的原子的光谱，就遇到很大困难；玻尔理论只能处理周期运动，而不能处理非束缚态（如散射）问题；从理论体系上讲，能量量子化等概念与经典力学是不相容的，多少带有人为的性质，它们的物理本质还不清楚。

至此，早期量子论基本上告一段落。这之后，量子力学将进入一个新的发展阶段。

二、量子力学的发展

1. 德布罗意的物质波假说

路易·维克多·德布罗意（图 A-8），法国著名物理学家，是物质波理论的创立者、量子力学的创始人之一。路易·维克多·德布罗意在埃菲尔铁塔上的军用无线电报站服役。平时爱读科学著作，特别是庞加莱、洛伦兹和朗之万的著作，后来对普朗克、爱因斯坦和玻尔的工作产生了兴趣。退伍后跟随朗之万攻读物理学博士学位。他的兄长莫里斯·德布罗意是一位研究 X 射线的专家，路易斯·维克多·德布罗意曾随莫里斯一起研究 X 射线，两人经常讨论有关的理论问题。莫里斯曾在 1911 年第一届索尔维会议上担任秘书，负责整理文件。那次会议的主题关于辐射和量子论，会议文件对路易·维克多·德布罗意有很大启发。莫里斯和另一位 X 射线专家亨利·布拉格联系密切。亨利·布拉格曾主张过 X 射线的粒子性。这个观点对莫里斯影响很大，所以他经常跟弟弟讨论波和粒子的关系。这些讨论对路易·维克多·德布罗意有很大的影响。

图 A-8 法国著名物理学家德布罗意

在玻尔的氢原子理论发表之后，路易·维克多·德布罗意经常会思考一个问题：如何能够在玻尔的原子模型里面自然地引入一个周期的概念，以符合观测到的现实。原本，这个条件是强加在电子上面的量子化模式：电子的轨道是不连续的。可是，为什么必须如此呢？在这个问题上，玻尔只是态度强硬地做了硬性规定，而没有解释理由。

法国物理学家布里渊在 1919—1922 年间发表了一系列关于玻尔原子理论的论文，试图解释只存在分立的定态轨道这样一个事实。布里渊认为，电子在运动的时候会激发周围的“以太”，这些被振荡的“以太”形成一种波动，它们互相干涉，在绝大部分地方抵消掉了，因此电子不能出现在那里。路易·维克多·德布罗意读过布里渊的文章后，认为干涉抵消的说法有可能，但“以太”并不令人信服。因此他把以太的概念去掉，把以太的波动性直接赋予电子本身，对原子理论进行了深入探讨。

1923 年 9—10 月，路易·维克多·德布罗意连续在《法国科学院通报》上发表了三篇有关波和量子的论文。第一篇论文的题目是“辐射——波与量子”，在这篇论文中，德布罗意借用了爱因斯坦的相对论。根据爱因斯坦著名的质能关系式，如果电子有质量 m，那么它一定有一个内禀的能量 $E=mc^2$。而根据普朗克的能量子假说，$E=h\nu$，对应这个能量，电子一定会具有一个内禀的频率。这个频率的计算很简单，因为 $mc^2=E=h\nu$，所以 $\nu=mc^2/h$。

现在已经计算出电子的内在频率，那么频率是什么呢？它是某种振动的周期。因此我们又可以得出结论，电子内部有某些东西在振动。是什么东西在振动呢？德布罗意借助相对论开始了他的运算，结果发现，当电子以速度 v_0 前进时，必定伴随着一个速度为 c^2/v_0 的波。尽管这个速度比光速还快，然而它并不违反相对论。路易·维克多·德布罗意证明，这种波不能携带实际的能量和信息，因此并不违反相对论。路易·维克多·德布罗意把这种波称为“相波”（phase wave），后人为了纪念他，也称其为“德布罗意波”。计算这个波的波长很容易，只需要简单地把上面得出的速度除以它的频率即可：$\lambda=(c^2/v_0)/(mc^2/h) = h/mv_0$。在其第二篇题目为“光学——光量子、衍射和干涉”的论文中，路易·维克多·德布罗意提出如下设想：“在一定情形中，任一运动质点都能够被衍射。穿过一个相当小的开孔的电子群会表现出衍射现象。正是在这一方面，有可能寻得我们观点的实验验证”。在第三篇题目为“量子气体运动理论及费马原理”的论文中，他进一步提出：“只有满足位相波谐振，才是稳定的轨道”。在其第二年的博士论文中，他更明确地写下了：“谐振条件是 $l = n\lambda$，即电子轨道的周长是位相波波长的整数倍”。

德布罗意在这里并没有明确提出物质波这一概念，他只是用位相波或相波的概念，认为可以假想有一种非物质波。可是究竟是一种什么波呢？在他的博士论文结尾处，他特别声明：“我特意将相波和周期现象说得比较含糊，就像光量子的定义一样，可以说只是一种解释，因此最好将这一理论视为物理内容尚未说清楚的一种表达方式，而不能视为最后定论的学说”。物质波是在薛定谔方程建立以后，诠释波函数的物理意义时才由薛定谔提出的。

德布罗意的博士论文震惊了所有人，电子居然是一个波？这个想法太不可思议了。虽然他凭借着出色的答辩最终获得了博士学位，但他并未说服所有的评委，人们仍然倾向于认为相波只是一个方便的理论假设，而非物理事实。在答辩会上，有人提问有没有办法验证这一新的观念，德布罗意答道：“通过电子在晶体上的衍射实验，应当有可能观察到这种假定的波动效应”。在他兄长的实验室中有一位实验物理学家道威利尔曾试图用阴极射线管做这样的实验，试了一试，没有成功，就放弃了。后来分析，可能是电子的速度不够大，当作靶子的云母晶体吸收了空中游离的电荷，如果实验者认真做下去，可能会做出结果来的。

后来德布罗意的相波假说引起人们注意是由于爱因斯坦的支持。朗之万曾将德布罗意的论文寄给了爱因斯坦，爱因斯坦看到后非常高兴。他没有想到，自己创立的有关光的波粒二象性观念，在德布罗意手里发展成如此丰富的内容，竟然扩展到了运动粒子。爱因斯坦高度评价了德布罗意的工作，称德布罗意“揭开了大幕的一角”。当时爱因斯坦正在撰写有关量子统计的论文，于是就在其中加了一段介绍德布罗意的工作。他写道：“一个物质粒子或物质粒子系可以怎样用一个波场相对应，德布罗意先生已在一篇很值得注意的论文中指出了。”这之后，德布罗意的工作获得大家的关注。

1927 年，戴维逊和革末的电子衍射实验证实了德布罗意假设的正确性。同年，瑟夫·约翰·汤姆逊做了电子束穿过多晶薄片的衍射实验，衍射图样和 X 射线通过晶体粉末后产生的衍射条纹极其相似，这也说明了电子和 X 射线一样，在通过晶体薄片后有衍射现象，并且证实了电子衍射时的波长也符合德布罗意公式。有了实验的证实，德布罗意的理论作为大胆假设而成功的例子获得了普遍的赞赏，从而使他获得了 1929 年诺贝尔物理学奖。

2. 海森堡建立矩阵力学

玻尔的氢原子理论表明，电子在围绕着原子核做圆周运动，但是轨道半径不是任意的，轨道半径符合某种整数规律，轨道才能稳定存在，这就是轨道的量子化规则。假如电子从高能轨道跳到另一个低能轨道，就会发射出光子。正因为能级差是固定的，因此发射出的光谱也仅仅是有限的几个频率，我们就看到了光谱上那一道道发射线。

玻尔的原子模型里面有个人为的规定，那就是轨道不连续，而且轨道是量子化的。这背后隐含着什么呢？德国物理学家海森堡（图 A-9）注意到了这个问题。海森堡认为，假如不进行检测，凭什么说电子存在特定轨道呢？仅仅通过观察到电子从一个能级跳到了另一个能级，就能认为电子是从一个轨道跳到了另一个轨道，能级就一定是圆轨道吗？

图 A-9　德国物理学家海森堡

于是，海森堡抛开圆轨道概念，开始了另外一条道路的探索。首先，他需要先画个表格来统计一下能级。我们可以通过公交车或者地铁的票价进行类比。现在大家在坐公交车或者地铁的时候，假如是分段计价的，那么经常会看到一张大表格。横坐标是起点，纵坐标是终点，你找好起点终点，就可以在表格里面看到车票的价钱。海森堡开始思考，电子跳来跳去，总要有不同的能级，其实道理就跟公交车或者地铁不同站之间的票价是一回事。当电子从这个能级跳到那个能级时会放出什么频率的光，根据表格就可以得出。动量一张表，再乘以位置一张表，表格跟表格之间应该如何相乘呢？海森堡惊奇地发现，他发明的这个表格之间的乘法有个奇怪的特性，那就是不符合乘法交换律，A×B 跟 B×A 结果不一样。

在海森堡发明的表格中，除了乘法不满足交换律，其他部分都令人满意。在这些表格中，自然而然地出现了不连续的状况，不需要玻尔硬性规定轨道不连续，并且海森堡尽量少用假想出来的东西，参与计算的那些物理量都是可测量的。这篇论文后来被人们称为“一个人的文章”，这是量子力学史上里程碑式的伟大篇章。早期量子论全面退场，新量子力学时代就要来临了。

海森堡的老师玻恩看到了他的研究成果之后，发现海森堡的表格其实就是数学中的矩阵，矩阵的乘法是不满足乘法交换律的。于是玻恩就和他的助手约尔当一起，借助矩阵力学，把海森堡的研究结果重新整理了一下。论文写得非常详细，因为当时大部分物理学家都不懂矩阵，因此论文还要从矩阵的计算方法写起。先对数学矩阵知识进行科普，然后才能切入正题讲海森堡的矩阵力学。他们有了数学上的矩阵工具，立刻就大显神威，计算出了跟经典力学兼容的系统，经典力学就是他们这套矩阵力学的一个特例。矩阵力学是经典力学的扩展，比如能量守恒，在矩阵力学的推导下，能量也是守恒的。玻恩和约尔当发表了这篇论文，史称“两个人的文章”。后来，海森堡和玻恩及约尔当三人又重新写了一篇文章，把海森堡的矩阵力学从一个自由度扩展到所有的自由度上，彻底建立了新力学的主题，这篇文章史称“三个人的文章”。

新力学体系在理论上获得了巨大的成功。物理学家泡利在写给克罗尼格的信里说：“海森堡的力学让我有了新的热情和希望。”随后他很快就给出了极其有说服力的证明，展示新理论的结果和氢原子的光谱符合得非常完美，从量子规则中，巴尔末公式可以被自然而然地推导出来。

但是，对于当时其他的物理学家来说，海森堡的新力学体系是非常难以令人接受的。矩阵这种纯粹的数学形式，不给人以任何想象的空间。人们一再追问，这里面的物理意义是什么？海森堡则认为，所谓“意义”是不存在的，如果有的话，那数学就是一切“意义”所在。物理学是什么？物理学就是从实验观测出发，并以庞大复杂的数学关系将它们联系起来的一门科学，如果说有什么“图像”能够让人们容易理解和记忆的话，那也是靠不住的。

矩阵力学对大部分人来说都太陌生、太遥远了，而隐藏在它背后的深刻含义当时还远远没有被发掘出来。半年后，当薛定谔以人们所喜闻乐见的传统方式发布他的波动方程时，几乎全世界的物理学家都松了一口气：他们终于不必再费劲地学习海森堡那异常复杂的矩阵力学。当然，我们必须承认，矩阵力学本身的伟大含义是不容怀疑的。

3. 薛定谔建立波动力学

薛定谔（图 A-10）建立波动力学的灵感来源于德布罗意所提出的电子的“相波”假设。1923 年，德布罗意的研究揭示了伴随每个运动的电子，总有一个如影随形的“相波”。这一方面为物质的本性究竟是粒子还是波蒙上了更为神秘莫测的面纱，另一方面也提供了通往最终答案的道路。

图 A-10 奥地利著名物理学家薛定谔

薛定谔从爱因斯坦的文章中得知了德布罗意的工作。他在 1925 年 11 月 3 日写给爱因斯坦的信中说：“几天前我怀着最大的兴趣阅读了德布罗意富有独创性的论文，并最终掌握了它。我是从你那关于简并气体的第二篇论文的第 8 节中第一次了解它的。”把每个粒子都看作类波的思想对薛定谔来说非常具有吸引力，他很快就在气体统计力学中应用这一理论，并发表了一篇《论爱因斯坦的气体理论》的论文。从中可以看出，德布罗意的思想已经最大程度地获取了薛定谔的信任。

在领悟了德布罗意的思想后，薛定谔决定把它用到原子体系的描述中去。我们已经知道，原子中电子的能量不是连续的，它由原子的分立谱线充分地证实。为了描述这一现象，玻尔强加了一个“分立能级”的假设，海森堡则运用庞大的矩阵，经过复杂的运算后导出了这一结果。而薛定谔则认为，不用引入外部的假设，只要把电子看成德布罗意波，用一个波动方程去表示它就行了。

薛定谔一开始想从建立在相对论基础上的德布罗意方程出发，将其推广到束缚粒子中。为此他得出一个方程，不过不太令人满意，因为没有考虑电子自旋的情况。当时自旋刚刚发现不久，薛定谔还对其一知半解。于是，他回过头来，从经典力学的哈密顿-雅可比方程出发，利用变分法和德布罗意公式，最后求出了一个非相对论的波动方程，形式为

$$\mathrm{i}\hbar\frac{\partial\psi}{\partial t}=-\frac{\hbar^2}{2\mu}\nabla^2\psi+U(\vec{r},t)\psi$$

这便是名震 20 世纪物理史的薛定谔波动方程。

如果求解方程 $\sin(x) = 0$，答案将会是一组数值，x 可以是 0、π、2π 或者 $n\pi$。$\sin(x)$的函数是连续的，但方程的解却是不连续的，依赖于整数 n。同样，我们求解薛定谔方程中的能量得到一组分立的答案，其中包含量子化的特征：整数 n。我们的解精确地吻合于实验，原子的神秘光谱不仅能从矩阵力学中被推出，而且可以从波动方程中被自然地推导出来。

现在，我们能够非常形象地理解为什么电子只能在某些特定的能级上运行了。现在把电子的振动跟吉他上一根弦的振动进行类比：当弦被拨动时，它便振动起来。但因为吉他的弦的两头是固定的，所以它只能形成整数波节。如果一个波长是 20cm，那么弦的长度显然只

能是 20cm、40cm、60cm……而不可以是 50cm，因为如果弦的长度是 50cm，就包含半个波，和它被固定的两头互相矛盾。假如弦形成了某种圆形的轨道，就像电子轨道那样，那么这种“轨道”的大小显然也只能是某些特定值。如果一个波长为 20cm，轨道的周长也就只能是 20cm 的整数倍，不然就无法头尾互相衔接了。

从数学上来说，这个函数叫作“本征函数”(eigenfunction)，求出的分立的解叫作“本征值”(eigenvalue)，所以薛定谔的论文题目就叫作《量子化是本征值问题》。从 1926 年 1 月起到 6 月，他一连发了四篇以此为主题的论文，彻底建立了另一种全新的力学体系——波动力学。后来有人声称，薛定谔的这些论文“包含了大部分的物理学和全部化学”。在这四篇论文中，有一篇论文的题目为《从微观力学到宏观力学的连续过渡》，证明了古老的经典力学只是新生的波动力学的一种特殊表现，它完全地被包容在波动力学内部。

方程一出台，几乎全世界的物理学家都为之欢呼。普朗克称其为“划时代的工作”，爱因斯坦说“……您的想法源自真正的天才”“您的量子方程已经迈出了决定性的一步”。

然而，矩阵力学的创立者海森堡却对波动力学表现出了极大的不满。因为波动力学和矩阵力学表面上看起来是完全不同的两种理论，海森堡和薛定谔各自认为自己的理论才是正确的。这种对峙局面到了 1926 年 4 月出现了一些缓和，因为薛定谔、泡利、约尔当都证明了两种力学在数学上来说是完全等价的。事实上，追寻它们各自的“家族史”，发现它们都是从经典的哈密顿函数而来的，只不过一个从粒子的运动方程出发，另一个从波动方程出发罢了。而光学和运动学早就已经在哈密顿本人的努力下被联系在了一起，所以说矩阵力学和波动力学其实可以说“本是同根生”了。从矩阵出发，可以推导出波函数的表达形式，而反过来，从波函数也可以导出矩阵。1930 年，狄拉克出版了一本经典的量子力学教材，两种力学被完美地统一起来，作为一个理论的不同表达形式而出现在读者面前。

4. 玻恩的概率波理论

薛定谔认为不管是粒子、电子还是光子，它们在本质上都是波，都可以用波动方程来表达其基本的运动方式。波函数在各个方向上都是连续的，它可以被视为某种振动。但是，薛定谔的波动方程构造了一个体系的波函数 Ψ，通过代入计算得出。Ψ 是空间中定义的某种分布函数，但是 Ψ 的物理意义是什么，人们还不清楚。薛定谔认为，Ψ 代表一个空间分布函数，当它和电子的电荷相乘时，就代表了电荷在空间中的实际分布。

图 A-11 德国著名物理学家玻恩

但是玻恩（图 A-11）却不这么认为。玻恩认为概率才是薛定谔方程中波函数的合理解释，也就是说，Ψ 的平方代表的是电子在某个地方出现的概率。电子本身不会像波那样扩展开来，但是它出现的概率则像一个波，严格地按照 Ψ 的分布展开。

为进一步说明波函数的物理意义，我们回顾一下电子双缝干涉实验，如图 A-12 所示，并且用两种方式来完成此实验。第一种方式：让一束电子同时发射，出现类似于光的干涉图样，如图 A-13 所示。第二种方式：让电子一个一个地发射，结果如何？实验发现，最初屏上呈现一个个电子到达后形成的亮点，当屏上电子数目不够多时看不出什么规律。但随着电子数目的不断增加，当这些亮点连成片时，却出现和大量电子同时发射时一样的干涉条纹，如图 A-14 所示。

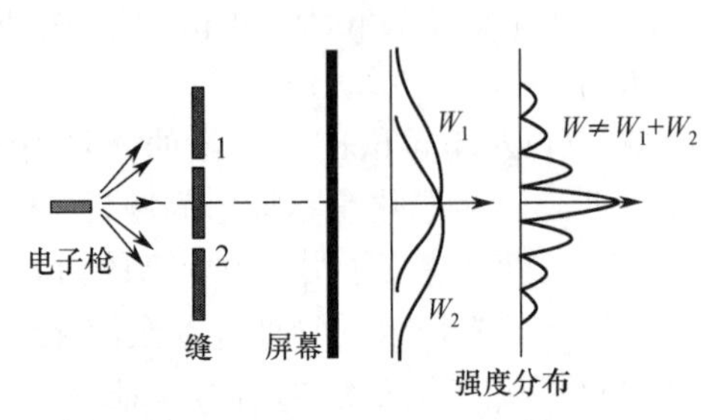

图 A-12　电子双缝干涉实验

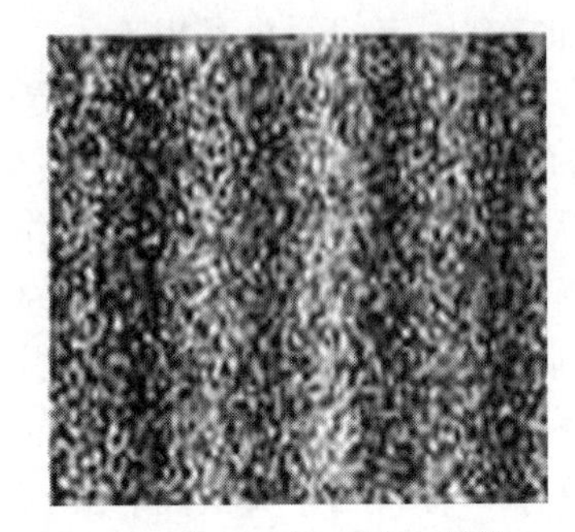

图 A-13　电子双缝干涉实图样

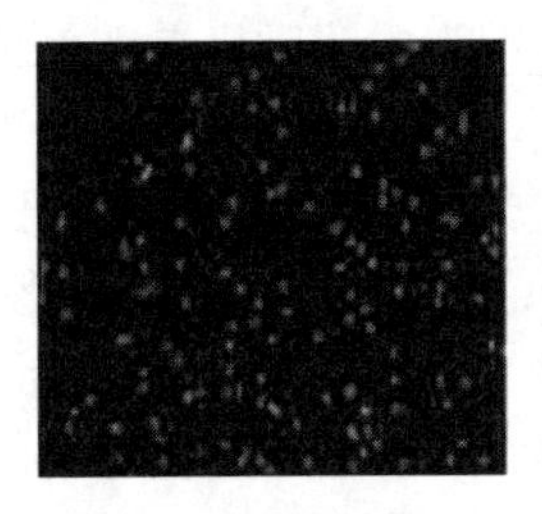
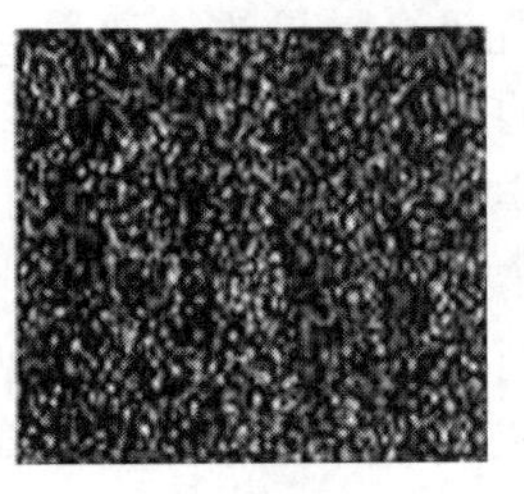
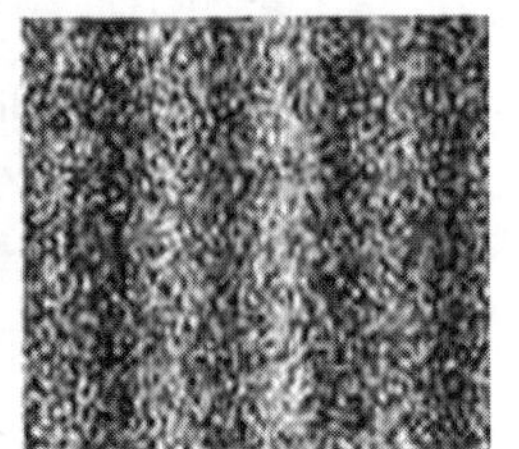

图 A-14　电子一个一个发射时的干涉图样

这是一个令人惊奇的结果，它表明：在明纹处，电子数目较多或电子到达该处的概率较大；在暗纹处，电子数目较少甚至为零或电子到达该处的概率较小甚至为零。更确切地说，屏幕上某点附近干涉花样强度（即波的强度）正比于该点附近电子出现的数目，或者说正比于该点附近电子出现的概率。也就是说，电子发射后经过双缝到达屏上哪一点事先是无法确定的，但可以确定它落到某点处的概率。所以，不论是德布罗意的物质波，还是薛定谔的波函数，都不是实在的物理量的波动，只不过是描述粒子空间概率分布的概率波而已。

玻恩认为，就算把电子的初始状态测量得精确无误，也不能预言电子最后的准确位置。这种不确定不是因为计算能力不足，而是深藏于物理定律内部的一种属性，即便从理论上来说，我们也不能准确地预测大自然。

显然，这已经不是推翻某个理论的问题，而是对整个决定论系统的挑战，我们知道，根据牛顿的引力和力学定律，通过了解物体的初始条件和受力情况，可以预测大到宇宙星辰，小到苹果的运动情况，而现在玻恩的概率论则挑战了这一切。如果我们失去了预测能力，那么物理定律变成了随机的掷骰子吗？那物理学的存在还有什么价值?

经典的决定论遭到了量子论的严重挑战，后来的混沌动力学的兴起使得它被彻底地被打垮。现在我们知道，即便没有量子力学的挑战，就牛顿方程本身来说，许多系统是极不稳定的，任何细小的干扰都会对系统的发展造成巨大的影响，比如蝴蝶效应。现在的天气预报已经改成概率性的说法，比如，明天的降水概率是 30%。

基于在量子力学领域所做的基础研究，特别是波函数的统计解释，玻恩与博特共享了 1954 年的诺贝尔物理学奖。

然而，爱因斯坦对于玻恩的概率论解释却深表不满。要知道无论是亚里士多德还是牛顿，无论是电磁学方程还是相对论，一切都建立在牢固的决定论基础之上。尽管爱因斯坦本人提出过光量子的假设，也在量子论发展过程中起到了奠基性的作用，但是他始终坚信量子论只是权宜之计，它在根上还是有毛病的、不够完善的，人们更应该回到严格的符合因果性的决定论上来。最后，他抛出物理学史上著名的话：上帝不掷骰子。而薛定谔对于玻恩的概率论解释也始终持反对态度，最终落了个“薛定谔不懂薛定谔方程”这样的历史考语。

在这么大的哲学命题之前，难道玻恩就没有任何疑惑吗？不可能，但是当断不断、反受其乱，怎么办？玻恩说他本人倾向于在研究微观世界时放弃决定论，但这是一个哲学问题，也不是仅凭物理学就能决定的。另一方面，玻恩的概率论也不是那么完美的，它没办法解释粒子同时经过两条缝时发生自我干涉的问题，所以争论依旧在继续。

5. 不确定原理与互补原理

在海森堡的矩阵力学中，一个奇怪的规则就是乘法交换律不再适用了，即 $p \times q \neq q \times p$。这就意味着，先观测动量 p 再观测动量 q 和先观测 q 再观测 p，结果是不同的，这意味着什么？海森堡对此提出了一个新的构想：如果同时测量电子的位置和速度会如何呢？但是他又意识到这是个伪命题，无法成立。比如拿一个温度计测量一杯水的温度，必定要将温度计放人水中一段时间才能保证测量结果准确，但是温度计又改变了水原本的温度；如果温度计放入水中的时间很短，虽然水温因温度计的变化可以忽略不计，但是温度计测量的结果肯定又不准确。也就是说，要么不测量，要么测量了也不知道水的真实温度，所以我们永远都不知道水的真实温度，这和绝对时间一样。电子也是如此，要知道电子的具体位置必须用仪器测量。假设人们已经先进到能制作出一台无比厉害的显微镜，能够让肉眼通过显微镜观察到电子。而问题是肉眼必须通过光线才能看到物体，当光线照到电子时，电子的运动特征已经被光子改变了。换句话说，我们无法同时得知电子的位置和速度，先测量速度，位置就有误差，而先测量位置，速度就有误差，也就是测不准。海森堡还通过矩阵计算出这两个误差的乘积不小于某个常数

$$\Delta x \cdot \Delta p_x \geqslant \frac{\hbar}{2}$$

海森堡通过对确定原子磁矩的斯特恩-盖拉赫实验的分析证明，原子穿过偏转所费的时间 T 越长，能量测量中的不确定性 ΔE 就越小。再加上德布罗意关系 $\lambda = h/p$，海森堡得到了能量和时间的不确定关系

$$\Delta E \cdot \Delta t \geqslant \frac{\hbar}{2}$$

并且给出结论：“能量的准确测定如何，只有靠相应的对时间的测不准量才能得到。”

1927 年 3 月海森堡发表论文，阐述了该原理——测不准原理，现在翻译成具有普适性的名字就是“不确定原理”。

海森堡的测不准原理得到了玻尔的支持，但玻尔不同意他的推理方式，认为他建立测不准关系所用的基本概念有问题，双方发生了激烈的争论。玻尔的观点是测不准关系的基础在于波粒二象性，他说：“这才是问题的核心。”而海森堡说：“我们已经有了一个贯彻一致的数学推理方式，它把观察到的一切告诉了人们。在自然界中没有什么东西是这个数学推理方式不能描述的。”玻尔则说：“完备的物理解释应当绝对地高于数学形式体系。”

玻尔更着重于从哲学上考虑问题。1927 年玻尔做了《量子公设和原子理论的新进展》的演讲，提出了著名的互补原理。他指出，在物理理论中，平常大家总是认为可以不必干涉所研究的对象，就可以观测该对象，但从量子理论来看却不可能，因为对原子体系的任何观

测，都将涉及所观测的对象在观测过程中已经有所改变，因此不可能有单一的定义，平常所谓的因果性不复存在。对经典理论来说是互相排斥的不同性质，在量子理论中却成了互相补充的一些侧面。这也就意味着，电子究竟是什么无关紧要，因为那是一种不可观测的状态，既然无法观测，那么就没有意义。只有在观测之后，我们才能知道电子到底是何方神圣。试想一下，当我们闭上双眼时，感觉电子就像雨雾一样遵照波函数在房间里舒展开来，等我们一睁眼，它就坍缩成了一个粒子。难道是人为的观测决定了电子的性质？玻尔认为是的，其实不光是电子，整个世界都是如此，如果某个事物不能给定一种观测手段，那么这个事物就没有任何意义。决定论不是受到了质疑，而是已经不复存在了。

玻尔提出的互补原理、玻恩的概率波解释及海森堡的不确定原理构成了量子力学的三大支柱。以玻尔、玻恩、海森堡为代表的一批物理学家关于量子力学的诠释不断发展，形成了对 20 世纪物理学和哲学有重大影响的学派，人们称之为哥本哈根学派。

哥本哈根学派提出量子力学的诠释以后，不久就遭到了爱因斯坦和薛定谔等人的批评，他们不同意对方提出的互补原理、概率波解释和不确定原理。双方展开了一场长达半个世纪的大论战，许多理论物理学家、实验物理学家和哲学家卷入了这场论战，这一论战至今还未结束。

三、关于量子力学完备性的争论

1. 索尔维会议——决战量子之巅

热心的比利时实业家索尔维出资办了个会议，会议以他的名字命名，称为索尔维会议。索尔维和诺贝尔差不多，都是有钱的实业家，而且把大部分钱都捐给了科学事业。索尔维会议每 3 年召开一次，第一届是在 1911 年召开的，参会者有洛伦兹、卢瑟福、普朗克、爱因斯坦、居里夫人等众多物理学界的知名人物。后来会议因第一次世界大战被迫中断，1921 年重新召开，到了 1927 年已经是第五届了。

第五届索尔维会议的参会人员可谓是科学史上的梦之队，云集了洛伦兹、普朗克、爱因斯坦、玻尔、薛定谔、海森堡、泡利等一批知名科学家，其中还有美丽的居里夫人。论资历，洛伦兹算是最老的了，他曾参加过第一届索尔维会议，因此洛伦兹被尊为大会主席，主持大会的召开。图 A-15 是第五届索尔维会议代表合影，洛伦兹和爱因斯坦居于 C 位，表明他们是当时物理学界的泰山北斗，这张照片可以认为是 20 世纪上半叶最杰出物理学家的一张全家福了。第五届索尔维会议基本完成了量子力学的综合工作，故这次会议的召开被认为是量子力学的正式诞生。

大会先宣读 5 篇报告：布拉格的《X 射线反射的强度》、康普顿的《辐射实验与电磁定理间的不一致》、德布罗意的《量子的新动力学》、玻恩和海森堡的《量子力学》、薛定谔的《波动力学》。宣读完这 5 篇报告，接下来就是自由讨论阶段。

第一天，一切平静，布拉格和康普顿宣读报告，大家都洗耳恭听，然后做了发言。第二天，德布罗意开始发言，讲述他的相波理论。他的概念是，每次对电子进行测量只能看到电子的一个面，就像盲人摸象一样。可以摸到波动性这一面，也可以摸到粒子性那一面。波粒二象性就意味着既是粒子又是波，你摸到哪一面，由你的观测方法决定。泡利听完马上蹦起来火力全开，海森堡还在一边儿帮腔。然而按照哥本哈根学派的理解，其实电子在测量之前啥也不是，测量的过程才决定了它的状态，关系恰好是倒置的，因此泡利和海森堡提出了明确的反对意见。第三天上午，海森堡和玻恩联合发言，内容包括数学体系、物理解释、不确定性原理、量子力学的应用。第三天下午，薛定谔做报告，讲的是波动方程，同时表达了对会议第二天德布罗意所提出理论的支持。他刚发言完毕，台下站起来三个人——玻尔、玻恩、海森堡，马上提出了明确的反对。此时薛定谔以期盼的眼神盯着爱因斯坦，期望能得到爱因斯坦的援助，但爱因斯坦一言不发，保持沉默。第四天，休会。第五天开始自由讨论。大家都想站起来发言，会场上一片混乱，德语、英语、法语吵成一片。在这种情况下，大会主席洛伦兹只好让大家安静下来，点名后才能发言。首先点名玻尔发言，玻尔就阐述了观测的意义。玻尔认为，对于电子来说，你不观测它的时候，讨论它存在不存在是没有意义的。物理学的任务不是要找出自然是什么，而是对于自然，我们能说什么。玻尔的理论牵扯到哲学，很多物理学家不能接受，包括爱因斯坦，因为他把物理学的意义给改了。只有哥本哈根学派的几个人表示赞同。这时候，爱因斯坦终于发言了，同一阵营的薛定谔和德布罗意总算是松了一口气。爱因斯坦是思想实验的大师，他设计了一个思想实验：假如板子上有个小孔，一个电子飞过去，那么电子穿越小孔的时候将发生衍射现象，我们现在有两种办法解释这一现象。假如用德布罗意和薛定谔的说法，这个电子其实是个波，也就是一大坨云彩穿过了小孔发生衍射。第二种说法就是用哥本哈根学派的说法，的确有一个电子，而波函数是它的“分布概率”，电子本身不扩散到空中，而是它的概率波。爱因斯坦承认，观点二是比观点一更加完备的，因为它包含了观点一。尽管如此，爱因斯坦仍然说他不得不反对观点二。爱因斯坦认为，电子冲过小孔之后，按照波函数计算，它打到屏幕上任何一点的概率都不一样，但是概率都不为 0。在电子打中屏幕之前，任何一点都有“中刀”的可能性。电子自己决定打中 A 点，事情突然发生变化，电子落到了 A 点上，A 点的概率突然变成了 100%，其他点突然变成了 0，好像这消息传得太快了一点儿吧，别的点是怎么知道电子已经打中了 A 点呢？而且别的点不管离得多远，都能瞬间知道，不需要时间传递消息吗？这是违反狭义相对论的。爱因斯坦说，你们逻辑有问题，依我看，电子通过小孔以后，有很

图 A-15　第五届索尔维会议代表合影

多条路径可以走，电子只是走了其中一条。我们现在不知道电子是怎么选择路径的，也不知道是什么因素在控制着电子选择路径，因此量子力学给出的计算只能计算到概率。从这

个角度来讲，量子力学是不完备的，只是个阶段性成果，远不是事物的本来面目。而哥本哈根学派则反驳说，波函数只是一个抽象的概率波，不是真实飘荡在空间中的波，所以它在 A 点坍缩时，不需要把消息传递给其他各点，也就是说，其他各点的波函数不需要接到 A 点的通知，就能在同一时刻把概率集中到 A 点，不管离 A 点有多远。爱因斯坦自然对这种解释不满意，他坚信“上帝是不掷骰子的”。玻尔马上展开反击，“别指挥上帝该怎么做”。一场持续了半个世纪的争论便由此开始了。

灯不拨不亮，理不辩不明。第五届索尔维会议的召开大大促进了量子力学的发展，哥本哈根学派在争论中占据了显著的优势，越来越多的人领悟到了哥本哈根学派的核心意义并传播开来，最终形成了目前量子力学最正统的诠释。

在第五届索尔维会议上的争论中，爱因斯坦处于下风，但他的内心是不服气的，等待着新时机的到来。终于，物理学家们迎来了 1930 年的第六届索尔维会议。会议刚一开始，爱因斯坦主动出击，用一个被人们称为“爱因斯坦光子箱”的理想实验为例，试图从能量和时间这一对正则变量的测量上来批驳不确定原理。为了提高测量时间和能量精确度，爱因斯坦想出了一种办法。他考虑一个具有理想反射壁的箱子（图 A-16），里面充满辐射。箱子上有一快门，用箱内的时钟控制，快门启闭的时间间隔 Δt 可以任意短，每次只释放一个光子，能量可以通过质量的变化来测量。只要测出光子释放前后整个箱子重量的变化，就可以根据相对论质能转换公式 $E=mc^2$ 计算出来，箱内少了一个光子，能量相应地减小 ΔE，ΔE 可以精确测定。这样，Δt 和 ΔE 就都可以同时精确测定，于是证明了不确定原理不能成立。

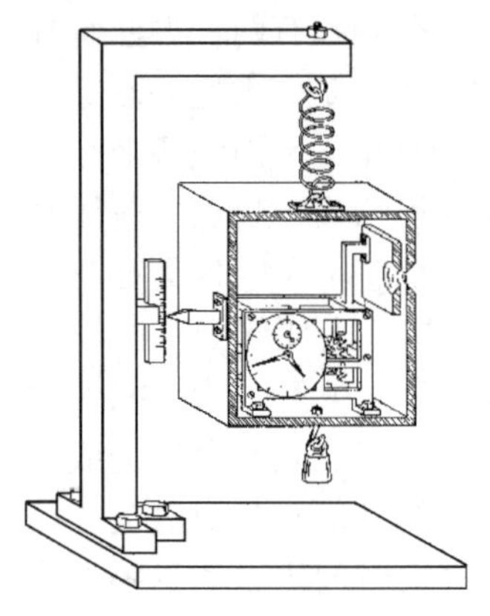

图 A-16 爱因斯坦的光子箱

玻尔等人对爱因斯坦的光子箱实验毫无思想准备，一时无言以对。然而经过一个不眠之夜的紧张思考，玻尔终于找到了缺口。玻尔指出，一个光子跑了，箱子轻了 Δm。我们怎么测量这个 Δm 呢？用一个弹簧秤，设置一个零点，然后看箱子的位移是多少。假设位移为 Δq，这样箱子就在引力场中移动了 Δq 的距离，但根据广义相对论的红移效应，这样的话，时间的快慢也要随之改变相应的 Δt。可以根据公式计算出 $\Delta t>h/\Delta mc^2$。再代以质能公式 $\Delta E = \Delta mc^2$，则得到最终的结果：$\Delta t\Delta E > h$，正是海森堡的不确定原理！引力场可以使原子频率变低，也就是红移，等效于时间变慢。当测量一个很准确的 Δm 时，在很大程度上改变了箱子里的时钟，造成了一个很大的不确定的 Δt。也就是说，在爱因斯坦的光子箱里，在准确地测量 Δm 或者 ΔE 时，根本没法控制光子逃出的时间 T。

玻尔的论证如此有力，使爱因斯坦不得不放弃自己的看法，承认量子力学的理论是自洽的，海森堡的不确定原理是合理的。然而，爱因斯坦并没有承认量子力学理论的完备性，这是接下来他将要反驳的重点。

2. EPR 佯谬

1935 年 3 月，爱因斯坦与他的两个同事波多尔斯基（B.Podolsky）及罗森（N.Rosen）合作，共同在《物理评论》杂志上联名发表论文《能认为量子力学对物理实在的描述是完备的吗？》，再一次对量子论的基础发起攻击。这一次，他们不再说量子论是自相矛盾的或者错误的，而改说它是“不完备”的。也就是说，他们争辩量子论的那种对于观察和波函数的解释是不对的。这个问题以三个人的名字首字母来命名，通过思想实验提出了一个著名的悖论，叫作 EPR 佯谬，E 代表爱因斯坦，P 代表波多尔斯基，R 代表罗森。文章讨论的不是一个量子的不确定性问题，而是多个量子的不确定性问题。根据哥本哈根学派的诠释，要是对量子不做观测，那么量子的状态就没法决定，量子就处于叠加态。如果两个粒子纠缠在一起，两个叠加态纠缠在一起，情况又如何呢？薛定谔给处于这种状态的粒子起了一个名字，叫作量子纠缠。比方说一个不太稳定的粒子发生衰变，分解成两个粒子，为了保持动量守恒，分解的这两个粒子一定是往两个方向走的。假设衰变前粒子的初始角动量也等于零，如果衰变后其中一个粒子的自旋向上，那么另一个必定是向下的。可是按照哥本哈根学派的解释，没测量之前一切都没决定，一切都是叠加态，这也就意味着这两个粒子在测量之前，根本就没决定哪个粒子的自旋是向上的，哪个是向下的，都处于叠加态，而观测改变了这种状况。当观测其中一个粒子时，这个粒子的自旋就决定下来了。比方说它是自旋向上的，那么就在此时此刻，另一个粒子不管距离多远都会立即决定其自旋是向下的。因为这两个粒子的自旋必须是相反的，为了维持角动量守恒。假如是在观测的那一瞬间一个粒子才决定它是自旋向上的，那么另一个粒子也需要在同一时刻决定它是自旋向下的。不管距离有多远，哪怕远在宇宙另一端，也会立即响应，哥本哈根学派把这个叫作波函数坍缩。在爱因斯坦看来，这种情况是不可能的。因为宇宙的信息传播速度上限就是光速，这两个粒子为什么能够不需要时间就能完成协同一致的步调呢?

玻尔发现 EPR 论题相当奥妙，需要周详的思考，他立刻放下手里所有其他工作，专心研究 EPR 论题，同年 7 月完成反驳论文，并且直接拿了爱因斯坦文章的题目，也叫作《能认为量子力学对物理实在的描述是完备的吗？》。玻尔在文章中写道，爱因斯坦他们几个人对于这件事的描述是靠谱的，也就是说这种两个粒子纠缠在一起不能分割的推导是没有问题的。然而爱因斯坦的哲学观念还是经典的观念，即一切都是确定的，他不能接受哥本哈根学派的概率解释。在玻尔看来，量子力学就是完备的。爱因斯坦的思路完全是经典的，他认为物质世界是客观存在的，与观测手段没有关系。玻尔认为，微观的实在世界，只有和观测手段连起来讲才有意义。在观测之前并不存在两个客观独立的粒子，只有波函数描述的一个互相关联的整体。既然是协调相关的一体，它们之间就无须传递信号。因此，EPR 佯谬只不过表明了两派哲学观的差别：爱因斯坦的“经典局域实在观”和玻尔一派的“量子非局域实在观”的根本区别。

以爱因斯坦为代表的 EPR 一派和以玻尔为代表的哥本哈根学派的争论，促使量子力学完备性的问题得到了系统的研究。1948 年爱因斯坦对这个问题又一次发表意见，进一步论证量子力学表述的不完备性。1949 年，玻尔发表了长篇论文，题为《就原子物理学的认识论问题和爱因斯坦商榷》，文中对长期论战进行了总结，系统阐明了自己的观点。而爱因斯坦也在这一年写了《对批评者的回答》，批评了哥本哈根学派的实证主义倾向。双方各不相让，论战持续进行，直到爱因斯坦去世后，玻尔仍旧没有放下他和爱因斯坦的争议。

3. 薛定谔的猫

受到 EPR 佯谬的启发，薛定谔在 1935 年也发表了一篇论文《量子力学的现状》，以此来反对哥本哈根学派对量子力学的诠释。哥本哈根学派的基本观点是：微观世界和宏观世界是不同的，微观世界遵循的就是不确定原理——在没有测量时，一个粒子的状态模糊不清，处于各种可能性的混合叠加。比如一个放射性原子，它何时衰变是完全概率性的。只要没有观察，它便处于衰变/不衰变的叠加状态中，只有确实进行了测量，它才能随机选择一种状态出现。薛定谔在论文的第 5 节提出了一个思想实验，后来人们称之为“薛定谔的猫”。

“薛定谔的猫”思想实验是这样的（图 A-17）：把放射性原子放在一个不透明的箱子中，让它保持这种叠加状态，每当原子衰变而放出一个中子，它就能激发一连串连锁反应，最终结果是打破箱子里的一个毒气瓶，而同时在箱子里还有一只猫。如果原子衰变了，那么毒气瓶就被打破，猫就被毒死。要是原子没有衰变，猫就好好地活着。但这样一来，显然就会有以下的自然推论：当一切都被锁在箱子里时，因为我们没有观察，所以那个原子处在衰变/不衰变的叠加状态。因为原子的状态不确定，所以它是否打碎了毒气瓶也不确定。而毒气瓶的状态不确定，必然导致猫的状态也不确定。只有当我们打开箱子查看，事情才最终定论：要么猫已经死掉了，要么它仍然活着。但问题来了：当我们没有打开箱子时，这只猫处在什么状态？似乎唯一的可能就是，它和我们的原子一样处在叠加态，也就是说，这只猫当时陷入一种死/活的混合状态。一只猫同时又是死的又是活的？它处在不死不活或者说又死又活的叠加态？这未免和常识太过冲突，同时从生物学角度来讲也是奇谈怪论。

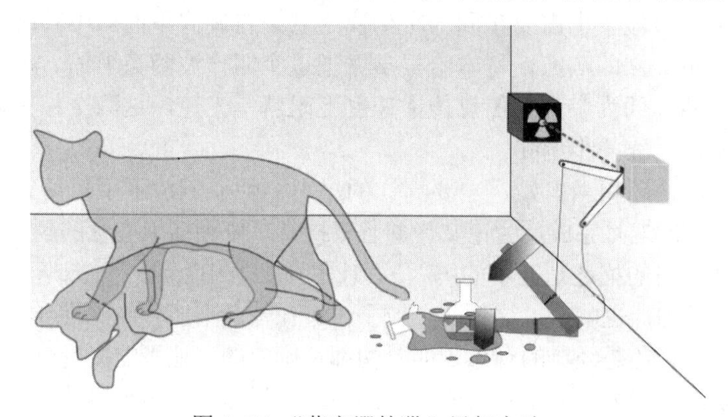

图 A-17 “薛定谔的猫”思想实验

薛定谔的实验把量子效应放人到了我们的日常世界，现在量子的奇特性质牵涉到我们的日常生活了。这个实验虽然简单，却比 EPR 佯谬更难解释。“薛定谔的猫”是物理学史上最著名的“怪兽”之一，直到现在，人们也没能给出科学的、系统的解释。

4. 隐变量理论

在一系列辩论之后，爱因斯坦不再完全否认哥本哈根学派对量子力学的诠释，只是他认为这种对自然的解释不够完备，那怎样才算完备呢？爱因斯坦和他的追随者提出了“隐变量”的概念。而德布罗意早在 1927 年的索尔维会议上也提出了类似的看法，德布罗意认为每当一个粒子前进时，都伴随着一个波，把波粒二象性延伸到了实物粒子。但德布罗意并不相信玻尔的互补原理，即电子既是粒子又是波的解释。德布罗意想象，电子始终是一个实实在在的粒子，但它的确受到时时伴随着它的那个波的影响，这个波就像盲人的导航犬，为它探测周围道路的情况，指引它如何运动，这也是把它称作“导波”的原因。德布罗意的理论里没有玻恩统计解释的地位，它完全是确定和实在的。量子效应表面上的随机性其实是由一些我们不可知的变量所造成的，换句话说，量子论是一个不完全的理论，它没有考虑到一些不可见的变量，所以才显得不可预测。假如把那些额外的变量考虑进去，整个系统是确定和可预测的，符合严格因果关系的，这个额外的变量就被称为“隐变量”。

1952 年，戴维·玻姆正式提出了隐变量理论（Hidden Variable Theory）。玻姆的隐变量理论是德布罗意导波的一个增强版，只不过他把所谓的“导波”换成了“量子势”（Quantum Potential）的概念。在他的描述中，电子或者光子始终是一个实实在在的粒子，不论是否观察它，它都具有确定的位置和动量。但是，一个电子除具有通常的一些性质，比如电磁势之外，还具有所谓的“量子势”。这其实就是一种类似波动的东西，它按照薛定谔方程发展，在电子的周围扩散。不过，量子势所产生的效应和它的强度无关，而只和它的形状有关，这使它可以一直延伸到宇宙的尽头，而不发生衰减。

在玻姆理论里，必须把电子想象成这样一种东西：它本质上是一个经典的粒子，但以它为中心发散出一种势场，这种势场弥漫在整个宇宙中，使它每时每刻都对周围的环境了如指掌。当一个电子向一个双缝进发时，它的量子势会在它到达之前便感应到双缝的存在，从而指导它按照标准的干涉模式行动。如果试图关闭一条狭缝，无处不在的量子势便会感应到这一变化，从而引导电子改变它的行为模式。特别是，如果试图去测量一个电子的具体位置，测量仪器将首先与它的量子势发生作用，这将使电子本身发生微妙的变化。这种变化是不可预测的，因为主宰它们的是一些“隐变量”，无法直接探测到它们。

然而，在玻姆的隐变量理论中，他尽管恢复了世界的实在性和决定性，却放弃了另一个同等重要的东西：定域性。定域性指的是，在某段时间里所有的因果关系都必须维持在一个特定的区域内，而不能超越时空来瞬间地作用和传播。简单来说，就是不能有超距作用的因果关系，任何信息都必须以光速这个上限来发送，这也就是相对论的精髓所在。但是在玻姆的隐变量理论中，他的量子势可以瞬间把它的触角伸到宇宙的尽头，一旦在某地发生什么，其信息就立刻传递到每个电子“耳边”。如果玻姆的理论成立，那么超光速的通信在宇宙中简直就是无处不在。因此，爱因斯坦在生前并没有对玻姆的理论表示过积极的认同。

5. 贝尔不等式

量子力学究竟是否是完备的？隐变量究竟是否存在？这又成为一个新的研究课题。1964 年，一个叫约翰·贝尔的年轻工程师开始研究隐变量理论。贝尔供职于欧洲核子研究所，在业余时间喜欢研究量子物理。他对爱因斯坦和玻尔的争论及 EPR 佯谬非常着迷，倾向于支持爱因斯坦，不喜欢哥本哈根学派对量子力学的诠释。

经典物理里面也有概率问题，就好比扔骰子、扔硬币，这种事一般都是用概率来计算的。但是物理学家普遍认为这是因测量不精确而造成的，没办法测量扔骰子时的空气流动状况，导致没办法精确地计算骰子的飞行状态，并不是说飞行状态不可计算。很多人认为，量子力学也是类似的，量子的概率表述其实也是因为搞不清楚原因造成的，这也是贝尔的观点。贝尔认为，要搞清楚背后的原因，就必定要找出那个隐变量。贝尔要推导的是一个判断隐变量是否存在的公式，而且要能用实验检验。

贝尔秉持的思路是这样的：有一对纠缠的电子，沿 x 轴测量电子 A 的自旋和电子 B 的自旋，那么必定是相反的，两个粒子的相关度是-1。所谓相关度，是指二者是否总是保持一致。测量多次总是出现同正同负，就是 1，总是相反，那么就是-1，假如统计下来，一半对一半，那就等于二者不关联，关联度就是 0。现在沿着 x 轴方向测量电子 A 的自旋，沿着 y 轴方向测量电子 B 的自旋，又会如何呢？假如每个粒子都分 x、y、z 三个轴来测量自旋方向，各个轴向的统计结果相关度又如何呢？最后贝尔终于得到了一个不等式，不等式里面的几个关联度都是可以统计测量的，因此可以做实验来验证这个不等式

$$|P_{xz}-P_{zy}|\leqslant 1+P_{xy}$$

P_{xy}的意义是电子 A 在 x 轴方向上和电子 B 在 y 轴方向上测量到自旋相同的概率，也就是相关度，P_{xz}和 P_{zy}的意义可以以此类推。

检验贝尔不等式的第一个实验是 1972 年由克劳瑟和弗里德曼在加州大学伯克利分校完成的，实验结果违反了贝尔不等式，不支持隐变量理论。但实验有漏洞，因而结果不那么具有说服力，因此法国人阿斯派克特想要重新验证贝尔不等式。1982 年，他开始进行相关的实验。他决定第一步先把克劳瑟等人的实验重复一遍，后边再进行第二步、第三步，把先前克劳瑟他们几个人做的实验的漏洞尽量堵上。于是阿斯派克特开始分三步实施实验，具体如下。

第一步先要把克劳瑟的实验重复做出来，最关键的是获得纠缠光子。克劳瑟的办法效率非常低，大概一百万个光子里面出来一对纠缠光子，能够产生的纠缠光子太少。阿斯派克特用激光作为光源，用激光来激励钙原子，效率提高了很多。光子有两个偏振方向，只要一检测，光子的偏振方向就决定下来了，这两个光子的偏振方向必定是相互垂直的，这就是纠缠态。

他的这个实验结果大幅度偏离了贝尔不等式，用激光作为光源，效果果然很好，达到了 9 倍的误差范围，比当年的克劳瑟获得的数据高了好几个等级，第一步成功了。

第二步需要利用双通道的方法来提高光子的利用率，减少前人实验中的所谓“侦测漏洞”。这个实验也大获成功，最后以 40 倍于误差范围的偏离违背了贝尔不等式，再一次强有力地证明了量子力学的正确！

第三步，阿斯派克特要做一个当时非常先进的实验，叫作“延迟决定”。所谓的延迟决定，就是彻底断绝两个光子之间暗通消息的可能性。万一两个光子之间能够暗通消息，那么这个实验从逻辑上讲就有漏洞了。按照量子力学的原理，量子纠缠是不依赖信号传递的，也没有任何办法可以屏蔽。如果设定好两个偏振片，然后等着两个光子飞过去，很可能就有机会让两个光子暗中通了消息。我们知道，信息传递的速度上限是光速，因此，贝尔就给阿斯派克特出了个主意，可以先把两个光子的距离拉开。两个检偏器相距 13m，二者假如能通过某种方式暗地里通信，按照光速计算，需要跑 40ns。再加个可以瞬间改变的偏振片，随机改变偏振片的方向，花的时间只要 10ns。估算一下时间，两个纠缠光子已经各奔东西了，飞到闸门前面，闸门瞬间改变方向，那么两个光子要想互相发送消息已经来不及了。假如在这么苛刻的情况下，二者仍是产生相反偏振的，那就说明它们肯定不是靠传递信息来保持偏振方向相互垂直的，而是靠量子本身的特质。

说得通俗一点，据说两个双胞胎有心灵感应，那么就需要设计一个没有漏洞的检测方式。首先要两个人严格隔离，而且离得够远，防止两个人传纸条、打手势作弊。考试题目都是随机出的，而且两个人提问、回答速度要快，快到他们想传递消息，时间都不够用。假如他们俩的答案总是一致，就说明他们俩真的有心灵感应。如果他们俩手忙脚乱，互相对不上茬儿，就说明他们俩没有心灵感应，过去的心电感应是靠作弊，这就是延迟决定的原理所在。他们做实验的时候也做了一边放偏振片、一边不放的情况，还做了不放偏振片的情况。各种可能都考虑到了，最后得到的结果仍然违反了贝尔不等式，表明爱因斯坦错了，不存在隐变量。该实验结果发表在当年 12 月的《物理评论快报》上，科学界最初的反应出奇的沉默，大家都知道这个结果的重要性，但是又似乎觉得这个结果早已在意料之中。

然而阿斯派克特的实验也并不是完全没有漏洞的，因此新的实验手段也开始不断地被引入，实验模型越来越靠近爱因斯坦当年那个最原始的 EPR 设想。2015 年 10 月，荷兰代尔夫特理工大学的一个小组进行了有史以来第一次对贝尔不等式的无漏洞验证实验。他们把两个金刚石色心放置在相距 1.3km 的两个实验室中，并以高达 96%的测量效率检验了二者之间的纠缠。结果，在最严格的条件下，哥本哈根诠释仍然取得了最后的胜利，以 2.1 个标准方差击败了爱因斯坦。对于学界来说，这个实验结果也许并不出人意料，但其意义却是极为重大的。因为我们终于可以消除最后一丝怀疑，从此之后，贝尔不等式可以被正式地称为贝尔定律了。

6. 哥本哈根

爱因斯坦和玻尔进行了长达半个世纪的争论，他们共同缔造了一段物理学的黄金时代。爱因斯坦终其一生也没能将物理学统一到万有理论之下，而且在量子力学的道路上越走越远，晚年的他几乎不再看物理学的新发现。但是我们要明白，一个人的成功需要朋友，一个人要获得巨大的成功需要的是对手。

在量子力学发展简史的最后，再来总结一下哥本哈根学派对量子力学的诠释。

哥本哈根学派是由玻尔于 1927 年在哥本哈根所创立的学派，玻恩、海森堡、泡利及狄拉克等都是这个学派的主要成员，哥本哈根学派对量子力学的创立和发展做出了杰出贡献，并且它对量子力学的解释被称为量子力学的“正统解释”，目前量子力学教科书中普遍采用的都是哥本哈根诠释。哥本哈根诠释主要包含下面几个重要的观点。

（1）波函数的引入：一个量子系统的量子态可以用波函数来完全地表述。波函数代表一个观察者对量子系统所知道的全部信息。

（2）波函数的概率论解释：量子系统的描述是概率性的，一个事件的概率是波函数的绝对值平方（玻恩）。

（3）不确定性原理：在量子系统里，一个粒子的位置和动量无法同时被确定（海森堡）。

（4）互补原理：物质具有波粒二象性，一个实验可以展示出物质的粒子行为，或波动行为，但不能同时展示出两种行为（玻尔）。

（5）波函数坍缩：某些量子力学体系与外界发生某些作用后波函数发生突变，变为其中一个本征态或有限个具有相同本征值的本征态的线性组合的现象。波函数坍缩可以用来解释为何在单次测量中被测定的物理量的值是确定的，而多次测量中每次测量值可能都不同（玻尔）。

（6）对应原理：大尺度宏观系统的量子物理行为应该近似于经典行为（玻尔与海森堡）。

四、结语

从 1900 年普朗克提出的能量子假说，到 1905 年爱因斯坦的光量子假说，再到 1913 年玻尔的氢原子理论，早期量子论基本上告一段落。后来，德布罗意提出了物质波假说，海森堡建立了矩阵力学，薛定谔建立了波动力学，玻恩提出了概率波的统计解释，直至 1927 年第 5 届索尔维会议的召开，量子力学的理论框架基本上建立起来了。如今，量子力学的发展已经越来越成熟，引领着新一轮科技革命和产业变革方向。量子力学催生了半导体、激光、超导这样的新技术，人类文明发生了翻天覆地的变化。在量子论和相对论的基础上，物理学又建起了高高的“大楼”。

但是我们知道物理学还不完美，虽然那个未知的世界离我们如此遥远，但是在这个地球上还是需要有仰望星空的人！

附录B　基本物理常量

名　　称	符　　号	数值和单位
真空中的光速	c	$2.997\,924\,58\times10^{8}$m・s^{-1}
真空磁导率	μ_0	$4\pi\times10^{-7}=12.566\,370\,614\cdots\times10^{-7}$N・A^{-2}
真空电容率	ε_0	$8.854\,187\,817\cdots\times10^{-12}$F・m^{-1}
电子的电荷	e	$1.602\,176\,487(40)\times10^{-19}$C
普朗克常数	h	$6.626\,068\,96(33)\times10^{-34}$J・s
阿伏伽德罗常量	N_A	$6.022\,141\,79(30)\times10^{23}$mol^{-1}
电子的静止质量	m_e	$9.109\,382\,15(45)\times10^{-31}$kg
质子的静止质量	m_p	$1.672\,621\,637(83)\times10^{-27}$kg
中子的静止质量	m_n	$1.674\,927\,211(84)\times10^{-27}$kg
里德伯常量	R_∞	$1.097\,373\,156\,854\,9(83)\times10^{7}$m^{-1}
摩尔气体常量	R	$8.314\,472(15)$J・mol^{-1}・K^{-1}
玻耳兹曼常量	k	$1.380\,650\,4(24)\times10^{-23}$J・K^{-1}
玻尔半径	a_0	$0.529\,177\,208\,59(36)\times10^{-10}$m
玻尔磁子	μ_B	$927.400\,915(23)\times10^{-26}$J・T^{-1}
精细结构常数	α	$7.297\,352\,537\,6(50)\times10^{-3}$
电子康普顿波长	λ_c	$2.\,426\,310\,2175\,(33)\,\times10^{-12}$m

参 考 文 献

[1] 周世勋，陈灏. 量子力学教程[M]. 2 版. 北京：高等教育出版社，2009.

[2] 尤景汉，等. 量子力学简明教程[M]. 北京：电子工业出版社，2016.

[3] 曾谨言. 量子力学，卷 I [M]. 5 版. 北京：科学出版社，2013.

[4] 苏汝铿. 量子力学[M]. 2 版. 北京：高等教育出版社，2002.

[5] 钱伯初，曾谨言. 量子力学习题精选与剖析[M]. 3 版. 北京：科学出版社，2008.

[6] 曾谨言. 量子力学教程[M]. 3 版. 北京：科学出版社，2014.

[7] 曾谨言，钱伯初. 量子力学专题分析（上)[M]. 北京：高等教育出版社，1990.

[8] 曾谨言. 量子力学专题分析（下)[M]. 北京：高等教育出版社，1999.

[9] 钱伯初. 量子力学[M]. 北京：高等教育出版社，2006.

[10] 井孝功，赵永芳. 量子力学[M]. 哈尔滨：哈尔滨工业大学出版社，2009.

[11] 宋鹤山. 量子力学[M]. 大连：大连理工大学出版社，2004.

[12] 曹天元. 上帝掷骰子吗？量子物理史话[M]. 北京：北京联合出版公司，2019.

[13] 吴京平. 无中生有的世界：量子力学外传[M]. 北京：北京时代华文书局，2018.

[14] 汪振东. 在悖论中前行：物理学史话[M]. 北京：人民邮电出版社，2018.

[15] 戴瑾. 从零开始读懂量子力学[M]. 北京：北京大学出版社，2020.

[16] 赵峥. 物理学与人类文明十六讲[M]. 北京：高等教育出版社，2016.

[17] 张轩中，黄宇傲天. 日出：量子力学与相对论[M]. 北京：清华大学出版社，2013.

[18] 布莱恩·克莱格，罗德里·埃文斯. 十大物理学家[M]. 向梦龙，译. 重庆：重庆出版社，2017.

[19] 李增智，吴亚非，孟湛祥，等. 物理学中的人文文化[M]. 北京：科学出版社，2005.

[20] 郭奕玲，沈慧君. 物理学史[M]. 北京：清华大学出版社，1993.

反侵权盗版声明

举报电话：（010）88254396；（010）88258888

传　　真：（010）88254397

E-mail：　dbqq@phei.com.cn

通信地址：北京市万寿路173信箱

　　　　　电子工业出版社总编办公室

邮　　编：100036